普通高等教育"十一五"国家级规划教材
北京高等教育精品教材

流体与过程热力学

第二版

郑丹星 编著

化学工业出版社
·北京·

本书基本构架分作两部分：第 2 章至第 5 章介绍基础物性与工程热力学知识部分，第 6 章至第 8 章介绍化学热力学知识部分。在第 1 章"绪论"里，主要介绍热力学的学科范畴与沿革发展；本课程的内容、应用与学习目的。第 2 章"流体的 pVT 关系"讨论单组分流体和气体混合物的状态方程，这是热力学物性模型的基础。第 3 章"流体的热力学性质：焓与熵"以剩余性质和偏摩尔性质的概念为基础，解决计算流体状态性质的方法。第 4 章"能量利用过程与循环"结合流动体系的热力学第一定律，介绍流体压缩与膨胀等热力过程，以及动力循环、制冷与热泵和流体的液化。第 5 章"过程热力学分析"则是从热力学第二定律，引出㶲函数的概念，并讨论过程与系统在能量转化与利用中的㶲分析问题。以第 6 章"流体热力学性质：逸度与活度"中建立起来的逸度与活度的热力学模型为基础，在第 7 章"流体相平衡"中介绍汽液相平衡分析方法与数据检验方法，在第 8 章"化学平衡"中则讨论均相与非均相流体的化学平衡分析方法。

本书附有思考题与习题供师生参考，附录给出了常用的热力学物性数据和图表，而且在附属的光盘中给出了计算热力学物性软件 Therm 6.0。

本书可作为高等院校过程技术专业（如化工、石油与天然气、动力、建材、冶金、轻纺、食品等专业）的本科课程和硕士课程的选用教材，亦可作为相关专业（如热能工程类专业、能源或环境工程类专业）的本科生、研究生、科研与技术人员的教材或参考书。

图书在版编目（CIP）数据

流体与过程热力学/郑丹星编著. —2 版. —北京：化学工业出版社，2010.3（2022.8重印）
普通高等教育"十一五"国家级规划教材. 北京高等教育精品教材
ISBN 978-7-122-07633-5

Ⅰ. 流…　Ⅱ. 郑…　Ⅲ.①流体-热力学-高等学校-教材
化学热力学-高等学校-教材　Ⅳ.①TK12②O642.1

中国版本图书馆 CIP 数据核字（2010）第 010592 号

责任编辑：于　卉　　　　　　　　　　文字编辑：林　媛
责任校对：蒋　宇　　　　　　　　　　装帧设计：关　飞

出版发行：化学工业出版社（北京市东城区青年湖南街 13 号　邮政编码 100011）
印　　装：北京科印技术咨询服务有限公司数码印刷分部
787mm×1092mm　1/16　印张 19¼　字数 489 千字　2022 年 8 月北京第 2 版第 5 次印刷

购书咨询：010-64518888　　　　　　售后服务：010-64518899
网　　址：http://www.cip.com.cn
凡购买本书，如有缺损质量问题，本社销售中心负责调换。

定　　价：58.00 元（配光盘）

前　言

化工热力学是化学工程专业理论中相对成熟的部分，因而也就成了化学工程与技术学科的基础。所以我们总是强调，学好它无论是对继续深造还是对做专业工作，都会受用一辈子。比如，念化学工程的硕士、博士都要考这门课程的知识。现在，就连工程热物理专业的学生都对这门课的知识很感兴趣。本书名为"流体与过程热力学"，却是化工热力学的内容，似乎名不副实。有人提出要改书名，我想不必了。理由在前一版的前言中已有说明。简而言之，这是一个应能源与环境技术发展而展现学术交叉的领域，希望有更多的读者、学生关注和学习这方面的知识。这本书不仅可以作为化工类专业学生的教材，也可以作为相关专业学生和科技人员的参考书。另外，如果双语课用英文版 Smith J M 等人的"Introduction to Chemical Engineering Thermodynamics"，则可选用本书作为中文参考书。

本书新版保持了老版本的结构，因为原书的结构是合理的。即，一个流体 pVT 关系的基础，两个状态函数的物性学"台阶"（焓和熵、逸度与活度），以及两个应用（热力过程与循环、过程热力学分析）。其合理性首先是简明，使读者不至"望而生畏"。其中，又有对课程知识层层阶进，逐步深入的拓延。

在这次修订中，对第 2 章的立方型状态方程介绍做了较大调整和改进，包括求解过程中对立方型方程根的分析，以及同时考虑温度和压力影响的液体密度模型等。第 3 章和第 4 章中的一些英制单位图、表以及后面的习题都改成了 SI 单位，虽然感到接触些英制单位对学生依然有好处。另外，第 4 章中完善了联合循环引出。文字增加不多，但可以改善同学们对这一先进动力转换原理的理解。从第 3 章的剩余性质和混合性质，到第 6 章的超额性质，介绍流体热力学性质非理想性的模型化方法，表达逐步深入，词语更为仔细。第 7 章的章节也做了比较大的调整，使得汽液相平衡的计算方法更为集中和突出。在第 8 章中，增加了平衡常数的温度影响精确计算以及均相气相多个反应的数值解法的分析。当然，各章的文字做了大量的订正和完善工作。习题重新整理以后，还尽可能给出了参考答案。附录的数据表和热力学图也更完善。

谨此，对许许多多曾为本书提出了宝贵意见的读者以及我的学生们表示诚挚的感谢，也对与我长期合作并为本书的修订做出贡献的武向红老师深表谢意；同时，衷心感谢国家自然科学基金项目（No. 50890184）的经费资助。

编著者
2009 年 12 月 26 日

第一版前言

可以简明地将"化工热力学"理解为是一门探讨物质平衡态的物理化学性质与能量转换原理的学问。人类利用能源与资源的技术水平，在漫长的文明史上曾经维持在相当低的水平，直至产业革命才发生了巨大转变。大约在 19 世纪 20 年代，欧美学者们以化学热力学和工程热力学为基础，逐步形成了化工热力学这门学科，把与物质的物理化学性质相关的知识与各种能量转换过程、循环和系统更紧密地联系起来，使人们有可能更好地认识和把握物质与能量转换的规律，有力地推动了当时的科学与技术发展。

人们广义地理解化学工程技术为"过程技术"——认为它是改变原料的状态、微观结构或化学组成的各种物理化学的分离和化学反应（包括催化、电化与生化反应）、化学加工技术。而所谓过程科学，则是其科学基础，主要研究涉及物质和能量转化与传递过程的共性规律。以过程技术为基础而建立的产业部门包括化学品制造、石油炼制、冶金、建筑材料、合成材料、食品、医药、制浆造纸以及军用化学品等工业。然而这是传统的认识，今天看来，面对更为广泛的需求与背景，特别是能源问题日趋严峻的形势下，需要调整对"化工热力学"的传统学科领域的界定。本书以"流体与过程热力学"冠名即基于这样一种认识，希望本书不仅适应传统意义上的过程工业类专业的需要，亦适应更宽领域（如热能工程类专业、能源或环境工程类专业）的需要。

化工热力学本身的内容庞杂，所以无论是教材还是授课内容，体系结构的整合与简并，章节构成的合理化都很重要。本书基本构成分成上下两部分或两个阶段的学习内容：基础物性与工程热力学知识部分（第 2 章至第 4 章）与化学热力学知识部分（第 5 章至第 8 章）。总体上，力图理论部分与应用部分紧密结合，前后内容衔接融通，由简到繁，使知识体系的主线能简明、清晰地表现出来。

学科前沿的发展与学习者专业的广泛化，要求教材内容要反映近年来学科交叉与渗透所产生出的许多新发展，对过时的内容则要摒弃。本书充实了近年来国外同类新版教材的许多新颖内容。例如，多组分流体的 pVT 关系突出了便于计算机求解的立方型方程与普遍化关联模型的讨论；着眼于学习工程热力学知识（第 3 章和第 4 章），以焓与熵为代表，展开状态函数的讨论，而且是落实到多组分流体焓与熵计算；讨论逸度与活度，则以提出相平衡与化学平衡计算所需的逸度模型与活度模型为目的；区别混合物与溶液，以明确热力学标准态对多组分流体热力学性质数值的影响；以体系 Gibbs 函数与组分的偏摩尔 Gibbs 函数为中心，展开逸度模型与活度模型，以及相平衡与化学平衡计算的讨论；从热力过程到热力循环，直至参照国家节能标准，围绕㶲函数的讨论展开过程热力学分析。

不同于先期课程"物理化学"，化工热力学更强调如何描述"非理想"的实际情况。把握其基本概念、基本原理和基本方法的有效途径是"在运用这些知识中学习"。对于提高学习者建立热力学模型与获取热力学数据的能力，借助计算机辅助软件，演算例题与习题是重要的。附录给出与课程内容相关的热力学物性数据、表和图，可用于阅读和解题，也是常用的热力学物性资源，进一步的需求可从书后的参考文献中获得信息。

在部分重要概念与原理的介绍上，本书采用了作者多年从事化工热力学教学工作的一些体会。例如，一些通常以公式和文字给出的定义，是以图形等易于学习的方式来表述；不是机械地内容陈述和罗列，而是有机地联系各部分知识内容，借助类比和排比的方式逐步推进、深化学习；许多晦涩的概念，不是追求理论推理的完整，而是着意于从应用的角度介绍，以使初学者更容易掌握。

本书的编著是许多人合作和许多支持所获得的结果。首先，要感谢与作者多年合作教学的武向红老师，书中许多内容与其共同切磋，她还承担了本书的许多文字修改与例题、习题的整理工作；感谢罗北辰教授承担了本书的审阅工作。诚挚感谢国家重点基础研究项目（G2000026307）以及北京化工大学化新教材建设基金的资助。

北京大学傅鹰先生曾经在其编著的《化学热力学》中写到："编书如造园，一池一阁在拙政园恰到好处，移到狮子林可能即只堪刺目；一节一例在甲书可引人入胜，移至乙书可能即味同嚼蜡。"从教多年，凡涉及编著教材，此言必萦绕耳际。可以想见，本书还会有一些内容不太合适，深了或过于具体化，少了或过于简单。限于水平和经验，书中不免多有疏漏，诚挚地希望能得到指正。尽管如此，仍然希望此书能有益于更多读者的学习与工作。

编著者

2005 年 1 月 1 日

目　录

第1章 绪 论

1.1 范畴

热力学（Thermodynamics）是研究热现象中物质的状态转变和能量转换规律的学科。它着重研究物质的平衡状态的物理、化学过程。所以又称为**"平衡热力学"**（Equilibrium Thermodynamics）。关于对非平衡态过程的研究则涉及了时间因素作用下状态参数的变化，被称为非平衡热力学或不可逆热力学。热力学从大量经验中总结了自然界有关热现象的一些共同规律，特别是热力学第一定律表述了能量的"量守恒"关系，热力学第二定律则从能量转换的特点——能量的"质不守恒"论证了过程进行的方向和限度。热力学以这两个定律作为其理论的基础。所以它的方法和结论在几乎所有自然与工程领域得到了广泛应用。但它不考虑物质内部的具体结构，不涉及变化的速度和过程的机理，因而只能说明宏观热现象；至于深入到热现象的本质，则需要分子运动论（例如**"分子物理学"**和**"统计物理学"**）予以补充、说明，并加以发展。

将热力学基本定律应用于化学领域，形成了**化学热力学**（Chemical Thermodynamics）。其主要任务是解决化学和物理变化进行的方向和限度，特别是对化学反应的可能性和平衡条件作出预测。其内容包括普通热力学、混合物理论、相平衡、化学平衡等部分。**热化学**（Thermochemistry）是研究物理和化学过程中热效应规律的学科，是化学热力学的一部分。基于热力学第一定律，在"卡计"中直接测量变化过程的热效应，是热化学的重要实验方法。热化学数据（例如相变热、燃烧热、生成热等）在热力学计算中和工程设计方面具有广泛应用。

将热力学基本定律应用于热能动力装置，如蒸汽动力装置、内燃机、燃气轮机、冷冻机等，又形成了**工程热力学**（Engineering Thermodynamics）。其主要内容是研究工质的物理性质变化以及各种装置的工作过程，探讨提高能量转换效率的途径。

根据化学工程研究和应用的需要，以化学热力学和工程热力学为基础，又逐步形成了**化工热力学**（Chemical Engineering Thermodynamics）。图 1/1-1 给出了化工热力学与相关学科之间的包容关系示意，从中可以了解它们之间的区别与联系。

物理化学作为整个化学科学和化学工艺学的理论基础，有时亦称其为"理论化学"，是应用物理学原理和方法，研究有关化学现象和化学过程的一门学科。内容一般包括物质结构、化学热力学、电化学、化学动力学、光化学和胶体化学等部分，主要从理论上探讨物质结构与其性能间的关系，研究化学反应的可能性和速度，反应机理和反应的控制条件等。

热能工程学（Thermal Engineering）是研究热能与机械能相互转换，以及如何将热能合理地应用到生产和生活的一门综合性学科。它以工程热力学和传热学为理论基础，研究对象涉及各种动力循环设备，以及太阳能、地热和核能等新能源利用技术等。

在更广泛的涵义上，**热学**（Calorifics）作为物理学的一个分支，是研究热现象的规律及其应用的学科。既包括量热学、测温学、热膨胀、热传递等内容，也包括其他有关热现象研究的热力学、分子物理学和热工学等分科。

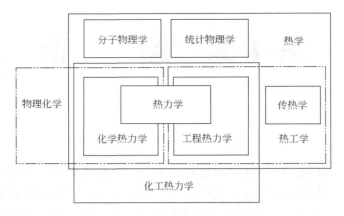

图 1/1-1　化工热力学与相关学科间的关系

从上述介绍中可以了解化工热力学的学科范畴。同时还可以看到，即使是相邻学科，也都有独自的理论基础与研究目的，学科之间存在相对的范畴，不可取代。人们只能通过相邻学科间的相互联系与渗透去促进它们各自的发展。

1.2　沿革与发展

19 世纪初期，在蒸汽机发展的推动下，基于探索热能与机械能之间的转换原理，开始形成热力学的学科体系。以后逐渐扩展到研究与热现象有关的各种状态变化和能量转换的规律。与此同时，化学工业生产规模的不断扩大、生产技术的不断发展，提出了一系列的研究课题。例如：

① 许多化工过程中都会遇到的高温、高压下气体混合物的 pVT 关系的计算，然而经典热力学中则较少涉及多组分体系。

② 在能量的利用方面，化工生产所涉及的介质、过程以及系统比机械动力过程要复杂得多。人们往往更多关注产品的获取，不够重视产品转化过程往往伴随着大量的能量消耗，更需要研究能量的合理利用方法等。

随着化工生产的发展，出现了蒸馏、吸收、萃取、结晶、蒸发、干燥等许多技术特征独立的局部过程，以及各种不同类型的化学反应过程。19 世纪二三十年代，在美国麻省理工学院的化学及相关工程教育改革中，产生了化工单元操作的概念。任何过程加工，无论其规模大小都可以用一系列称为单元操作的技术来解决。将纷杂众多的生产过程分解为构成它们的单元操作进行研究与设计，是解决**过程工业**（**process industry**）技术问题的普适方法，扩大了化学工程理论的应用。

在阐述单元操作的原理时，W. H. Walker 等曾利用了热力学的成果（《化工原理》，1922 年）。麻省理工学院的 H. C. Weber 教授等人提出了利用气体临界性质的流体 pVT 性质的计算方法。虽然这种方法十分粗糙，但对工程应用已够准确。这是化工热力学最早的研究成果。1939 年 Weber 写出了第一本化工热力学教科书《化学工程师用热力学》。1944 年耶鲁大学的 B. F. Dodge 教授写的第一本取名为《化工热力学》的著作随后出版。由此诞生了一个新的学科——化工热力学。

在第二次世界大战后，相关研究提出动量传递、热量传递、质量传递和反应工程（即所谓"三传一反"）的概念。

20 世纪 50 年代中期，随着电子计算机开始进入化工领域，化工过程的数学模拟迅速发展，形成了又一个新领域——化工系统工程。至此，**化学工程**形成了比较完整的学科体系。计算机的应用同时给化学工程各学科都带来了新的活力。其中，高压过程的普遍采用和传质分离过程设计计算方法的改进，推动了化工热力学关于状态方程和多组分汽液相平衡、液液相平衡等关联方法的研究，提出了一批至今仍获得广泛应用的状态方程（如 RK 方程，Lee-Kesler 方程等）和活度系数模型（如 Margules 模型、Wilson 模型、UNIQUC 模型以及 NRTL 模型等）。

此后，随着石油和天然气的开发利用，化学工业的规模不断扩大，化工热力学学科继续生气勃勃地向前发展。例如，关于状态方程和相平衡的研究，已有足够精确度且应用范围较广的新状态方程提出（PR 方程、SRK 方程以及 UNIFAC 方程等）；20 世纪 70 年代的全球石油危机引发的节能迫切要求，使过程热力学分析获得了很大的发展；热力学数据的支撑性作用，使化工系统工程在换热器网络和分离流程的合成方面取得有实用价值的成果。尤其是 20 世纪 80 年代以来以 Aspen Plus、Process 以及 Pro-Ⅱ 等为代表的，许多功能更强的计算机模拟系统陆续提出，为化学工业及其相关技术的现代化发挥了巨大的作用。

目前，由化工热力学、传递过程、单元操作、化学反应工程和化工系统工程等构成的化学工程学科体系，无论在深度和广度上都已覆盖了化学工程传统的各个领域。近几十年来，更引人注目的发展是其与邻近学科的交叉渗透。例如，在环境、生物、能源等方面，正在形成的一些充满活力的新方向：

① 除了继续进行基础数据的测定外，建立具有可靠理论基础的状态方程是相当活跃的领域，要求方程适用于涉及新材料、新工质的极性物质、含氢键物质和高分子化合物，并能同时用于气相、液相和临界和超临界区域；

② 非常见物质和极端条件下的相平衡，以及与超临界流体萃取新技术有关的汽液平衡和气固平衡，与气体吸收、湿法冶金和海洋能源开发有关的电解质溶液的研究，吸引了许多人的兴趣；

③ 以分子热力学与统计热力学为基础的分子模拟，不仅涉及物质的平衡热力学性质，还涉及物质的传递性质的确定，以及热力学过程的微观机制与规律的研究；

④ 由于非平衡态热力学理论的发展，开始打破经典热力学不涉及过程速率的局限性；

⑤ 化工热力学在生物化学工程中的应用令人注目；化工生产与资源、能源以及环境和生态问题的密切关联，为化工过程的热力学分析理论提出了一系列新的研究和应用课题。

可以预见，这些发展都将对人类社会的进步产生十分积极的影响。

1.3　课程内容

本课程主要介绍基于稳定流动体系的平衡热力学理论，主要构成如下。

第 1 章为"绪论"，介绍化工热力学的学科范畴、沿革与发展、课程内容、应用与教学目的等。

第 2 章为"流体的 pVT 关系"，讲授单组分流体的 pVT 行为；均相流体 pVT 行为的模型化；单组分的汽液相平衡的模型；蒸气压方程；virial 方程；立方型状态方程；状态方程的普遍化关联；状态方程的选用；饱和液体的体积关联式；气体混合物的 pVT 关系。

第 3 章为"流体的热力学性质：焓与熵"，讲授纯流体的热力学关系；热容、蒸发焓与蒸发熵；剩余性质；以状态方程计算剩余性质；纯流体的焓变与熵变的计算；热力学性质图和表；多组分流体的热力学关系；偏摩尔性质及其与流体性质关系；混合性质与多组分流体性质；多组分流体焓变与熵变的计算。

第 4 章为"能量利用过程与循环"，讲授热力学第一定律与能量平衡方程；流体的压缩与膨胀；动力循环；制冷与热泵；液化过程。

第 5 章为"过程热力学分析"，讲授热力学第二定律与熵平衡方程；㶲函数；㶲平衡方程；过程与系统的㶲分析等。

第 6 章为"流体的热力学性质：逸度与活度"，讲授逸度；逸度的计算；活度；超额性质；活度系数模型等。

第 7 章为"流体相平衡"，讲授稳定性准则；汽液相平衡的相图；汽液相平衡模型化；互溶系的共沸现象；汽液相平衡的基本的计算；热力学一致性检验；液液相平衡。

第 8 章为"化学平衡"，讲授化学平衡模型化方法；气相单一反应平衡；气相多个反应平衡；液相反应平衡；非均相反应平衡。

整体上，本书将内容分成了两个部分。第 2 章至第 5 章为流体热力学性质及其在过程热力学分析中的应用。第 6 章至第 8 章为流体热力学性质及其在流体相平衡与化学平衡的应用。

1.4　应用与教学目的

1.4.1　学科位置与应用

化工热力学的原理和应用知识是从事有关化学工程的研究、开发以及设计等方面工作必不可少的重要理论基础。过程开发中的关键步骤是如何把实验室成果进行放大，实现工业化。这不仅需要运用化学工程的原理和方法，还需大量的基础数据，包括流体热力学数据及模型。

据统计，在已有的 10 万种以上的无机物和 600 万种以上的有机物中，热力学性质研究比较透彻的纯物质只有一二百种左右，更不要说人们还在不断发明和合成许许多多的新物质。进一步的数据研究工作十分浩大。获取必要的热力学实验数据是重要的，但又不可能依赖实验方法来解决应用中所要求的全部数据，因为实验工作毕竟投入太大。某些测定条件甚至难以建立，这就需要借助热力学原理普适和严谨的特点，建立基础数据模型，从易测数据来推算难以测定的数据、用最少量的实验数据获得所需要的信息。

表 1/4-1 以层次关系描述了化工热力学在学科中的位置。化工热力学是化学工程学科的基础，是表中 6 个层次中的第 1 级和第 2 级的主要构成，像高层建筑的基石。显然，缺少基础数据和平衡计算，高层次的学科大厦是无法构建的。

例如，物料平衡和能量平衡的计算是化学工艺设计的基本工作，是决定过程设备设计的依据。又如，在操作条件分析、技术挖潜和各种可行性分析时也都要进行决策判断（判断过程的方向与限度）。热力学数据和原理的指导将会使结论更为可靠。当今的化学工业离不开计算机。在计算机流程模拟系统中，有关物性计算的运行通常要占去机时的 80％左右，其中热力学物性数据的计算量达到 50％～80％。

1.4.2　教学目的

作为化学工程及相关专业的基础理论课，本课程特别强调基本概念、基本原理和基本方法的掌握。教学目标可具体地概括如下：

表 1/4-1　化工热力学与其他分支学科间的关系

层　次	学　科	内　容　举　例				
第1级： 物化性质与 基础模型	物性学与 化工热力学	热化学性质： 热容、相变热、 标准反应焓、标准 生成 Gibbs 函数等	pVT 性质：正常 沸点、蒸气压、临界 温度、临界压力、 临界摩尔体积等	传递性质：黏度、 表面张力、 热导率等	热力学状态函数 与性质：焓、熵、 Gibbs 函数、逸度 系数、活度系数等	
第2级： 平衡计算	化工热力学	化学平衡	相平衡	能量平衡	㶲平衡	物料平衡
第3级： "三传一反"	传递过程与 反应工程	反应速率计算	传质计算	传热计算	流体力学计算	
第4级： 设备设计与选型	过程模拟与 化工机械	反应器设计	分离设备设计	换热器设计	动力与流体输送 设备选型	
第5级： 流程配置	系统工程学	反应系统模拟	分离系统模拟	换热系统模拟	能量转换 系统模拟	
第6级： 过程开发	工艺学与 系统工程学	全流程的最优化设计与控制				

① 掌握热力学基本定律，培养正确的认识论和辩证唯物论观点；

② 掌握热力学的研究方法，提倡实事求是、科学严谨，提倡理论联系实际；

③ 掌握热力学性质数据的获取方法（查阅文献、建立数学模型、利用实验数据等）与评价方法（基于热力学平衡理论和热力学一致性检验等）；

④ 掌握热力学原理的应用方法（针对化工生产中的相平衡和化学平衡问题、能量转换与利用问题，进行过程条件或系统特性的分析与计算）；

⑤ 培养节约能源、合理利用能源的观点。

1.5　学习辅助资料

(1) 附录：热力学性质资源

在附录里汇集了四个内容：A，单位换算与气体常数；B，常用热力学数据表；C，常用热力学性质图。作为练习，查阅这些内容，可以提高数据获取能力。

(2) 思考题与习题

思考题虽然不需要笔头完成，但是课后认真分析和讨论思考题可以更为全面地消化学习内容。习题都是经过挑选的，应尽量完成绝大部分，而且尽量独立地完成。当然，也可以根据需要，从其他参考书选择些题目进行练习。

(3) 程序资源

练习借助计算机程序解题，对于这门课程学习极为重要。本书教学中将可以使用专门的热力学性质计算程序 Therm 6.0 和㶲函数计算程序 Execal。根据具体问题要求，灵活地使用这些程序，几乎可以解决本课程的所有练习，以至达到更广泛的应用。当然，还可以从网络上找到一些程序，也可以自行借助 Mathcad®、Excel®等软件编程，以及利用 Origin®等软件进行分析。

(4) 学习参考资料

本书列出了编著时的主要参考文献，延伸到更广阔的知识与信息领域。其中一部分可以作为学习本书热力学原理的拓展材料，例如如下几本：

① 陈钟秀，顾飞燕．化工热力学．第 2 版．北京：化学工业出版社，1998.

② 陈钟秀，顾飞燕．化工热力学例题与习题．北京：化学工业出版社，1998.

③ Smith J M，Van Ness H C．Introduction to Chemical Engineering Thermodynamics．7th Ed．New York：McGraw-Hill Book Co.，2005.

④ Sandler S I．Chemical and Engineering Engineering．3rd Ed，New York：John Wiley & Sons，Inc，1999.

有些手册和数据集则可以作为查找各类热力学性质的数据资源。

第 2 章　流体的 pVT 关系

热力学性质如内能及焓，可用来计算工业过程上所需的功和热，而这些热力学性质，常可由体积、温度与压力的数据求得。pVT（压力/体积/温度）的数据，可以通过实验测定。由于在工程应用和科学研究中的重要性，至今已积累了大量纯物质及其混合物的 pVT 数据，特别像水、空气等一些常见流体，像氨、氟里昂等制冷工质。但测定数据是一项费时耗资的工作，测定所有流体的 pVT 数据显然是不现实的。目前许多常见纯流体，都能查到临界参数、正常沸点、饱和蒸气压等基础数据。可以通过这些信息来预测流体的 pVT 行为。这项工作是通过两条途径来完成的：状态方程和对应态原理。

本章的目的在于了解流体的 pVT 行为，并掌握流体的模型化方法，使人们能在缺乏实验数据的情况下，预估流体的 pVT 性质。本章将首先结合一系列相图介绍单组分流体的 pVT 行为，然后通过讨论均相流体 pVT 行为的模型化和单组分的汽液相平衡的模型，即蒸气压方程，引出状态方程的主题。接下来，分别讨论 virial 方程、立方型状态方程、状态方程的普遍化关联，并说明状态方程的选用方法。最后，将介绍饱和液体的体积关联式和气体混合物的 pVT 关系。

2.1　单组分流体的 pVT 行为

压力（p）、温度（T）和体积（V）是流体的热力学状态因变量。当压力、温度和体积一定时，其热力学状态是确定的。在一定条件下，流体的存在相（聚集态）的形式由其化学特性决定。Gibbs 相律可以给出流体居于一定状态时相的数目。

关于温度、压力和组成对平衡共存相的聚集态种类和数目的影响，相图可以给予直观的描述。单组分流体平面相图最容易构成，但是限于只有两个变量的连续变化。根据所强调的变量，为了指出其他变量的影响，可以固定这些变量中的一个或几个，而画出一系列的平面相图。例如，等温线、等压线或等浓度线。通过压力、温度和体积三个变量，可以构成单组分流体的立体的三维相图。借此可以进一步认识压力、温度和体积对流体热力学状态与性质的影响。

图 2/1-1(a) 是纯物质的三维相图。其中，图 2/1-1(b) 是图 2/1-1(a) 的中心部分，以及自该部分取一定层面，向三个方向上的投影可形成的二维相图，即图 2/1-1(b) 的 p-T 图（Ⅰ）、p-V 图（Ⅱ）和 T-V 图（Ⅲ）。

（1）p-T 图、三相点与流体基本聚集态

如图 2/1-2 为纯物质的 p-T 图。图中 1-2 及 2-C 二段曲线表示压力对温度的关系。此图中的第三条线 2-3 表示固液两相的平衡关系。这三条曲线，表示了二相共存时的 p 与 T 的条件，也是单相区域的边界曲线。1-2 是升华曲线，分隔固相与气相区域；2-3 是熔解曲线，分隔固相与液相区域；2-C 是蒸发曲线，分隔液相与气相区域。这三条曲线相交于**三相点**（**triple point**），在此点三相平衡共存。由 Gibbs 相律可知，三相点的自由度为零（$F=0$），是一个不变的点，在二相平衡曲线上的自由度为 $1(F=1)$，而在单相区的自由度为 $2(F=2)$。表 2/1-1 列出了部分物质三相点的温度与压力。

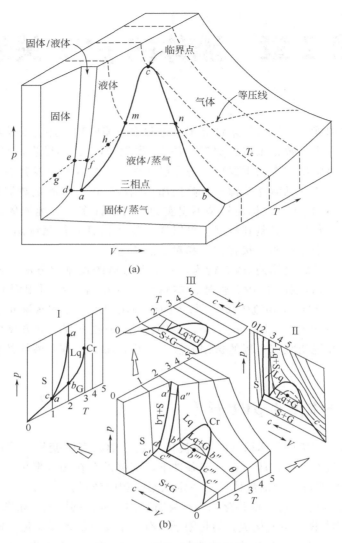

图 2/1-1　纯物质的三维相图

表 2/1-1　部分物质三相点的温度与压力

物质	He	H₂	O₂	N₂	NH₃	CO₂	H₂O
T/K	2.17	13.84	54.36	63.18	195.4	216.55	273.16
p/kPa	5.1	7.1	0.2	12.6	6.2	516.8	0.611

2-C 所表示的蒸发曲线终止于 C 点，即**临界点（critical point）**，此点所对应的温度为临界温度 T_c，压力为临界压力 p_c，它们是纯物质汽液两相可平衡共存的最高温度与压力。

均相流体常被区分为液体及气体，然而这样的区分也并非完全的明显，因为在临界点时这两相便不可分辨。图 2/1-2 中由 A 点到 B 点的路径，即表示不跨越相边界而由液相改变到气相的过程，此时由液相改变至气相是一个渐进的过程。另一方面，跨越相边界 2-C 的路径包含了蒸发的步骤，其中含有自液相到气相的不连续变化。

在图 2/1-2 中位于温度高于 T_c 且压力高于 p_c 的虚线区域，并未含有相边界，也不受所谓液相或气相这些文字意义的限制。人们对于液相的定义是它可在恒温下，随着降低压力而汽化，而气相的定义则是可在恒压下，随着降温而液化。在图 2/1-2 虚线区域中不会发生这两种情况，因此这个区域称为**流体区域**（**fluid region**）。而本书中所谓的"流体"指的是广义概念上，处于气相、液相以及流体相物质的统称。

气相（**gas phase**）区域又可被图 2/1-2 的垂直虚线分割为两部分。左侧部分可由恒温下的压缩或恒压下的冷却而凝结，故此区域称为**汽相**（**vapor phase**）。右侧的温度 $T>T_c$ 部分，包含流体区域，则称为**超临界**（**super-critical**）区域。

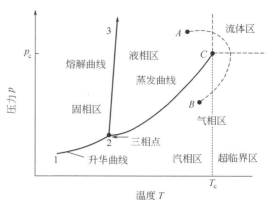

图 2/1-2 纯物质的 p-T 图

（2）p-V 图、流体的过冷、过热与液汽相平衡

图 2/1-2 中并未表示任何有关体积的信息，它只显示 p-T 图上的相边界。如图 2/1-3(a) 所示的 p-V 图，这些边界即是固相/液相，固相/汽相及液相/汽相在一定温度及压力下共同平衡存在的区域。在定 T 与 p 时，摩尔体积或比体积则决定于共存相的相对量。图 2/1-2 中的三相点变为一水平线，而三相平衡共存于某一定的温度及压力下。

图 2/1-3(b) 表示液相、液相/汽相与汽相的 p-V 相图，其中包含四条等温线。图 2/1-2 中的等温线是垂直线，而温度大于 T_c 的等温线，不会跨越相边界。在图 2/1-3(b) 中温度 $T>T_c$ 的等温线是平滑的曲线。

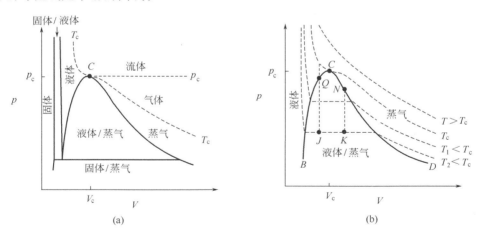

(a)　　　　　　　　　　　　　　(b)

图 2/1-3 纯物质的 p-V 图

T_1 及 T_2 两个等温线是低于临界温度曲线，并由三部分线段所构成。图 2/1-3(b) 中等温线的水平部分代表汽液两相平衡共存，其范围由左边的 100% 液相至右边 100% 的汽相。弧形区域 BCD 代表这些饱和汽相或液相的端点曲线，其中左边的 B 至 C 部分表示开始沸腾的饱和液相，而右边的 C 至 D 部分表示开始液化的饱和汽相。等温线上的水平部分位于一个特别的饱和蒸气压力，此压力值可由图 2/1-3 中等温线交于蒸发曲线的交点决定。

液汽两相共存区存在于 BCD 弧形区域之内，而**过冷**（**super-cooled**）液体及**过热**

（**super-heated**）蒸气则存在于此弧形区域的左右两侧。在一定压力下，过冷液体可存在于沸点温度以下，而过热蒸气可存在于沸点温度以上。过冷液体区域等温线的斜率很大，因为液体的体积几乎不随压力而变。两相区中的等温线宽度随温度上升而变窄，直到临界点 C 时消失。T_c 的等温线在临界点正好有一个反曲点，在临界点因汽液两相的性质相同，而使两相无法区分。

图 2/1-4 是异戊烷的 p-V 图。图中由实验点构成的一系列等温线很明显。右上方绘出了相应的 p-T 图。可见，从过热蒸气的状态点 a 出发，达到过冷液体的状态点 d，可以是经过均相的途径（$a \rightarrow b \rightarrow c \rightarrow d$），也可以是经过非均相的途径（$a \rightarrow b' \rightarrow c' \rightarrow d$）到达。

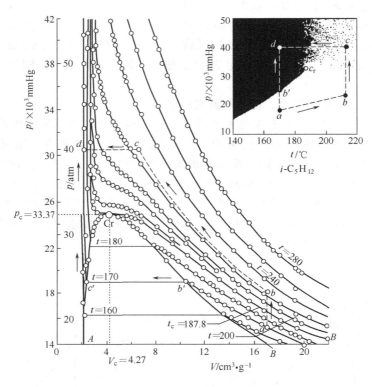

图 2/1-4　异戊烷的 p-V 图
1mmHg＝133.322Pa

（3） p-T 图、临界现象

可以借助观察纯流体在体积恒定的封闭试管中加热后所发生的改变来分析临界点的特性。图 2/1-3（b）中的垂直虚线表示这类过程。另外，图 2/1-5 的 p-T 图也可以用来分析，图中实线表示蒸气压曲线，即图 2/1-2 中的蒸发过程线。而虚线表示单相区的等容过程。若试管中填充液体或气体，则加热后所发生的改变会沿着虚线变化，即过冷的液体会由 E 点改变到 F 点，而过热的蒸气会由 G 点改变到 H 点。这些变化对应于图 2/1-3（b）中，位于 BCD 曲线左方及右方的垂直线。

若试管中只是部分充满液体，而其余是与它达成相平衡的蒸气，加热开始时所发生的改变，可由图 2/1-5 中实线所代表的蒸气压曲线表示。当过程的变化如图 2/1-3（b）中 JQ 虚线所表示时，液面起初位于试管的上方（J 点所示），加热时液体膨胀直到充满试管（如 Q 点所示）。这个过程，对应于图 2/1-5 中（J，K）点至 Q 点的路径，然后系统沿着 V_2^1 的等容线继续加热。

图 2/1-3（b）中所表示的 KN 虚线，表示试管中的液面原来位于试管的下方（K 点）。由于加热而使液体汽化，使液面降至试管的底部（如 N 点所示）。这个过程，对应于图 2/1-5 中（J，K）点至 N 点的路径，然后系统沿着 V_2^{v} 的等容线继续加热。

若试管内所充液体的液面位于试管中部的某个特定高度，使得加热的过程沿着图 2/1-3（b）中垂直线的路径进行，并且通过临界点 C。实际上加热并未使得液面位置发生很大的变化，当临界点达到时，汽液相界面逐渐分不清楚，然后变得模糊以致最后消失。对应于图 2/1-5，此过程起先沿着蒸气压曲线的路径进行，由（J，K）点至临界点 C，再进入单相流体区域，沿着流体临界摩尔体积 V_{c} 的等容线进行。

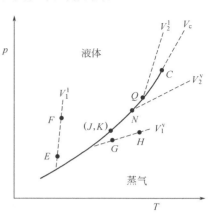

图 2/1-5　纯物质蒸气压的 p-T 相图
（蒸气压曲线及单相区内的等容线）

尽管不同的流体在相图上有不同的描述，但是，流体的 pVT 行为存在共性规律。而且，p、V 和 T 是可以直接测定的量，掌握它们之间的联系规律，有助于进一步研究流体的其他热力学性质。例如流体的焓、熵以及汽液平衡关系等。

2.2　均相流体 pVT 行为的模型化

2.2.1　状态方程与不可压缩流体

观察图 2/1-3（b），在单相区内纯物质的 pVT 行为可以用下列函数描述

$$f(p,V,T)=0 \tag{2/2-1}$$

此函数称为**状态方程**（**equation of state**），它表示纯均匀流体在平衡状态下的压力、摩尔体积❶与温度的关系。

可利用状态方程式，以 p、V 和 T 三者中的任两个变量求解出第三个变量。例如可用 T 与 p 的函数来表示 V，即 $V=V$（T，p），并且

$$\mathrm{d}V=\left(\frac{\partial V}{\partial T}\right)_p\mathrm{d}T+\left(\frac{\partial V}{\partial p}\right)_T\mathrm{d}p \tag{2/2-2}$$

上述方程式中的偏微分项具有一定的物理意义，它们与液体的两个常见物性有关。一个是**体积膨胀系数**（**volume expansivity**），被定义为

$$\boxed{\beta\equiv\frac{1}{V}\left(\frac{\partial V}{\partial T}\right)_p} \tag{2/2-3}$$

另一个是**等温压缩系数**（**isothermal compressibility**），被定义为

$$\boxed{\kappa\equiv\frac{-1}{V}\left(\frac{\partial V}{\partial p}\right)_T} \tag{2/2-4}$$

合并式（2/2-2）～式（2/2-4），可得

---

❶　作为摩尔热力学性质的标准书写形式，需要加注摩尔热力学性质脚标"m"。例如摩尔体积应该写成"V_{m}"。然而为了简化书写，本书均略去了摩尔热力学性质的脚标。

$$\frac{dV}{V}=\beta dT-\kappa dp \tag{2/2-5}$$

由图 2/1-4 可知，在液相区中各等温线相距很近，且斜率很陡。因此 $(\partial V/\partial p)_T$ 及 $(\partial V/\partial T)_p$，即 β 与 κ 的数值都很小。对于临界压力以上的液体，在流体力学上通常可认为是**不可压缩流体**（incompressible fluid），并将此状态下的 β 与 κ 值视为零。虽然，实际上没有一种流体是不可压缩的，但出于实用的目的，这一简化提供了有用的实用液体模型。因为不可压缩流体的 V 不是 T 与 p 的函数。所以，对不可压缩流体来说，不存在真正意义的状态方程式。

液体的 β 值几乎皆为正值（$0\sim4℃$ 的水除外），且 κ 也是正值。若非靠近临界点附近，β 及 κ 皆不随温度及压力而明显改变，因此当 T 及 p 仅有微小改变时，将 β 及 κ 视为常数也不致引起太大误差。将式（2/2-5）积分可得

$$\ln\frac{V_2}{V_1}=\beta(T_2-T_1)-\kappa(p_2-p_1) \tag{2/2-6}$$

比起假设液体为不可压缩流体的概念，此式做出的描述更接近真实流体的行为。

例 2/2-1：

已知 20℃ 及 0.1MPa（1bar）的液体丙酮有

$\beta=1.487\times10^{-3}℃^{-1}$　　　$\kappa=62\times10^{-6}bar^{-1}$　　　$V^L=1.287\ cm^3\cdot g^{-1}$

试求：

(a) $(\partial p/\partial T)_V$ 的数值；

(b) 丙酮由 20℃、1bar 等容加热至 30℃ 时的压力；

(c) 丙酮由 20℃、1bar 改变至 0℃、10bar 时的体积变化。

解 2/2-1：

(a) 可以利用式（2/2-5）求出 $(\partial p/\partial T)_V$ 的数值，因 V 为常数，故 $dV=0$。

$$\beta dT-\kappa dp=0 \quad (V\ 为常数)$$

即

$$\left(\frac{\partial p}{\partial T}\right)_V=\frac{\beta}{\kappa}=\frac{1.487\times10^{-3}}{62\times10^{-6}}=24\ bar\cdot℃^{-1}$$

(b) 在温度差为 10℃ 的范围内，可将 β 及 κ 值视为定值，因此在 (a) 部分等容条件下所得公式可写为

$$\Delta p=(\beta/\kappa)\Delta T=24\times10=240\ bar$$

且

$$p_2=p_1+\Delta p=1+240=241\ bar$$

(c) 直接应用式（2/2-6）可得

$$\ln\frac{V_2}{V_1}=1.487\times10^{-3}\times(-20)-62\times10^{-6}\times9=-0.0303$$

即

$$V_2/V_1=0.9702$$

而且

$$V_2=0.9702\times1.287=1.249\ cm^3\cdot g^{-1}$$

所以

$$\Delta V = 1.249 - 1.287 = -0.038 \text{ cm}^3 \cdot \text{g}^{-1}$$

2.2.2　气体的非理想性及其修正

(1) 气体的非理想性

三百多年以前，人们通过对气体 pVT 性质的研究，提出了最简单的状态方程——理想气体定律，即

$$pV = RT \qquad (2/2-7)$$

理想气体定律奠定了研究流体 pVT 关系的基础。实际上，自然界中不存在理想气体，它只是人为规定的概念模型。理想气体定律假设可以忽略气体分子间的作用力，而且可以忽略分子本身所占有的体积。显然，没有一种真实气体能够满足这一条件。

分子的大小、形状和结构确定了它们之间的作用力和最终的 pVT 行为，是造成气体非理想性的基本原因。引力使分子结合在一起，斥力使分子分开。前者在分子距离较大时起作用，后者在近距离范围内有影响。根据分子的电性质和化学键的作用，可以认识物质分子之间作用力的大小程度。例如，**偶极矩**（dipole moment）和**氢键**（hydrogen bond）的概念。

所谓偶极矩，即两个电荷中一个电荷的电量与两电荷之间距离的乘积。可用以表示一个分子极性的大小。如果一个分子中的正电荷与负电荷排列不对称，就会引起电性不对称，因而分子的一部分呈较显著的阳性，另一部分呈较显著的阴性。这些分子能互相吸引而变成较大的分子。附录 B1 给出了部分物质偶极矩数值。

化合物分子中，凡是和电负性较大的原子相连的氢原子都有可能再和同一分子或另一分子内的另一电负性较大的原子相连接，由此形成的化学键称之为氢键。与普通化学键不同，氢键较长而键能较小，容易遭到破坏，因此通常将氢键归入分子间力的范畴。能形成氢键的原子（例如 N、O、F 等）都具有较小的原子半径和未共用的电子对。水、乙醇、醋酸等化合物的分子缔合现象的形成，大部分是由于氢键，小部分就是由于偶极矩。根据分子之间作用力程度，可以给出真实气体的简单分类。

① 电中性和**对称性的**（symmetrical），通常为**非极性分子**（non-polar molecular）。

② 电中性而非对称的，即具有偶极矩的，称为极性分子。附录中表 B1 可以查到部分物质的偶极矩值。偶极矩的单位为德拜（debye）。1debye 等于 10^{-18} 静电单位（esu），或等于 3.33565×10^{-30} C·m。

③ 有**剩余价**（residual valency）的，可在同种物质的分子之间或与其他相似结构情况的分子之间产生**缔合作用**（associated action）或氢键作用。在所有分子中都存在斥力和引力，但在缔合分子和极性分子中，它们以不寻常的形式出现。

(2) 压缩因子

可以用**压缩因子**（compressibility factor）来描述真实气体对理想气体的偏差

$$Z \equiv \frac{pV}{RT} \qquad (2/2-8)$$

理想气体的 Z 等于 1，而真实气体的 Z 可能大于 1，也可能小于 1。图 2/2-1 以部分常见气体为例，描述了这一规律。可以发现，在极低的压力下，真实气体的 pVT 行为接近理想气体定律，可以当成理想气体处理。

能否适用理想气体状态方程，视气体是否容易液化而异。一般地讲，容易液化的气体，如 NH_3、SO_2 等，低温时即使在 0.1MPa 下，作为理想气体处理，已有明显偏差。而难于

液化的气体，如 N_2、H_2、O_2 等，在常温时 1MPa 下产生的偏差也不大。

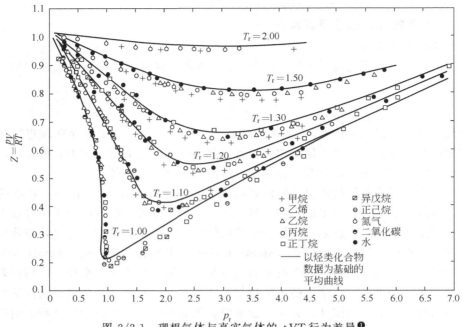

图 2/2-1 理想气体与真实气体的 pVT 行为差异 ❶

需要指出，研究理想气体状态方程的实用意义首先在于，它是所有真实气体状态方程的归一化的标准。它可以衡量真实气体状态方程是否正确。因为任何真实气体，在压力趋于零时都应该服从理想气体定律。所以，任何正确的真实气体状态方程，在零压下的形式应与理想气体定律一致。其次，它可以用于实际问题的简化计算。在工程计算的一些要求精度不高或是半定量的分析中，它的介入可使问题大为简便。另外，它还可以作为复杂的计算程序中的初值。无论是为了获得正确的计算结果，还是为了简化步骤，这都很有意义。

（3）对应状态原理与偏心因子

在相同的温度、压力下，不同气体的压缩因子是不相等的。若令

$$T_r = \frac{T}{T_c} \qquad p_r = \frac{p}{p_c} \qquad V_r = \frac{V}{V_c} = \frac{1}{\rho_r} \qquad (2/2\text{-}9)$$

式中，T_r、p_r、V_r 和 ρ_r 分别称为对比温度、对比压力、对比体积和对比密度。

对应状态原理（theorem of corresponding state） 认为，在相同的对比温度、对比压力下，不同气体的压缩因子可近似相等。借助对应状态原理可以使真实气体状态方程变成**普遍化的关联形式（general correlation）**。这指的是方程中没有反映气体特征的待定常数，对于任何气体均适用的状态方程。关联式中的参数为 T_r、p_r 和 V_r，即

$$f(p_r, V_r, T_r) = 0 \qquad (2/2\text{-}10)$$

实验证明，对应状态原理并非严格正确，只是一个近似的关系。如果将式（2/2-9）与式（2/2-8）结合，则

$$p_r V_r = \frac{ZRT_c}{p_c V_c} T_r \qquad (2/2\text{-}11a)$$

或

---

❶ Sandler S I. Chemical and Engineering Thermodynamics. 3rd Ed. New York：John Wiley & Sons，Inc.，1999.

$$p_r V_r = \frac{Z}{Z_c} T_r \tag{2/2-11b}$$

故

$$Z = f(p_r, T_r, Z_c) \tag{2/2-12}$$

由式(2/2-12)可以看出，各种气体的 T_r、p_r 相等并不能保证 Z 也相等。严格地说，只有在 Z_c 同时也相等的条件下，对应状态原理才能成立。实际上，多数物质的临界压缩因子在 0.2～0.3 的范围内变动，有的甚至更大，不是一个常数（可以参见附录表 B1 中纯物质的临界性质）。

对应状态原理由两个对比性质作为评价参数，得到近似结果。为了提高对应状态原理的精确度，人们提出了引入第三参数的设想。A. L. Lydersen 等人（1955 年）曾提出直接以 Z_c 作为第三参数。但由于 Z_c 是通过实测 T_c、p_c 和 V_c，进而计算得到的。其中 V_c 的测定难于得到精准数据。因此，考虑别的方法更为有效。

K. S. Pitzer 研究物质的饱和蒸气压发现，对比饱和蒸气压的对数与对比温度的倒数呈下列线性关系

$$\lg p_r^s = a\left(1 - \frac{1}{T_r}\right) \tag{2/2-13}$$

式中，对比饱和蒸气压为

$$p_r^s = \frac{p^s}{p_c} \tag{2/2-14}$$

Pitzer 指出，如果用变量 $\lg p_r^s$ 对 $1/T_r$ 作图，则单质 Ar、Kr、Xe 的 $\lg p_r^s$ 数值落在同一条线上（见图 2/2-2）。在 $T_r = 0.7$ 处，变量 $\lg p_r^s$（Ar, Ke, Xe）$= -1$。于是，他将 $T_r = 0.7$ 时，变量 $\lg p_r^s$（Ar, Ke, Xe）与任意流体 i 的变量 $\lg p_r^s(i)$ 之间的差值，定义为**偏心因子 (acentric factor)**，记作

$$\boxed{\omega_i \equiv \lg p_r^s(\mathrm{Ar, Ke, Xe}) - \lg p_r^s(i) \quad (T_r = 0.7)} \tag{2/2-15a}$$

或

$$\omega_i = -1 - \lg p_r^s(i) \quad (T_r = 0.7) \tag{2/2-15b}$$

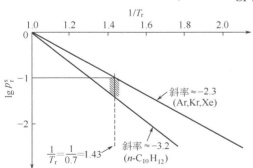

图 2/2-2 对比饱和蒸气压与对比温度的关系

因为蒸气压比临界性质更易测准，所以以 ω 作为第三参数，比以 Z_c 作为第三参数更优越。尤其是对于烃类物质，计算结果与实验数据吻合较好。如果不在临界区，通常计算值与实验值相差在 1% 以内。

按照偏心因子的定义，Ar、Kr、Xe 等简单球形分子的偏心因子等于零。其他物质的 ω 数值，通常可以由手册中查出，附录 B1 中列出了部分物质的偏心因子数据。另外，也可以利用该物质的蒸气压数据计算。

W. C. Edmister 曾提出偏心因子近似估算式

$$\omega_i = \frac{3}{7}\left[\lg p_c \bigg/ \left(\frac{T_c}{T_b} - 1\right)\right] - 1 \tag{2/2-16}$$

式中，p_c 的单位为 atm。

对于例如 H_2、He 和 Ne 等**量子气体 (quantum gases)**，不具有与**正规流体 (normal fluid)**

相同的对应状态行为。处理这类气体的模型可以采用与温度有关的有效临界参数的方法[❶]。如果是 H_2，可有

$$T_c = \frac{43.6}{1 + \dfrac{28.1}{2.016T}} \tag{2/2-17}$$

$$p_c = \frac{20.5}{1 + \dfrac{44.2}{2.016T}} \tag{2/2-18}$$

$$V_c = \frac{51.5}{1 + \dfrac{9.91}{2.016T}} \tag{2/2-19}$$

式中，T_c 的单位为 K；p_c 的单位为 bar；V_c 的单位为 $cm^3 \cdot mol^{-1}$。使用这些气体的有效临界参数时，须令其偏心因子为零。

2.3　单组分的汽液相平衡的模型：蒸气压方程

在 2.1 节中曾讨论汽液两相平衡时的 pVT 行为。单组分的体系中汽液两相平衡的状态点是比较规整和对称的。如果将物理化学中讲过的 Clapeyron-Clausius 方程应用于单组分体系的汽液相平衡，可以得到

$$\frac{\mathrm{d}\ln p}{\mathrm{d}T} = \frac{\Delta_{vap}H}{RT^2} \tag{2/3-1}$$

此式称为 Clapeyron 方程，亦可写成

$$\frac{\mathrm{d}\ln p^s}{\mathrm{d}(1/T)} = -\frac{\Delta_{vap}H}{R} \tag{2/3-2}$$

若令

$$B = \frac{\Delta_{vap}H}{R}$$

积分式(2/3-2) 有

$$\ln p^s = A - \frac{B}{T} \tag{2/3-3}$$

此式描述了温度对饱和蒸气压的影响，称此类方程为蒸气压方程，用以描述单组分汽液平衡关系，它的应用非常广泛。在比较大的温度范围内式(2/3-3) 并不严格成立。工程上更多的是用 Antoine 方程，它是式(2/3-3) 的实用改进形式，即

$$\ln p^s = A - \frac{B}{T+C} \tag{2/3-4}$$

式中，常数可由附录 B1 查取，通常这些常数都是来自实验数据的拟合值，所以有相当高的精度。在各种蒸气压模型中，这是一个十分常用的形式。使用时，需要特别注意 Antoine 方程中各个变量的单位和方程适用的温度范围，因为不同的手册可能会有一定的差异。

当查不到 Antoine 方程常数时，可以利用 T_r、p_r 和 ω，选择 Pitzer 关联的下述蒸气压

---

❶ Prausnits J M, Lichtenthaler R N, de Azevedo E G. Molecular Thermodynamics of Fluid-Phase Equilibria. 3rd. NJ: Prentice Hall PTR, 1999: 172-173.

方程在计算正常沸点 T_b 与临界温度 T_c 之间的蒸气压，其精度在 $1\%\sim2\%$

$$\ln p_r^s = f^{(0)}(T_r) + \omega f^{(1)}(T_r)$$

Pitzer 曾给出过一个查取参数 $f^{(0)}(T_r)$ 和 $f^{(1)}(T_r)$ 的表，但是 Lee-Kesler 的解析式似乎更方便

$$f^{(0)}(T_r) = 5.92714 - \frac{6.09648}{T_r} - 1.28862\ln T_r + 0.169347 T_r^6$$

$$f^{(1)}(T_r) = 15.2518 - \frac{15.6875}{T_r} - 13.4721\ln T_r + 0.43577 T_r^6$$

例 2/3-1：

试用 Antoine 方程和 Lee-Kesler 的解析式分别计算丙酮在 273.15K 时的蒸气压。已知实验值为 9401.0Pa。

解 2/3-1：

（a）采用 Antoine 方程计算

查得有效温度范围为 $241\sim350$K 的 Antoine 常数为

$$A = 16.6513 \quad B = 2940.46 \quad C = -35.93$$

代入 Antoine 方程，得

$$\ln p^s = A - \frac{B}{T+C}$$

$$= 16.6513 - \frac{2940.46}{273.15 - 35.93} = 4.256$$

则 273.15K 时的蒸气压为

$$p^s = 70.527 \text{mmHg} = 9402.7 \text{Pa}$$

与实验值完全相同。

（b）采用 Lee-Kesler 的解析式计算

查得丙酮的性质

$$T_c = 508.1 \text{K}, \quad p_c = 4.701 \text{MPa}, \quad \omega = 0.309$$

得

$$T_r = \frac{T}{T_c} = \frac{273.15}{508.1} = 0.53759$$

将 $T_r = 0.53759$ 代入 Lee-Kesler 的解析式得

$$f^{(0)}(T_r) = 5.92714 - \frac{6.09648}{0.53759} - 1.28862 \times \ln 0.53759 + 0.169347 \times 0.53759^6$$

$$= -4.60935$$

$$f^{(0)}(T_r) = 15.2518 - \frac{15.6875}{0.53759} - 13.4721 \times \ln 0.53759 + 0.43577 \times 0.53759^6$$

$$= -5.55723$$

代入 Pitzer 蒸气压方程，得

$$\ln p_r^s = f^{(0)}(T_r) + \omega f^{(0)}(T_r)$$

$$= -4.60935 + 0.309 \times (-5.55723) = -6.32653$$

解出

$$p_r^s = 0.001788$$

则 273.15K 时的蒸气压为

$$p^s = p_r^s p_c = 0.001788 \times 4.701 \times 10^6 = 8405.4 \text{Pa}$$

与实验值 9401.0 比较，计算的相对误差为 10.58%。

2.4 virial 方程

2.4.1 方程基本形式

Thiesen（1885）最初提出 virial 方程，而后由 Onnes（1901 年）进行了修改。"virial"一词来自拉丁文，原意是力。virial 方程的基本形式是

$$Z = 1 + B\left(\frac{p}{RT}\right) + (C - B^2)\left(\frac{p}{RT}\right)^2 + \cdots \tag{2/4-1a}$$

或

$$Z = 1 + \frac{B}{V} + \frac{C}{V^2} + \cdots \tag{2/4-1b}$$

式中，B、C 分别为方程系数。B 和 C 分别称为第二、第三 virial 系数。统计力学分析说明 virial 系数有物理意义，B 对应于分子对之间的相互作用，C 则表示三分子间的相互作用等。virial 方程的特殊理论价值，大大超出它的 pVT 解析关系方面的应用。例如，可以利用 virial 系数，描述气体的其他性质，如黏度、声速和热容等。

尽管阶数越高的 virial 系数对压缩因子 Z 的影响越小，但是，体系的压力越高，或要求精度越高，需要保留的项数也就越多。由于高阶 virial 系数难以获得，要求较高时则宜选用其他更为适宜的状态方程。

2.4.2 舍项方程

为了简化应用，一般可以酌情在系数 C 或 B 处截断，更常用的是 B 处的截断形式。这一形式又称作第二 virial 系数舍项方程

$$Z = \frac{pV}{RT} = 1 + \frac{B}{V} \tag{2/4-2a}$$

和

$$Z = 1 + \frac{Bp}{RT} \tag{2/4-2b}$$

等式两侧遍乘 RT/p，还可以得到

$$V = \frac{RT}{p} + B \tag{2/4-3}$$

在压力低于 1MPa，或在 $\rho \leqslant 0.5\rho_c$ 的密度范围内，以上各式均有相当精度。即使在 $0.5\rho_c \leqslant \rho \leqslant \rho_c$ 范围内，预测结果和实验数据也比较接近。可以理解，低压下三分子以上的相互作用概率十分低，只保留第二 virial 系数的舍项形式仅仅描述了气体分子对之间的相互作用下的 pVT 行为。

2.4.3 virial 系数的获取

理论上，给定物质的 virial 系数仅是温度的函数。如图 2/4-1 所示的部分纯物质第二

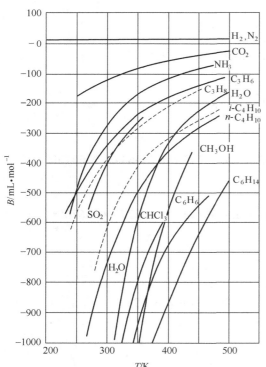

图 2/4-1 部分纯物质第二 virial 系数与温度的关系

virial 系数与温度的关系。通常，随着温度的升高，第二 virial 系数值也显著变大。

　　通常，查阅文献图是获得 virial 系数的重要途径。图 2/4-1 就是一个例子，借助类似的图可以得到给定温度下的第二 virial 系数。也可以从有关手册上获得具体实验数值[❶]。

　　另外，进行实验测定，甚至进行统计力学的推导，都可能获得 virial 系数。例如，由 pVT 数据的极限值可有

$$B = \lim_{\frac{1}{V} \to 0} \left(\frac{pV}{RT} - 1 \right) V \tag{2/4-4}$$

$$C = \lim_{\frac{1}{V} \to 0} \left[\left(\frac{pV}{RT} - 1 \right) V - B \right] V \tag{2/4-5}$$

利用等温下甲烷的 pVT 实验数据作图，如图 2/4-2，由纵轴上的截距可求第二 virial 系数 B，进一步由极限 $1/V \to 0$ 时的斜率即可定出第三 virial 系数 C。

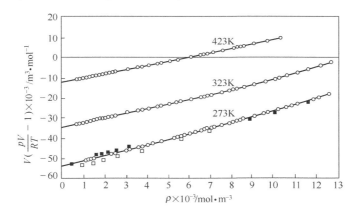

图 2/4-2　由甲烷的 pVT 数据确定第二、第三 virial 系数

例 2/4-1：

　　已知 SO_2 在 431 K 下，第二、第三 virial 系数分别为：

$$B = -0.159 \text{m}^3 \cdot \text{kmol}^{-1}$$

$$C = 9.0 \times 10^{-3} \text{m}^6 \cdot \text{kmol}^{-2}$$

试计算 SO_2 在 431K、1MPa 下的摩尔体积为多少？

解 2/4-1：

　　将 $p = 1 \times 10^6 \text{Pa}$，$R = 8.314 \times 10^3 \text{m}^3 \cdot \text{Pa} \cdot \text{kmol}^{-1} \cdot \text{K}^{-1}$，$B = -0.159 \text{m}^2 \cdot \text{kmol}^{-1}$，$C = 9.0 \times 10^{-3} \text{m}^6 \cdot \text{kmol}^{-2}$，$T = 431\text{K}$ 代入式（2/4-1b）中，整理得

$$0.279V^3 - V^2 + 0.159V - 9 \times 10^{-6} = 0$$

　　以迭代法求解，取理想气体状态方程计算初值为

$$V = RT/p = 3.58 \text{m}^3 \cdot \text{kmol}^{-1}$$

　　❶　Dymod J H，Smith E B．The virial Coefficients of Pure Gases and Mixtures．Oxford：Clarendon Press，1980：1-10．

得最终迭代结果，431 K、1MPa 时 SO_2 的体积为

$$V = 3.42 \text{m}^3 \cdot \text{kmol}^{-1}$$

2.5 立方型状态方程

作为一种描述流体 pVT 行为的模型，状态方程需要表示液相与汽相的性质，还须包含较广的温度与压力范围。另外，它的形式还也不宜太复杂，以免引起数值计算上的困难。

体积的三次方多项式形式的状态方程，可满足形式简单及适用性广泛的要求，这种立方型状态方程，也是同时可描述液相及汽相行为的最简单方程。

2.5.1 van der Waals 方程

最早的实用立方型状态方程是由 J. D. van der Waals 在 1873 年所提出的

$$\left(p + \frac{a}{V^2}\right)(V - b) = RT \qquad (2/5\text{-}1)$$

式中，a 称为引力参数；b 是斥力参数。b 又称为有效分子体积。van der Waals 从理论上认为 b 约为实际分子体积的 4 倍。当 a 及 b 皆为零时，此式则简化为理想气体方程。数值计算上，van der Waals 方程虽然不太准确，但是在分子引力、斥力、分子体积等因素对流体 pVT 性质影响的推理方面，给后人提供了十分重要的启示。

决定某特定的流体的 a 与 b 值后，即可在一定温度下求解 p 为 V 的函数，图 2/5-1 即是 pV 的相图，其中包括了 3 条等温线，并标示出饱和液体与蒸气的状态。$T_1 > T_c$ 这条等温线是随体积增加而简单下降的曲线。T_c 所表示的临界温度等温线包含一个位于 C 点的反曲点，它代表了临界点的特性。$T_2 < T_c$ 的等温线在液相区域随体积的增加而急速下降，通过饱和液相点后降至最低点，再升至最高点然后下降，通过饱和汽相点后进入汽相区域。

实验上，通常无法得到如此由饱和液相到饱和汽相平滑改变的曲线，在汽液两相共存区内，压力等于饱和蒸气压时有一水平线连接饱和液相与汽相，在此水平线上两相以不同的比率共存。这种现象在图 2/5-1 上以虚线表示，代表数学上不连续解析的部分。状态方程在两相区中做了部分不符实际状况的描述，但这也是状态方程无法避免的难处。

立方型状态方程具有三个体积的根，其中两个根可能为负数。具有物理意义的 V 值恒为正值，并且大于状态方程中的参数 b。当 $T \geq T_c$ 时，由图 2/5-1 可知在任何 p 值下都只有一个 V 的根。在临界等温线（$T = T_c$）上亦是如此，而在临界点时，V 的根等于 V_c。在 $T < T_c$ 时，随着不同的 p 值，体积可能有一或三个根。虽然这些体积根为实根且为正值，它们也可能只是代表位于饱和液体与饱和气体之间的非稳定状态。只有在 $p = p^s$ 时所解出的两个体积根，表示稳定状态的饱和液体体积 V^s（liq）与饱和气体体积 V^s（vap），这两个体积根在真实等温线上由水平线所连接。在其他压力时（如图 2/5-1 中位于 p^s 之上或之下的水平线），最小的体积根为液相或

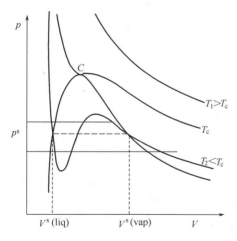

图 2/5-1 立方型状态方程的等温线

类似相的体积，而最大的体积根为汽相或类似汽相的体积，介于它们之间的第三个体积根是不具物理意义的。

2.5.2　几种常用的立方型状态方程及其普适形式

将 Z 表示为 T_r 与 p_r 函数的状态方程，称为普遍化的状态方程，因为它可广泛地应用于所有的气体及液体。任何一个状态方程，都可写成这样的形式，并对流体的物性进行一般化的回归，如此只需要有限的信息即可估算流体物性。由此建立二参数的对应状态原理关联式。例如，van der Walls 方程对比态形式为

$$\left(p_r+\frac{3}{V_r^2}\right)(3V_r-1)=8T_r \tag{2/5-2}$$

自从 van der Waals 方程被提出后，许多的立方型状态方程也陆续发表。在众多的立方型方程中，被工程界广泛采用的是 O. Redlich 和 J. N. S. Kwong 提出的 Redlich-Kwong（RK）方程（1949 年）以及基于 RK 方程的修正形式 Soave-Redlich-Kwong（SRK）方程（M. S. Graboski & T. E. Daubert，1979 年）、还有 Peng-Robinson（PR）方程（D.-Y. Peng & D. B. Robinson，1976 年）等。后两个方程甚至可用于液相。这些立方型方程都是下列方程的特别形式

$$p=\frac{RT}{V-b}-\frac{\theta(V-\eta)}{(V-b)(V^2+\kappa V+\lambda)} \tag{2/5-3}$$

式中，b、θ、κ、λ 及 η 等参数通常与温度及组分有关。虽然这个方程具有很大的弹性，但基本上仍限制于立方型的方程。当 $\eta=b$，$\theta=a$ 且 $\kappa=\lambda=0$ 时，上列方程简化为 van der Waals 方程。

由下列参数的设定，可将上述的立方型方程表示为重要的类型

$$\eta=b \quad \theta=a(T) \quad \kappa=(\varepsilon+\sigma)b \quad \lambda=\varepsilon\sigma b^2$$

由此，可改写成普适形式的立方型状态方程，若再设定适合的参数，则可简化成各种常用的状态方程

$$p=\frac{RT}{V-b}-\frac{a(T)}{(V+\varepsilon b)(V+\sigma b)} \tag{2/5-4}$$

对于特定状态方程而言，ε 及 σ 是常数，与物质种类无关，但 $a(T)$ 及 b 等参数，则随物质种类而变。与温度有关的函数 $a(T)$ 随各状态方程而变。对 van der Waals 方程而言，$a(T)=a$，是一个随物质而定的常数，且 $\varepsilon=\sigma=0$。

2.5.3　立方型方程参数的决定

状态方程中的参数，可由回归 pVT 数据求得，也可以由 T_c 及 p_c 估算。因为临界温度的等温线在临界点有一个水平拐点存在，可写出下列数学关系式

$$\left(\frac{\partial p}{\partial V}\right)_{Tcr}=\left(\frac{\partial^2 p}{\partial V^2}\right)_{Tcr}=0$$

式中，下标 cr 表示拐点。利用式(2/5-4)可求得上列二微分，并在 $p=p_c$，$T=T_c$ 且 $V=V_c$ 时令其为零。状态方程也可在临界点处写出，因此有 3 个方程及 p_c、V_c、T_c、$a(T_c)$ 及 b 等 5 个常数。有许多方法可处理这些方程。其中之一是将 V_c 消去，而以 T_c 及 p_c 表示 $a(T_c)$

及 b，因为 T_c 及 p_c 能较 V_c 可更准确地求得。

例 2/5-1：

以 van der Waals 方程为例说明求解状态方程参数。

解 2/5-1：

因为在临界点时三个体积根为 $V = V_c$

$$(V - V_c)^3 = 0$$

或

$$V^3 - 3V_cV^2 + 3V_c^2V - V_c^3 = 0 \tag{A}$$

式（2/5-1）可以多项展开为

$$V^3 - \left(b + \frac{RT_c}{p_c}\right)V^2 + \frac{a}{p_c}V - \frac{ab}{p_c} = 0 \tag{B}$$

式中，van der Waals 方程中的参数 a 是某特定物质的常数，不随温度而变。

比较式（A）与式（B）各项系数，并令它们相等可得

$$3V_c = b + \frac{RT_c}{p_c} \tag{C}$$

$$3V_c^2 = \frac{a}{p_c} \tag{D}$$

$$V_c^3 = \frac{ab}{p_c} \tag{E}$$

由式（D）解出 a，再与式（E）联合解出 b，可得

$$a = 3p_cV_c^2 \qquad b = \frac{1}{3}V_c$$

将 b 代入式（C）中可把 V_c 表示为 T_c 与 p_c 的函数，再代入 a 与 b 的表示式中，除去 V_c 项而得

$$V_c = \frac{3}{8}\frac{RT_c}{p_c} \qquad a = \frac{27}{64}\frac{R^2T_c^2}{p_c} \qquad b = \frac{1}{8}\frac{RT_c}{p_c}$$

虽然这些公式不一定求出最佳的结果，但它们提供了易于计算的方式，因而得到合理的数据，因为相较于 pVT 数据而言，临界温度及临界压力常可查得，或可作为较可靠的估算。

将 V_c 值代入计算压缩因子的公式可得

$$Z_c = \frac{p_cV_c}{RT_c} = \frac{3}{8}$$

若状态方程中两个参数表示为临界性质的函数，则对所有物质而言，都求得同一临界压缩因子 Z_c 值。每一个不同的状态方程，都可求得不同的 Z_c 值，如表 2/5-1 所示。然而，如此求得的 Z_c 值，与由实验数据 T_c、p_c 及 V_c 所计算得到的结果不同。实际上每一个物质都具有独特的 Z_c 值，如附录 B1 中所列，而各种物质实际的 Z_c 值皆小于表 2/5-1 中由任一状态方程所得之数值。

类似的方法可应用于式（2/5-4）所表示的普遍化立方型状态方程以求得参数 $a(T_c)$ 及 b。对 $a(T_c)$ 者而言

$$a(T_c) = \Psi\frac{R^2T_c^2}{p_c} \tag{2/5-5}$$

当温度处于临界温度之外的状态，可引进一个量纲为 1 的函数 $\alpha(T_r)$，并使此函数在临

界温度时恢复为 1。因此

$$a(T) = \Psi \frac{\alpha(T_r) R^2 T_c^2}{p_c} \qquad (2/5\text{-}6)$$

其中，$\alpha(T_r)$ 是因状态方程而改变的经验式。则参数 b 可表示为

$$b = \Omega \frac{RT_c}{p_c} \qquad (2/5\text{-}7)$$

在这些方程中 Ω 及 Ψ 为常数，与物质种类无关，随各种状态方程的形式，以及它们的 ε 与 σ 值而定。

近代立方型状态方程的发展，始于 1949 年所发表的 RK 方程

$$p = \frac{RT}{V-b} - \frac{a(T)}{V(V+b)} \qquad (2/5\text{-}8)$$

式中，$a(T)$ 以式 (2/5-6) 表示时，$\alpha(T_r) = T_r^{-1/2}$。

至于 SRK 方程及 PR 方程，都在 $\alpha(T_r, \omega)$ 函数中引用了偏心因子，加上这个参数后，即形成三参数的对应状态原理关联式。这四个状态方程中的参数 σ、ε、Ω 及 Ψ 的数值，均列于表 2/5-1 中。此表中还列出了 SRK 方程与 PR 方程中 $\alpha(T_r, \omega)$ 的函数形式。

表 2/5-1 状态方程中的参数值

状态方程	$\alpha(T_r)$	σ	ε	Ω	Ψ	Z_c
van der Waals	1	0	0	1/8	27/64	3/8
RK	$T_r^{-1/2}$	1	0	0.08664	0.42748	1/3
SRK	$\alpha_{SRK}(T_r, \omega)$[①]	1	0	0.08664	0.42748	1/3
PR	$\alpha_{PR}(T_r, \omega)$[②]	$1+\sqrt{2}$	$1-\sqrt{2}$	0.07779	0.45724	0.30740

① $\alpha_{SRK}(T_r, \omega) = [1 + (0.480 + 1.574\omega - 0.176\omega^2)(1 - T_r^{1/2})]^2$。

② $\alpha_{PR}(T_r, \omega) = [1 + (0.37464 + 1.54226\omega - 0.26992\omega^2)(1 - T_r^{1/2})]^2$。

2.5.4 立方型方程根的特征

数学上，立方型方程有可能得到三个根。但是处于有限的状态条件，方程的根各具特征。

当温度高于临界温度，即 $T > T_c$ 时，体系处于过热蒸气或超临界流体的状态，如图 2/5-2 中的 A 点，方程只能有一个实根。

当温度等于临界温度，即 $T = T_c$ 时，体系处于临界等温线上的状态点，如图 2/5-2 中的 B 点或 C 点（临界状态，此时 $V = V_c$），方程也只能有一个实根。

当温度低于临界温度，即 $T < T_c$ 时，方程可能产生三个根，但是其中有物理意义的实根是受到限制的，体系可能处于以下几种情况。

① 过冷液体状态，此时体系压力高于体系温度对应的饱和蒸气压 $p > p^s(T)$，数值较小的一个实根 $(V = V^l)$ 有意义，如图 2/5-2 中的 D 点。

② 饱和液体状态与饱和蒸气状态，此时 $p = p^s(T)$，存在两个实根 $(V = V^{s,l}$ 和 $V = V^{s,v})$，如图

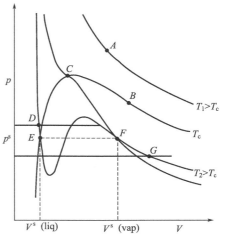

图 2/5-2 立方型方程根的特征

2/5-2 中的 E 点和 F 点。

③ 过热蒸气状态，此时 $p < p^s(T)$，如图 2/5-2 中的 G 点，数值较大的一个实根有意义。

在上述分析中，有时是一个虚根，有时是另外一个实根没有意义。

2.5.5 汽相及类似汽相体积的根

虽然对于普遍化的立方型状态方程，如式（2/5-4）所示，可直接求解三个体积的根，实际通常采用迭代法求解。为了便于求解，收敛方程可改写为更适合的形式。将式（2/5-4）乘以 $(V-b)/RT$ 可写成

$$V_{k+1} = \frac{RT}{p} + b - \frac{a(T)}{p} \frac{V_k - b}{(V_k + \varepsilon b)(V_k + \sigma b)} \tag{2/5-9}$$

求解 V 需用迭代法编程。因为是求汽相及类似汽相的体积根，所以首先可用理想气体的体积 $V_1 = RT/p$ 作为初值，在迭代过程中，此值代入式（2/5-9）的右边，求出式左侧的 V_{k+1} 值，再代入此式的右边，持续如此的程序直到体积改变量缩小到某限度为止。

式中的下标 k 表示迭代次数，利用 $V = ZRT/p$ 的关系代入式（2/5-9）中，可将此式转变为 Z 的方程，再利用下列两式的定义进行简化

$$\beta \equiv \frac{bp}{RT} \tag{2/5-10}$$

$$q \equiv \frac{a(T)}{bRT} \tag{2/5-11}$$

将式（2/5-10）和式（2/5-11）代入式（2/5-9）中可得

$$Z_{k+1} = 1 + \beta - q\beta \frac{Z_k - \beta}{(Z_k + \varepsilon\beta)(Z_k + \sigma\beta)} \tag{2/5-12}$$

利用式（2/5-10）与式（2/5-11），并联合式（2/5-6）与式（2/5-7）可得

$$\beta = \Omega \frac{p_r}{T_r} \tag{2/5-13}$$

$$q = \frac{\Psi\alpha(T_r)}{\Omega T_r} \tag{2/5-14}$$

以式（2/5-12）进行迭代计算时，首先令 $Z_1 = 1$ 并代入此式右边，计算出左边的 Z 值后再重新代回此式右边，直到达成收敛为止，由最后的 Z 值可计算出体积的根为 $V = ZRT/p$。

2.5.6 液相及类似液相体积的根

由式（2/5-9）中最右边项的分数的分子中，解出体积 V，并表示成下列形式

$$V_{k+1} = b + (V_k + \varepsilon b)(V_k + \sigma b) \left[\frac{RT + bp - V_k p}{a(T)} \right] \tag{2/5-15}$$

因为是求液相及类似液相的体积根，所以利用起始值 $V_1 = b$ 代入式（2/5-15）右边，在迭代收敛后可得到液相或类似液相的体积根。

由式（2/5-12）最右项的分子中，解出 Z 值，即可写出类似于式（2/2-12）的 Z 的方程

$$Z_{k+1} = \beta + (Z_k + \varepsilon\beta)(Z_k + \sigma\beta) \frac{1 + \beta - Z_k}{q\beta} \tag{2/5-16}$$

利用 $Z_1=\beta$ 为起始值，代入式（2/5-16）右边，迭代收敛后由所求得的 Z 值即可计算体积的根 $V=ZRT/p$。

例 2/5-2：

正丁烷在 350 K 时的蒸气压为 0.9457MPa，试用 RK 状态方程计算：（a）饱和汽相的摩尔体积；（b）饱和液相的摩尔体积。已知饱和汽相与液相的摩尔体积实验值分别为 2482cm³·mol⁻¹ 和 115.0cm³·mol⁻¹。

解 2/5-2：

由附录 B1 查得正丁烷的 T_c 及 p_c 值，并求得

$$T_r=\frac{350}{425.2}=0.8232 \quad p_r=\frac{0.9457}{3.799}=0.2489$$

由式（2/5-14）可求出参数 q，其中 RK 状态方程中的 Ω、Ψ 及 $\alpha(T_r)$ 值由表 2/5-1 中查得

$$q=\frac{\Psi T_r^{-1/2}}{\Omega T_r}=\frac{\Psi}{\Omega}T_r^{-3/2}=\frac{0.42748}{0.08664}\times(0.8232)^{-3/2}=6.6060$$

由式（2/5-13）可计算 β 值

$$\beta=\Omega\frac{p_r}{T_r}=\frac{0.08664\times0.2489}{0.8232}=0.026196$$

（a）对于饱和汽相

重写式（2/5-12）的 RK 方程式，并代入表 2/5-1 中的适当参数值 ε 及 σ

$$Z=1+\beta-q\beta\frac{Z-\beta}{Z(Z+\beta)}$$

利用 $Z=1$ 的起始值进行迭代，直到求得收敛结果 $Z=0.8305$，因此

$$V^v=\frac{ZRT}{p}=\frac{0.8305\times8.314\times350}{0.9457}=2555\text{cm}^3\cdot\text{mol}^{-1}$$

（b）对于饱和液相

重写式（2/5-16）的 RK 方程式，并代入表 2/5-1 中的适当参数值 ε 及 σ

$$Z_{k+1}=\beta+Z_k(Z_k+\beta)\left(\frac{1+\beta-Z_k}{q\beta}\right)$$

或

$$Z_{k+1}=0.026196+Z_k(Z_k+0.026196)\frac{1.026196-Z_k}{6.6060\times0.026196}$$

首先，将 $Z_1=\beta$ 代入上式右边，迭代计算后得到收敛值 $Z=0.04331$，因此

$$V^l=\frac{ZRT}{p}=\frac{0.04331\times8.314\times350}{0.9457}=133.3\text{cm}^3\cdot\text{mol}^{-1}$$

另外，为了比较计算结果，在例 2/5-2 的情况下，分别采用四种立方型状态方程所计算得到的 V^v 及 V^l 值列表如下：

项　　目	实验值	van der Waals	RK	SRK	PR
饱和汽相摩尔体积 V^v/cm³·mol⁻¹	2482	2667	2555	2520	2486
相对偏差/%	0	7.45	2.94	1.53	0.16
饱和液相摩尔体积 V^l/cm³·mol⁻¹	115.0	191.0	133.3	127.8	112.6
相对偏差/%	0	66.09	15.91	11.13	−2.09

可见，在计算饱和汽相摩尔体积方面 RK 方程、SRK 方程和 PR 方程都表现不错。PR 方程

不仅使饱和汽相的计算偏差最小，而且饱和液相的计算偏差也非常小。相比之下，其他方程的饱和液相计算结果都不理想，特别是 van der waals 方程。

2.6 状态方程的普遍化关联

2.6.1 Pitzer 的三参数普遍化关联式与 Edmister 的压缩因子图

pVT 性质关联的一个成功类型是以某种性质与参考物质性质的偏差为基础的工作。K. S. Pitzer等（1955～1958 年）提出了除了 T_r 和 p_r 以外，再包括偏心因子 ω 作为第三参数的压缩因子关联式

$$Z = Z^{(0)} + \omega Z^{(1)} + \omega^2 Z^{(2)} + \cdots \qquad (2/6\text{-}1)$$

实用上往往取此式的线性项截断形式

$$Z = Z^{(0)} + \omega Z^{(1)} \qquad (2/6\text{-}2)$$

式中，$Z^{(0)}$ 项对应描述"简单"流体，如氩的压缩因子。而另外的一项是对简单行为偏差的校正。

需要特别说明，为了书写简便，本书以下内容均将 Pitzer 模型中的上标括号略去。应用上，Z^0 和 Z^1 两者最初是以表的形式作为 T_r 和 p_r 的函数，以后由 W. C. Edmister（1958 年）制成图，并不断改进成如图 2/6-1、图 2/6-2 的形式。借助此图，式（2/6-2）中的参数 Z^0 和 Z^1 可分别基于 T_r 和 p_r，由图中查取。

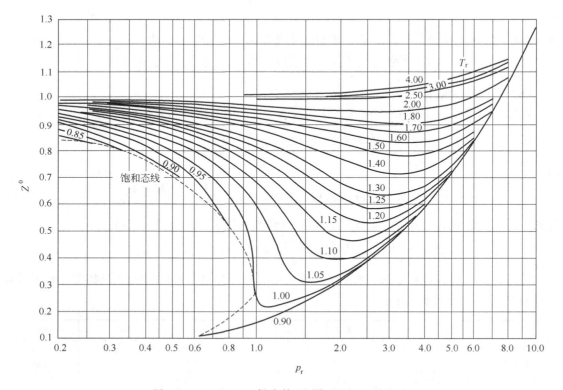

图 2/6-1 Edmister 提出的 Z^0 图（$T_r > 0.7$)(一)

然而，Pitzer 等人的这类图和表仅限于对比温度高于 0.7 时应用。尤其是这些表或图难

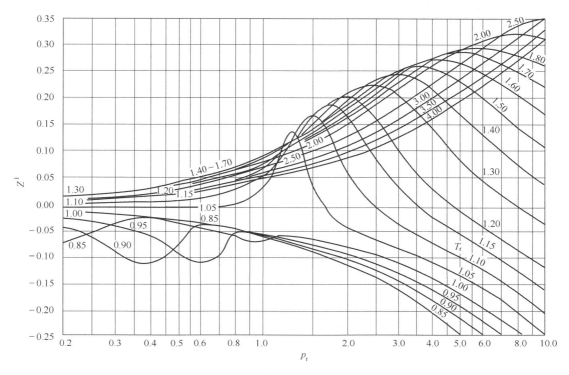

图 2/6-2 Edmister 提出的 Z^1 图 ($T_r > 0.7$)(二)

于与计算机沟通。在更多实用场合，Edmister 的三参数的压缩因子图已经被下面讨论的 Lee-Kesler 方程所代替。

2.6.2 Lee-Kesler 方程

B. I. Lee 和 M. G. Kesler（1975 年）认为，所有流体的性质都可以相对于两种物质——"简单"流体和"参考"流体来分析。若以甲烷、氩和氪为简单流体（Z^0），以正辛烷作为参考流体（Z^r），可将压缩因子改写为

$$Z = Z^0 + \frac{\omega}{\omega^r}(Z^r - Z^0) \tag{2/6-3}$$

若令

$$Z^1 = \frac{Z^r - Z^0}{\omega^r}$$

则

$$Z = Z^0 + \omega Z^1 \tag{2/6-4}$$

此式的实质形式与 Pitzer 关联式完全相同。而

$$\omega^r = 0.3978 \tag{2/6-5}$$

式中的数值为正辛烷的偏心因子。求解时采用以下式子

$$Z^i = \left(\frac{p_r V_r}{T_r}\right) = 1 + \frac{B}{V_r} + \frac{C}{V_r^2} + \frac{D}{V_r^5} + \frac{c_4}{T_r^3 V_r^2}\left(\beta + \frac{\gamma}{V_r^2}\right)\exp\left(-\frac{\gamma}{V_r^2}\right) \tag{2/6-6}$$

$$B = b_1 - \frac{b_2}{T_r} - \frac{b_3}{T_r^2} - \frac{b_4}{T_r^3} \tag{2/6-7a}$$

$$C = c_1 - \frac{c_2}{T_r} + \frac{c_3}{T_r^2} \tag{2/6-7b}$$

$$D=d_1+\frac{d_2}{T_r} \tag{2/6-7c}$$

式(2/6-6)、式(2/6-7a) ～式(2/6-7c) 中的常数列于表 2/6-1。式中的上标是分别对简单流体和参考流体而言。

在指定 T_r 和 P_r 下可以试差法求解。首先，利用式(2/6-6)、式(2/6-7a) ～式(2/6-7c)和表 2/6-1 的常数分别求出 V_r^0 和 V_r^r，然后求 Z^0 和 Z^r，再由式(2/6-4) 和式(2/6-5) 得到压缩因子 Z。实用的一种求解方便形式是整个用 $1/V_r=p_r/ZT_r$ 代替而得 Z。须注意，当 p_r 和 T_r 是常用的对比性质时，V_r 不是对比体积，而是

$$V_r^i=\frac{p_cV^i}{RT_c} \tag{2/6-8}$$

为便于手算，已利用这些方程制成表，在 $0.3 \leqslant T_r \leqslant 4$ 和 $0.01 \leqslant p_r \leqslant 10$ 范围内可以方便地直接查取。附录 B2 中给出了基于 Lee-Kesler 方程计算压缩因子的分项值表。式(2/6-4)中的 Z^0 和 Z^1 可分别基于 T_r 和 p_r，由表中查取。若求分项值介于表中两个数值之间，则需要插值。具体参考附录 B7 的数值内插的方法。另外，再设法获得偏心因子，即可由式(2/6-4) 计算出 Z。

Lee-Kesler 方程的形式很看起来复杂，但借助计算机可以从容处理。由于 Lee-Kesler 方程在许多场合计算精度相当高，工程计算中常常用到。它不仅可用于气相，同时也可用于液相。尤其对烃类体系的应用，在众多状态方程中它的实用评价相当高。

表 2/6-1 Lee-Kesler 方程常数

常　数	简单流体(0)	参考流体(1)	常　数	简单流体(0)	参考流体(1)
b_1	0.1181193	0.2026579	c_3	0	0.016901
b_2	0.265728	0.331511	c_4	0.042724	0.041577
b_3	0.154790	0.027655	$d_1\times10^{-4}$	0.155488	0.48736
b_4	0.030323	0.203488	$d_2\times10^{-4}$	0.623689	0.0740336
c_1	0.0236744	0.0313385	β	0.65392	1.226
c_2	0.0186984	0.0503618	γ	0.060167	0.03754

2.6.3　普遍化的第二 virial 系数

基于式(2/4-2b)，可有

$$Z=1+\frac{Bp}{RT}=1+\left(\frac{Bp_c}{RT_c}\right)\frac{p_r}{T_r} \tag{2/6-9}$$

因此，Pitzer 等人提出第二 virial 系数的下述形式

$$\frac{Bp_c}{RT_c}=B^0+\omega B^1 \tag{2/6-10}$$

合并上两式，可得

$$Z=1+B^0\ \frac{p_r}{T_r}+\omega B^1\ \frac{p_r}{T_r} \tag{2/6-11}$$

与式(2/6-2) 比较

$$Z^0=1+B^0\ \frac{p_r}{T_r} \qquad Z^1=B^1\ \frac{p_r}{T_r} \tag{2/6-12}$$

改写式(2/6-10)，有第二 virial 系数的普遍化关联

$$B=\frac{RT_c}{p_c}(B^0+\omega B^1) \tag{2/6-13}$$

式中的两个参数为

$$B^0 = 0.083 - \frac{0.422}{T_r^{1.6}}$$ (2/6-14a)

$$B^1 = 0.139 - \frac{0.172}{T_r^{4.2}}$$ (2/6-14b)

可以看出，这是 Pitzer 等人的三参数关联方法在 virial 方程的拓展。本来是取决于实验数据的第二 virial 系数，在这里被"普遍化"了。任何物质的第二 virial 系数可以借助临界性质和偏心因子计算，当然，它依然是体系温度的函数（隐含在对比温度中）。

根据 Pitzer 提出的式（2/6-11）和式（2/6-12），这一形式简单的第二 virial 系数方程只有在体系压力比较低的时候，当 Z^0 及 Z^1 约是对比压力的线性函数时能够成立。确切地，实用中还须考虑到它只有对于非极性气体才有比较好的普遍化关联结果。

例 2/6-1：

利用下列各方法，计算正丁烷在 510K 及 2.5MPa 时的摩尔体积：

（a）理想气体方程；

（b）普遍化的压缩因子关系；

（c）普遍化的 virial 系数关系。

解 2/6-1：

（a）根据理想气体方程

$$V = \frac{RT}{p} = \frac{8.314 \times 510}{2.5} = 1696.1 \text{cm}^3 \cdot \text{mol}^{-1}$$

（b）由附录 B1 的部分物质基本性质表查得正丁烷的

$$T_c = 425.2\text{K} \qquad p_c = 3.799\text{MPa} \qquad \omega = 0.193$$

$$T_r = \frac{510}{425.2} = 1.200 \qquad p_r = \frac{2.5}{3.799} = 0.658$$

从附录 B2 的 Lee-Kesler 方程压缩因子表，可以通过内差法查取，可以获得

$$Z^0 = 0.865 \qquad Z^1 = 0.038$$

由式（2/6-4），可得

$$Z = Z^0 + \omega Z^1 = 0.865 + 0.193 \times 0.038 = 0.872$$

且

$$V = \frac{ZRT}{p} = \frac{0.872 \times 8.314 \times 510}{2.5} = 1479.0 \text{cm}^3 \cdot \text{mol}^{-1}$$

（c）由普遍化的 virial 系数关系式（2/6-14）可得

$$B^0 = 0.083 - \frac{0.422}{T_r^{1.6}} = 0.083 - \frac{0.422}{1.2^{1.6}} = -0.232$$

$$B^1 = 0.139 - \frac{0.172}{T_r^{4.2}} = 0.139 - \frac{0.172}{1.2^{4.2}} = 0.059$$

由式（2/6-13）可得

$$B = \frac{RT_c}{p_c}(B^0 + \omega B^1)$$

$$= \frac{8.314 \times 425.2}{3.799}(-0.232 + 0.193 \times 0.059) = -205.29 \text{cm}^3 \cdot \text{mol}^{-1}$$

由式(2/4-3) 可得：

$$V = \frac{RT}{p} + B = \frac{8.314 \times 510}{2.5} - 205.29 = 1490.8 \text{cm}^3 \cdot \text{mol}^{-1}$$

例 2/6-2：

若将 0.454kmol 甲烷在 50℃储于 0.0566m³ 的容器内，其压力是多少？利用下列方程计算：

（a）理想气体方程；

（b）RK 方程；

（c）普遍化的压缩因子关系。

解 2/6-2：

$$V = \frac{nV}{n} = \frac{0.0566}{0.454} = 0.1247 \text{m}^3 \cdot \text{kmol}^{-1}$$

（a）由理想气体方程可得

$$p = \frac{RT}{V} = \frac{8.314 \times 10^3 \times (50 + 273.15)}{0.1247} = 21.55 \text{MPa}$$

（b）由 RK 方程所得的压力为

$$p = \frac{RT}{V-b} - \frac{a(T)}{V(V+b)}$$

$a(T)$ 及 b 可由式(2/5-6) 及式(2/5-7) 求得，其中式(2/5-6) 中，$\alpha(T_r) = T_r^{-1/2}$。

由附录 B1 的部分物质的基本性质表中，查得 T_c 及 p_c 值，由此得到

$$T_r = \frac{T}{T_c} = \frac{323.15}{190.6} = 1.695$$

$$a = 0.42748 \times \frac{(1.695)^{-1/2} \times (8.314 \times 10^3)^2 \times (190.6)^2}{4.6 \times 10^6} = 1.7924 \times 10^5 \text{Pa} \cdot \text{m}^6 \cdot \text{kmol}^{-2}$$

$$b = 0.08664 \times \frac{8.314 \times 10^3 \times 190.6}{4.6 \times 10^6} = 0.02985 \text{m}^3 \cdot \text{kmol}^{-1}$$

将这些数值代入 RK 方程中可得

$$p = \frac{8.314 \times 10^3 \times 323.15}{0.1247 - 0.02985} - \frac{1.7924 \times 10^5}{0.1247 \times (0.1247 + 0.02985)} = 19.03 \text{MPa}$$

（c）选用 Lee-Kesler 方程。因为 p_r 是未知，所以使用下式及迭代方法计算

$$p = \frac{ZRT}{V} = \frac{Z \times 8.314 \times 323.15}{124.7} = 21.545Z \text{ MPa}$$

因为 $p = p_c p_r = 4.6 p_r$，上式变为

$$Z = \frac{4.6 p_r}{21.545} = 0.2135 p_r$$

或

$$p_r = \frac{Z}{0.2135} \tag{A}$$

由式(2/6-4) 的 Lee-Kesler 方程

$$Z = Z^0 + \omega Z^1 \tag{B}$$

可假设一个 Z 的起始值如 $Z=1$，因此由式(A) 可求得 p_r 为 4.68，利用由附录 B1 的 Lee-Kesler 方程压缩因子分项值表中，在 $T_r = 0.695$ 时作内差估算得 Z^0 及 Z^1 的值，再利用式(B) 计算新的 Z 值，再进行迭代计算。直至收敛为止，最后的数值是 $Z = 0.890$ 且 $p_r = 4.14$。

$$p = \frac{ZRT}{V} = \frac{0.890 \times 8.314 \times 10^3 \times 323.15}{0.1247} = 19.18\text{MPa}$$

2.7　状态方程的选用

一个多世纪以来，已经公布了上百个真实流体状态方程，其中少数为纯理论方程，大部分为半理论半经验方程，也有一部分是由实验数据归纳的纯经验方程。目前文献报道的大多数状态方程，只适用于气相，但也有一些状态方程，不仅适用于气相，也可以描述液相的 pVT 行为。虽然，一些状态方程在理论和实际上有重要意义。但是，目前还没有一个状态方程能普遍适用于所有物质。不同方程通常具有一定的适用范围。针对一定的对象体系和计算精度要求，选用得当，才能获得满意的结果。一般地说，方程的复杂程度与计算结果的精度是相对应的，而针对性愈强其准确度也愈高。例如对于水和甲烷都有专用的状态方程。

由于状态方程的类型很多，而研究对象又各自具有特点，如何根据实际需要选择适宜的状态方程是状态方程应用中的基本问题。

一般的，可以有两种情况。如果有实验数据，则可以基于实验数据选择模型，可以通过考察不同的模型的相关性来确定它的适应性。如果没有实验数据，则需要考虑根据 pVT 关系的求解目标，考察研究对象的化学特性和聚集态条件。所谓求解目标，就是最终计算的是饱和液体的 pVT 性质，还是饱和蒸气的，或是气体的 pVT 性质。所谓聚集态条件，就是组分在给定的温度和压力条件下接近凝聚流体相态，例如液态或临界态的程度。而所谓化学特性则是在 2.2 节的讨论中所涉及的组分分子之间作用强度的概念。根据组分分子之间作用力的大小，可以把它们大致分成如下三种类型。

① 简单流体　组分分子之间作用力很小，甚至可以忽略。例如 He、N_2 等。

② 作用力一般的流体　组分分子为非极性分子，具有电中性或结构对称的特点。例如 CH_4 和多数烃类物质。

③ 作用力较强的　组分分子为极性分子，具有相当偶极矩值；或为缔合分子，具有因氢键等因素产生的分子间缔合现象。例如 Cl_2、CH_3OH 和 H_2O 等。

例如，当化学特性上分子间作用力较强，或温度较低而压力较高，使体系密度较高而接近液态，则需要考虑选择比较精确的状态方程，例如 PR 方程。反之，则可以选择简单些的，例如普遍化的第二 virial 系数关联式。

以上是定性的讨论，作为例子，图 2/7-1 可以用于状态方程选用时的定量分析，即可以借助图 2/7-1 决定在普遍化的第二 virial 系数关联式与 Lee-Kesler 关联式之中选择其一。

根据式(2/6-12) 和式(2/6-14)，以及 Lee-Kesler 关联式的压缩因子表，可以分别基于 T_r 及 p_r 计算出 Z^0 值。图 2/7-1 比较了两种方法的 Z^0 值之差。在此比较中，Z^1 对关联模型的影响被忽略不计。图中的点是 Lee-Kesler 关联式的计算结果，实线是普遍化的第二 virial 系数关联式的表述。通过比较计算，在虚线上方的 T_r 及 p_r 范围内，二者的差异在 2% 之内。就一般化关联公式的准确度来看，不超过 2% 的差异是不重要的。在 $T_r = 3$ 之上，几乎没有压力的限制。而在较低的 T_r 时，压力的范围随温度下降而减少。当 T_r 在 0.7 时，压力的范围为饱和压力，如图上最左侧的虚线。

换句话说，上述比较说明了利用此图进行判断的简单方法。若基于 T_r 及 p_r 在图中得到的 Z^0 数值点位于虚线上方区域，则表明两种算法无差别。相反，若位于虚线之外，则表明

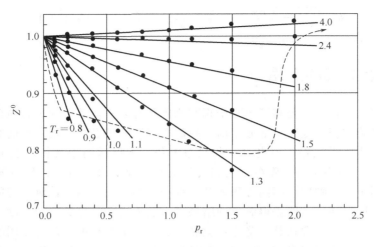

图 2/7-1 选择普遍化的方法时的 Z^0 值比较

不宜选用第二 virial 系数关联式。

另外，借助 Z^0 值也可以利用图 2/7-2 判断选择理想气体状态方程的合理性。同样是不

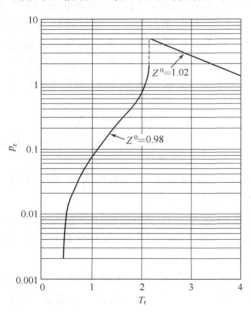

图 2/7-2 根据 Z^0 确认理想气体状态
方程的适用性

考虑 Z^1 对关联模型的影响。当 Z^0 处于图中 Z^0 = 1.02 和 Z^0 = 0.98 两条曲线之间的区域时，流体行为最接近理想气体。换言之，若 Z^0 数值点位于两条曲线的下方区域，则表明采用理想气体状态方程合适。若相反，特别是较远地偏离这一范围，则表明选择理想气体状态方程不妥。

需要说明的是，这里的分析需要与对体系的化学特性评价结合。例如既可以借助化学知识给出定性的分析，也可以查取偶极矩等化学物性作定量分析。而进行聚集态条件的分析，则可以借助正常沸点、临界温度与临界压力等物性数据，以及蒸气压方程来研究，如 2.5.4 节的分析。

表 2/7-1 是以上讨论的大致归纳。表中将状态方程分成了 5 种类型：①理想气体状态方程；②可以利用实验数据的立方型方程；③第二 virial 系数舍项方程；④普遍化的第二 virial 系数关联式；⑤Lee-Kesler 普遍化关联式。④和⑤通常无法使用实验数据。表中计算目标一栏的 V 的上标"g""sv""sl"分别表示气体、饱和蒸气和饱和液体。化学特性一栏的序号指的是本节开始处关于组分化学特性分析的分类。

实际上，状态方程对研究对象的适用性最终取决于实验数据的吻合程度。图 2/7-3 是 SRK 方程、PR 方程和 Lee-Kesler 普遍化关联式对 CH_4 体系和 H_2O 体系的适用性比较。图中，点线表示 SRK 方程，点画线表示 PR 方程，而实线表示 Lee-Kesler 普遍化关联式。图中给出了方形、三角形和圆形符号分别表示的对比实验温度值，并表示成实验的等对比温度轨迹。可以看到，图 2/7-3(a) 表示三个模型对 CH_4 体系有较好的描述。计算精度总体比

表 2/7-1　状态方程的适用条件与选用方法

序号	状态方程	计算目标	化学特性	温度	压力	分　析　方　法
1	理想气体状态方程	V^g	1	任意	相当低	借助 T_r 和 p_r 分析图 2/7-2
2	立方型方程（包括它们的普遍化形式）	V^g, V^{sv}, V^{sl}	1,2,3	任意	任意	分析化学特性和聚集态条件
3	第二 virial 系数方程	V^g	1,2	任意	不太高	分析化学特性和聚集态条件
4	普遍化的第二 virial 系数关联式	V^g	1,2	任意	不太高	借助 T_r 和 p_r 分析图 2/7-1
5	Lee-Kesler 普遍化关联式	V^g, V^{sv}, V^{sl}	1,2,3	任意	任意	借助 T_r 和 p_r 分析图 2/7-1

较有差异：LK＞SRK＞PR。当 ρ/ρ_c 值大于 1.5 时，PR 方程的计算偏差明显变大。图 2/7-3(b) 则表明三个模型对 H_2O 体系的描述大为困难。尽管如此，依然有比较上的差异：LK＞PR＞SRK。

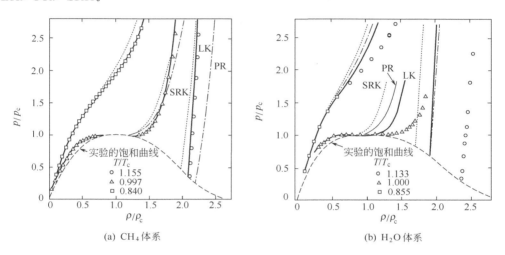

(a) CH_4 体系　　　　　　　　　　(b) H_2O 体系

图 2/7-3　SRK 方程、PR 方程和 Lee-Kesler 普遍化关联式
对 CH_4 体系和 H_2O 体系的适用性比较

例 2/7-1：

　　试分析在例 2/6-2 给出条件下，选择状态方程的适宜性。

解 2/7-1：

　　例 2/6-2 的研究对象为甲烷。甲烷是非极性的，气态甲烷的分子之间的作用很弱，除非处于接近液态或临界状态。所以状态方程的选择的范围比较宽泛。

　　由于压力是题目欲求的未知项。无法直接利用对比压力分析。故借助例 2/6-2 的计算结果分析如下。

　　由附录 B2 查得甲烷的

$$T_c = 190.6K \qquad p_c = 4.6MPa$$

　　体系的温度为 50℃，故

$$T_r = 323.15/190.6 = 1.695$$

　　在采用理想气体方程时，例 2/6-2 有此时的结果为 $p = 21.55MPa$，故

$$p_r = 21.55/4.6 = 4.68$$

利用 T_r 及 p_r 在图 2/7-2 标注状态点，可见其位于 $Z^0 = 1.02$ 的曲线以上。同时，在图 2/7-2 标注状态点，可见远远位于虚线范围以外，表明采用理想气体方程是不妥的。

在采用 RK 方程时，例 2/6-2 有结果为 $p=19.03\text{MPa}$，故

$$p_r=19.03/4.6=4.14$$

得到的结论与前述分析相同。同时利用图 2/7-2 分析还可以知道，若选用普遍化的关联式，不宜选择普遍化的第二 virial 系数关联式。

2.8 饱和液体的体积关联式

前面讨论的 SRK 方程、Lee-Kesler 方程都可以用到液相区。由这些方程解出的最小 V 根，即为饱和液体的摩尔体积。但是，如果把其他的一般状态方程用到液相区，就会产生较大的误差。事实上，目前大多数状态方程都只能描述气体的 pVT 关系，不适用于液体。

另一方面，与气体相比，液体的 pVT 性质的测定相对容易。而且，除临界区外，压力和温度对液体的性质影响不大。一般的液体，通常可在有关手册上查到至少一个实验值，有时更多，甚至列有一些计算液体比容或密度的经验或半经验的关联式。附录 B1 部分物质的基本性质表中给出了液体密度及相应的测定温度。以下的关联式，基础都是对应状态原理。与状态方程相比，它们不仅简单，而且还有相当高的精度。

(1) 仅考虑温度影响的模型

Rackett 方程是最常用的模型

$$V=V_cZ_c^{(1-T_r)^{0.2857}} \tag{2/8-1}$$

式中，V 为饱和液体的摩尔体积。只要有临界常数，即可利用式 (2/8-1) 计算任何温度下的饱和液体摩尔体积。据验算，式 (2/8-1) 的最大误差可达 7%，对大多数物质，误差在 2% 左右。但是，式 (2/8-1) 对缔合液体不适用。

经过 T. Yamada 和 R. D. Gunn（1973 年）改进的 Rackett 方程形式简单，适用于计算非极性物质的饱和液体体积，误差一般在 1% 左右。该方程的形式为

$$V=V^R Z_{cr}^{\phi(T_r,T_r^R)} \tag{2/8-2}$$

式中

$$Z_{cr}=0.29056-0.08775\omega \tag{2/8-3}$$

$$\phi(T_r,T_r^R)=(1-T_r)^{2/7}-(1-T_r^R)^{2/7} \tag{2/8-4}$$

式中，V^R 是在参比对比温度 T_r^R 下液体的摩尔体积。参比温度可以是任意的一个温度。只要知道该温度下的摩尔体积，就可以将这个温度当作参比温度。例如，附录 B1 给出了部分纯物质的饱和液体体积。其中，甲醇的数值是 293K 下的。293K 即可作为以式 (2/8-2) 计算甲醇饱和液体摩尔体积的参比温度。

例 2/8-1：

试估算 423 K 时乙硫醇液体的摩尔体积，并与实验值进行比较。实验值为 $V^l=95.0\times 10^{-6}\text{m}^3\cdot\text{mol}^{-1}$。已知乙硫醇的临界常数及偏心因子分别为 $T_c=499\text{K}$，$p_c=54.2\times 10^5\text{Pa}$，$V_c=207\times 10^{-6}\text{m}^3\cdot\text{mol}^{-1}$，$\omega=0.190$。

解 2/8-1：

（a）用 Rackett 方程估算

$$T_r=\frac{T}{T_c}=\frac{423}{499}=0.848$$

$$Z_c = \frac{p_c V_c}{RT_c} = \frac{54.2 \times 10^5 \times 207 \times 10^{-6}}{8.3145 \times 499} = 0.270$$

将 V_c、Z_c、T_r 代入式（2/8-1）中得到

$$V = 207 \times 10^{-6} \times 0.270^{(1-T_r)^{0.2857}} = 96.3 \times 10^{-6} \, \text{m}^3 \cdot \text{mol}^{-1}$$

计算的相对偏差为 -1.3%。

（b）用改进的 Rackett 方程估算

由手册中查出当 $T = 293K$ 时，乙硫醇的密度 $\rho_{293} = 839 \text{kg} \cdot \text{m}^{-3}$。因此，可将 $T^R = 293K$ 当作参比温度。乙硫醇的相对分子质量 $M = 62.134$，在 $T^R = 293K$ 时，乙硫醇的摩尔体积

$$V^R = \frac{M}{\rho} = \frac{62.134}{839} = 74.05 \times 10^{-6} \, \text{m}^3 \cdot \text{mol}^{-1}$$

参比对比温度 T_r^R 为

$$T_r^R = \frac{T^R}{T_c} = \frac{293}{499} = 0.587$$

由式（2/8-3）

$$Z_{cr} = 0.29056 - 0.08775 \times 0.190 = 0.274$$

再由式（2/8-4）

$$\phi(T_r, T_r^R) = (1-0.848)^{2/7} - (1-0.587)^{2/7} = -0.193$$

最后由式（2/8-2）可求出乙硫醇在 429K 下的摩尔体积

$$V = 74.05 \times 10^{-6} \times (0.274)^{-0.193} = 95.1 \times 10^{-6} \, \text{m}^3 \cdot \text{mol}^{-1}$$

计算的相对偏差为 -0.07%。可以看出，经过改进的 Reckett 方程精度较高。

（2）同时考虑温度和压力影响的模型

Lydersen、Greenkor 和 Hougen[1] 提出了两参数对应状态关联式，可以估算液体的摩尔体积，其特点是考虑了压力的影响。类似其他对比性质的概念，给出了对比密度 ρ_r 的定义，是对比温度和对比压力的函数

$$\rho_r \equiv \frac{\rho}{\rho_c} = \frac{V}{V_c} \tag{2/8-5}$$

式中，ρ_c 是临界点的密度。具体的解析工具是图 2/8-1。如果已知临界体积，则可利用式（2/8-5）来确定液体的摩尔体积，即由对比温度和对比压力从图 2/8-1 查取 ρ_r。有时比较容易得到某个条件下的液体摩尔体积数值，则可以借助下式求解

$$V_2 = V_1 \frac{\rho_{r1}}{\rho_{r2}} \tag{2/8-6}$$

式中，V_1 和 V_2 分别是已知和待求的摩尔体积；ρ_{r1} 和 ρ_{r2} 分别是基于两个已知状态，需要从图 2/8-1 查取的对比密度。另外，从图 2/8-1 可以看到，随着临界点的趋近，温度和压力对液体密度的影响也逐渐增大。

区别于 Lydersen 等人的方法，Yen-Woods 解析式为

$$\frac{\rho}{\rho_c} = 1 + \sum_{j=1}^{4} K_j (1-T_r)^{j/3} \tag{2/8-7}$$

[1]　Lydrson A L，Greenkorn R A，Hougen O A. Generalized Thermodynamic Properties of Pure Fluids. University of Wisconsin，Emg Expt Sta Rept 4，1955.

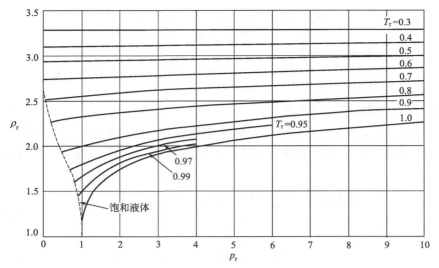

图 2/8-1　Lydersen 的液体密度普遍化关联图

式中，K_j 为临界压缩因子 Z_c 的函数，具体表达为

$$K_1 = 17.4425 - 214.578 Z_c + 989.625 Z_c^2 - 1522.06 Z_c^3$$

$$K_2 = -3.28257 + 13.6377 Z_c + 107.4844 Z_c^2 - 384.201 Z_c^3 \quad (Z_c \leqslant 0.26)$$

$$K_2 = 60.2091 - 402.063 Z_c + 501.0 Z_c^2 + 641.0 Z_c^3 \quad (Z_c > 0.26) \tag{2/8-8}$$

$$K_3 = 0$$

$$K_4 = 0.93 - K_2$$

这个关系式虽然不便手工计算，但可以用于计算机求解。尽管它不是特地为极性物质设计的，却可以比较好地用于估算极性物质饱和液体的密度。据文献报道，利用 Yen-Woods 关系式计算了近 100 种极性、非极性、饱和及过冷液体的摩尔体积，计算温度从冰点附近至接近临界点，误差一般小于 3%～6%。

例 2/8-2：

（a）试估算 310K 时饱和液氨的密度；（b）再估算液氨在 310K 及 10MPa 时的密度。

解 2/8-2：

查得氨的性质有 $T_c = 405.6\text{K}$，$p_c = 11.278\text{MPa}$，$V_c = 72.5\text{cm}^3 \cdot \text{mol}^{-1}$，$Z_c = 0.242$

（a）仅考虑温度，可以采 Rackett 模型估算。

计算对比温度 $T_r = 310/405.6 = 0.7643$，得

$$V = V_c Z_c^{(1-T_r)^{0.2857}}$$

$$= 72.5 \times 0.242^{(1-0.7643)^{0.2857}} = 28.35\text{cm}^3 \cdot \text{mol}^{-1}$$

与实验值 $29.14\text{cm}^3 \cdot \text{mol}^{-1}$ 比较，误差为 2.7%。

（b）同时需要考虑温度和压力，故采 Lydersen 的方法估算。

已有 $T_r = 0.7643$，另外还要计算对比压力 $p_r = 10/11.278 = 0.887$，查图 2/8-1，$\rho_r = 2.38$，代入式（2/8-5）得

$$V = \frac{V_c}{\rho_r} = \frac{72.47}{2.38} = 30.45\text{cm}^3 \cdot \text{mol}^{-1}$$

与实验值 $28.6\text{cm}^3 \cdot \text{mol}^{-1}$ 比较，误差为 6.5%。

如果基于 310K 时饱和液氨密度的实验值 $29.14\text{cm}^3 \cdot \text{mol}^{-1}$，也可以使用式（2/8-6）。此

时对于 $T_r = 0.7643$ 的条件，由图 2/8-1 知 $\rho_{r1} = 2.34$，代入式（2/8-6）有

$$V_2 = V_1 \frac{\rho_{r1}}{\rho_{r2}} = 29.14 \times \frac{2.34}{2.38} = 28.65 \text{cm}^3 \cdot \text{mol}^{-1}$$

此结果与实验值基本吻合。

2.9　气体混合物的 pVT 关系

将前述讨论的状态方程用于多组分流体时，需要考虑组成的作用

$$f(p, V, T, \underline{x}) = 0 \tag{2/9-1}$$

式中，$\underline{x}$ 表示由体系中 N 个摩尔组成所构成的一维数组，即状态方程的独立变量为 $N+1$ 个，因为还有 $\sum x_i = 1$。可以将气态混合物分成理想气体混合物和真实气体混合物两类。

对于理想气体混合物，每一组分均遵循理想气体状态方程。而混合物中每一组分的分压遵守 Dolton 分压定律

$$p = \sum_i p_i \tag{2/9-2}$$

且有组分的分压

$$p_i = y_i p \tag{2/9-3}$$

式中，y_i 为组分 i 的摩尔分数。同时，组分的摩尔体积 V_i 遵守 Amagat 分体积定律

$$V = \sum_i V_i \tag{2/9-4}$$

且有

$$V_i = y_i V \tag{2/9-5}$$

真实气体混合物不遵守上述关系，将式（2/9-2）～式（2/9-5）用于真实气体混合物 pVT 关系会产生较大偏差。

目前，常用的办法是将混合物看作一个"虚拟的纯物质"，并具有虚拟的特征参数，用这些虚拟的特征参数代入纯物质的状态方程，就可以计算混合物的性质了。但是，混合物的虚拟参数强烈地依赖于混合物的组成。可以利用组分纯物质的性质，以某种数学形式关联出用于混合物状态方程中虚拟参数的表述式，称此关联方法为**混合规则**（mixing rules）。

混合规则的建立虽有一定的理论基础，但是目前尚难以完全从理论上得到混合规则。通常是在一定的理论指导下，引入适当的经验修正，再结合实验数据才能将混合规则确定下来。

2.9.1　虚拟临界性质与 Kay 规则

许多纯气体的状态方程，以对应状态原理为基础。例如 Pitzer 的三参数压缩因子关系式

$$Z = f(T_r, p_r, \omega) \tag{2/9-6}$$

如果将混合物当作虚拟的纯物质，仍用式（2/9-6）计算其压缩因子时，就要确定对比参数。这必然涉及如何解决混合物的临界性质问题。为此，人们提出了许多混合规则，其中最简单的是用下面的 Kay 规则计算**虚拟临界参数**（pseudocritical parameters）。

$$\boxed{T_{pc} = \sum_i y_i T_{c,i}} \tag{2/9-7}$$

$$\boxed{p_{pc} = \sum_i y_i p_{c,i}} \tag{2/9-8}$$

式中，T_{pc}、p_{pc}分别称为混合物的虚拟临界温度与虚拟临界压力；$T_{c,i}$、$p_{c,i}$分别为组分i纯物质的临界温度与临界压力。与真实临界参数不同，虚拟临界温度与虚拟临界压力仅仅是数学上的数值，没有任何物理意义。因而有虚拟对比温度与虚拟对比压力

$$\boxed{T_{pr} = \frac{T}{T_{pc}}} \tag{2/9-9}$$

$$\boxed{p_{pr} = \frac{p}{p_{pc}}} \tag{2/9-10}$$

而混合物的偏心因子为

$$\boxed{\omega = \sum_i y_i \omega_i} \tag{2/9-11}$$

式中，ω_i表示纯组分i的偏心因子。

利用这些条件就可以借助前面的纯气体的pVT关系计算真实气体理想混合物的pVT性质了。若混合物中所有组分的临界温度和临界压力之比，在下列范围之内时，Kay规则与其他较复杂的混合规则相比，所得数值的相对偏差不到2%。

$$0.5 < \frac{T_{c,i}}{T_{c,j}} < 2$$

$$0.5 < \frac{p_{c,i}}{p_{c,j}} < 2$$

Kay规则给出了气体混合物虚拟性质的一种线性的描述，实际上除非所有组分的$p_{c,i}$、$V_{c,i}$都比较接近，否则利用Kay规则的简单加和方法关联虚拟临界压力p_{pc}一般不够准确。Prausnitz-Gunn提出一个简单的改进规则可以有效地提高计算精度，其中的T_{pc}用式(2/9-7)表示

$$p_{pc} = \frac{R\left(\sum_i y_i Z_{c,i}\right) T_{pc}}{\sum_i y_i V_{c,i}} \tag{2/9-12}$$

尽管如此，以上混合规则都没有考虑到组分分子间的相互作用问题。因此在计算混合物性质时，不可避免地会产生相当的偏差。特别是这些规则对于结构差异较大、极性作用或缔合作用较强的体系，会产生不可忽略的偏差。

例 2/9-1：

试用下列方法计算由30%（摩尔分数）的氮（1）和70%甲烷（2）所组成的二元混合物，在350K、21MPa下的摩尔体积。

解 2/9-1：

查得氮和甲烷临界参数如下

N₂： $T_c = 126.1\text{K}$，$p_c = 3.394\text{MPa}$，$\omega = 0.0403$

CH₄： $T_c = 190.55\text{K}$，$p_c = 4.559\text{MPa}$，$\omega = 0.008$

计算 Kay 规则适用判据

$$\frac{T_{c,N_2}}{T_{c,CH_4}} = \frac{126.1}{190.55} = 0.662 \qquad \frac{p_{c,N_2}}{p_{c,CH_4}} = \frac{3.394}{4.559} = 0.744$$

均小于2，大于0.5。可以用 Kay 规则作混合规则。所以有混合物的虚拟临界性质和偏心因子

$$T_{pc} = \sum_i y_i T_{c,i} = 0.3 \times 126.2 + 0.7 \times 190.55 = 171.25\text{K}$$

$$p_{pc} = \sum_i y_i p_{c,i} = 0.3 \times 3.394 + 0.7 \times 4.559 = 4.210 \text{MPa}$$

$$\omega = \sum_i y_i \omega_i = 0.3 \times 0.0403 + 0.7 \times 0.008 = 0.0177$$

虚拟对比参数为

$$T_{pr} = \frac{T}{T_{pc}} = \frac{350}{171.25} = 2.044$$

$$p_{pr} = \frac{p}{p_{pc}} = \frac{21}{4.210} = 4.988$$

用普遍化压缩因子法。由附录 B2 Lee-Kesler 表查出

$$Z^0 = 0.9772 \quad Z^1 = 0.2819$$

则

$$Z = Z^0 + \omega Z^1 = 0.9772 + 0.0177 \times 0.2819 = 0.9822$$

$$V = \frac{ZRT}{p} = \frac{0.9822 \times 8.3145 \times 350}{21 \times 10^6} = 0.1361 \times 10^{-3} \text{m}^3 \cdot \text{mol}^{-1}$$

2.9.2　状态方程的混合规则与相互作用参数

通常，每一种状态方程都有一定的混合规则。由于实际研究对象的复杂性，应用中还有具体的修正。这里仅以普遍化的第二 virial 系数方程和 RK 方程为例作简单介绍。

(1) 混合物的第二 virial 系数

virial 方程中的第二 virial 系数 B 反映两个分子交互作用的影响，对于纯气体 i 仅有一种情况，即 i-i 分子交互作用。但对于含有 i、j 组分的二元混合物，则有三种类型的两分子交互作用，即 i-i、j-j 和 i-j。因此，混合物第二 virial 系数 B，应该能够反映不同类型的两分子交互作用的影响。由统计力学可以导出，混合物第二 virial 系数 B 为

$$B = \sum_i \sum_j (y_i y_j B_{ij}) \tag{2/9-13}$$

对于二元混合物

$$B = y_1^2 B_{11} + y_2^2 B_{22} + 2y_1 y_2 B_{12}$$

以上出现两类 virial 系数，如 B_{11} 及 B_{22} 的两个下标相同，以及 B_{12} 其两个下标不同，前者为纯流体的第二 virial 系数，后者为**交互系数 (cross coefficient)**。二者都是温度的函数，而后者还与组成有关。

借助与纯流体的第二 virial 系数同样的关系式，可求得 B_{ij}。因此

$$B_{ij} = \frac{RT_{c,ij}}{p_{c,ij}} (B_{ij}^0 + \omega_{ij} B_{ij}^1) \tag{2/9-14}$$

式中

$$B_{ij}^0 = 0.083 - \frac{0.422}{T_{pr}^{1.6}} \tag{2/9-15a}$$

$$B_{ij}^1 = 0.139 - \frac{0.172}{T_{pr}^{4.2}} \tag{2/9-15b}$$

式中

$$T_{pr} = \frac{T}{T_{c,ij}} \tag{2/9-16}$$

与 Kay 规则不同，考虑二元相互作用的式(2/9-14) 中的 $T_{c,ij}$ 及 $p_{c,ij}$ 等临界参数，按以

下经验规则计算

$$T_{c,ij} = (1 - k_{ij})(T_{c,i}T_{c,j})^{0.5} \qquad (2/9\text{-}17)$$

$$p_{c,ij} = \frac{Z_{c,ij}RT_{c,ij}}{V_{c,ij}} \qquad (2/9\text{-}18)$$

$$V_{c,ij} = \left(\frac{V_{c,i}^{1/3} + V_{c,j}^{1/3}}{2}\right)^3 \qquad (2/9\text{-}19)$$

$$Z_{c,ij} = \frac{Z_{c,i} + Z_{c,j}}{2} \qquad (2/9\text{-}20)$$

$$\omega_{ij} = \frac{\omega_i + \omega_j}{2} \qquad (2/9\text{-}21)$$

式（2/9-17）中的 k_{ij} 称为二元**相互作用参数（interaction coefficient）**，是一个非常重要的，特征性地表示体系行为的参数。不同分子的交互作用，很自然地会影响混合物的性质。若其中之一为极性分子时，影响更大。实验证明，三重或更高重的作用不如双分子间直接作用重要。至今尚未得到一个有效的通用关联式。k_{ij} 的数值与组成混合物的物质有关，一般在 $-0.001\sim0.2$ 之间。C. Tsonopoulos（1979 年）建议可用式（2/9-22）计算二元相互作用参数

$$k_{ij} = 1 - \frac{8(V_{c,i}V_{c,j})^{1/2}}{(V_{c,i}^{1/3} + V_{c,j}^{1/3})^3} \qquad (2/9\text{-}22)$$

在作一般估算时，可以取 $k_{ij}=0$。但是，那些极性较大、明显存在分子缔合作用的混合物，忽略相互作用参数的作用则需酌情考虑，特别是液态流体。

k_{ij} 可以查阅文献、手册或模拟软件（Aspen Plus、Pro Ⅱ 等）等数据库获取，必要时则需要做相平衡实验来测定。作为示例，附录 B11 给出了部分简单烃类等化合物的二元相互作用参数。

例 2/9-2：

一台压缩机，每小时处理 454kg 甲烷及乙烷的等摩尔混合物。气体在 422K、5MPa 下离开压缩机。试问离开压缩机的气体体积流率为多少？

解 2/9-2：

设相对分子质量用 M 表示，则混合物的相对分子质量为

$$M = 0.5M_{CH_4} + 0.5M_{C_2H_6}$$
$$= 0.5 \times 16.04 + 0.5 \times 30.07 = 23.06$$

混合物的流率为

$$n = \frac{454}{23.06} = 19.7\text{kmol} \cdot \text{h}^{-1}$$

根据查取的数据，并计算虚拟临界参数如下

名　称	ij	$T_{c,ij}$/K	$p_{c,ij}$/MPa	$V_{c,ij}$/cm³ · mol⁻¹	$Z_{c,ij}$	ω_{ij}
甲烷	11	190.6	4.60	99	0.288	0.007
乙烷	22	305.4	4.88	148	0.285	0.091
甲烷-乙烷	12	241.3	4.70	122	0.286	0.049

计算 B_{ij}，结果如下

名　称	ij	T_{pr}	B_{ij}^0	B_{ij}^1	B_{ij}
甲烷	11	2.214	-0.035	0.133	-0.012
乙烷	22	1.382	-0.169	0.095	-0.083
甲烷-乙烷	12	1.749	-0.090	0.123	-0.036

混合物第二 virial 系数

$$B = y_1^2 B_{11} + y_2^2 B_{22} + 2 y_1 y_2 B_{12}$$
$$= (0.5)^2 \times (-0.012) + (0.5)^2 \times (-0.083) + 2 \times 0.5 \times 0.5 \times (-0.035)$$
$$= 0.042 \text{m}^3 \cdot \text{kmol}^{-1}$$

根据 virial 方程

$$V = \frac{RT}{p} + B = \frac{8.3145 \times 10^3 \times 422}{50 \times 10^5} + (-0.042) = 0.659 \text{m}^3 \cdot \text{kmol}^{-1}$$

体积流率为

$$nV = 19.7 \times 0.659 = 13.0 \text{m}^3 \cdot \text{h}^{-1}$$

（2）混合物的立方型方程

用于混合物的立方型方程与式（2/5-12）及式（2/5-16）相同。如果计算汽相及类似汽相体积的根

$$Z_{k+1} = 1 + \beta - q\beta \frac{Z_k - \beta}{(Z_k + \varepsilon\beta)(Z_k + \sigma\beta)} \tag{2/9-23}$$

此时，迭代初值为 $Z_1 = 1$。而如果计算液相及类似液相体积的根，则为

$$Z_{k+1} = \beta + (Z_k + \varepsilon\beta)(Z_k + \sigma\beta) \frac{1 + \beta - Z_k}{q\beta} \tag{2/9-24}$$

此时，迭代初值为 $Z_1 = \beta$。对于混合物，式（2/9-23）及式（2/9-24）中的 β 和 q 的基本定义亦可沿用

$$\beta \equiv \frac{bp}{RT} \tag{2/9-25}$$

$$q \equiv \frac{a(T)}{bRT} \tag{2/9-26}$$

但是其中 $a(T)$ 和 b 是混合物的参数，对于混合物有下列混合规则

$$\boxed{a(T) = \sum_i \sum_j [y_i y_j a(T)_{ij}]} \tag{2/9-27}$$

$$\boxed{b = \sum_i y_i b_i} \tag{2/9-28}$$

式（2/9-27）中 $a(T)_{ij} = a(T)_{ji}$，且

$$\boxed{a(T)_{ij} = (1 - k_{ij})[a_i(T) a_j(T)]^{1/2}} \tag{2/9-29}$$

简化书写 $a(T)_{ij}$ 为 a_{ji}，对于二元系

$$a = y_1^2 a_{11} + y_2^2 a_{22} + 2 y_1 y_2 a_{12} \tag{2/9-30}$$

$$b = y_1 b_1 + y_2 b_2 \tag{2/9-31}$$

式中，a_{11}、a_{22} 分别为 1 和 2 组分作为纯物质在体系温度和压力下的性质 a_1 和 a_2，而

$$a_{12} = (1 - k_{12})(a_{11} a_{22})^{0.5}$$

相互作用参数 k_{12} 的处理与前节分析相同。

例 2/9-3：

已知等分子比的 CO_2 与 C_3H_6 的混合气体，试以 RK 方程求取在 303.16K、2.55 MPa 下的压缩因子。

解 2/9-3：

根据表 2/5-1，对于 RK 方程有 $\varepsilon = 0$，$\sigma = 1$，$\Omega = 0.08664$ 和 $\Psi = 0.42748$，则式（2/5-12）变为

$$Z_{k+1}=1+\beta-q\beta\frac{Z_k-\beta}{Z_k(Z_k+\beta)} \tag{A}$$

对于二元混合物根据式(2/9-30)及式(2/9-31)有

$$a=y_1^2 a_1+y_2^2 a_2+2y_1 y_2\sqrt{a_1 a_2} \tag{B}$$

$$b=y_1 b_1+y_2 b_2 \tag{C}$$

由式(2/5-6)及式(2/5-7)

$$a_i=0.42748\frac{T_{ri}^{-1/2}R^2 T_{ci}^2}{p_{ci}} \tag{D}$$

$$b_i=0.08664\frac{RT_{ci}}{p_{ci}} \tag{E}$$

对纯组分，查取临界性质等参数并由式(D)和式(E)计算参数 a_i 和 b_i 如下

组 分	T_{ci}/K	T_{ri}/K	p_{ci}/MPa	$a_i/Pa\cdot m^6\cdot K^{0.5}\cdot mol^{-2}$	$b_i/cm^3\cdot mol^{-1}$
$CO_2(1)$	304.2	0.997	7.38	0.371	29.69
$C_3H_6(2)$	365.0	0.831	4.62	0.935	56.91

由式(B)和式(C)分别得

$$a=0.621Pa\cdot m^6\cdot K^{0.5}\cdot mol^{-2}$$

$$b=43.3cm^3\cdot mol^{-1}=4.33\times10^{-5}m^3\cdot mol^{-1}$$

$$\beta=\frac{bp}{RT}=\frac{4.33\times10^{-5}\times2.55\times10^6}{8.314\times303.16}=0.043807$$

$$q=\frac{a(T)}{bRT}=\frac{0.621}{4.33\times10^{-5}\times8.314\times303.16}=5.6901$$

代入式(A)中，有

$$Z=1+0.043807-5.6901\times0.043807\frac{Z-0.043807}{Z(Z+0.043807)}$$

以初值为 $Z_1=1$ 迭代求解得

$$Z=0.7471$$

2.9.3 泡点下的液体混合物密度

为了将类似 Rackett 等纯液体密度模型扩展应用至液体混合物，需要提出相应的混合规则。C. C. Li (1971)、C. F. Spencer 和 R. P. Danner (1973) 分别推荐使用下述方法计算泡点下的液体混合物密度

$$V^{sl}(T)=R\left(\sum\frac{x_i T_{c,i}}{p_{c,i}}\right)Z_{RA}^{[1+(1-T_{pr})^{0.2578}]} \tag{2/9-32}$$

式中

$$Z_{RA}=\sum x_i(0.29056-0.08775\omega_i) \tag{2/9-33}$$

除了纯物质的性质以外，式(2/9-32)中包含虚拟对比温度

$$T_{pr}=\frac{T}{T_{pc}} \tag{2/9-34}$$

$$T_{pc}=\sum_i\sum_j\phi_i\phi_j T_{c,ij} \tag{2/9-35a}$$

式中

$$\phi_i=\frac{x_i V_{c,i}}{\sum_j x_j V_{c,j}} \tag{2/9-35b}$$

由此涉及的虚拟临界温度和交互作用参数可以借助式(2/9-17) 和式(2/9-22) 计算。

例 2/9-4：

试计算液体混合物 70% （摩尔分数）C_2H_4 （1）和 30% （摩尔分数）$C_{10}H_{22}$ （2）在 344.26 K 下饱和液态的摩尔体积。在泡点压力 5.399MPa （53.99bar） 下，此体系摩尔体积的实验数据为 116.43cm³ · mol^{-1}。

解 2/9-4：

根据文献有下表数据

组　分	T_{ci}/K	p_{ci}/bar	$V_{ci}/cm^3 \cdot mol^{-1}$	ω	x_i
C_2H_4	305.32	48.72	145.5	0.099	0.7
$C_{10}H_{22}$	617.70	21.10	624	0.491	0.3

据此，可以由式(2/9-16b) 计算体积分数

$$\phi_i = \frac{x_i V_{c,i}}{\sum_j x_j V_{c,j}}$$

所以

$$\phi_1 = \frac{0.7 \times 145.5}{0.7 \times 145.5 + 0.3 \times 624} = 0.3524$$

$$\phi_2 = 1 - 0.3524 = 0.6476$$

式(2/9-22) 提供了计算交互作用参数的模型

$$1 - k_{ij} = \frac{8(V_{c,i}V_{c,j})^{1/2}}{(V_{c,i}^{1/3} + V_{c,j}^{1/3})^3}$$

结果为 $1 - k_{ij} = 0.9163$。又由式(2/9-17)

$$T_{c,ij} = (1 - k_{ij})(T_{c,i}T_{c,j})^{1/2}$$

得 $T_{c,ij} = 397.92K$。再根据式(2/9-16a)

$$T_{pc} = \sum_i \sum_j \phi_i \phi_j T_{c,ij}$$

有虚拟临界温度

$$T_{pc} = (0.3523)^2 \times 305.32 + 0.3523 \times 0.6476 \times 397.92 + (0.6476)^2 \times 617.70 = 478.6K$$

则由式(2/9-8) 得虚拟对比温度

$$T_{pr} = \frac{T}{T_{pc}} = \frac{344.26}{478.6} = 0.7193$$

最后有结果

$$Z_{RA} = \sum x_i(0.29056 - 0.08775\omega_i)$$
$$= 0.7 \times 0.282 + 0.3 \times 0.247 = 0.2715$$

$$V^{sl} = R\left(\sum \frac{x_i T_{c,i}}{p_{c,i}}\right)Z_{RA}^{[1+(1-T_{pr})^{0.2578}]}$$

$$= 83.14 \times \left(0.7 \times \frac{305.32}{48.72} + 0.3 \times \frac{617.70}{21.10}\right) \times (0.2175)^{[1+(1-0.7193)^{0.2578}]}$$

$$= 120.1 cm^3 \cdot mol^{-1}$$

比较文献的实验数据 116.43cm³ · mol^{-1}，计算的相对偏差为 3.15%。

第3章 流体的热力学性质：焓与熵

计算热和功需要知道热力学性质的数值，而焓、熵、内能、Helmholtz 函数和 Gibbs 函数等热力学性质则须通过与可测函数（pVT）关系来计算。所以，寻找这两类性质之间的关系式十分重要。这类关系式通常以微分方程来表示，称之为热力学函数的基本微分方程。

本章的目的在于学习借助流体 pVT 性质计算流体焓变和熵变的方法。首先介绍作为基础的纯流体的热力学关系和热容、蒸发焓与蒸发熵。剩余性质是一个新概念，它可以利用状态方程计算，进而可以计算纯流体的焓变与熵变。除解析法外，热力学性质图和表是重要的实用工具。在多组分流体的热力学关系的讨论中，借助偏摩尔性质建立流体热力学性质模型。最后讨论混合性质的新概念，使得多组分流体焓变与熵变的计算具体化。

3.1 纯流体的热力学关系

3.1.1 基本关系式

在封闭的均相或非均相体系的平衡态之间，由热力学第一定律和第二定律可以导出

$$d(nU) = Td(nS) - pd(nV) \tag{3/1-1a}$$

$$d(nH) = Td(nS) + (nV)dp \tag{3/1-2a}$$

$$d(nA) = -(nS)dT - pd(nV) \tag{3/1-3a}$$

$$d(nG) = -(nS)dT + (nV)dp \tag{3/1-4a}$$

这组式子的惟一限制条件是体系与环境之间不存在质量交换。由此，进而可以推导出封闭或敞开体系的均相单组分流体的摩尔性质变化

$$\boxed{dU = TdS - pdV} \tag{3/1-1b}$$

$$\boxed{dH = TdS + Vdp} \tag{3/1-2b}$$

$$\boxed{dA = -SdT - pdV} \tag{3/1-3b}$$

$$\boxed{dG = -SdT + Vdp} \tag{3/1-4b}$$

有别于前者，这组式子仅可用于 1mol 的均相单组分体系，而无论体系与环境之间是否存在质量交换。这组式子表明了摩尔性质间的关系，是计算热力学性质的基础。为了将不能够直接测量的热力学性质表示成 pVT 以及热容的函数，须进一步分析。

热力学性质都是状态函数，而状态函数的特点是其数值上仅与状态有关，与达到这个状态的过程无关，相当于数学上的点函数。

由数学原理，对连续函数

$$F = F(x,y)$$

的全微分

$$dF = \left(\frac{\partial F}{\partial x}\right)_y dx + \left(\frac{\partial F}{\partial y}\right)_x dy$$

或

$$dF = Mdx + Ndy \tag{3/1-5}$$

其中

$$M = \left(\frac{\partial F}{\partial x}\right)_y \qquad 且 \qquad N = \left(\frac{\partial F}{\partial y}\right)_x$$

经过二次微分可得

$$\left(\frac{\partial M}{\partial y}\right)_x = \frac{\partial^2 F}{\partial y \partial x} \qquad 且 \qquad \left(\frac{\partial N}{\partial x}\right)_y = \frac{\partial^2 F}{\partial x \partial y}$$

因为两次微分的结果与微分的先后次序无关，因此

$$\left(\frac{\partial M}{\partial y}\right)_x = \left(\frac{\partial N}{\partial x}\right)_y \tag{3/1-6}$$

当 F 为 x 及 y 的函数时，式（3/1-5）的右边为完全微分的表示式，式（3/1-6）是完全微分所必须满足的条件。

在基本关系式（3/1-1b）～式（3/1-4b）中均为状态函数与状态参数，应用式（3/1-6）而得到

$$\left(\frac{\partial T}{\partial V}\right)_S = -\left(\frac{\partial p}{\partial S}\right)_V \tag{3/1-7}$$

$$\left(\frac{\partial T}{\partial p}\right)_S = \left(\frac{\partial V}{\partial S}\right)_p \tag{3/1-8}$$

$$\left(\frac{\partial S}{\partial V}\right)_T = \left(\frac{\partial p}{\partial T}\right)_V \tag{3/1-9}$$

$$\left(\frac{\partial S}{\partial p}\right)_T = -\left(\frac{\partial V}{\partial T}\right)_p \tag{3/1-10}$$

这一组关系式，称为 Maxwell 关系式。

类似的方法可以得到其他一些热力学关系，即 Bridgeman 表，列于附录 B6。这些热力学基本关系式的重要作用在于，借助它们可以实现用已知量表示未知量，或用可以测量的性质（如 p、V 和 T 等）来表示不能测量的热力学量（如焓和熵等）。换言之，这些基本关系式可用于热力学性质关系的推导。

在 Bridgeman 表中分别列出了 p、T、V、S、U、H 和 A 为常量或变量时的偏微分关系。使用时可以直接对号入座。例如，欲将 $(\partial H/\partial p)_T$ 表示成 p、V 和 T 的函数，可先将 $(\partial H/\partial p)_T$ 拆开变为 $(\partial H)_T$ 和 $(\partial p)_T$ 两项。再从温度为常量的栏目中查出

$$(\partial H)_T = -V + T\left(\frac{\partial V}{\partial T}\right)_p$$

该栏内查不到 $(\partial p)_T$ 项。但在压力为变量的栏目中可以查到

$$(\partial p)_T = -(\partial T)_p = -1$$

将分别查到的结果合并，可有

$$\left(\frac{\partial H}{\partial p}\right)_T = V - T\left(\frac{\partial V}{\partial T}\right)_p$$

例 3/1-1：

利用 Bridgeman 表，将以下偏导数表示成 p、V、T 和 C_p 的函数。

$$（a）\left(\frac{\partial H}{\partial V}\right)_S; \quad （b）\left(\frac{\partial S}{\partial p}\right)_V$$

解 3/1-1：

（a）首先由 Bridgeman 表的熵为常量的栏中查出

$$(\partial H)_S = -(VC_p)/T$$

再从体积为变量的栏中查出

$$(\partial V)_S = -\frac{1}{T}\left[C_p\left(\frac{\partial V}{\partial p}\right)_T + T\left(\frac{\partial V}{\partial T}\right)_p^2\right]$$

所以有

$$\left(\frac{\partial H}{\partial V}\right)_S = \frac{VC_p}{C_p\left(\dfrac{\partial V}{\partial p}\right)_T + T\left(\dfrac{\partial V}{\partial T}\right)_p^2}$$

（b）从体积为常量的栏中查出

$$(\partial S)_V = \frac{1}{T}\left[C_p\left(\frac{\partial V}{\partial p}\right)_T + T\left(\frac{\partial V}{\partial T}\right)_p^2\right]$$

然后由压力为变量的栏中查出

$$(\partial p)_V = -(\partial V/T)_p$$

经整理得

$$\left(\frac{\partial S}{\partial p}\right)_V = \frac{C_p\left(\dfrac{\partial V}{\partial p}\right)_T + T\left(\dfrac{\partial V}{\partial T}\right)_p^2}{-T\left(\dfrac{\partial V}{\partial T}\right)_p}$$

3.1.2　焓和熵表示为 T 及 p 的函数

当均匀相中的焓及熵写成 T 及 p 的函数时，能够导出最有用的关系式。须求得 H 及 S 如何随温度及压力而改变，这些信息可由 $(\partial H/\partial T)_p$、$(\partial S/\partial T)_p$、$(\partial H/\partial p)_T$ 及 $(\partial S/\partial p)_T$ 得到。

首先考虑对温度的微分。由等压热容的定义可得

$$\left(\frac{\partial H}{\partial T}\right)_p = C_p \tag{3/1-11}$$

此量也可由式（3/1-2b）在等压下对 T 的微分获得

$$\left(\frac{\partial H}{\partial T}\right)_p = T\left(\frac{\partial S}{\partial T}\right)_p \tag{3/1-12}$$

联合此式与等压热容的定义有

$$\left(\frac{\partial S}{\partial T}\right)_p = \frac{C_p}{T} \tag{3/1-13}$$

根据式（3/1-9），可得熵对压力的微分

$$\left(\frac{\partial S}{\partial p}\right)_T = -\left(\frac{\partial V}{\partial T}\right)_p$$

在等温条件下，将式（3/1-2b）对 p 微分，可得到焓对压力的微分式

$$\left(\frac{\partial H}{\partial p}\right)_T = T\left(\frac{\partial S}{\partial p}\right)_T + V$$

再将式（3/1-9）代入上式可得

$$\left(\frac{\partial H}{\partial p}\right)_T = V - T\left(\frac{\partial V}{\partial T}\right)_p \tag{3/1-14}$$

因为在此 H 及 S 的函数被选为

$$H = H(T, p) \qquad 及 \qquad S = S(T, p)$$

所以可得

$$dH = \left(\frac{\partial H}{\partial T}\right)_p dT + \left(\frac{\partial H}{\partial p}\right)_T dp$$

$$dS = \left(\frac{\partial S}{\partial T}\right)_p dT + \left(\frac{\partial S}{\partial p}\right)_T dp$$

将式(3/1-9) 及式(3/1-11)～式(3/1-14) 的偏微分式代入上列二式可得

$$dH = C_p dT + \left[V - T\left(\frac{\partial V}{\partial T}\right)_p\right] dp \tag{3/1-15}$$

及

$$dS = C_p \frac{dT}{T} - \left(\frac{\partial V}{\partial T}\right)_p dp \tag{3/1-16}$$

此两式即为定组成均相流体的焓与熵以温度及压力作变量的基本关系式。例如对于理想气体和液体有如下分析。

(1) 理想气体焓变与熵变的基本关系

可将理想气体的热容及理想气体方程代入式(3/1-15) 及式(3/1-16) 中 dT 及 dp 项前的系数项。即

$$pV^{ig} = RT$$

式中，上标"ig"表示理想气体，则

$$\left(\frac{\partial V^{ig}}{\partial T}\right)_p = \frac{R}{p}$$

将上式代入式(3/1-15) 及式(3/1-16) 中可得

$$dH^{ig} = C_p^{ig} dT \tag{3/1-17}$$

$$dS^{ig} = C_p^{ig} \frac{dT}{T} - R \frac{dp}{p} \tag{3/1-18}$$

这是计算理想气体焓变与熵变的基本关系。

将 100kPa（1bar）定义为理想气体的标准压力，并记作 $p^{\ominus}$。若积分的下限是 T_0 及 $p^{\ominus}$ 的理想气体参考状态，上限为 T 及 p 时的理想气体状态，可有

$$H^{ig} = H_0^{ig} + \int_{T_0}^{T} C_p^{ig} dT \tag{3/1-19}$$

$$S^{ig} = S_0^{ig} + \int_{T_0}^{T} C_p^{ig} \frac{dT}{T} - R\ln \frac{p}{p^{\ominus}} \tag{3/1-20}$$

(2) 液体焓变与熵变的基本关系

对于液体，可借助体积膨胀系数的概念

$$\beta \equiv \frac{1}{V}\left(\frac{\partial V}{\partial T}\right)_p$$

分析式(3/1-15) 及式(3/1-16)，可由体积膨胀系数 β 消去 $(\partial V/\partial T)_p$ 项

$$\left(\frac{\partial H}{\partial p}\right)_T = (1 - \beta T)V \tag{3/1-21}$$

且

$$\left(\frac{\partial S}{\partial p}\right)_T = -\beta V \tag{3/1-22}$$

以上各式中需用到 β 值，通常只适用于液体。但是临界点附近外的液体体积小，β 值也很小。所以在大多数情况下，压力对液体熵及焓的影响比较小。

当 $(\partial V/\partial T)_p$ 在式(3/1-15)及式(3/1-16)中被体积膨胀系数代替后，它们变成

$$\boxed{dH = C_p^l dT + (1-\beta T)V dp} \tag{3/1-23}$$

$$\boxed{dS = C_p^l \frac{dT}{T} - \beta V dp} \tag{3/1-24}$$

对液体而言，因为 β 及 V 只受微弱的压力影响，当计算式(3/1-23)及式(3/1-24)的积分时，它们通常被视为常数，而以适当的平均值表示。

3.1.3 Gibbs 函数作为基本运算的函数

对于定组成均相流体而言，基本热力学性质之间的关系，如式(3/1-1b)～式(3/1-4b)所示，显示了每一个热力学性质如 U、H、A 及 G 皆可表示为一对变量的函数。以式(3/1-4b)为例

$$dG = -SdT + Vdp \tag{3/1-4b}$$

表示了下述的函数关系

$$G = G(p, T)$$

因为，通常情况下温度及压力是可以直接测定及控制的量，所以 Gibbs 函数也成为最有应用价值的热力学性质。

式(3/1-4b)表示热力学性质关系的另一种形式，可由下列数学恒等式导出

$$d\left(\frac{G}{RT}\right) \equiv \frac{1}{RT}dG - \frac{G}{RT^2}dT$$

将式(3/1-4b)中所表示的 dG 及 $G = H - TS$ 代入上式，经代数化简后可得

$$d\left(\frac{G}{RT}\right) = \frac{V}{RT}dp - \frac{H}{RT^2}dT \tag{3/1-25}$$

无量纲是此式的特点。而且，与式(3/1-4b)相比，式(3/1-25)右边所出现的是焓而不是熵。

式(3/1-4b)和式(3/1-25)均为一般化的微分式，它们可有更便于直接分析的特定形式。例如，由式(3/1-25)可得

$$\frac{V}{RT} = \left[\frac{\partial(G/RT)}{\partial p}\right]_T \tag{3/1-26}$$

$$\frac{H}{RT} = -T\left[\frac{\partial(G/RT)}{\partial T}\right]_p \tag{3/1-27}$$

当 G/RT 为 T 及 p 的函数已知时，V/RT 及 H/RT 可由简单微分求出。其他的物性也可由它们所定义的公式求出。例如

$$\frac{S}{R} = \frac{H}{RT} - \frac{G}{RT} \tag{3/1-28}$$

因此，当知道 G/RT（或 G）与变量 T 及 p 的关系时，即当知道 $G/RT = g(T, p)$ 函数时，则可由简单的数学运算求得其他的热力学性质。Gibbs 函数可推导出其他的热力学性质，可以说它包含着体系全部热力学性质所表示的信息。

3.2   热容、蒸发焓与蒸发熵

3.2.1   理想气体的热容

在 3.1.2 节关于焓与熵的基本计算公式中可以见到，气体和液体比热容和摩尔热容是焓与熵计算的基础。工程上常用的等压热容的定义为

$$C_p = \left(\frac{\partial H}{\partial T} \right)_p$$

理想气体的摩尔热容是温度的函数，通常表示成

$$C_p^{\mathrm{ig}} = A + BT + CT^2 + DT^3 \tag{3/2-1}$$

式中，常数 A、B、C、D 可以通过文献查取，也可以通过实验数据测取。例如，附录 B1 中列出了一些物质的上述常数。另外，如果无法查到文献数据，获取实验数据也很困难，但是知道气体的分子结构，还可以用基团贡献法推算。具体方法可从其他参考资料了解[1]。

为了简化计算，如果涉及温差不大或计算精度要求不高时，可取两个温度的平均值计算理想气体的摩尔热容，即

$$C_p^{\mathrm{ig}} = \frac{C_p^{\mathrm{ig}}(T_1) + C_p^{\mathrm{ig}}(T_2)}{2} \tag{3/2-2}$$

3.2.2   液体的热容

在 $T_r < 0.6 \sim 0.8$ 时，液体的热容是温度的弱函数。在高对比温度下，液体热容较高，

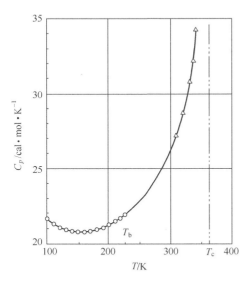

图 3/2-1   液体丙烯的 C_p-T 曲线

1cal＝4.18J

受温度影响也较大。在低于沸点处，C_p-T 曲线出现一个极小点。图 3/2-1 以液体丙烯的 C_p-T 曲线为例，描述了一般液体热容随温度的变化趋势。

由于压力对液体性质影响较小，通常仅考虑温度的作用，即

$$C_p^{\mathrm{l}} = a + bT + cT^2 + dT^3 \tag{3/2-3}$$

式中，上标 l 表示液体状态。常数 a、b、c 和 d 可以通过实验数据拟合，也可以从文献中获得。附录 B1 中列出了一些物质的上述常数。

参考式（3/2-3）的办法，为了简化计算，如果涉及温差不大或计算精度要求不高时，液体热容也可以取两个温度的平均值，即

$$C_p^{\mathrm{l}} = \frac{C_p^{\mathrm{l}}(T_1) + C_p^{\mathrm{l}}(T_2)}{2} \tag{3/2-4}$$

3.2.3   蒸发焓与蒸发熵

蒸发焓随温度的升高而降低，达到临界温度时蒸发焓为零。图 3/2-2 是几种化合物的蒸发焓随温度变化的典型特征，其他化合物也大致如此。在相当宽的温度范围，蒸发焓随温度的变化是相对稳定的，只是进入比较高的温度区

---

❶ Reid R C，et al. The Properties of Gases and Liquids. 4th. New York：McGraw-Hill，1977.

域，蒸发焓随温度的变化率才迅速改变。

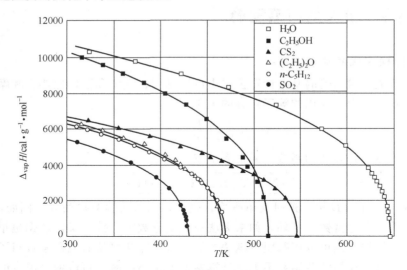

图 3/2-2　蒸发焓随温度变化的典型特征

$1\text{cal}=4.18\text{J}$

理论上借助饱和蒸气压与温度的函数关系（例如 Antoine 方程），可求出蒸发焓 $\Delta_{\text{vap}}H$。实用的方法是普遍化的关联式。

（1）蒸发焓

L. Riedel（1954 年）提出的关联式，可计算沸点下的摩尔蒸发焓

$$\Delta_{\text{vap}}H=1.093RT_c\left(T_{\text{br}}\frac{\ln p_c-1.01325}{0.930-T_{\text{br}}}\right) \tag{3/2-5}$$

式中，T_{br} 是物质的正常沸点与临界温度的比值。使用式(3/2-5)时需注意其温度和压力的单位分别为 K 和 bar。

另外，G. F. Carruth 和 R. Kobayashi（1972 年）基于 Pitzer 方法，提出任意温度下的摩尔蒸发焓的计算模型

$$\frac{\Delta_{\text{vap}}H}{RT_c}=7.08(1-T_r)^{0.354}+10.95\omega(1-T_r)^{0.456} \tag{3/2-6}$$

此式的应用条件为 $0.6<T_r<1.0$。

例 3/2-1：

试计算丙醛在其沸点下的摩尔蒸发焓。已知实验值为 $28.3\text{kJ}\cdot\text{mol}^{-1}$。

解 3/2-1：

查得丙醛的临界性质及偏心因子有

$$T_b=321\text{K}\quad T_c=496\text{K}\quad p_c=4.76\text{MPa}\quad \omega=0.313$$

（a）以 Riedel 提出的关联式计算

根据

$$T_{\text{br}}=\frac{T_b}{T_c}=\frac{321}{496}=0.647$$

代入关联式(3/2-5)得

$$\Delta_{\text{vap}}H=1.093RT_c\left(T_{\text{br}}\frac{\ln p_c-1.01325}{0.930-T_{\text{br}}}\right)=29.8\text{kJ}\cdot\text{mol}^{-1}$$

计算的相对误差为 3.8%，实验值为 28.28kJ·mol^{-1}。

（b）以 Carruth & Kobayashi 提出的关联式计算

根据题意有

$$T_r = T_{br} = 0.647$$

符合应用条件：0.6<T_r<1.0。将 T_r 代入式(3/2-6)

$$\frac{\Delta_{vap} H}{RT_c} = 7.08(1-T_r)^{0.354} + 10.95\omega(1-T_r)^{0.456}$$

可解出

$$\Delta_{vap} H = 28.9 kJ \cdot mol^{-1}$$

计算的相对误差为 2.1%。

关联已知与未知的摩尔蒸发焓可以采用下述模型

$$\boxed{\Delta_{vap} H_2 = \Delta_{vap} H_1 \left(\frac{1 - T_{br,2}}{1 - T_{br,1}} \right)^{0.38}} \tag{3/2-7}$$

通常，已知的摩尔蒸发焓是正常沸点下的数据，可以从手册上查取，例如附表 B1 就列出了部分常用物质的正常沸点下蒸发焓数据。

(2) 蒸发熵

由式(3/1-2b)

$$dH = TdS + Vdp$$

等压下积分有

$$\Delta S(liq \to vap) = \frac{\Delta H(liq \to vap)}{T} \tag{3/2-8}$$

进一步重新改写可有蒸发熵

$$\boxed{\Delta_{vap} S = \frac{\Delta_{vap} H}{T}} \tag{3/2-9}$$

3.3　剩余性质

从前面的分析可以知道，理想气体和压缩因子的概念是解决真实气体 pVT 行为描述的有效方法。引申类似的方法来解决真实气体热力学性质的表述。

考察真实气体与理想气体的热力学性质偏差，并将其定义为**剩余性质（residual property）**，例如将真实气体与理想气体的摩尔体积之差定义为剩余体积，即

$$V^R \equiv V - V^{ig} = V - \frac{RT}{p} \tag{3/3-1}$$

因为 $V = ZRT/p$，所以剩余体积与压缩因子间的关系为

$$V^R = \frac{RT}{p}(Z-1) \tag{3/3-2}$$

可以用式(3/3-3)来一般化地明确剩余性质的定义

$$\boxed{M^R(T,p) \equiv M(T,p) - M^{ig}(T,p)} \tag{3/3-3}$$

式中，M 代表任一摩尔热力学性质，如 V、U、H、S 及 G；M 及 M^{ig} 则分别表示真实流体及理想气体的性质。概念上需要明确，剩余性质不仅是真实流体性质在理想气体的性质基础

上的修正，而且它们的温度及压力条件也完全相同。

例如，剩余 Gibbs 函数为

$$G^{R}(T, p) \equiv G(T, p) - G^{ig}(T, p) \tag{3/3-4}$$

式中，G 及 G^{ig} 分别为相同温度及压力时真实流体及理想气体的 Gibbs 函数。

对于理想气体和真实流体，式（3/1-25）可分别表示为

$$d\left(\frac{G^{ig}}{RT}\right) = \frac{V^{ig}}{RT}dp - \frac{H^{ig}}{RT^2}dT$$

$$d\left(\frac{G^{R}}{RT}\right) = \frac{V^{R}}{RT}dp - \frac{H^{R}}{RT^2}dT \tag{3/3-5}$$

对于组成固定的流体，可以应用前述基本物性关系式来表示剩余性质之间的关系。其中有用的表示式如

$$\frac{V^{R}}{RT} = \left[\frac{\partial(G^{R}/RT)}{\partial p}\right]_T \tag{3/3-6}$$

$$\frac{H^{R}}{RT} = -T\left[\frac{\partial(G^{R}/RT)}{\partial T}\right]_p \tag{3/3-7}$$

同时，如同 Gibbs 函数的定义，即 $G = H - TS$，也可针对理想气体写出 $G^{ig} = H^{ig} - TS^{ig}$，这两式之间差异可得

$$G^{R} = H^{R} - TS^{R}$$

由此可得到剩余熵为

$$\frac{S^{R}}{R} = \frac{H^{R}}{RT} - \frac{G^{R}}{RT} \tag{3/3-8}$$

因此由剩余 Gibbs 函数可导出其他剩余性质，也可与实验结果直接关联。由式（3/3-5）可得

$$d\left(\frac{G^{R}}{RT}\right) = \frac{V^{R}}{RT}dp \quad \text{（温度为常数）}$$

将上式由零压力积分至任一压力 p 有

$$\frac{G^{R}}{RT} = \int_0^p \frac{V^{R}}{RT}dp \quad \text{（温度为常数）}$$

在零压力状况下，流体为理想气体，G^{R}/RT 的积分下限值为零。利用式（3/3-2），上述结果变为

$$\frac{G^{R}}{RT} = \int_0^p (Z-1)\frac{dp}{p} \quad \text{（温度为常数）} \tag{3/3-9}$$

将式（3/3-9）与式（3/3-7）合并考虑

$$\frac{H^{R}}{RT} = -T\int_0^p \left(\frac{\partial Z}{\partial T}\right)_p \frac{dp}{p} \quad \text{（温度为常数）} \tag{3/3-10}$$

合并式（3/3-8）～式（3/3-10），可得剩余熵为

$$\frac{S^{R}}{R} = -T\int_0^p \left(\frac{\partial Z}{\partial T}\right)_p \frac{dp}{p} - \int_0^p (Z-1)\frac{dp}{p} \quad \text{（温度为常数）} \tag{3/3-11}$$

压缩因子的定义为 $Z = pV/RT$，Z 值及 $(\partial Z/\partial T)_p$ 因此可由实验之 pVT 数据求得，式（3/3-9）～式（3/3-11）中的积分可由数值法或图积分求得。当 Z 以状态方程表示为 T 与 p 的函数时，这些积分也可用解析式求得。所以，借助 pVT 数据或适当的状态方程，可以求

取 H^R 及 S^R，以及其他的剩余性质。

例 3/3-1：

已知异丁烷的压缩因子数据列于表 3/3-1。试利用此数据求取饱和异丁烷蒸气在 360K 时的剩余焓与剩余熵。

表 3/3-1　异丁烷的压缩因子

p/bar①	340K	350K	360K	370K	380K
0.10	0.99700	0.99719	0.99737	0.99753	0.99767
0.50	0.98745	0.98830	0.98907	0.98977	0.99040
2	0.95895	0.96206	0.96483	0.96730	0.96953
4	0.92422	0.93069	0.93635	0.94132	0.94574
6	0.88742	0.89816	0.90734	0.91529	0.92223
8	0.84575	0.86218	0.87586	0.88745	0.89743
10	0.79659	0.82117	0.84077	0.85695	0.87061
12	—	0.77310	0.80103	0.82315	0.84134
14	—	—	0.75506	0.78531	0.80923
15.41	—	—	0.71727	—	—

① 1bar=100kPa。

解 3/3-1：

利用式（3/3-10）及式（3/3-11）计算 360K 及 1.541MPa（15.41bar）时的 H^R 及 S^R 值，须计算下列两个积分：

$$\int_0^p \left(\frac{\partial Z}{\partial T}\right)_p \frac{\mathrm{d}p}{p} \qquad \int_0^p (Z-1)\frac{\mathrm{d}p}{p}$$

利用图形积分时，需先将 $(\partial Z/\partial T)_p/p$ 及 $(Z-1)/p$ 对 p 作图。$(Z-1)/p$ 的数值可直接由所给的 360K 时的压缩因子求得。$(\partial Z/\partial T)_p/p$ 的值需先计算 $(\partial Z/\partial T)_p$ 的微分，它可由等压下 Z 对 T 作图的斜率求得。因此在各压力下以所给的压缩因子 Z 对 T 作图，并在 360K 时求各曲线的斜率（即在 360K 时在曲线上作切线求得）。表 3/3-2 列出了计算所用的数据。

表 3/3-2　例 3/3-1 中积分所需的数据（括号中为外插值）

p/bar	$[(\partial Z/\partial T)_p/p]\times10^4$ /$\text{K}^{-1}\cdot\text{bar}^{-1}$	$[-(Z-1)/p]\times10^2$ /bar^{-1}	p/bar	$[(\partial Z/\partial T)_p/p]\times10^4$ /$\text{K}^{-1}\cdot\text{bar}^{-1}$	$[-(Z-1)/p]\times10^2$ /bar^{-1}
0	(1.780)	(2.590)	8	1.560	1.552
0.10	1.700	2.470	10	1.777	1.592
0.50	1.514	2.186	12	2.073	1.658
2	1.293	1.759	14	2.432	1.750
4	1.290	1.591	15.41	(2.720)	(1.835)
6	1.395	1.544			

如图 3/3-1 所示，利用商用图形数值处理软件 Origin 可以完成两个图解积分，结果为

$$\int_0^p \left(\frac{\partial Z}{\partial T}\right)_p \frac{\mathrm{d}p}{p} = 26.47\times10^{-4}\,\text{K}^{-1}$$

$$\int_0^p (Z-1)\frac{\partial p}{p} = -0.2605$$

由式（3/3-10）可得

$$\frac{H^R}{RT} = -360\times26.47\times10^{-4} = -0.9529$$

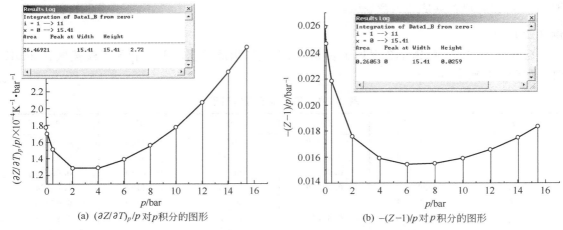

(a) $(\partial Z/\partial T)_p/p$ 对 p 积分的图形   (b) $-(Z-1)/p$ 对 p 积分的图形

图 3/3-1　Origin 给出的例 3/3-1 中的两个图解积分

且由式（3/3-11）得到

$$\frac{S^R}{R} = -0.9529 - (-0.2605) = -0.6924$$

因为 $R = 8.314\text{J} \cdot \text{mol}^{-1} \cdot \text{K}^{-1}$

$$H^R = (-0.9529) \times 8.314 \times 360 = -2852.1\text{J} \cdot \text{mol}^{-1}$$

$$S^R = -0.6924 \times 8.314 = -5.757\text{J} \cdot \text{mol}^{-1} \cdot \text{K}^{-1}$$

3.4　以状态方程计算剩余性质

　　另一种计算式（3/3-9）~式（3/3-11）中积分项的方法，是利用状态方程进行解析计算。此方法需要一个体系适宜的状态方程，且能将 Z（或 V）在等温时解为 p 的函数。这种状态方程称为以体积为显函数的状态方程。在第二章所述的内容中，virial 方程展开为 p 的函数式是惟一的。其他的状态方程则表示为压力的显函数。它们并不直接适用于式（3/3-9）~式（3/3-11）。当状态方程展开为压力显函数的形式，并计算剩余性质时，须将式（3/3-9）~式（3/3-11）重新改写。

3.4.1　利用 virial 方程求 M^R

（1）采用数据的方法

当压缩因子由第二 virial 系数方程表示时

$$Z = 1 + \frac{Bp}{RT}$$

式（3/3-9）简化为

$$\frac{G^R}{RT} = \frac{Bp}{RT} \tag{3/4-1}$$

由式（3/3-7），可知

$$\frac{H^R}{RT} = -T\left[\frac{\partial(G^R/RT)}{\partial T}\right]_p = -T\left(\frac{p}{R}\right)\left(\frac{1}{T}\frac{\mathrm{d}B}{\mathrm{d}T} - \frac{B}{T^2}\right)$$

或

$$\boxed{\frac{H^R}{RT} = \frac{p}{R}\left(\frac{B}{T} - \frac{\mathrm{d}B}{\mathrm{d}T}\right)} \tag{3/4-2}$$

将式(3/4-1) 及式(3/4-2) 代入式(3/3-8) 中，可得

$$\boxed{\frac{S^R}{R} = -\frac{p}{R}\frac{\mathrm{d}B}{\mathrm{d}T}} \tag{3/4-3}$$

只要有足够的数据来决定 B 及 $\mathrm{d}B/\mathrm{d}T$，则可在给定的 T 与 p 下由式(3/4-2)与式(3/4-3)，计算剩余焓与剩余熵。

例 3/4-1：

利用下表的数据，试估算水蒸气在 573K、0.5MPa 下的剩余焓和剩余熵。

T/K	$B/\mathrm{m}^3 \cdot \mathrm{kmol}^{-1}$
563	-125×10^{-3}
573	-119×10^{-3}
583	-113×10^{-3}

解 3/4-1：

分析式(3/4-2)

$$H^R = -\left(T\frac{\mathrm{d}B}{\mathrm{d}T} - B \right)_T p$$

式中，$T=537\mathrm{K}$，$B=-119\times10^{-6}\,\mathrm{m}^3 \cdot \mathrm{mol}^{-1}$，$p=0.5\mathrm{MPa}$，而微分项可由表的数据近似计算为

$$\frac{\mathrm{d}B}{\mathrm{d}T} \approx \frac{\Delta B}{\Delta T} = \frac{[(-113)-(-125)]\times10^{-6}}{583-563} = 6\times10^{-7}\,\mathrm{m}^3 \cdot \mathrm{mol}^{-1} \cdot \mathrm{K}^{-1}$$

则

$$H^R = -[573\times6\times10^{-7} - (-119\times10^{-6})]\times0.5\times10^6 = -2.314\times10^2\,\mathrm{J} \cdot \mathrm{mol}^{-1}$$

$$S^R = -p\frac{\mathrm{d}B}{\mathrm{d}T} \approx (0.5\times10^6)\times(6\times10^{-7}) = -0.3\mathrm{J} \cdot \mathrm{mol}^{-1} \cdot \mathrm{K}^{-1}$$

---

(2) 普遍化的方法

可以发现，通常使用式(3/4-2) 和式(3/4-3) 的条件是须有实验数据，如果无法得到实验数据，也可以用普遍化的方法。沿用 2.6.3 节的方法，即普遍化第二 virial 系数的关系，在低压下适用并可推展至剩余性质。B 与 B^0 及 B^1 相连的公式为

$$B = \frac{RT_c}{p_c}(B^0 + \omega B^1)$$

因为，B、B^0 及 B^1 都只是温度的函数，它们对 T_r 的微分为

$$\frac{p_c}{RT_c}\frac{\mathrm{d}B}{\mathrm{d}T_r} = \frac{\mathrm{d}B^0}{\mathrm{d}T_r} + \omega\frac{\mathrm{d}B^1}{\mathrm{d}T_r}$$

式(3/4-2) 及式(3/4-3) 可写为

$$\frac{H^R}{R} = \frac{p}{R}\left(B - T_r\frac{\mathrm{d}B}{\mathrm{d}T_r} \right) \qquad \frac{S^R}{R} = -\frac{p}{RT_c}\frac{\mathrm{d}B}{\mathrm{d}T_r}$$

联合以上二式及先前所导出的公式，经简化后，可得

$$\boxed{\frac{H^R}{RT} = -p_r\left[\left(\frac{\mathrm{d}B^0}{\mathrm{d}T_r} - \frac{B^0}{T_r}\right) + \omega\left(\frac{\mathrm{d}B^1}{\mathrm{d}T_r} - \frac{B^1}{T_r}\right) \right]} \tag{3/4-4}$$

$$\boxed{\frac{S^R}{R} = -p_r\left(\frac{\mathrm{d}B^0}{\mathrm{d}T_r} + \omega\frac{\mathrm{d}B^1}{\mathrm{d}T_r} \right)} \tag{3/4-5}$$

因为

$$B^0 = 0.083 - \frac{0.422}{T_r^{1.6}}$$

$$B^1 = 0.139 - \frac{0.172}{T_r^{4.2}}$$

故

$$\boxed{\frac{\mathrm{d}B^0}{\mathrm{d}T_r} = \frac{0.675}{T_r^{2.6}}} \tag{3/4-6a}$$

$$\boxed{\frac{\mathrm{d}B^1}{\mathrm{d}T_r} = \frac{0.722}{T_r^{5.2}}} \tag{3/4-6b}$$

3.4.2 利用立方型方程求 M^R

式(3/3-9)～式(3/3-11)不适合应用于压力为显函数的状态方程，而需改写为以 V（或密度 ρ）为自变量的积分形式。在实际应用中，ρ 是比 V 更为适宜的自变量，而 $pV = ZRT$ 可写为另一种形式

$$p = Z\rho RT \tag{3/4-7}$$

式(3/4-7)在等温下微分，可得

$$\mathrm{d}p = RT(Z\mathrm{d}\rho + \rho\mathrm{d}Z) \quad (\text{等温情况下})$$

再与式(3/4-7)联合，此式又可写为

$$\frac{\mathrm{d}p}{p} = \frac{\mathrm{d}\rho}{\rho} + \frac{\mathrm{d}Z}{Z} \quad (\text{等温情况下})$$

将 $\mathrm{d}p/p$ 代入式(3/3-9)，可得

$$\boxed{\frac{G^R}{RT} = \int_0^\rho (Z-1)\frac{\mathrm{d}\rho}{\rho} + Z - 1 - \ln Z} \tag{3/4-8}$$

式中，积分项在等温时求得，且须注意当 $p \to 0$ 时 $\rho \to 0$。

相对应的 H^R 方程可由式(3/3-5)求出，结合式(3/3-2)可得

$$\frac{H^R}{RT^2}\mathrm{d}T = (Z-1)\frac{\mathrm{d}p}{p} - \mathrm{d}\left(\frac{G^R}{RT}\right)$$

将上式各项除以 $\mathrm{d}T$，在恒定 ρ 时，可得

$$\frac{H^R}{RT^2} = \frac{Z-1}{p}\left(\frac{\partial p}{\partial T}\right)_\rho - \left[\frac{\partial(G^R/RT)}{\partial T}\right]_\rho \tag{3/4-9}$$

由式(3/4-7)微分可求得式(3/4-9)右边第一个微分项，由式(3/4-8)微分可得式(3/4-9)右边第二个微分项。代入这些结果，可得

$$\boxed{\frac{H^R}{RT} = -T\int_0^\rho \left(\frac{\partial Z}{\partial T}\right)_\rho \frac{\mathrm{d}\rho}{\rho} + Z - 1} \tag{3/4-10}$$

剩余熵可由式(3/3-8)求得

$$\boxed{\frac{S^R}{R} = -T\int_0^\rho \left(\frac{\partial Z}{\partial T}\right)_\rho \frac{\mathrm{d}\rho}{\rho} - \int_0^\rho (Z-1)\frac{\mathrm{d}\rho}{\rho} + \ln Z} \tag{3/4-11}$$

普遍化立方型方程可以表示为

$$p = \frac{RT}{V-b} - \frac{a(T)}{(V+\varepsilon b)(V+\sigma b)} \tag{2/5-3}$$

将式(2/5-3)各项除以 ρRT，并代入 $V = 1/\rho$，经过代数运算化简后，得到

$$Z = \frac{1}{1-\rho b} - q\frac{b}{(1+\varepsilon\rho b)(1+\sigma\rho b)}$$

其中，q 的定义为

$$q \equiv \frac{a(T)}{bRT} \tag{2/5-11}$$

应用以上状态方程，可求得如式(3/4-8) 中 ($Z-1$) 及式(3/4-11) 中 $(\partial Z/\partial T)_\rho$ 的被积函数

$$Z-1 = \frac{\rho b}{1-\rho b} - q\frac{b}{(1+\varepsilon\rho b)(1+\sigma\rho b)} \tag{3/4-12}$$

$$\left(\frac{\partial Z}{\partial T}\right)_\rho = -\left(\frac{\mathrm{d}q}{\mathrm{d}T}\right)\frac{b}{(1+\varepsilon\rho b)(1+\sigma\rho b)}$$

则式(3/4-8) 及式(3/4-11) 的积分结果为

$$\int_0^\rho (Z-1)\frac{\mathrm{d}\rho}{\rho} = \int_0^\rho \frac{\rho b}{1-\rho b}\frac{\mathrm{d}(\rho b)}{\rho b} - q\int_0^\rho \frac{\mathrm{d}(\rho b)}{\rho(1+\varepsilon\rho b)(1+\sigma\rho b)}$$

$$\int_0^\rho \left(\frac{\partial Z}{\partial T}\right)_\rho \frac{\mathrm{d}\rho}{\rho} = -\frac{\mathrm{d}q}{\mathrm{d}T}\int_0^\rho \frac{\mathrm{d}(\rho b)}{\rho(1+\varepsilon\rho b)(1+\sigma\rho b)}$$

以上两式可简化为

$$\int_0^\rho (Z-1)\frac{\mathrm{d}\rho}{\rho} = -\ln(1-\rho b) - qI$$

$$\int_0^\rho \left(\frac{\partial Z}{\partial T}\right)_\rho \frac{\mathrm{d}\rho}{\rho} = -\frac{\mathrm{d}q}{\mathrm{d}T}I$$

式中，I 的定义为

$$I \equiv \int_0^\rho \frac{\mathrm{d}(\rho b)}{\rho(1+\varepsilon\rho b)(1+\sigma\rho b)} \qquad \text{（温度为常数）}$$

普遍化的状态方程可表示下列两种情形下的积分。

第一种情况：$\varepsilon \neq \sigma$

$$I = \frac{1}{\sigma-\varepsilon}\ln\left(\frac{1+\sigma\rho b}{1+\varepsilon\rho b}\right) \tag{3/4-13}$$

应用此式及下列公式，并以 Z 的形式表示而消去 ρ 时，可得较简化的结果。由式(2/5-10) 及 Z 的定义，可知

$$\beta \equiv \frac{bp}{RT} \qquad Z \equiv \frac{p}{\rho RT}$$

因此

$$\frac{\beta}{Z} = \rho b$$

$$I = \frac{1}{\sigma-\varepsilon}\ln\left(\frac{Z+\sigma\beta}{Z+\varepsilon\beta}\right) \tag{3/4-14}$$

第二种情况：

$$\varepsilon = \sigma$$

$$I = \frac{\rho b}{1+\varepsilon\rho b} = \frac{\beta}{Z+\varepsilon\beta}$$

在第二种情况的讨论中仅考虑 van der Waals 方程，上式简化为 $I = \beta/Z$。

由积分运算后，式(3/4-8) 及式(3/4-10) 简化为

$$\frac{G^R}{RT} = Z-1-\ln(1-\rho b)Z - qI \tag{3/4-15a}$$

或

$$\boxed{\frac{G^R}{RT}=Z-1-\ln(Z-\beta)-qI} \tag{3/4-15b}$$

及

$$\frac{H^R}{RT}=(Z-1)+T\left(\frac{\mathrm{d}q}{\mathrm{d}T}\right)I=Z-1+T_r\left(\frac{\mathrm{d}q}{\mathrm{d}T_r}\right)I$$

由式(3/4-11)知

$$\frac{S^R}{R}=\ln(Z-\beta)+\left(q+T_r\frac{\mathrm{d}q}{\mathrm{d}T_r}\right)I$$

其中，$T_r(\mathrm{d}q/\mathrm{d}T_r)$ 可由式(2/5-14) 求得

$$T_r\frac{\mathrm{d}q}{\mathrm{d}T_r}=\left[\frac{\mathrm{d}\ln\alpha(T_r)}{\mathrm{d}\ln T_r}-1\right]q$$

将上式代入其前述两公式中可得

$$\boxed{\frac{H^R}{RT}=(Z-1)+\left[\frac{\mathrm{d}\ln\alpha(T_r)}{\mathrm{d}\ln T_r}-1\right]qI} \tag{3/4-16}$$

$$\boxed{\frac{S^R}{R}=\ln(Z-\beta)+\frac{\mathrm{d}\ln\alpha(T_r)}{\mathrm{d}\ln T_r}qI} \tag{3/4-17}$$

应用这些公式时，须先由式(2/5-12) 和式(2/5-16) 分别解出汽相和液相的 Z 值。

对于 RK 方程，$\sigma=1$，$\varepsilon=0$，$\alpha(T_r)=T_r^{-\frac{1}{2}}$，所以

$$\boxed{\frac{H^R}{RT}=(Z-1)-\frac{3}{2}q\ln\left(\frac{Z+\beta}{Z}\right)} \tag{3/4-18}$$

$$\boxed{\frac{S^R}{R}=\ln(Z-\beta)-\frac{1}{2}q\ln\left(\frac{Z+\beta}{Z}\right)} \tag{3/4-19}$$

3.4.3 利用 Lee-Kesler 关联式求 M^R

因为

$$p=p_c p_r \qquad T=T_c T_r \tag{3/4-20}$$

所以

$$\mathrm{d}p=p_c\mathrm{d}p_r \qquad \mathrm{d}T=T_c\mathrm{d}T_r \tag{3/4-21}$$

2.6 节所述关于压缩因子的普遍化方法，也可应用于剩余性质。应用上面的关系式，可将式(3/3-10) 及式(3/3-11) 写成普遍化的形式

$$\frac{H^R}{RT_c}=-T_r^2\int_0^{p_r}\left(\frac{\partial Z}{\partial T_r}\right)_{p_r}\frac{\mathrm{d}p_r}{p_r} \tag{3/4-22}$$

$$\frac{S^R}{R}=-T_r\int_0^{p_r}\left(\frac{\partial Z}{\partial T_r}\right)_{p_r}\frac{\mathrm{d}p_r}{p_r}-\int_0^{p_r}(Z-1)\frac{\mathrm{d}p_r}{p_r} \tag{3/4-23}$$

上列两式右边各项只随积分上限 p_r 及对比温度 T_r 而变，因此 H^R/RT_c 及 S^R/R 之值，在任何对比温度及对比压力下可由普遍化的压缩因子数据一次求得。

普遍化压缩因子 Z 的关联式是基于

$$Z=Z^0+\omega Z^1 \tag{2/6-2}$$

微分式(2/6-2) 可得

$$\left(\frac{\partial Z}{\partial T_r}\right)_{p_r}=\left(\frac{\partial Z^0}{\partial T_r}\right)_{p_r}+\omega\left(\frac{\partial Z^1}{\partial T_r}\right)_{p_r}$$

将 Z 及 $(\partial Z/\partial T_r)_{p_r}$ 代入式（3/4-22）及式（3/4-23），可得

$$\frac{H^R}{RT_c} = -T_r^2 \int_0^{p_r} \left(\frac{\partial Z^0}{\partial T_r}\right)_{p_r} \frac{\mathrm{d}p_r}{p_r} - \omega T_r^2 \int_0^{p_r} \left(\frac{\partial Z^1}{\partial T_r}\right)_{p_r} \frac{\mathrm{d}p_r}{p_r}$$

$$\frac{S^R}{R} = -\int_0^{p_r} \left[T_r \left(\frac{\partial Z^0}{\partial T_r}\right)_{p_r} + Z^0 - 1\right] \frac{\mathrm{d}p_r}{p_r} - \omega \int_0^{p_r} \left[T_r \left(\frac{\partial Z^1}{\partial T_r}\right)_{p_r} + Z^1\right] \frac{\mathrm{d}p_r}{p_r}$$

上列两式右边第一项积分，可利用附录 B2 中的压缩因子分项值 Z^0 数据，由解析法或图解积分在 T_r 及 p_r 值下求得。含有 ω 项的积分，亦可利用附录 B2 中的 Z^1 数据，依同样的方法求得。

Lee 和 Kesler 曾将普遍化的关联延伸到剩余性质。若上列两式右边第一项（包含负号）用 $(H^R)^0/RT_c$ 及 $(S^R)^0/R$ 表示，且含有 ω 的项，包含其负号，以 $(H^R)^1/RT_c$ 及 $(S^R)^1/R$ 表示，则可写成

$$\boxed{\frac{H^R}{RT_c} = \frac{(H^R)^0}{RT_c} + \omega \frac{(H^R)^1}{RT_c}} \tag{3/4-24}$$

$$\boxed{\frac{S^R}{R} = \frac{(S^R)^0}{R} + \omega \frac{(S^R)^1}{R}} \tag{3/4-25}$$

Lee 及 Kesler 曾计算求得 $(H^R)^0/RT_c$、$(H^R)^1/RT_c$、$(S^R)^0/R$ 及 $(S^R)^1/R$ 的数值，并表示为 T_r 及 p_r 的函数，如附录表 B3 和附录表 B4 所示。

式（3/4-24）和式（3/4-25）中的分项参数也可由图 3/4-1～图 3/4-4 查取。需要注意的是从图中查到的数据要取负值才能与式（3/3-3）的定义一致。

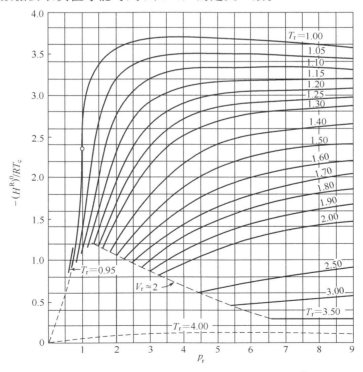

图 3/4-1 Lee-Kesler 关联式的剩余性质分项参数 $(H^R)^0/RT_c$

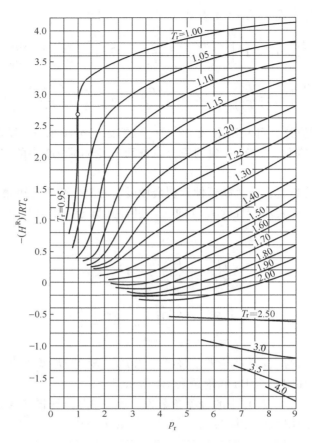

图 3/4-2　Lee-Kesler 关联式的剩余性质分项参数 $(H^R)^1/RT_c$

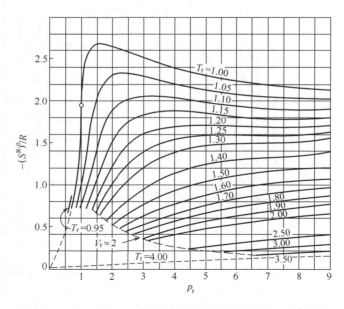

图 3/4-3　Lee-Kesler 关联式的剩余性质分项参数 $(S^R)^0/R$

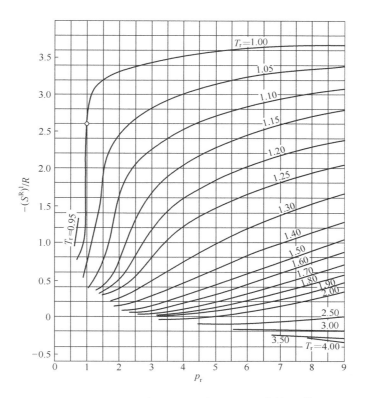

图 3/4-4　Lee-Kesler 关联式的剩余性质分项参数 $(S^R)^1/R$

例 3/4-2：

　　利用 RK 方程，计算 500K、5MPa 下正丁烷气体的剩余焓 H^R 与剩余熵 S^R。

解 3/4-2：

　　在此情况下

$$T_r = \frac{500}{425.2} = 1.176 \qquad p_r = \frac{5}{3.799} = 1.316$$

利用式（2/5-13）及由表 2/5-1 中所查得 RK 方程的 Ω 值，可得

$$\beta = \Omega \frac{p_r}{T_r} = \frac{0.08664 \times 1.316}{1.176} = 0.09695$$

利用 Ψ 及 Ω 值，以及由表 2/5-1，所得的 $\alpha(T_r) = T_r^{-1/2}$，式（2/5-14），可得

$$q = \frac{\Psi \alpha(T_r)}{\Omega T_r} = \frac{0.42748}{0.08664 \times (1.176)^{1.5}} = 3.8689$$

　　将 β、q、$\varepsilon = 0$ 及 $\sigma = 1$ 代入式（2/5-12），可得

$$Z_{k+1} = 1 + 0.09695 - 3.8689 \times 0.09695 \times \frac{Z_k - 0.09695}{Z_k(Z_k + 0.09695)}$$

初值以 $Z = 1$ 作迭代，由上式可解得 $Z = 0.6852$，所以

$$I = \ln \frac{Z+\beta}{Z} = 0.13234$$

由 $\ln \alpha(T_r) = -\frac{1}{2} \ln T_r$ 可知 $\mathrm{d} \ln \alpha(T_r)/\mathrm{d} \ln T_r = -(1/2)$，故式（3/4-16）及式（3/4-17）变为

$$\frac{H^R}{RT} = 0.6852 - 1 + (-0.5 - 1) \times 3.8689 \times 0.13234 = -1.0828$$

$$\frac{S^R}{R} = \ln(0.6852 - 0.9695) - 0.5 \times 3.8689 \times 0.13234 = -0.78661$$

所以

$$H^R = 8.314 \times 500 \times (-1.0828) = -4501.2 \text{J} \cdot \text{mol}^{-1}$$

$$S^R = 8.314 \times (-0.78661) = -6.540 \text{J} \cdot \text{mol}^{-1} \cdot \text{K}^{-1}$$

表 3/4-1 是基于文献数据[1]将本例的 RK 方程计算结果与其他方法的比较。其中包括上述以 Lee-Kesler 关联式计算所得结果。总体上，SRK 方程的相对计算偏差最小。

表 3/4-1　正丁烷在 500K 及 5MPa 时的 Z、H^R 与 S^R

方　　法	Z	Z 误差/%	H^R/J·mol^{-1}	H^R 误差/%	S^R /J·mol^{-1}·K^{-1}	S^R 误差/%
van der waals 方程	0.6608	−6.40	−3973	−16.53	−5.424	−24.35
RK 方程	0.6850	−2.97	−4505	−5.36	−6.546	−8.70
SRK 方程	0.7222	2.29	−4824	1.34	−7.413	3.39
PR 方程	0.6907	−2.17	−4988	4.79	−7.426	3.57
Lee-Kesler	0.6988	−1.02	−4966	4.33	−7.632	6.44
文献值	0.7060	—	−4760	—	−7.170	—

3.5　纯流体的焓变与熵变的计算

基于上述热容、蒸发焓与蒸发熵等热力学性质，以及剩余性质的知识，可以进行纯流体的热力学性质变化的计算。这里以焓变与熵变为例进行分析。

(1) 纯流体的状态间变化

基于剩余性质的概念式(3/3-3)，对纯流体任意两个状态，可以写出

$$M^R(T_1, p_1) = M(T_1, p_1) - M^{ig}(T_1, p_1)$$

$$M^R(T_2, p_2) = M(T_2, p_2) - M^{ig}(T_2, p_2)$$

经合并，可有此两个任意状态间的热力学性质变化

$$\Delta_1^2 M = M(T_2, p_2) - M(T_1, p_1)$$
$$= \Delta_1^2 M^{ig}(T_1, p_1 \rightarrow T_2, p_2) + [M^R(T_2, p_2) - M^R(T_1, p_1)] \tag{3/5-1}$$

式中，理想气体性质变化项的括号进一步注明了状态的转变。

将理想气体性质焓变与熵变的基本计算关系式(3/1-19) 和式(3/1-20) 代入，即有真实流体任意两个状态间的焓变与熵变基本计算式

$$\Delta_1^2 H = \int_{T_1}^{T_2} C_p^{ig} \mathrm{d}T + [H^R(T_2, p_2) - H^R(T_1, p_1)] \tag{3/5-2}$$

$$\Delta_1^2 S = \int_{T_1}^{T_2} C_p^{ig} \frac{\mathrm{d}T}{T} - R\ln\frac{p_2}{p_1} + [S^R(T_2, p_2) - S^R(T_1, p_1)] \tag{3/5-3}$$

可见，理想气体方程的重要性在于它提供了一个计算真实气体性质的基础，而剩余性质是在此基础上的修正与精细描述。

---

[1]　Don Green (ed). Chemical Engineers' Handbook. 7th ed. New York: McGraw-Hill, 1997. 2-223.

需要明确，虽然剩余性质并未严格限于气体。但是，通常式(3/5-2)和式(3/5-3)只用于气体。液体焓变与熵变更多是基于式(3/1-23)和式(3/1-24)，采用液体热容来计算。

（2）相对于参考态的变化

在应用分析中，除了考察热力学过程的状态变化，有时还需要确定给定体系相对于某个参考态的性质。由于参考态的选择是随研究对象而异，所以尽管给定体系的状态（温度与压力）是确定的，但其热力学性质的计算基础是参考态的选择。显然，无法给出一个普遍的关系。这里仅就以下例子给出一种分析。

假设，选择某个参考态的条件是温度 T_0 和压力 p_0 的饱和液体状态。则任意温度 T 和压力 p 的纯气体相对于此参考态的热力学性质变化需要在式(3/5-1)的基础上，再考虑饱和液体转变为饱和气体相变的影响。即

$$M(T,p)-M(T_0,p_0)=\Delta_{vap}M(T_0,p_0)+\Delta M(T_0,p_0\to T,p)$$

式中，$\Delta_{vap}M(T_0,p_0)$ 为参考态下的蒸发性质变化；ΔM 为从参考状态下的饱和蒸气至任意状态的气体性质变化。根据式(3/5-1)，有以上述参考态为基准的，任意温度 T 和压力 p 时的相对热力学性质

$$M(T,p)=M(T_0,p_0)+\Delta_{vap}M(T_0,p_0)+$$
$$\Delta M^{ig}(T_0,p_0\to T,p)+[M^R(T,p)-M^R(T_0,p_0)] \qquad (3/5\text{-}4)$$

式中，$M(T_0,p_0)$ 为参考态的基准数值，通常定作零；ΔM^{ig} 是从参考状态温度 T_0 和压力 p_0 到任意温度 T 和压力 p 的理想气体性质变化。

如果考察任意温度 T 和压力 p 时的焓和熵，则分别有

$$H(T,p)=H(T_0,p_0)+\Delta_{vap}H(T_0,p_0)+$$
$$\Delta H^{ig}(T_0,p_0\to T,p)+[H^R(T,p)-H^R(T_0,p_0)] \qquad (3/5\text{-}5)$$
$$S(T,p)=S(T_0,p_0)+\Delta_{vap}S(T_0,p_0)+$$
$$\Delta S^{ig}(T_0,p_0\to T,p)+[S^R(T,p)-S^R(T_0,p_0)] \qquad (3/5\text{-}6)$$

如果参考态的性质定为零，且认为低压下可忽略 $M^R(T_0,p_0)$，则有

$$H(T,p)=\Delta_{vap}H(T_0,p_0)+\Delta H^{ig}(T_0,p_0\to T,p)+H^R(T,p) \qquad (3/5\text{-}7)$$
$$S(T,p)=\Delta_{vap}S(T_0,p_0)+\Delta S^{ig}(T_0,p_0\to T,p)+S^R(T,p) \qquad (3/5\text{-}8)$$

需要再次重申，式(3/5-4)～式(3/5-8)给出的仅仅是针对将参考态规定为温度 T_0 和压力 p_0 的饱和液体的情况。其他选择可能完全不同。例如，当把参考态的条件确定为温度 T_0 和压力 p_0 的理想气体状态，则式(3/5-4)～式(3/5-8)中的蒸发性质变化项为零，而且 $H^R(T_0,p_0)$ 和 $S^R(T_0,p_0)$ 为 0。

将式(3/5-7)及式(3/5-8)用于气体计算时，H^R 及 S^R 项虽包含复杂的计算，但因为它们是剩余项，而且通常其数值很小，只对主要贡献项 H^{ig} 及 S^{ig} 提出修正而已，这是应用剩余性质于气体计算的优点。但在液体性质计算上却不是这样，此时 H^R 及 S^R 项须包含因蒸发作用导致的较大贡献。对液体的计算通常可利用式(3/1-23)及式(3/1-24)作积分求得。

上述分析表明，真实流体的焓变与熵变的计算可以分解为三部分：首先是理想气体焓变与熵变的计算，其次是剩余性质的计算，最后是需要适当选择参考基准，同时设法获取蒸发焓和蒸发熵等热力学性质。

例 3/5-1：

已知饱和液态 1-丁烯在 273K 时，$H=0$，$S=0$（此时饱和蒸气压为 0.127MPa）。试求 478K、6.89MPa 时 1-丁烯蒸气的焓值。

解 3/5-1：

查得 1-丁烯的物性如下：

$$T_c = 420K, \quad p_c = 4.02MPa, \quad \omega = 0.187, \quad T_b = 267K$$

且有

$$C_p^{ig} = 16.36 + 2.63 \times 10^{-1} T - 8.212 \times 10^{-5} T^2 \, J \cdot mol^{-1} \cdot K^{-1}$$

基于式(3/5-5)

$$H(T, p) = H(T_0, p_0) + \Delta_{vap} H(T_0, p_0) +$$
$$\Delta H^{ig}(T_0, p_0 \to T, p) + [H^R(T, p) - H^R(T_0, p_0)]$$

以 273K、0.127MPa 时的饱和液态 1-丁烯为参考状态，由题意，首先有

$$H(T_0, p_0) = 0$$

而此时压力低，可忽略剩余性质的数值，故又有

$$H^R(T_0, p_0) = 0$$

则

$$H(T, p) = \Delta_{vap} H(T_0, p_0) + \Delta H^{ig}(T_0, p_0 \to T, p) + H^R(T, p) \qquad (A)$$

分作如下几部分求解

（a）$\Delta_{vap} H(T_0, p_0)$

基于

$$T_r = \frac{T}{T_c} = \frac{273}{420} = 0.65$$

由式(3/2-6)

$$\frac{\Delta_{vap} H}{RT_c} = 7.08(1 - T_r)^{0.354} + 10.95\omega(1 - T_r)^{0.456}$$

计算得 1-丁烯摩尔蒸发焓

$$\Delta_{vap} H(T_0, p_0) = 21.5 kJ \cdot mol^{-1}$$

（b）$\Delta H^{ig}(T_0, p_0 \to T, p)$

$$\Delta_1^2 H^{ig} = \int_{T_1}^{T_2} C_p^{ig} dT$$

代入查得的摩尔定压热容公式，可得

$$\Delta_1^2 H^{ig} = \int_{273}^{478} (16.36 + 2.63 \times 10^{-1} T - 8.212 \times 10^{-6} T^2) dT = 21.2 kJ \cdot mol^{-1}$$

（c）$H^R(T, p)$

基于

$$T_r = \frac{T}{T_c} = \frac{478}{420} = 1.14 \qquad p_r = \frac{p}{p_c} = \frac{6.89}{4.02} = 1.71$$

采用 Lee-Kesler 关联式压缩因子法。由附录表 B3 查出

$$\frac{(H^R)^0}{RT_c} = -2.04 \qquad \frac{(H^R)^1}{RT_c} = -0.51$$

所以

$$\frac{H^R}{RT_c} = \frac{(H^R)^0}{RT_c} + \omega \frac{(H^R)^1}{RT_c} = -2.04 + 0.187 \times (-0.51) = -2.14$$

解得

$$H^R(T, p) = -2.14 \times 8.3145 \times 420 = -7.473 kJ \cdot mol^{-1}$$

最终，将三部分结果汇总代入式（A）有

$$H(T,p)=21.5+21.2-7.473=35.22\text{kJ}\cdot\text{mol}^{-1}$$

3.6 热力学性质图和表

3.6.1 类型与构成

焓、熵等热力学状态函数与易测量 pVT 性质的关系，不仅可以用数学模型关联，还可以用图形或数据表的形式表达。为了能够深入研究热力学性质，人们针对过程技术中某些常用物质，例如水、氨、甲烷、二氧化碳、卤代烃制冷剂等纯物质（甚至包括一些混合物的热力学性质），制成了专用热力学性质图和表。例如，可以在一张图上，同时查到某物质的 p、V、T、H、S 等性质。一些基本的热力学过程，例如等压加热或冷却，等温压缩或膨胀，等焓膨胀或等熵膨胀等，可以直观地表示在图上，方便了问题的分析与判断。

根据相律，单相单组元体系自由度为 2，因此，纯物质热力学性质图为二维坐标的平面图。热力学性质图的形式很多。大致有如表 3/6-1 中给出的种类。

表 3/6-1 热力学性质图的种类

体 系	状 态 函 数	相 平 衡 关 系
单组元	$T\text{-}S$、$\lg p\text{-}H$、$C_p\text{-}T$、…	$p\text{-}V$、$p\text{-}T$、$\ln p\text{-}1/T$、…
多组元	$H\text{-}x$、$G\text{-}x$、…	$p\text{-}x$、$T\text{-}x$、$y\text{-}x$、…

例如，按照纵横坐标所取的参数不同，有 $T\text{-}S$ 图（温-熵图），$\lg p\text{-}H$ 图（压焓图），$H\text{-}S$ 图（焓-熵图）等。这里主要讨论单组元体系的情况，多组元体系将在后面讨论。

在这些单组元体系的二维图形中，存在许多特殊的点、线和区域，需要首先分清才便于使用。例如，点，如临界点、过程变化中的相变状态点等；线，如饱和液体线（区分饱和液体与过冷液体）、饱和蒸气线（区分饱和蒸气与过热蒸气）以及一系列的等值线，如等温线、等压线、等焓线、等熵线和等容线等；区域，如汽相区、液相区、汽液两相共存区等。可以结合第二章介绍过的纯组分流体 pVT 行为来学习这部分内容。

（1）$T\text{-}S$ 图

温熵图的纵坐标为温度，横坐标为熵。如图 3/6-1 所示，有如下过程。

① 过程 $a \rightarrow b$ a 点为过冷液体，恒定压力 p_2 下加热，从温度 T_1 升至 T_2 达到饱和液体的状态 b。

② 过程 $b \rightarrow c$ 恒定压力 p_2 继续加热，液体开始汽化，不断蒸发，但温度 T_2 保持不变。根据相律，单组元两相系统自由度为 1。呈现水平线段。p_2 为该液体在其饱和温度 T_2 下的饱和蒸气压。与开始处 a 点的 p_2 下过冷态温度 T_1 所对应的饱和蒸气压 p_1 相比，$p_2 > p_1$。如果维持恒温 T_1 下由 p_2 减压至 p_1，则可达到饱和态（$a \rightarrow b'$），在压力 p_1 下发生类似的过程 $b' \rightarrow c'$。

③ 过程 $c \rightarrow d$ 液体完全汽化后，再恒定压力 p_2 继续加热，蒸气的温度将高于 p_2 下的饱和温

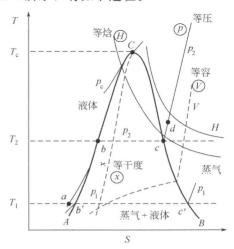

图 3/6-1 $T\text{-}S$ 图构成示意

度 T_2，这种蒸气称为过热蒸气。

随着压力升高，表示汽化过程的水平线段不断缩短。达到 p_c 时，水平线段缩为一点 C，即临界点。将不同压力下水平线段端点连接后，形成包络线 ACB。AC 为饱和液体线，CB 为饱和蒸气线。在饱和液体线左侧，临界温度以下的区域，为液相区。在饱和蒸气线右侧的区域为汽相区。在此区域中的蒸气为过热蒸气。包络线 ACB 之内为汽液共存区，该区域内的蒸气为湿蒸气。湿蒸气中所含饱和蒸气的质量分数，称为**干度（quality）** x_1。在 ACB 区域内，标有一系列等干度线，在等干度线上的湿蒸气，具有相同的干度。

在 T-S 图中，还有一系列等焓线，它们是由各个等压线上焓值相等的点联结起来的。通常规定，在基准状态下的焓值、熵值均为零。因此，T-S 图中标明的焓、熵为相对值。

作为示例，在附录 C1 和附录 C2 中，可以看到空气和水蒸气的 T-S 图。

（2）p-H 图、H-S 图

p-H 图的纵坐标为压力的对数，横坐标为焓。在图 3/6-2 中，虽然标注了与图 3/6-1 同样的状态与等值线，但是形状发生了很大变化，可以对照起来分析。实用上，在分析等压以及等焓过程时，使用 p-H 图十分方便。工程中使用得较为普遍。在附录 C3 和附录 C4 中，可以看到环境友好的制冷剂 HFC-134a 和氨的 p-H 图。

另外，有的时候将焓作为纵坐标，熵作为横坐标，构成 H-S 图，又称 Mollier 图。Mollier 图通常用于流动过程的能量变化分析。在附录 C5 中的水蒸气的 H-S 图是最常用的 Mollier 图之一。

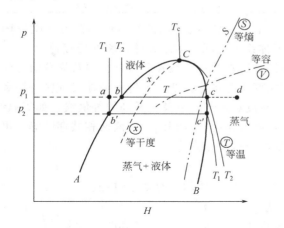

图 3/6-2 p-H 图构成示意

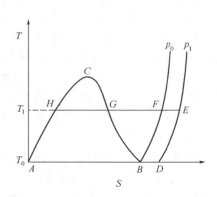

图 3/6-3 热力学性质图绘制原理示意

3.6.2 热力学性质图绘制原理

制作纯物质热力学性质图，需要 p、V、T、H 和 S 等性质在不同条件下的数据。在汽液两相区 ACB 包络线内（图 3/6-3），可以由实测的饱和蒸气压数据，确定各点的 p、T 数值。饱和液体的密度，也可以通过实验测定。BC 线右侧气相区内 p、V、T 性质，除直接利用实测数据以外，还可以借助状态方程式计算。状态方程中的待定参数，通过临界性质确定。热力学性质图中的 h、s 值（通常为单位质量的性质，即比性质），计算步骤如下。

① 选定基准状态（T_0，p_0）A 点，假定在该状态下，饱和液体的焓和熵均为零。

$$h_A = 0, \qquad s_A = 0$$

② 确定 B 点的焓 h_B 和熵 s_B。B 点与 A 点呈平衡状态，所以

$$h_B = h_A + \Delta_{\text{vap}} h_A \qquad s_B = s_A + \frac{\Delta_{\text{vap}} h_A}{T_0}$$

以上二式中，$\Delta_{\text{vap}} h_A$ 为 T_0 和 p_0 下的蒸发焓，可以通过实验测定，也可以根据图表要求的精度，选择适当的关联式计算。

③ 确定 D 点的焓 h_D 和熵 s_D。由 B 到 D 为等温过程

$$h_D = h_B + \Delta h_T$$

式中，Δh_T 为等温过程焓变，计算方法可根据式（3/1-15）

$$\Delta h_T = \int_{p_0}^{p_1} \left[V - T \left(\frac{\partial V}{\partial T} \right)_p \right] \mathrm{d}p$$

$$s_D = s_B + \Delta s_T$$

类似地，可由式（3/1-16）将上式中的等温熵变为

$$\Delta s_T = - \int_{p_0}^{p_1} \left(\frac{\partial V}{\partial T} \right)_p \mathrm{d}p$$

选定状态方程，则可以求出 Δh_T、Δs_T 的数值。

④ 确定 E 点的焓 h_E 和熵 s_E。如果 E 点压力 p_1 足够低，可以当成理想气体处理

$$H_E^{\text{ig}} = H_D + \int_{T_0}^{T_1} C_p^{\text{ig}} \mathrm{d}T \qquad S_E^{\text{ig}} = S_D + \int_{T_0}^{T_1} C_p^{\text{ig}} \frac{\mathrm{d}T}{T}$$

计算 h_E^{ig} 和 s_E^{ig} 时，需要有热容与温度的函数关系式。

⑤ 由 E 以至 H 各点焓、熵的计算方法与以上各步相同。注意 G 点的压力为该温度下的饱和蒸气压。

⑥ 两相区内的焓 h、熵 s 与湿蒸气的干度 x 有关。湿蒸气**干度（quality）**被定义为

$$\boxed{x^{\text{v}} \equiv \frac{M - M^{\text{l}}}{M^{\text{v}} - M^{\text{l}}}} \qquad (3/6\text{-}1)$$

式中，M 包括 V、h 和 s 等性质。上标"l"、"v"分别指饱和水和饱和蒸气。故可有

$$h = h^{\text{l}}(1 - x^{\text{v}}) + h^{\text{v}} x^{\text{v}} \qquad (3/6\text{-}2)$$

$$s = s^{\text{l}}(1 - x^{\text{v}}) + s^{\text{v}} x^{\text{v}} \qquad (3/6\text{-}3)$$

$$V = V^{\text{l}}(1 - x^{\text{v}}) + V^{\text{v}} x^{\text{v}} \qquad (3/6\text{-}4)$$

制作热力学性质图虽然较为复杂，但利用已制成的性质图作热力学分析与计算，却十分方便。需要注意的是使用时如果 h、s 值选自不同图，需要注意其基准状态是否一致。例如，通常氨的 T-S 图可能采用两种基准状态。一种图取 -40℃ 的饱和液氨的 $h = 0\text{kJ} \cdot \text{kg}^{-1}$，而另一种图在 -40℃ 时的饱和液氨的 $h = 230.12\text{kJ} \cdot \text{kg}^{-1}$。所以，当计算以第二种图为主时，从第一种图读取的数据应校正为 $h_2 = h_1 + 230.12\text{kJ} \cdot \text{kg}^{-1}$。

通过上述热力学性质图制作原理的讨论，可以进一步掌握焓与熵的计算方法，以图形直观地了解纯流体的热力学行为。

3.6.3　水蒸气表

水蒸气是化工与热力工程中广泛使用的一种重要工质。水蒸气可视为由单个、双个、多个分子缔合体所组成的混合物。不同状态下，水蒸气不仅有相态的差异，随着变化，还会产生单分子相互缔合，以及缔合分子解离。所以，水的热力学性质比较复杂。迄今为止，尚不能用纯理论方法求出它的规律性，只能借助于实验。由于实验只能测得有限的数据。为了得到水蒸气状态连续变化的规律，目前多采用复杂的水蒸气专用的状态方程。再将通过计算机得到结果与实验数据对照验证，编制成水蒸气表。为了避免各国由于测试技术不同，所得结果不一样，已

由国际会议协商研究，制定了公认可靠的、统一的水和水蒸气性质表（见附录 B7）。

通常，使用的水蒸气表分为三类。一类是过热蒸汽和过冷水表（附录 B7-3 和附录 B7-4）。另两类是以温度为序的水蒸气表（附录 B7-1）和以压力为序的饱和水蒸气表（附录 B7-2）。表中所列焓、熵值，按照热力学基本关系式计算得到。国际上规定，以液态水的三相点为基准。水的三相点参数为

$$p=0.0006112\text{MPa} \qquad V=0.00100022\text{m}^3 \cdot \text{kg}^{-1} \qquad T=273.16\text{K}$$

规定此时的内能及熵值为零。焓按下式计算：

$$h=u+pV=0+0.0006112\times0.00100022\times10^6/10^3 = 0.000614 \approx 0\text{kJ} \cdot \text{kg}^{-1}$$

工程上认为，该点焓值亦为零已足够准确。湿蒸汽的参数，表中未列出，可根据给定压力或温度，查出湿蒸汽所含饱和水和饱和蒸汽的参数，然后按式(3/6-2)～式(3/6-4)计算。

水蒸气的性质既可以列成表，也可以绘制成图。表中所列数据准确性高，但数值不连续。若所求参数介于两个参数值之间，需用内插计算，尤其是在湿蒸汽区。具体可以参考附录 B7 的数值内插的方法。水蒸气图有连续性，可直接读取数据，使用起来直观、方便。水蒸气图的不足之处是精度有限。

例 3/6-1：

过热的蒸汽由起初状态 $T_1=250℃$ 及 $p_1=1000\text{kPa}$，经喷嘴膨胀至 $p_2=200\text{kPa}$，假设此过程为可逆绝热过程，求蒸汽在喷嘴出口时的状态及此过程焓的变化 ΔH。

解 3/6-1：

因为此过程为可逆且绝热，所以蒸汽熵的改变量为零。

在 250℃ 及 1000kPa 的起始状态时，无法直接由蒸汽表中读得物性数据，由 1000kPa 时 240℃ 及 260℃ 的数据内插而得

$$H_1=2942.9 \text{ kJ} \cdot \text{kg}^{-1} \qquad S_1=6.9252\text{kJ} \cdot \text{kg}^{-1} \cdot \text{K}^{-1}$$

在最终状态的 200kPa 时

$$S_2=S_1=6.9252\text{kJ} \cdot \text{kg}^{-1} \cdot \text{K}^{-1}$$

因为，在 200kPa 时饱和蒸汽的熵为 7.1268kJ·kg⁻¹·K⁻¹ 大于 S_2，最终状态是在两相区的汽液共存区内。所以，T_2 是 200kPa 时的饱和温度，在水蒸气表中查得 $T_2=120.23℃$。

应用式(3/6-3)计算可得

$$s_2=s_2^{\text{l}}(1-x_2^{\text{v}})+s_2^{\text{v}}x_2^{\text{v}}$$

由水蒸气表查得 $S^{\text{l}}=1.5301\text{kJ} \cdot \text{kg}^{-1} \cdot \text{K}^{-1}$，$S^{\text{v}}=7.1268\text{kJ} \cdot \text{kg}^{-1} \cdot \text{K}^{-1}$，因此

$$6.9252=1.5301（1-x_2^{\text{v}}）+7.1268x_2^{\text{v}}$$

$$x_2^{\text{v}}=0.9640$$

混合物中具有 96.40% 质量分数的蒸汽及 3.60% 质量分数的液体。

由水蒸气表查得 $H^{\text{l}}=504.701\text{kJ} \cdot \text{kg}^{-1}$，$H^{\text{v}}=2706.3\text{kJ} \cdot \text{kg}^{-1}$，应用式(3/6-2)，可再求得焓为

$$H_2=0.0360\times504.701+0.9640\times2706.3=2627\text{kJ} \cdot \text{kg}^{-1}$$

最后

$$\Delta H=H_2-H_1=2627.0-2942.9=-315.9\text{kJ} \cdot \text{kg}^{-1}$$

3.7　多组分流体的热力学关系

需要明确，与前面讨论的纯流体不同，以下所涉及的对象是**多组分流体（multi-compo-**

nent fluid)，即含有一种以上物质的均相气相或均相液相体系的热力学性质。强调多组分流体的称谓，是因为它包含两个概念模型，一个是**混合物（mixture）**，另一个是**溶液（solution）**。由此将导致不同的模型化方法。

混合物是指各组分均以同样的"方法"研究的体系。即选择标准态的原则相同，热力学性质模型也相同。溶液则是指各组分不能以同样的"方法"研究的体系。此时，把其中的一种（或多种）物质区别出来称为溶剂（通常是较多的部分），其余物质称为溶质（通常是较少的部分）。对溶剂和溶质采用不同的选择标准态的原则，而且计算溶剂和溶质热力学性质的公式亦有所不同。

按照上述分类，这里的研究对象包括均相气体混合物、液体混合物和液体溶液。通常，分子结构相近、物理化学性质亦相近的组分所形成的流体多可视为混合物。例如，天然气可以看作混合物。有时，在指定的考察温度和压力下所有组分都能以相同相态存在，也可以取混合物的概念模型。液体溶液一般是由气体或固体溶质溶解在液体溶剂中形成的。例如，食盐溶于水所形成的溶液。在两种概念模型之中选取何者为宜，原则在于何者可以更为精确地描述体系行为。

在任一封闭体系中，Gibbs 函数与温度及压力的基本关系表示于式(3/1-4a)

$$d(nG) = -(nS)dT + (nV)dp \tag{3/1-4a}$$

应用此式于单相流体，且无化学反应的情形。此封闭体系具有恒定的组成，可写出

$$\left[\frac{\partial(nG)}{\partial p}\right]_{T,n} = nV \qquad 及 \qquad \left[\frac{\partial(nG)}{\partial T}\right]_{p,n} = -nS$$

现在讨论一个更一般化的情形，即均相开放体系，其中体系与环境间可交换质量。总 Gibbs 函数仍为 T 及 p 的函数。但是因为质量可加入或流出系统中。nG 也是化学组分物质的量（mol）的函数，因此

$$nG = g(T, p, n_1, n_2 \cdots n_i \cdots)$$

其中，n_i 是组分 i 的物质的量。nG 的全微分为

$$d(nG) = \left(\frac{\partial(nG)}{\partial T}\right)_{p,n} dT + \left(\frac{\partial(nG)}{\partial p}\right)_{T,n} dp + \sum_i^N \left(\frac{\partial(nG)}{\partial n_i}\right)_{T,p,n_j} dn_i \tag{3/7-1}$$

式中，加成项是对所有组分所作的总和，下标 n_j 表示 i 组分外其他组分的物质的量都维持恒定不变。nG 对 i 组分物质的量的微分具有特别的意义，也有特别的符号及名称。特别定义：在指定温度 T、压力 p 和组成下，多组分流体中 i 组分的**偏摩尔 Gibbs 函数（partial molar Gibbs function）** 为

$$\overline{G}_i \equiv \left(\frac{\partial(nG)}{\partial n_i}\right)_{T,p,n_{j\neq i}} \tag{3/7-2}$$

普遍的有 i 组分的**偏摩尔性质（partial molar property）**

$$\boxed{\overline{M}_i \equiv \left(\frac{\partial(nM)}{\partial n_i}\right)_{T,p,n_{j\neq i}}} \tag{3/7-3}$$

式中，$\overline{M}_i$ 可表示偏摩尔内能 $\overline{U}_i$、偏摩尔焓 $\overline{H}_i$、偏摩尔熵 $\overline{S}_i$ 或偏摩尔 Gibbs 函数 $\overline{G}_i$ 等。偏摩尔性质在化学热力学中有特殊的用途。

偏摩尔性质的物理意义为：在给定温度 T、压力 p 和组成（$n_{j\neq i}$ 表示除了 i 以外的所有组分）的条件下，向含有组分 i 的无限多的均相多组分流体中加入 1mol 所引起的体系性质 M 的变化。

概念上，式(3/7-3) 不能写成

$$\overline{M}_i = \left(\frac{\partial(nM)}{\partial x_i}\right)_{T,p,x_{j\neq i}}$$

因为 $x_i \neq n_i$，而且 $x_j \neq n_j$。表 3/7-1 列出了各种写法，注意每种性质写法不同，意义也不同。

表 3/7-1 　多组分流体各种热力学性质的符号

一般化符号	意 义	示 例
nM	多组分流体总性质（广度性质）	$nV, nH, nS, nG\cdots$
M	多组分流体摩尔性质（强度性质）	$V, H, S, G\cdots$
$\overline{M}_i$	多组分流体中组分 i 的偏摩尔性质（强度性质）	$\overline{V}_i, \overline{H}_i, \overline{S}_i, \overline{G}_i\cdots$
M_i	纯组分 i 的摩尔性质（强度性质）	$V_i, H_i, S_i, G_i\cdots$

由物理化学可知，化学位等同于偏摩尔 Gibbs 函数，即

$$\mu_i = \overline{G}_i \qquad (3/7\text{-}4)$$

在讨论多组分流体热力学性质和关于化学热力学的内容时，尽管本书将更多地采用偏摩尔 Gibbs 函数，但是在概念依然等同于化学位角度的理解。

由此定义出发，并将两项微分以 (nV) 及 (nS) 代入式（3/7-1），可得

$$d(nG) = -(nS)dT + (nV)dp + \sum_{i=1}^{N}\overline{G}_i dn_i \qquad (3/7\text{-}5a)$$

仿此有

$$d(nU) = Td(nS) - pd(nV) + \sum_{i=1}^{N}\overline{G}_i dn_i \qquad (3/7\text{-}6a)$$

$$d(nH) = Td(nS) + (nV)dp + \sum_{i=1}^{N}\overline{G}_i dn_i \qquad (3/7\text{-}7a)$$

$$d(nA) = -(nS)dT - pd(nV) + \sum_{i=1}^{N}\overline{G}_i dn_i \qquad (3/7\text{-}8a)$$

式（3/7-5a）～式（3/7-8a）是均相流体体系的基本性质关系。它适用于定质量或变质量，以及定组成或变组成的体系。这是对应纯组分流体热力学性质式（3/1-1a）～式（3/1-4a）的一组关系。

针对 1mol 的多组分流体，式（3/7-5a）～式（3/7-8a）可以改写出

$$\boxed{dU = TdS - pdV + \sum_{i=1}^{N}\overline{G}_i dx_i} \qquad (3/7\text{-}5b)$$

$$\boxed{dH = TdS + Vdp + \sum_{i=1}^{N}\overline{G}_i dx_i} \qquad (3/7\text{-}6b)$$

$$\boxed{dA = -SdT - pdV + \sum_{i=1}^{N}\overline{G}_i dx_i} \qquad (3/7\text{-}7b)$$

$$\boxed{dG = -SdT + Vdp + \sum_{i=1}^{N}\overline{G}_i dx_i} \qquad (3/7\text{-}8b)$$

特别地，式（3/7-8b）表明多组分流体摩尔 Gibbs 函数是体系温度、压力以及各个组成的函数

$$G = g(T, p, x_1, x_2, \cdots, x_i, \cdots, x_{N-1})$$

可以认为，在讨论纯组分流体热力学性质时，式（3/1-4b）是式（3/7-8b）的特例，式（3/1-4b）适用于定组成的多组分流体。虽然式（3/7-5a）～式（3/7-8a）中所有的 n_i 均为独立变量。式（3/7-5b）～式（3/7-8b）中的 x_i 却不是，因为所有的 x_i 的和为 1，即 $\sum x_i = 1$，而数学上的运算是针对独立变量所写出的。

由式（3/7-8b）可得

$$S = -\left(\frac{\partial G}{\partial T}\right)_{p,x} \tag{3/7-9}$$

$$V = \left(\frac{\partial G}{\partial p}\right)_{T,x} \tag{3/7-10}$$

3.8　偏摩尔性质及其与流体性质关系

3.8.1　偏摩尔性质的加成关系

由式（3/7-3）偏摩尔性质的定义，提出了由多组分流体性质计算偏摩尔性质的方法。此式也隐含另一个同样重要的公式，即反向由偏摩尔的已知信息计算混合物的性质。均相体系中热力学的性质是温度、压力，以及各组分物质的量的函数。对于热力学性质 M，可写为

$$nM = M(T, p, n_1, n_2, \cdots, n_i, \cdots)$$

而 M 的全微分为

$$\mathrm{d}(nM) = \left(\frac{\partial(nM)}{\partial T}\right)_{p,n}\mathrm{d}T + \left(\frac{\partial(nM)}{\partial p}\right)_{T,n}\mathrm{d}p + \sum_i\left(\frac{\partial(nM)}{\partial n_i}\right)_{T,p,n_{j\neq i}}\mathrm{d}n_i$$

式中，下标 n 表示所有的物质的量都保持恒定不变，而下标 n_j 表示除了 i 组分外其他组分的物质的量都维持恒定不变。因为上式右边前两项偏微分都是在 n 恒定下求得，且最后一项的偏微分已表示于式（3/7-3），因此上式简化为

$$\mathrm{d}(nM) = n\left(\frac{\partial M}{\partial T}\right)_{p,x}\mathrm{d}T + n\left(\frac{\partial M}{\partial p}\right)_{T,x}\mathrm{d}p + \sum_i\overline{M}_i\mathrm{d}n_i \tag{3/8-1}$$

式中，下标 x 表示在恒定组成下微分。

因为 $n_i = x_i n$

$$\mathrm{d}n_i = x_i\mathrm{d}n + n\mathrm{d}x_i$$

将 $\mathrm{d}n_i$ 由上式取代，且将 $\mathrm{d}M$ 换为

$$\mathrm{d}(nM) = n\mathrm{d}M + M\mathrm{d}n$$

可将式（3/8-1）写为

$$n\mathrm{d}M + M\mathrm{d}n = n\left(\frac{\partial M}{\partial T}\right)_{p,x}\mathrm{d}T + n\left(\frac{\partial M}{\partial p}\right)_{T,x}\mathrm{d}p + \sum_i\overline{M}_i(x_i\mathrm{d}n + n\mathrm{d}x_i)$$

将含有 n 的各项集中，并与含有 $\mathrm{d}n$ 的各项分开，上式变为

$$\left[\mathrm{d}M - \left(\frac{\partial M}{\partial T}\right)_{p,x}\mathrm{d}T - \left(\frac{\partial M}{\partial p}\right)_{T,x}\mathrm{d}p - \sum_i\overline{M}_i\mathrm{d}x_i\right]n + \left[M - \sum_i x_i\overline{M}_i\right]\mathrm{d}n = 0$$

在应用中，可以自由选择系统 n 的大小，也可以自由选择改变量 $\mathrm{d}n$ 的大小，因此 n 与 $\mathrm{d}n$ 为相互独立且可任意选定。若要使上式右边恒等于零，则两个中括号项必须为零，因此可得

$$\mathrm{d}M = \left(\frac{\partial M}{\partial T}\right)_{p,x}\mathrm{d}T + \left(\frac{\partial M}{\partial p}\right)_{T,x}\mathrm{d}p + \sum_i\overline{M}_i\mathrm{d}x_i \tag{3/8-2}$$

且

$$M = \sum_i x_i \bar{M}_i \tag{3/8-3}$$

将式(3/8-3)乘以 n 可得到另一种表示法

$$nM = \sum_i n_i \bar{M} \tag{3/8-4}$$

式(3/8-2)是式(3/8-1)的特例,即为 $n=1$ 且 $n_i = x_i$ 的情形。式(3/8-3)及式(3/8-4)则是极其重要的公式,它们称作偏摩尔性质与多组分流体性质之间的**加成关系**(summability relations)。据此,可基于偏摩尔性质计算多组分流体性质。它们与偏摩尔性质的定义式(3/7-3)相反,式(3/7-3)是由多组分流体性质计算偏摩尔性质。

例 3/8-1:

在 298K、0.101325MPa 下,n_1 的某组分(1)与 1kg 水(2)形成的二组分体系的体积 nV 与 n_1 的关系为

$$nV(\text{cm}^3) = 1001.38 + 16.6253 n_1 + 1.7738 n_1^{3/2} + 0.1194 n_1^2 \tag{A}$$

试求 $n_1 = 0.5\text{mol}$ 时,两个组分的偏摩尔体积 $\bar{V}_1$ 和 $\bar{V}_2$。

解 3/8-1:

根据式(3/8-1)和式(A)

$$\bar{V}_1 = \left(\frac{\partial(nV)}{\partial n_1}\right)_{T,p,n_2} = 16.6253 + 2.6607 n_1^{1/2} + 0.2388 n_1 \tag{B}$$

当 $n_1 = 0.5\text{mol}$ 时

$$\bar{V}_1 = 16.6253 + 2.6607 \times (0.5)^{1/2} + 0.2388 \times 0.5 = 18.6261 \text{cm}^3 \cdot \text{mol}^{-1}$$

根据式(3/8-4)可有

$$nV = n_1 \bar{V}_1 + n_2 \bar{V}_2$$

即

$$\bar{V}_2 = \frac{nV - n_1 \bar{V}_1}{n_2}$$

体系中水的物质的量为

$$n_2 = \frac{1}{0.01805} = 55.402\text{mol}$$

将式(A)和式(B)联合,并代入 n_1,得

$$\bar{V}_2 = 18.040 - 0.01598 n_1^{3/2} - 0.002151 n_1^2$$

当 $n_1 = 0.5\text{mol}$ 时

$$\bar{V}_2 = 18.040 - 0.01598 \times (0.5)^{3/2} - 0.002151 \times (0.5)^2 = 18.034 \text{cm}^3 \cdot \text{mol}^{-1}$$

3.8.2 偏摩尔性质间的关系

基于多组分流体体系的总体性质

$$nG = nH - T(nS)$$

在温度 T、压力 p 和组成 $n_{j \neq i}$ 恒定的条件下,对 n_i 求导

$$\left(\frac{\partial(nG)}{\partial n_i}\right)_{T,p,n_{j\neq i}} = \left(\frac{\partial(nH)}{\partial n_i}\right)_{T,p,n_{j\neq i}} - T\left(\frac{\partial(nS)}{\partial n_i}\right)_{T,p,n_{j\neq i}}$$

根据定义式（3/8-1），则有

$$\overline{G}_i = \overline{H}_i - T\overline{S}_i \tag{3/8-5}$$

类似地，可以得到

$$\overline{H}_i = \overline{U}_i + p\overline{V}_i \tag{3/8-6}$$

可见，偏摩尔性质与多组分流体体系总体性质关系完全相似，对于恒定组成多组分流体中所有线性的热力学性质关系式，多组分流体中各组分的偏摩尔性质都有对应的基本关系式。

可以推导出类似式（3/1-1a）～式（3/1-4a）的一组基本关系

$$d\overline{U}_i = Td\overline{S}_i - pd\overline{V}_i \text{（组成为常数）} \tag{3/8-7}$$

$$d\overline{H}_i = Td\overline{S}_i + \overline{V}_i dp \text{（组成为常数）} \tag{3/8-8}$$

$$d\overline{A}_i = -\overline{S}_i dT - pd\overline{V}_i \text{（组成为常数）} \tag{3/8-9}$$

$$d\overline{G}_i = -\overline{S}_i dT + \overline{V}_i dp \text{（组成为常数）} \tag{3/8-10}$$

由式（3/7-5a），可得 Maxwell 关系

$$\left(\frac{\partial V}{\partial T}\right)_{p,n} = -\left(\frac{\partial S}{\partial p}\right)_{T,n} \tag{3/8-11}$$

并考虑另外两个公式

$$\left(\frac{\partial \overline{G}_i}{\partial T}\right)_{p,n} = -\left[\frac{\partial(nS)}{\partial n_i}\right]_{T,p,n_{j\neq i}}$$

$$\left(\frac{\partial \overline{G}_i}{\partial p}\right)_{T,n} = \left[\frac{\partial(nV)}{\partial n_i}\right]_{T,p,n_{j\neq i}}$$

根据偏摩尔性质定义（3/7-3），上两公式即可写作

$$\left(\frac{\partial \overline{G}_i}{\partial T}\right)_{p,x} = -\overline{S}_i \tag{3/8-12}$$

$$\left(\frac{\partial \overline{G}_i}{\partial p}\right)_{T,x} = \overline{V}_i \tag{3/8-13}$$

据此，可以计算温度及压力对偏摩尔 Gibbs 函数的影响。

3.8.3 偏摩尔性质的计算

实验数据关联时常取 x_i 作变量，考察 M-x_i 之间关系，恒温恒压下可以推导出下述方程❶

$$\overline{M}_i = M - \sum_{k \neq i}\left[x_k\left(\frac{\partial M}{\partial x_k}\right)_{T,p,x_{l\neq i,k}}\right] \tag{3/8-14}$$

式中，下标 k 有 $k \neq i$，表示 k 为除组分 i 以外的所有组分；下标 l 有 $l \neq i,k$，表示 l 为除组分 i 和 k 以外的所有组分。下面，可以用二元系的情况来讨论此式的意义。

对二元系

$$\overline{M}_1 = M - x_2\frac{dM}{dx_2} = M + (1-x_1)\frac{dM}{dx_1} \tag{3/8-15a}$$

---

❶ Smith J M，van Ness H C. Introduction to Chemical Engineering Thermodynamics. 3ʳᵈEd. New York：McGraw-Hill Book Company，1975：603-604.

$$\overline{M}_2 = M - x_1 \frac{\mathrm{d}M}{\mathrm{d}x_1} = M + (1-x_2) \frac{\mathrm{d}M}{\mathrm{d}x_2} \tag{3/8-15b}$$

利用此式，可在已知 $M\text{-}x_1$ 关系时求解组分 1 或组分 2 的偏摩尔性质 $\overline{M}_i$。

（1）解析法

通过实验在指定 T、p 下测定不同组成时的 M 值。如果能把实验数据关联成 $M\text{-}x_1$ 或 $M\text{-}x_2$ 的解析式，则可以按前述关系式（3/8-14）或式（3/8-15）用解析法求出导数值来计算偏摩尔性质 $\overline{M}_i$。

（2）图解法

如果将实验数据绘制成 $M\text{-}x_1$ 图。例如，图 3/8-1（a）所示为二元体系的 $M\text{-}x_1$ 的线图。欲求 x_1 等于某值时的偏摩尔性质，则在 $M\text{-}x_1$ 曲线上找到此点。过此点作 $M\text{-}x_1$ 曲线的一条切线，显然有如下特点。

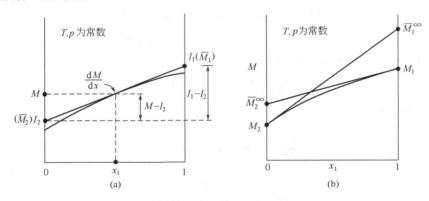

图 3/8-1　作图法求二元体系偏摩尔性质

① $M\text{-}x_1$ 曲线切点处的斜率即为导数 $\mathrm{d}M/\mathrm{d}x_1$ 的数值。

另外，可将该切线在图上两个边界值 $x_1 = 1$ 和 $x_1 = 0$ 处的截距分别标以符号 I_1 和 I_2。对这条线的斜率可写出等效的方程式

$$\frac{\mathrm{d}M}{\mathrm{d}x_1} = \frac{M - I_2}{x_1} \tag{3/8-16}$$

$$\frac{\mathrm{d}M}{\mathrm{d}x_1} = \frac{I_1 - I_2}{1 - 0} = I_1 - I_2 \tag{3/8-17}$$

由第一个方程解出 I_2，由第二个方程解出 I_1（消去 I_2）得

$$I_1 = M + (1 - x_1) \frac{\mathrm{d}M}{\mathrm{d}x_1} \tag{3/8-18}$$

$$I_2 = M - x_1 \frac{\mathrm{d}M}{\mathrm{d}x_1} \tag{3/8-19}$$

② $M\text{-}x_1$ 曲线上任意一点处切线的两个截距直接给出了两个偏摩尔性质 $\overline{M}_1$、$\overline{M}_2$。

$$\overline{M}_1 = I_1 \qquad \overline{M}_2 = I_2 \tag{3/8-20}$$

而且，这两个截距是随着 $M\text{-}x_1$ 曲线上的切点的移动而改变的。其极限值如图3/8-1(b)所示。

③ 在 $M\text{-}x_1$ 曲线端点处（$x_1 = 0$ 和 $x_1 = 1$）作切线，该切线在曲线另一端纵坐标上可以分别给出纯组分的性质 M_i 和无限稀释多组分流体的偏摩尔性质 $\overline{M}_i^\infty$。

即在 $x_1=0$（即 $x_2=1$，2 为纯组分）处有

$$\overline{M}_1(x_1=0)=\overline{M}_1^\infty \qquad \overline{M}_2(x_1=0)=M_2 \qquad (3/8\text{-}21)$$

而在 $x_1=1$（即 $x_2=0$，1 为纯组分）处有

$$\overline{M}_1(x_1=1)=M_1 \qquad \overline{M}_2(x_1=1)=\overline{M}_2^\infty \qquad (3/8\text{-}22)$$

式中，$\overline{M}_1^\infty$、$\overline{M}_2^\infty$ 分别为多组分流体中组分 1 和组分 2 的**无限稀释偏摩尔性质**（**Partial molar property at infinite dilution**）。例如，无限稀释偏摩尔体积 $\overline{V}_1^\infty$、无限稀释偏摩尔焓 $\overline{H}_1^\infty$ 等。

例 3/8-2：

利用下列实验数据，计算在 273 K、0.101325 MPa 下，甲醇(1)-水(2) 组成的二组分液体中，水和甲醇的偏摩尔体积。

x_1	$V/\mathrm{cm^3 \cdot mol^{-1}}$	x_1	$V/\mathrm{cm^3 \cdot mol^{-1}}$	x_1	$V/\mathrm{cm^3 \cdot mol^{-1}}$
0.0	18.1	0.249	23.0	0.785	35.2
0.114	20.3	0.495	28.3	0.892	37.9
0.197	21.9	0.692	32.9	1.000	40.7

解 3/8-2：

将题给数据作 $V\text{-}x_1$ 图，如图 3/8-2。用作图法求出不同组成时的 $\overline{V}_1$ 和 $\overline{V}_2$，列在下表中。又将 $\overline{V}_1$ 和 $\overline{V}_2$ 作为 x_1 的函数绘于图上。在 $x_1=0.3$ 处作 $V\text{-}x_1$ 曲线的切线说明了获得 $\overline{V}_1$ 和 $\overline{V}_2$ 的步骤。

x_1	$\overline{V}_1/\mathrm{cm^3 \cdot mol^{-1}}$	$\overline{V}_2/\mathrm{cm^3 \cdot mol^{-1}}$	x_1	$\overline{V}_1/\mathrm{cm^3 \cdot mol^{-1}}$	$\overline{V}_2/\mathrm{cm^3 \cdot mol^{-1}}$
0.0	37.4	18.1	0.6	40.1	16.6
0.1	37.4	18.1	0.7	40.4	16.0
0.2	38.4	17.8	0.8	40.6	15.5
0.3	39.0	17.7	0.9	40.7	15.0
0.4	39.2	17.5	1.0	40.7	14.4
0.5	39.7	17.1			

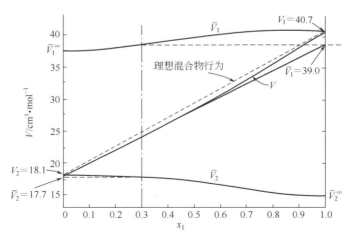

图 3/8-2 273K、0.101325MPa 时甲醇(1)-水(2)的偏摩尔体积

例 3/8-3：

由组分 1 及组分 2 构成的二组分液体系统，在一定 T 及 p 下其焓可如下式表示

$$H = 400x_1 + 600x_2 + x_1x_2(40x_1 + 20x_2)$$

其中 H 的单位是 $J \cdot mol^{-1}$。将 $\overline{H}_1$ 及 $\overline{H}_2$ 表示为 x_1 的函数，并求纯组分 H_1 及 H_2 的数值，以及无限稀释情况下 $\overline{H}_1^{\infty}$ 及 $\overline{H}_2^{\infty}$ 的数值。

解 3/8-3：

将 x_2 换为 $1-x_1$，并将 H 表示为

$$H = 600 - 180x_1 - 20x_1^3 \tag{A}$$

因此

$$\frac{dH}{dx_1} = -180 - 60x_1^2$$

由式(3/8-15a) 得

$$\overline{H}_1 = H + x_2 \frac{dH}{dx_1}$$

将 dH/dx_1 代入可得

$$\overline{H}_1 = 600 - 180x_1 - 20x_1^3 - 180x_2 - 60x_1^2 x_2$$

将 x_2 换为 $1-x_1$，并简化得

$$\overline{H}_1 = 420 - 60x_1^2 + 40x_1^3 \tag{B}$$

同理，由式(3/8-15b) 得

$$\overline{H}_2 = H - x_1 \frac{dH}{dx_1}$$

即

$$\overline{H}_2 = 600 - 180x_1 - 20x_1^3 + 180x_1 + 60x_1^3$$

或

$$\overline{H}_2 = 600 + 40x_1^3 \tag{C}$$

在式(A) 或式(B) 中，当 $x_1 = 1$ 时可得 H_1 的值，即

$$H_1 = 400 J \cdot mol^{-1}$$

在式(A) 或式(C) 中，当 $x_1 = 0$ 时可得 H_2 的值，即

$$H_2 = 600 J \cdot mol^{-1}$$

由式(B)，当 $x_1 = 0$ 时，可得

$$\overline{H}_1^{\infty} = 420 J \cdot mol^{-1}$$

由式(C)，当 $x_1 = 1$ 时，可得

$$\overline{H}_2^{\infty} = 640 J \cdot mol^{-1}$$

3.8.4 Gibbs-Duhem 方程

基于式(3/8-2)、式(3/8-3) 可导出 Gibbs-Duhem 方程

$$\left(\frac{\partial(nM)}{\partial T}\right)_{p,n} dT + \left(\frac{\partial(nM)}{\partial p}\right)_{T,n} dp = \sum n_i d\overline{M}_i \tag{3/8-23}$$

或

$$\left(\frac{\partial M}{\partial T}\right)_{p,x}\mathrm{d}T+\left(\frac{\partial M}{\partial p}\right)_{T,x}\mathrm{d}p=\sum x_i\mathrm{d}\overline{M}_i \qquad (3/8\text{-}24)$$

当温度 T、压力 p 为常数时，有

$$\sum(x_i\mathrm{d}\overline{M}_i)_{T,p}=0 \qquad (3/8\text{-}25)$$

对二元系可简化为

$$\left(\frac{\partial M}{\partial T}\right)_{p,x}\mathrm{d}T+\left(\frac{\partial M}{\partial p}\right)_{T,x}\mathrm{d}p=x_1\mathrm{d}\overline{M}_1+x_2\mathrm{d}\overline{M}_2 \qquad (3/8\text{-}26)$$

和

$$x_1\mathrm{d}\overline{M}_1+x_2\mathrm{d}\overline{M}_2=0 \quad (T、p \text{ 为常数}) \qquad (3/8\text{-}27)$$

Gibbs-Duhem 方程是偏摩尔性质与多组分流体体系摩尔性质的又一个重要关系式。它的主要用途是用作偏摩尔性质关系的推导以及作为热力学性质数据正确性的判据。

① 如果改写上式为

$$(1-x_2)\frac{\mathrm{d}\overline{M}_1}{\mathrm{d}x_2}=-x_2\frac{\mathrm{d}\overline{M}_2}{\mathrm{d}x_2} \quad (T、p \text{ 为常数}) \qquad (3/8\text{-}28)$$

可以发现规律，总有

$$\frac{\mathrm{d}\overline{M}_1}{\mathrm{d}x_1} \text{ 与 } \frac{\mathrm{d}\overline{M}_2}{\mathrm{d}x_1} \text{ 正负号相反}$$

或总有

$$\frac{\mathrm{d}\overline{M}_1}{\mathrm{d}x_2} \text{ 与 } \frac{\mathrm{d}\overline{M}_2}{\mathrm{d}x_2} \text{ 正负号相反}$$

偏摩尔性质关系的数学模型推导或实验数据（包括文献查取的数据）应使上述规律成立。

例如，在前面的例 3/8-3 的图 3/8-2 中可以发现，$x_1=1$ 处 $\overline{V}_1$ 的曲线呈水平（$\mathrm{d}\overline{V}_1/\mathrm{d}x_1=0$）状。而且，在 $x_1=0$ 或 $x_2=1$ 处，$\overline{V}_2$ 曲线也呈水平状。从 Gibbs-Duhem 方程来看，这就是必然的结果。因为，这些数据是 T、p 不变时二组元体系的摩尔体积。所以，在这里 Gibbs-Duhem 方程具体可写成

$$x_1\mathrm{d}\overline{V}_1+x_2\mathrm{d}\overline{V}_2=0$$

用 $\mathrm{d}x_1$ 除上式，并整理后得到

$$\frac{\mathrm{d}\overline{V}_1}{\mathrm{d}x_1}=-\frac{x_2}{x_1}\frac{\mathrm{d}\overline{V}_2}{\mathrm{d}x_1}$$

这个结果表明 $\mathrm{d}\overline{V}_1/\mathrm{d}x_1$ 和 $\mathrm{d}\overline{V}_2/\mathrm{d}x_1$ 的符号必然相反。当 $x_1=1$ 时，$x_2=0$ 和 $\mathrm{d}\overline{V}_1/\mathrm{d}x_1=0$，$\mathrm{d}\overline{V}_2/\mathrm{d}x_1$ 为有限值。当 $x_1=0$ 时，$x_2=1$ 和 $\mathrm{d}\overline{V}_2/\mathrm{d}x_1=0$。图 3/8-2 中 $\overline{V}_1$ 的曲线和 $\overline{V}_2$ 的曲线在两端呈现水平，这可以看成是该体系的一个特性。

② 如果已知 $\mathrm{d}\overline{M}_2/\mathrm{d}x_1$ 关系，则可以借助 Gibbs-Duhem 方程求取 $\overline{M}_1$。因为，由式(3/8-28)

$$\overline{M}_1=M_1-\int_0^{x_2}\left(\frac{x_2}{1-x_2}\right)\frac{\mathrm{d}\overline{M}_2}{\mathrm{d}x_2}\mathrm{d}x_2 \qquad (3/8\text{-}29)$$

基于纯组分的性质 M_i，只要已知从 $x_2=0$ 到 $x_2=x_2$ 范围内的偏摩尔性质 $\overline{M}_2$ 的数值，即可借助式(3/8-29)求取另一组分 x_1 的偏摩尔性质 $\overline{M}_1$。

③ 在相平衡（将在后面展开讨论）的分析中，若以偏摩尔性质表示体系的摩尔 Gibbs 函数，基于式(3/8-25)等温等压下的相平衡体系应有

$$\sum x_i \mathrm{d}\overline{G}_i = 0 \tag{3/8-30}$$

3.9　混合性质与多组分流体性质

3.9.1　理想混合物

作为真实气体 pVT 行为的比较基准，理想气体概念以及理想气体状态方程是描述气体行为的有效形式。同样是依据理想气体的概念而建立了剩余性质的概念，因为有了剩余性质对理想气体性质的修正，而得到了纯组分流体的"真实"描述。为了计算多组分的热力学性质，需要一个基准体系的新概念。

若某多组分体系中，组分的偏摩尔 Gibbs 函数与相同温度和压力，以及相同物理状态（真实气体、液体或固体）下的真实纯物质 i 的摩尔 Gibbs 函数之间存在下述关系

$$\overline{G}_i^{\mathrm{id}}(T,p) = G_i(T,p) + RT\ln y_i \tag{3/9-1}$$

则称此体系为**理想混合物（ideal mixture）**。式中，上标"id"表示理想混合物性质。此处的摩尔分数以 y_i 表示，说明此式主要应用于气态理想混合物，若对液态理想混合物，则需将 y_i 换为 x_i。

$$\overline{G}_i^{\mathrm{id}}(T,p) = G_i(T,p) + RT\ln x_i \tag{3/9-2}$$

基于上式，可以推导出理想混合物中所有热力学性质。当式(3/9-2)在恒压及定组成下对温度微分，再与式(3/8-12)联合，可写出理想混合物的偏摩尔熵

$$\overline{S}_i^{\mathrm{id}} = -\left(\frac{\partial \overline{G}_i^{\mathrm{id}}}{\partial T}\right)_{p,x} = -\left(\frac{\partial G_i}{\partial T}\right)_p - R\ln x_i$$

由式(3/1-4b)可知，$(\partial G_i/\partial T)_p$ 即为 $-S$，所以上式变为

$$\overline{S}_i^{\mathrm{id}} = S_i - R\ln x_i \tag{3/9-3}$$

同理，由式(3/8-13)的结果可得

$$\overline{V}_i^{\mathrm{id}} = \left(\frac{\partial \overline{G}_i^{\mathrm{id}}}{\partial p}\right)_{T,x} = \left(\frac{\partial G_i}{\partial p}\right)_T$$

且由式(3/1-4b)得

$$\overline{V}_i^{\mathrm{id}} = V_i \tag{3/9-4}$$

因为 $\overline{H}_i^{\mathrm{id}} = \overline{G}_i^{\mathrm{id}} + T\overline{S}_i^{\mathrm{id}}$，代入式(3/9-2)及式(3/9-3)，可得

$$\overline{H}_i^{\mathrm{id}} = G_i + RT\ln x_i + TS_i - RT\ln x_i$$

即

$$\overline{H}_i^{\mathrm{id}} = H_i \tag{3/9-5}$$

考察式(3/9-2)～式(3/9-5)可知，理想混合物中，组分的偏摩尔体积与偏摩尔焓，均分别等同于纯组分的摩尔体积与摩尔焓。但是，由于熵的贡献，组分的偏摩尔熵与偏摩尔 Gibbs

函数却不同于纯组分的摩尔熵以及纯组分的摩尔 Gibbs 函数。

进一步，将加成关系式(3/8-3) 应用于理想混合物，有

$$M^{\mathrm{id}} = \sum_i x_i \bar{M}_i^{\mathrm{id}} \tag{3/9-6}$$

应用式(3/9-2)～式(3/9-5)，可得

$$G^{\mathrm{id}} = \sum_i x_i G_i + RT \sum_i x_i \ln x_i \tag{3/9-7}$$

$$S^{\mathrm{id}} = \sum_i x_i S_i - R \sum_i x_i \ln x_i \tag{3/9-8}$$

$$V^{\mathrm{id}} = \sum_i x_i V_i \tag{3/9-9}$$

$$H^{\mathrm{id}} = \sum_i x_i H_i \tag{3/9-10}$$

在式(3/9-7)～式(3/9-10) 中，理想混合物的摩尔体积与摩尔焓均是考虑各个组分摩尔分数对摩尔性质的权重基础上的加和，但是，摩尔熵与摩尔 Gibbs 函数却另外附有修正项。

需要指出，式(3/9-7)～式(3/9-10) 表明，可以根据纯流体的性质来计算理想混合物的热力学性质。但是，就像理想气体是真实气体的特例一样，理想混合物也仅仅是多组分流体的特例。

3.9.2　混合性质

加成关系式(3/8-3) 给出了多组分流体性质描述

$$M = \sum_i x_i \bar{M}_i \tag{3/8-3}$$

基于体系温度和压力下的纯组分性质，且以类似式(3/8-3) 形式描述体系性质有

$$M' = \sum_i x_i M_i \tag{3/9-6}$$

其间存在偏差

$$\Delta M = \sum_i x_i \bar{M}_i - \sum_i x_i M_i$$

一般化地拓展上述概念，可以给出**混合性质**，又称**混合性质变化（property change of mixing）**的定义

$$\boxed{\Delta_{\mathrm{mix}} M \equiv M - \sum x_i M_i^{\ominus}} \tag{3/9-11}$$

式中，左项为体系的摩尔性质变化量；右项的 $M_i^{\ominus}$ 为组分 i 的摩尔标准态性质。

对于混合物而言，通常规定组分的标准态性质

$$M_i^{\ominus} = M_i \tag{3/9-12}$$

则式(3/9-11) 可因混合物而表示为

$$\Delta_{\mathrm{mix}} M = M - \sum x_i M_i \tag{3/9-13}$$

对于溶液中，以溶剂（A）与溶质（B）和构成的二组分体系为例，有

$$M_{\mathrm{A}}^{\ominus} = M_{\mathrm{A}} \tag{3/9-14a}$$

$$M_{\mathrm{B}}^{\ominus} = \bar{M}_{\mathrm{B}}^{\infty} \tag{3/9-14b}$$

则式(3/9-11)，可因溶液而表示为

$$\Delta_{\mathrm{mix}} M = M - (x_{\mathrm{A}} M_{\mathrm{A}} + x_{\mathrm{B}} \bar{M}_{\mathrm{B}}^{\infty}) \tag{3/9-15}$$

进一步，比较式(3/8-5)和式(3/9-11)，令

$$\Delta_{\mathrm{mix}}\overline{M}_i = \overline{M}_i - M_i^{\ominus} \tag{3/9-16}$$

称作偏摩尔混合性质（或称混合偏摩尔性质变化），即

$$\Delta_{\mathrm{mix}}M = \sum x_i \Delta_{\mathrm{mix}}\overline{M}_i = \sum x_i \; (\overline{M}_i - M_i^{\ominus}) \tag{3/9-17}$$

根据式(3/9-2)可以写出多组分流体各种混合性质。

对于混合物，式(3/9-17)可具体表示为

$$\Delta_{\mathrm{mix}}M = \sum x_i \; (\overline{M}_i - M_i) \tag{3/9-18}$$

因此，可以写出混合物的各种混合性质，例如

$$\Delta_{\mathrm{mix}}V = \sum x_i (\overline{V}_i - V_i) \tag{3/9-19}$$

$$\Delta_{\mathrm{mix}}H = \sum x_i (\overline{H}_i - H_i) \tag{3/9-20}$$

$$\Delta_{\mathrm{mix}}S = \sum x_i (\overline{S}_i - S_i) \tag{3/9-21}$$

$$\Delta_{\mathrm{mix}}G = \sum x_i (\overline{G}_i - G_i) \tag{3/9-22a}$$

比较式(3/9-2)～式(3/9-5)和式(3/9-19)～式(3/9-22a)两组关系式，可以发现理想混合物的混合性质具有特征

$$\Delta_{\mathrm{mix}}V^{\mathrm{id}} = 0 \tag{3/9-23}$$

$$\Delta_{\mathrm{mix}}H^{\mathrm{id}} = 0 \tag{3/9-24}$$

$$\Delta_{\mathrm{mix}}S^{\mathrm{id}} = -R\sum x_i \ln x_i \tag{3/9-25}$$

$$\Delta_{\mathrm{mix}}G^{\mathrm{id}} = RT\sum x_i \ln x_i \tag{3/9-26}$$

也就是说，理想混合物混合时的体积效应为零、热效应为零。说明理想混合物不考虑组分分子的空间结构和分子之间的作用力。但是，需要注意涉及热力学第二定律的函数，例如理想混合物的混合熵或混合 Gibbs 函数，均不等于零。

对于溶液，仍然以溶剂（A）与溶质（B）和构成的二组分体系为例，式(3/9-17)可具体表示为

$$\Delta_{\mathrm{mix}}M = x_{\mathrm{A}}(\overline{M}_{\mathrm{A}} - M_{\mathrm{A}}) + x_{\mathrm{B}}(\overline{M}_{\mathrm{B}} - \overline{M}_{\mathrm{B}}^{\infty}) \tag{3/9-27}$$

因此，可以写出溶液的各种混合性质，例如

$$\Delta_{\mathrm{mix}}V = x_{\mathrm{A}}(\overline{V}_{\mathrm{A}} - V_{\mathrm{A}}) + x_{\mathrm{B}}(\overline{V}_{\mathrm{B}} - \overline{V}_{\mathrm{B}}^{\infty}) \tag{3/9-28}$$

$$\Delta_{\mathrm{mix}}H = x_{\mathrm{A}}(\overline{H}_{\mathrm{A}} - H_{\mathrm{A}}) + x_{\mathrm{B}}(\overline{H}_{\mathrm{B}} - \overline{H}_{\mathrm{B}}^{\infty}) \tag{3/9-29}$$

$$\Delta_{\mathrm{mix}}S = x_{\mathrm{A}}(\overline{S}_{\mathrm{A}} - S_{\mathrm{A}}) + x_{\mathrm{B}}(\overline{S}_{\mathrm{B}} - \overline{S}_{\mathrm{B}}^{\infty}) \tag{3/9-30}$$

$$\Delta_{\mathrm{mix}}G = x_{\mathrm{A}}(\overline{G}_{\mathrm{A}} - G_{\mathrm{A}}) + x_{\mathrm{B}}(\overline{G}_{\mathrm{B}} - \overline{G}_{\mathrm{B}}^{\infty}) \tag{3/9-31}$$

另外，可以推导出混合性质之间的一些关系

$$\Delta_{\mathrm{mix}}V = \left[\frac{\partial(\Delta_{\mathrm{mix}}G)}{\partial p}\right]_{T,x} \tag{3/9-32}$$

$$\Delta_{\mathrm{mix}}S = -\left[\frac{\partial(\Delta_{\mathrm{mix}}G)}{\partial T}\right]_{p,x} \tag{3/9-33}$$

$$\frac{\Delta_{\mathrm{mix}}H}{T^2} = -\left[\frac{\partial}{\partial T}\left(\frac{\Delta_{\mathrm{mix}}G}{T}\right)\right]_{p,x} \tag{3/9-34}$$

而改写式(3/9-22a)，可有

$$\frac{\Delta_{\mathrm{mix}}G}{RT}=\frac{1}{RT}\sum x_i(\overline{G}_i-G_i) \tag{3/9-22b}$$

这个无量纲的表达式可以关联活度系数模型（见 6.5 部分的内容），因而为混合性质的数值计算提供了基础。

图 3/9-1 是混合过程实验原理的示意。如图 3/9-1上部所示，在相同温度与压力下，物质的量分别为 n_1 和 n_2 的两个纯组分，先被装入一块隔板分开的两个空间。当隔板移开时发生了图 3/9-1 下部的现象。混合会导致体积膨胀或收缩，带动隔板移动以维持压力的恒定。为了维持体系温度的恒定需要加入或移出热量。当混合完成时，以活塞移动距离所表示的总的体积改变值为

$$\Delta V^t=(n_1+n_2)V-n_1V_1-n_2V_2 \quad (\mathrm{m}^3)$$

体系压力恒定，故传递热量与焓变有关

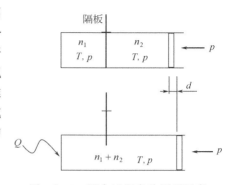

图 3/9-1　混合过程实验原理示意

$$Q=\Delta H^t=(n_1+n_2)H-n_1H_1-n_2H_2 \quad (\mathrm{kJ})$$

整理有

$$\Delta_{\mathrm{mix}}V=V-x_1V_1-x_2V_2=\frac{\Delta V^t}{n_1+n_2} \quad (\mathrm{m}^3\cdot\mathrm{mol}^{-1})$$

$$\Delta_{\mathrm{mix}}H=H-x_1H_1-x_2H_2=\frac{Q}{n_1+n_2} \quad (\mathrm{kJ}\cdot\mathrm{mol}^{-1})$$

通常，摩尔混合焓 $\Delta_{\mathrm{mix}}H$ 或摩尔混合体积 $\Delta_{\mathrm{mix}}V$ 随实验测定的温度有明显变化。图 3/9-2 是乙醇与水在 5 个温度下的混合热实验测定曲线。可以看到，在大约 50℃ 以下，混合过程是放热的。超过这一温度，例如在 70℃ 时，过程表现出先放热再吸热的行为。逐渐发展，大约 110℃ 以上，变成了完全吸热的过程。

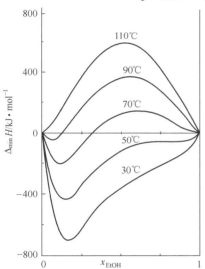

图 3/9-2　乙醇-水体系在 5 个温度下的混合热实验测定曲线

分析式(3/9-19)～式(3/9-22) 或式(3/9-27)～式(3/9-31)，偏摩尔性质的获取方法之一是测定摩尔混合焓 $\Delta_{\mathrm{mix}}H$ 或摩尔混合体积 $\Delta_{\mathrm{mix}}V$，基于纯组分性质 M_i，并根据上述关系以及前一节介绍的基本关系求解。另外，在已知 M 的前提下，也可以由纯组分性质 M_i 来求解混合性质 $\Delta_{\mathrm{mix}}M$。

例 3/9-1：

在 298 K、0.1MPa 下，液体 1 和液体 2 混合热与混合物的组成关系如下

$$\Delta_{\mathrm{mix}}H\ (\mathrm{J}\cdot\mathrm{mol}^{-1})\ =x_1x_2(10x_1+5x_2)$$

在相同温度和压力下，纯液体的摩尔焓分别为 $H_1=418\mathrm{J}\cdot\mathrm{mol}^{-1}$ 和 $H_2=628\mathrm{J}\cdot\mathrm{mol}^{-1}$。试求在 298K、0.1MPa 下，液体 1 和 2 的无限稀释偏摩尔焓 $\overline{H}_1^{\infty}$ 和 $\overline{H}_2^{\infty}$。

解 3/9-1：

根据偏摩尔性质关系，在等温、等压下

$$\overline{H}_1 = H - x_2 \frac{\mathrm{d}H}{\mathrm{d}x_2} \tag{A1}$$

$$\overline{H}_2 = H + (1 - x_2)\frac{\mathrm{d}H}{\mathrm{d}x_2} \tag{A2}$$

根据混合性质关系，又有

$$\Delta_{\mathrm{mix}}H = H - (x_1 H_1 + x_2 H_2)$$

即

$$H = \Delta_{\mathrm{mix}}H + (x_1 H_1 + x_2 H_2) \tag{B}$$

$$\frac{\mathrm{d}H}{\mathrm{d}x_2} = \frac{\mathrm{d}\Delta_{\mathrm{mix}}H}{\mathrm{d}x_2} - H_1 + H_2 \tag{C}$$

将式（B）和式（C）代入式（A），可得

$$\overline{H}_1 = \Delta_{\mathrm{mix}}H - x_2 \frac{\mathrm{d}\Delta_{\mathrm{mix}}H}{\mathrm{d}x_2} + H_1 \tag{D1}$$

$$\overline{H}_2 = \Delta_{\mathrm{mix}}H + (1 - x_2)\frac{\mathrm{d}\Delta_{\mathrm{mix}}H}{\mathrm{d}x_2} + H_2 \tag{D2}$$

由题给关系

$$\frac{\mathrm{d}\Delta_{\mathrm{mix}}H}{\mathrm{d}x_2} = 5(2x_1^2 - 2x_1 x_2 - x_2^2)$$

当 $x_1 \to 0$，$x_2 \to 1$ 时

$$\Delta_{\mathrm{mix}}H = 0 \mathrm{J \cdot mol^{-1}} \qquad \frac{\mathrm{d}\Delta_{\mathrm{mix}}H}{\mathrm{d}x_2} = -5 \mathrm{J \cdot mol^{-1}}$$

$$\overline{H}_1^\infty = 0 - (-5) + 418 = 423 \mathrm{J \cdot mol^{-1}}$$

而当 $x_1 \to 1$，$x_2 \to 0$ 时

$$\Delta_{\mathrm{mix}}H = 0 \mathrm{J \cdot mol^{-1}} \qquad \frac{\mathrm{d}\Delta_{\mathrm{mix}}H}{\mathrm{d}x_2} = 10 \mathrm{J \cdot mol^{-1}}$$

$$\overline{H}_2^\infty = 0 + 10 + 628 = 638 \mathrm{J \cdot mol^{-1}}$$

3.10　多组分流体焓变与熵变的计算

3.10.1　焓变与熵变的计算基本公式

根据混合性质的概念式(3/9-11)，多组分流体的焓或熵可具体表示为

$$H = \sum x_i H_i^\ominus + \Delta_{\mathrm{mix}}H \tag{3/10-1}$$

$$S = \sum x_i S_i^\ominus + \Delta_{\mathrm{mix}}S \tag{3/10-2}$$

这是多组分流体焓变与熵变计算的基本公式。实用时的两个基本问题分别是组分标准态的适宜选择，以及混合性质的获得。

(1) 混合物

改写式(3/9-20)，可以得到

$$H = \sum x_i H_i + \Delta_{\mathrm{mix}}H \tag{3/10-3}$$

$$S = \sum x_i S_i + \Delta_{\mathrm{mix}}S \tag{3/10-4}$$

式中，H_i 和 S_i 为纯组分 i 的性质。有关纯组分性质 H_i 或 S_i 的计算方法在 3.4 节已介绍

了，混合性质可由实验测定（包括从文献查实验数据），亦可由模型计算。根据混合性质之间的一些关系

$$\Delta_{mix}S = -\left[\frac{\partial(\Delta_{mix}G)}{\partial T}\right]_{p,x} \tag{3/9-33}$$

$$\frac{\Delta_{mix}H}{T^2} = -\left[\frac{\partial}{\partial T}\left(\frac{\Delta_{mix}G}{T}\right)\right]_{p,x} \tag{3/9-34}$$

$$\frac{\Delta_{mix}G}{RT} = \frac{1}{RT}\sum x_i(\bar{G}_i - G_i) \tag{3/9-22b}$$

在第 6 章中给出混合 Gibbs 函数的具体模型（活度系数模型）。

气体混合物的混合体积效应和混合热效应通常被忽略，则式(3/10-3) 变为

$$H = \sum x_i H_i \tag{3/10-5}$$

(2) 溶液

以溶剂（A）与溶质（B）和构成的二组分体系为例，改写式(3/9-20)，可以得到

$$H = x_A H_A + x_B \bar{H}_B^{\infty} + \Delta_{mix}H \tag{3/10-6}$$

$$S = x_A S_A + x_B \bar{S}_B^{\infty} + \Delta_{mix}S \tag{3/10-7}$$

式中，H_A 和 S_A 为纯溶剂 A 的性质。$\bar{H}_B^{\infty}$ 和 $\bar{S}_B^{\infty}$ 为无限稀释的溶质 B 的偏摩尔性质。

例 3/10-1：

已知温度 318.15K 下，$C_2H_5OH(1)$- $C_6H_6(2)$ 体系的混合焓的测定数据如下[1]：

x_1	0.168	0.264	0.346	0.398	0.482
$\Delta_{mix}H/J \cdot mol^{-1}$	1000	1126	1146	1113	1042
x_1	0.548	0.588	0.629	0.758	0.877
$\Delta_{mix}H/J \cdot mol^{-1}$	971	892	820	569	293

又知，298.15K 时组分 C_2H_5OH 和 C_6H_6 的液体热容分别为 $111.29J \cdot mol^{-1} \cdot K^{-1}$ 和 $134.85J \cdot mol^{-1} \cdot K^{-1}$。

（a）将体系设为混合物，且设液体热容为常数，建立体系焓的模型。

（b）试求 318.15K 下及 C_2H_5OH 摩尔分数为 0.65 的条件下体系的焓。

（c）将体系设为理想混合物，条件（b）时体系的焓为多少？

解 3/10-1：

（a）拟合已知的实验数据，可得

$$\Delta_{mix}H = 532.54 + 3985.99x_1 - 7499.11x_1^2 + 3018.72x_1^3 \tag{A}$$

若设 298.15K 作为两个组分的参考态。根据组分 1 和组分 2 的液体热容，忽略压力影响，且设液体热容为常数，由式(3/1-23)，有

$$H_i = \int_{T_0}^{T} dH = \int_{T_0}^{T} C_{p,i}dT = C_{p,i}(T - T_0)$$

若设体系为混合物，则根据式(3/10-3)，有体系的焓

$$H = (T - T_0)[x_1 C_{p,1} + (1-x_1)C_{p,2}] + \Delta_{mix}H \tag{B}$$

---

[1] Christensen J J, Hanks R W, Izatt R M. Handbook of Heat of Mixing. New York: John Wiley & Sons, 1982: 643.

（b）设为混合物，则由式（A）

$$\Delta_{mix}H = 532.54 + 3985.99 \times 0.65 - 7499.11 \times 0.65^2 + 3018.72 \times 0.65^3$$

$$= 784.07 J \cdot mol^{-1}$$

再由式（B），代入题目给出的条件，可计算出 318.15K 下，体系的焓

$$H = (T - T_0)[x_1 C_{p,1} + (1-x_1)C_{p,2}] + 748.07$$

$$= (318.15 - 298.15)[0.65 \times 111.29 - (1-0.65) \times 134.85] + 784.07$$

$$= 1286.89 J \cdot mol^{-1}$$

（c）设为理想混合物，则由式（B）

$$H = (T - T_0)[x_1 C_{p,1} + (1-x_1)C_{p,2}]$$

$$= (318.15 - 298.15) \times [0.65 \times 111.29 - (1-0.65) \times 134.85]$$

$$= 502.82 J \cdot mol^{-1}$$

3.10.2 焓浓图

焓浓图，即 H-x 图，是以混合物的焓和浓度为坐标构成的一种热力学性质图，可以直观表示混合物焓数据的特征，实际应用的场合很多。

对于理想混合物：H-x 图上的等温线是连接在 $x_1 = 0$ 处纯组分 2 的焓和在 $x_1 = 1$ 处纯组分 1 焓的一条直线。该直线可直接从式（3/9-10）以 $x_2 = 1-x_1$ 得到

$$H^{id} = x_1 H_1 + (1-x_1)H_2 = x_1(H_1 - H_2) + H_2 \tag{3/10-8}$$

图 3/10-1 中的虚线表示了一条理想混合物等温线的上述意义。粗的实曲线则表示实际混合

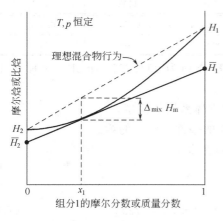

图 3/10-1　理想混合物在
H-x 图上的表示

物的等温线。图中的任意点 x_1 处，还表示出了可用来确定偏摩尔焓的切线。因式（3/10-3）代表实曲线，而式（3/10-8）代表虚直线，所以 ΔH 是两条线之间的垂直距离。因此实际的等温线就是在给定点从理想混合物等温线，按该点的 ΔH 值垂直位移得到的。焓差 ΔH 即体系的混合热。在该图中，ΔH 在整个组成范围内都是负值。换言之，当纯组分在给定温度下混合形成同一温度的混合物时，必然要放出热量。这类体系为放热体系，例如 NH_3-H_2O 体系（图 3/10-2）。吸热体系的溶解热为正值，即在给定温度下溶解时要吸收热量，例如甲醇-苯体系。

通常，这类图以温度作为参数，将二元混合物的焓作为组成的函数（某组分的摩尔分数或质量分数）作图（等温线）。有些图也以压力作为参数作图（等压线）。图 3/10-2 为 NH_3-H_2O 体系的 H-x 图。

一般，H-x 图中焓的数值是对单位摩尔混合物或单位质量混合物而言。用式（3/10-1）来计算焓值时，虽然可以知道混合热的绝对值，但是纯组分焓值的绝对值无法确定，必须选择适宜零点。所谓 H-x 图的基准是组分 1 的指定态的 $H_1 = 0$ 和组分 2 的指定态的 $H_2 = 0$。但这并不意味着两个组分的指定态的温度必须选择一样。以图 3/10-2 所示的 NH_3-H_2O 图为例，规定状态为 $-77℃$、6.2kPa 的纯液体 NH_3 的焓值为零，规定状态为 $0℃$、0.6kPa 的

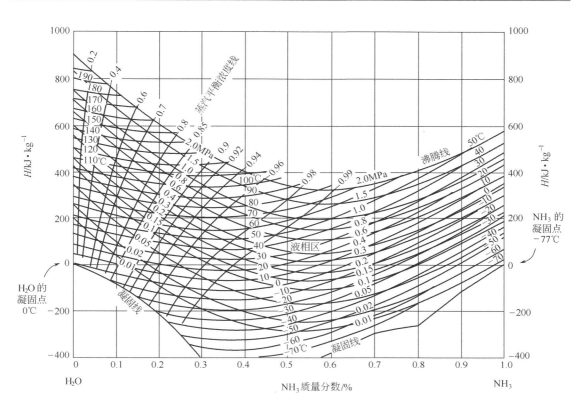

图 3/10-2　NH_3-H_2O 体系的 H-x 图

纯液体 H_2O 的焓值为零。在这种情况下，图上右侧的纵坐标代表纯液体 NH_3，$-77℃$ 的等温线在 $H_{NH_3}=0$ 处终止。而图上左侧的纵坐标代表纯液体 H_2O，$0℃$ 的等温线在 $H_{H_2O}=0$ 处终止。

对于含有一个组分是 H_2O 的混合物体系，一般精确地取 $0.01℃$、$0.611kPa$ 下纯液体 H_2O 的焓为零。因为它也是水蒸气表的基准。

由 H-x 图上可以读取许多有用的热力学数据。

（1）状态点的性质

① 纯组分的焓　H-x 图等温线与两个纵轴的交点分别为两个纯组分的焓。

② 溶液的焓　过横轴上溶液组成处作垂线，与等温线的交点即可在纵轴上读取溶液的焓。

③ 偏摩尔焓　按第 3.8.3 节中介绍的图解法，过等温线上给定溶液组成点作切线，切线与两个纵轴分别有交点（切线的两个截距），即为两个纯组分的偏摩尔焓。

（2）混合过程的参数与性质

① 绝热混合过程的终态温度　如图 3/10-3 所示，设有两种溶液，分别位于各自等温线上任意组成处，即 $C(x_C, t_C)$ 和 $D(x_D, t_D)$ 点。将其作绝热混合时，所得混合物必定在联结两点的

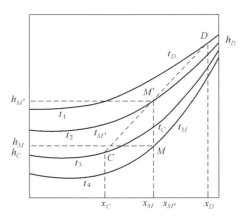

图 3/10-3　从 H-x 图上可以读取混合过程的参数与性质

CD 直线上（可以自己证明）。因混合后的组成 $x_{M'}$ 已知，过横轴上该组成 $x_{M'}$ 处作垂线，交 CD 直线于 M' 点。则由 M' 点所处等温线可知该绝热混合过程的终态温度 $t_{M'}$。

② 非绝热混合过程的热效应　如果 C 和 D 的混合为非绝热的。但对混合后溶液 M 的温度和组成有要求，即已知 t_M 和 x_M。故由 t_M 和 x_M 可确定 M 点。再依上述方法，作 CD 直线。且在组成 x_M 处作垂线，与 CD 直线交于 M' 点。则可根据 M 点与 M' 点之间的垂直距离 MM'，在纵轴上读取该非绝热混合过程的热效应。

例 3/10-2：

将质量分数为 20％ 和 80％ 的 H_2SO_4 水溶液混合，两者混合前的温度均为 40℃，得到的溶液质量分数为 50％。

（a）若混合过程是绝热的，试求混合后溶液的温度。

（b）若混合过程是等温的，试求配制 100kg 溶液的热效应。

解 3/10-2：

（a）在 H_2SO_4-H_2O 的 H-x 图（见附录 C6）确定两个初始点

$$C \text{ 点：} t_C=40℃ \text{ 和 } x_C=20\% \qquad D \text{ 点：} t_D=40℃ \text{ 和 } x_D=80\%$$

联结两点 CD 作直线，过横轴上该组成 $x_M=50\%$ 处作垂线，交 CD 于 M' 点，可知绝热混合过程的终态温度

$$t_{M'}=76℃$$

（b）过横轴 $x_M=50\%$ 处的垂线与 $t_M=40℃$ 的等温线交于 M 点，可知经等温混合过程与绝热混合过程后，溶液的焓分别为

$$h_M=-210\text{kJ}\cdot\text{kg}^{-1} \qquad h_{M'}=-120\text{kJ}\cdot\text{kg}^{-1}$$

故

$$\Delta_{\text{mix}}h=h_M-h_{M'}=-210-(-120)=-90\text{kJ}\cdot\text{kg}^{-1}$$

有 100kg 溶液的热效应

$$\Delta_{\text{mix}}H=100\times(-90)=-9000\text{kJ}$$

第 4 章　能量利用过程与循环

从热力学的观点来看，一方面自然界中能量是以体系（物质）蓄存的形式而存在。例如体系的内能、位能和动能。内能是指微观意义上的各种能量，包括微观粒子的内动能、内位能、分子化学键能和原子核能等。动能、位能和内能都是体系的状态函数。

另一方面自然界中能量又以热或功两种形式而传递。它们是在过程中通过体系的边界、体系与环境（或其他体系）间传递的能量。它们不是状态函数，而是过程函数。热是依靠温差传递的能量。当能量以热的形式施加于某体系后，它不是以热的形式贮存，而是增加了体系的内能。功则是由于温差以外的势差传递的能量。可见，传热和做功是两种本质不同的能量传递方式。

能量可以不同方式存在，或以不同形式传递、转换，但是它既不能被创造，也不能被消灭，能量的数量是守恒的。这就是热力学第一定律揭示的能量守恒原理。

本章的目的在于学习运用热力学第一定律和热力学性质来分析基本的能量转换过程，以及动力循环与制冷循环。流动体系的第一定律与能量平衡方程是本章的基础，而流体压缩与膨胀是后续内容的基本过程，通过动力循环与制冷循环的讨论，可以具体理解这些循环是如何利用能量在高温度位与低温度位之间的转换实现功的生产以及获得低温。流体的液化原理则是制冷循环的延伸。

4.1　热力学第一定律与能量平衡方程

4.1.1　开放体系的质量平衡

对开放体系进行分析的空间称为**控制体积**（**control volume**），它借助**控制表面**（**control surface**）与环境分开。将控制体积内的流体视为热力学的体系，并针对它写出质量与能量平衡式。图 4/1-1 表示了控制体积与控制表面，它借助一个可伸展的控制表面与环境分开。如果定义物流质量流率（$kg \cdot h^{-1}$）为

$$\frac{\mathrm{d}m'}{\mathrm{d}t} = m$$

式中，m' 为物流的质量。

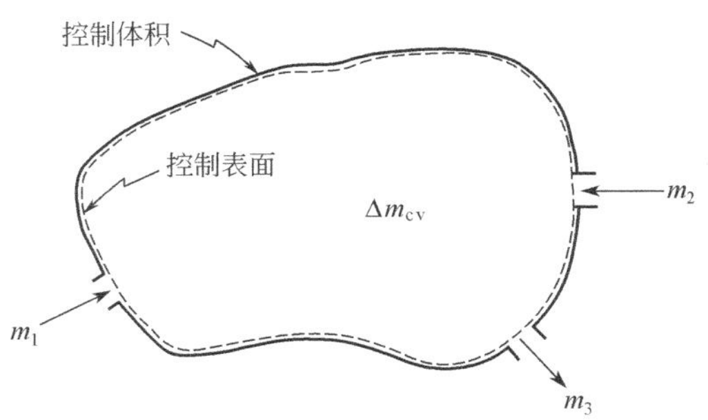

在图 4/1-1 的控制表面上有两股物流分别以 m_1 及 m_2 的流率进入控制体积，并合为一股以 m_3 流率的物流流出。因为质量守恒关系，在此控制体积中的净质量流率，即在控制体积中的质量累积项为

图 4/1-1　流动体系的控制体积与控制表面

$$\Delta m_{cv} = -\Delta_{in}^{out} m_{fs} \tag{4/1-1a}$$

或

$$\Delta m_{cv} = \sum m_{fs} = m_{fs,in} - m_{fs,out} \qquad (4/1\text{-}1b)$$

式中，运算符号 Δ 表示流出与流入体系的流率差异，下标 cv 表示控制体积的性质，fs 则表示此项适用于所有的物流。用于表示在图 4/1-1 控制体积的物流

$$\Delta m_{cv} = -(m_3 - m_1 - m_2)$$

考虑到

$$\frac{dm'}{dt} = \rho u A \qquad (4/1\text{-}2)$$

式(4/1-1) 变为

$$\Delta m_{cv} + \Delta(\rho u A)_{fs} = 0 \qquad (4/1\text{-}3)$$

此式所表示的质量平衡关系，通常称为**连续性方程 (continuity equation)**。

流动过程中有一个重要的特例称为**稳态 (steady state)** 流动，它代表控制体积内的情况不随时间改变。此时控制体积内的流体质量保持恒定，式(4/1-1b) 中的累积项 Δm_{cv} 为零

$$\sum m_{fs} = m_{fs,in} - m_{fs,out} = 0$$

而式(4/1-3) 简化为：

$$\Delta(\rho u A)_{fs} = 0$$

稳态并不一定表示流率保持恒定，它仅表示流入体系的质量恰好等于流出体系的质量。

当体系只有一个入口及一个出口时，进出于体系的两个物流的质量流率 m 相等，因此

$$\rho_2 u_2 A_2 - \rho_1 u_1 A_1 = 0$$

或

$$\frac{dm'}{dt} = 常数 = \rho_2 u_2 A_2 = \rho_1 u_1 A_1$$

因为比体积是密度的倒数，因此

$$\frac{dm'}{dt} = \frac{u_1 A_1}{V_1} = \frac{u_2 A_2}{V_2} = \frac{u A}{V} \qquad (4/1\text{-}4)$$

此形式的连续性方程经常被使用。

4.1.2 能量平衡的一般式

能量和质量一样，都具守恒的性质，控制体积内的能量改变速率等于流入控制体积内的能量转换净速率。随着物流流入或流出控制体积，它们也携带了以内能、动能及位能形式的能量，这些形式的能量，都贡献于整个体系的能量变化。物流中每单位质量的流体，都带有 $U + \frac{1}{2}u^2 + zg$ 的总能量，其中 u 表示物流的平均速度，z 表示距离参考平面的高度，g 表示重力加速度。因此，每一物流所传输的能量为

$$m\left(U + \frac{1}{2}u^2 + zg\right)$$

因此，有表示在控制体积中的能量累积项为

$$\Delta(mU)_{cv} = \sum_i \left[m\left(U + \frac{1}{2}u^2 + zg\right) \right]_{fs} + \sum_j Q + \sum_k W \quad (kJ \cdot h^{-1}) \qquad (4/1\text{-}5)$$

式中，加和符号要求其涉及的项目，凡进入控制体积者为正，凡离开控制体积者为负。功的速率包含数种形式。首先，功可随着流入或流出体系的物流而产生。在入口或出口

的流体，具有一组平均的物性，如 p、V、U、H 等[❶]。假设图 4/1-2 的入口处有一单位质量的流体具有上述性质，此单位质量的流体被其后的流体推挤作用，如同被一个活塞，以 p 的压力所推动。由活塞作用于流体，使流体被推进入口的功为 pV，而功的速率则为 $(pV)m$。因为 Δ 表示出口及入口处量度的差值，所以考虑所有入口及出口后，作用于体系的净功为 $-\Delta[(pV)\,m]_{fs}$。

另一种形式的功，为表示于图 4/1-2 中的**轴功 (shaft work)**，用 W_s 表示。控制体积又可借助膨胀或收缩而做功，并且也可能存在着搅拌的功。若此外不涉及其他形式的功，则前述的控制体积中的能量累积项可表示为

$$\Delta(mU)_{cv} = \sum_i \left[m\left(U + pV + \frac{1}{2}u^2 + zg \right) \right]_{fs} + \sum_j Q + \sum_k W_s$$

引用焓的定义 $H = U + pV$ 于上式，可得普遍化能量平衡方程

$$\boxed{\Delta(mU)_{cv} = \sum_i \left[m\left(H + \frac{1}{2}u^2 + zg \right) \right]_{fs} + \sum_j Q + \sum_k W_s} \quad (\text{kJ} \cdot \text{h}^{-1}) \quad (4/1\text{-}6)$$

式中，动能项中的速度 u 表示总体平均速度，并由 $u = m/(\rho A)$ 所定义。流体在管中流动具有速度分布，如图 4/1-2 所示。在管壁的速度为零，并渐增至管中央的最大流速。管中流体的动能，也与其速度分布有关。在层流状况下，流速呈抛物线状分布，经由对管径截面积分后，动能项应正比于 u^2。常见的情况是完全发展的情形，管中大部分的流速呈不均匀的分布，能量方程式中表示的 $u^2/2$，则更趋近于正确的状况。

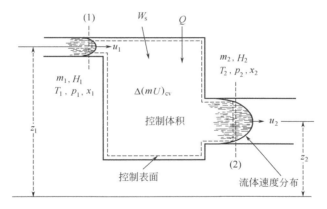

图 4/1-2　具有一个入口及一个出口的控制体积

虽然式(4/1-6) 所表示的能量平衡具有相当的一般性，但仍有限制。它所隐含的假设在于，控制体积中的质量中心是处于静止状态，而未表达控制体积中流体的动能与位能的变化。对于化学工程师所关注的问题而言，式(4/1-6) 已经够用。对许多（但非全部）应用例子而言，物流中的动能与位能亦可忽略，而式(4/1-6) 可简化为

$$\Delta(mU)_{cv} = \sum_i (mH)_{fs} + \sum_j Q + \sum_k W_s \quad (\text{kJ} \cdot \text{h}^{-1}) \tag{4/1-7}$$

例 4/1-1：

恒压管线中的气体被注入真空槽中，气体在入口处的焓与气体在槽中的内能的关系如

[❶]　在第 4 章和第 5 章中大写的 V、U、H 和 S 通常表示质量热力学性质，其标准书写形式应为小写。例如 "H" 应写作 "h"。然而为了简化，本书略去了这一形式变化。

何？忽略气体与槽间的传热。

解 4/1-1：

具有单一入口的罐作为此题的控制体积。因为没有轴功，所以 $W_s=0$。若动能与位能的改变忽略不计，则式(4/1-7) 变为

$$\Delta(mU)_{tank} - H^* m^* = 0$$

式中，上标 * 号表示进入槽中的物流，此项的负号表示它是一个流进体系的物流。质量平衡可表示为

$$m^* = m_{tank} = \frac{dm'_{tank}}{dt}$$

联合上列两个平衡方程式，将上式乘以 dt，并对时间积分（注意此处 H^* 是一个常数）可得

$$\Delta(mU)_{tank} - H^* \Delta m_{tank} = 0$$

因此

$$m_2 U_2 - m_1 U_1 = H^* (m_2 - m_1)$$

式中，下标 1 及 2 分别表示槽中的起始及最终状态。

因为槽中的起始质量为零，$m_1 = 0$，所以

$$U_2 = H^*$$

这个结果显示在没有传热的情况下，在过程进行结束时，槽内气体的能量等于所加入的气体的焓。

4.1.3　稳流体系的能量平衡

式(4/1-6) 中累积项 $\Delta(mU)_{cv}$ 为零的流动过程称为**稳定状态（steady state）**。如同在质量平衡中的讨论，稳定状态表示控制体积中的质量维持恒定。控制体积中的物性不随时间改变，而入口及出口处的物性也保持不变。在此情况下体积也没有发生膨胀，体系中只有轴功存在，而式(4/1-6) 变为：

$$\boxed{\sum_i \left[m\left(H + \frac{1}{2}u^2 + zg \right) \right]_{fs} + \sum_j Q + \sum_k W_s = 0} \quad (kJ \cdot h^{-1}) \qquad (4/1\text{-}8)$$

虽然稳定状态并不一定表示**稳定流动（steady flow）**，但式(4/1-8) 却常使用于稳定状态、稳定流动的过程。因为这样的过程代表工程应用上的基准过程。

一个特例是控制体积只有一个入口及一个出口的情形。以图 4/1-2 中的体系为例，此时入口及出口的流率皆为 $m kg \cdot h^{-1}$，且仅有一股功流 W_s 和一股热流 Q，则式(4/1-8) 简化为

$$-\Delta_1^2 \left[m\left(H + \frac{1}{2}u^2 + zg \right) \right]_{fs} + Q + W_s = 0 \quad (kJ \cdot h^{-1}) \qquad (4/1\text{-}9)$$

在此简化情形中，下标 fs 被省略，且 Δ 符号表示由入口至出口处的变化量。式(4/1-9) 各项遍除以 m 可得

$$-\Delta H - \frac{\Delta u^2}{2} - g\Delta z + q + w_s = 0 \quad (kJ \cdot kg^{-1}) \qquad (4/1\text{-}10a)$$

此式表示在只具一个入口与一个出口的稳定状态，稳定流动过程中第一定律的数学式。各项皆表示每单位质量流体的能量。

至此所表示的能量平衡式中，能量的单位依 SI 单位制的定义而假设为焦耳。在英制单位体系中，动能及位能项出现时需除以 g_c，此时式(4/1-10a) 应写为

$$-\Delta H - \frac{\Delta u^2}{2g_c} - \frac{g}{g_c}\Delta z + q + w_s = 0 \qquad (4/1\text{-}10\text{b})$$

此时，常用的 ΔH 与 Q 的单位为 Btu，而常用的动能、位能与功的单位为 ft·lbf。因此，必须使用 778.16ft·lbf·Btu^{-1} 的换算因子，进行 ft·lbf 与 Btu 单位间的互换。

在许多应用中，与其他项相比较，动能及位能项可略去不计，此时式(4/1-10) 简化为

$$-\Delta H + q + w_s = 0 \qquad (4/1\text{-}11)$$

稳定状态与稳定流动过程的第一定律，与大家熟悉的封闭体系的非流动过程表达式相比，它是更为重要的模型，因为焓是比内能更为普遍和重要的热力学性质。需要注意的是，在以上第一定律的讨论中模型的变量本身没有固定正号与负号。其性质取决于该变量对体系的贡献。换言之，模型中变量前的正号与负号表示了这一点。例如式(4/1-11) 中，不论出口物流对进口物流的焓差数值为正或为负，变量前的负号表示该项变量减少了体系的能量。

另外，以图 4/1-2 中的体系为例所建立的模型式(4/1-9)～式(4/1-11)，物流和能流均有方向，因而有模型中相关变量前的正号与负号。实际应用时，如果计算出的变量符号与模型表示相反，则表明应用例的物流或能流方向与模型不一致。所以式(4/1-6) 和式(4/1-8) 才是第一定律普遍化形式。

还需指出，上述分析的前提是根据研究对象划定控制体积，所有衡算式均为考察通过被划定控制体积的物流与能流而得出。所以，正确确定研究对象的控制体积，以及确定所有控制表面上的物流与能流的出入情况对于体系的能量分析是非常重要的。

4.1.4　测量焓的流动卡计

利用流动体系的第一定律模型求解实际问题时，需要焓的数据。因为 H 是一个状态函数，且是物质的特性，其数值因特定状态点而决定。一旦决定了它的数值并列出数值表，只要在相同的状态下，都可在以后的应用上参照使用。在实验设计上，可利用式(4/1-11) 测量焓的数据。

图 4/1-3 表示一个流动卡计的示意，它的主要部分为浸于流动流体中的电阻加热器。在设计上因尽量减少界面 1 及界面 2 位置之间流速及高度的改变，使得这两个界面位置之间流体动能和位能改变量可忽略不计，这两个界面之间也没有轴功，因此式(4/1-11) 简化为

$$\Delta H = H_2 - H_1 = q \qquad (4/1\text{-}12)$$

流体的传热速率由加热器的电阻和所通过的电流决定。虽然在实际运用上必须注意一些细节，但流动卡计的操作原理是简易的。由流体流率和传热速率的测量，可计算界面 1 及界面 2 位置之间的 ΔH 值。

以测量水及水蒸气的焓为例，水供应给此套设备，恒温槽中放置冰块及水以维持 0℃。水经由足够长的管线而通过恒温槽，使得水在恒温槽出口处达与恒温槽相同的 0℃。因此在界面 1 位置的流体是 0℃ 的水。界面 2 位置处的温度与压力可经由适当的仪器测出，而界面 2 位置处水的焓值可表示为

$$H_2 = H_1 + q \qquad (4/1\text{-}13)$$

式中，q 表示加入到所流过的每单位质量水的热量。

由式(4/1-13) 可知，H_2 不但依 q 且依 H_1 而定。界面 1 位置处的情况皆是 0℃ 的水，但压力可因每次不同的实验而改变。然而此测量中，压力的改变对液体性质的影响可忽略不

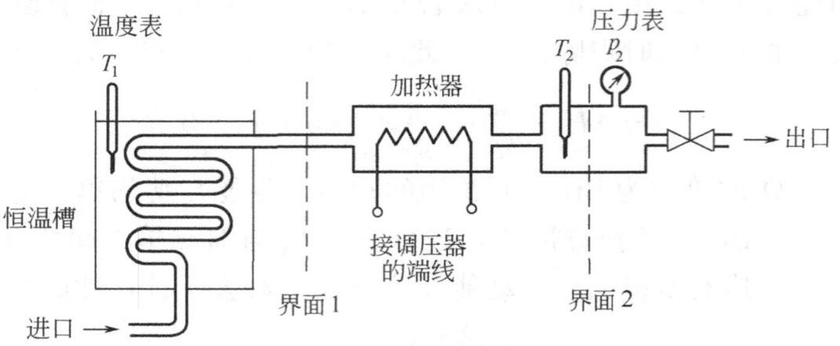

图 4/1-3 流动卡计

计，而 H_1 值实际上可视为常数。如同内能一般，焓的绝对值是未知的，可将 H_1 视为基准而设定为任一数值，并依此求得其他状态下的焓值。如将 0℃ 的水的焓值设为 $H_1=0$，则可得

$$H_2=H_1+q=0+q=q \tag{4/1-14}$$

由大量实验测量，可得到第二段位置处不同温度及压力下的焓值，并列表表示。此外，各状态下的比体积值也可测出并列于表中，由此内能值可由 $U=H-pV$ 计算得到。由这些步骤，热力学物性可在有用的状态范围中求得，其中最常用的是水蒸气表。

除了 0℃的水外，焓值也可在其他状态下定为零，这种选择是任意的。式(4/1-10) 及式(4/1-11) 所表示的是状态改变时的物性变化量，而焓的改变量是与基准点的位置无关。需要注意一旦焓的基准点被决定了，就不能任意决定内能值，内能值必须由 $U=H-pV$ 从焓值求得。当然，反过来基于内能确定焓也可以，如 3.6.3 节对水蒸气表的基准点的规定。

例 4/1-2：

由以上所讨论的流动卡计，下列数据取自以水为测试流体的情况

流率 $m=4.15\text{g}\cdot\text{s}^{-1}$，$t_1=0$℃，$t_2=300$℃，$p_2=0.3\text{MPa}$

电阻加热器的加热率 $Q=12740\text{W}$

由实验观察得知，水在此过程中完全蒸发。计算蒸汽在 300℃及 0.3 MPa 时的焓值。

解 4/1-2：

若 Δz 及 Δu^2 可忽略不计，W_s 为零，若以水在 0℃时为基准，令其 $H=0$，则 $H_2=Q$，而

$$H_2=\frac{Q}{m}=\frac{12740\text{J}\cdot\text{s}^{-1}}{4.15\text{g}\cdot\text{s}^{-1}}=3070\text{J}\cdot\text{g}^{-1}$$

4.1.5 焓变的应用

焓是热力学第一定律的导出函数。将稳定流动过程的第一定律表达式(4/1-8) 应用于实际时，有特别重要的意义。

(1) 换热设备

在热交换器（如蒸发器、冷凝器等）、反应器、加热炉以及一些传质设备（如吸收器、蒸馏塔、增/减湿器等）中发生的流体热交换过程，无轴功 $W_s=0$，且通常可忽略动能和位能变化，由式(4/1-9) 得

$$Q=m\Delta H=m(H_2-H_1) \quad (\text{kJ}\cdot\text{h}^{-1}) \tag{4/1-15}$$

式中，Q 为过程的热负荷（如反应的热效应、流体的相变热等）。此式可应用于处理稳定流

动的可逆或不可逆换热过程，无论体系内部发生的是物理变化还是化学反应，关键的问题是把握进出口的焓值。

（2）流体输送、增压或减压设备

泵、压缩机、风机等设备可以提高流体的压力，或是通过提高压力以将流体输送到一定目的地。这些设备都需要消耗功。与此相反，膨胀机，又称作涡轮机或**透平（turbine）**，则是借助流体的减压过程来产出功。图 4/1-4 是单级透平的结构示意。

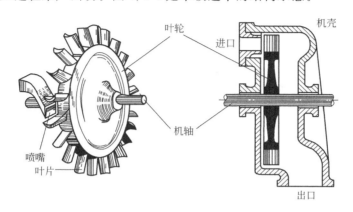

图 4/1-4 单级透平的结构示意

通常情况下，此时忽略动能和位能变化，由式（4/1-9）得

$$W_s = m(H_2 - H_1) - Q \quad (\text{kJ} \cdot \text{h}^{-1}) \tag{4/1-16a}$$

或

$$w_s = (H_2 - H_1) - q \quad (\text{kJ} \cdot \text{kg}^{-1}) \tag{4/1-16b}$$

绝热良好，或过程来不及传热时，则有绝热压缩或绝热膨胀过程的功

$$W_s = m(H_2 - H_1) \quad (\text{kJ} \cdot \text{h}^{-1}) \tag{4/1-17a}$$

或

$$w_s = H_2 - H_1 \quad (\text{kJ} \cdot \text{kg}^{-1}) \tag{4/1-17b}$$

显然，在式（4/1-16）和式（4/1-17）中，如果得出等式右项值为正的结果，则表明对象是类似压缩机的耗功过程；反之则表明对象是类似蒸汽轮机的产功过程。

（3）阀门的节流

控制、调节流体的压力或流量时常常用到阀门。将流体通过阀门前后所发生的状态变化称作**节流过程（throttling process）**。此时，可忽略动能和位能变化，且过程中与外界无功和热的交换，故由式（4/1-10）得

$$\Delta H = 0 \tag{4/1-18}$$

或

$$H_1 = H_2 \tag{4/1-19}$$

式（4/1-19）表明，流体通过阀门时的节流为等焓过程。

（4）喷嘴与扩压管

这是一类特殊的节流部件，它们的结构特点是进出口截面积变化很大。流体通过时，使其压力沿着流动方向降低，使流速加快的部件称为喷嘴。反之，使流体流速减缓，压力升高的部件称为扩压管。它们的共同特点是过程绝热、不做功，但动能变化显著。故式（4/1-10）有

$$\frac{\Delta u^2}{2} = -\Delta H \quad (\text{kJ} \cdot \text{kg}^{-1}) \tag{4/1-20a}$$

或

$$u_2 = \sqrt{u_1^2 - 2(H_2 - H_1)} \quad (\text{kJ} \cdot \text{kg}^{-1}) \tag{4/1-20b}$$

即，流体通过时以焓值的改变来换取动能的调整。如图 4/1-5 所示，基于式(4/1-20b)原理的 Venturi 喉管，是为了获得真空条件。化学实验用到的"水抽子"也是这个道理。

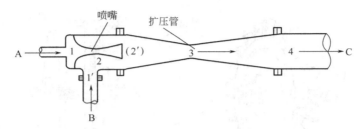

图 4/1-5   Venturi 喉管

(5) Bernoulli 方程——管路及流体输送

对于无热、无轴功交换、不可压缩流体的稳流过程，考虑到

$$\Delta H = \Delta U + \Delta(pV)$$

且 $q = 0$、$w_s = 0$，故式(4/1-9)有

$$\Delta U + \Delta(pV) + g\Delta z + \frac{\Delta u^2}{2} = 0 \quad (\text{kJ} \cdot \text{kg}^{-1}) \tag{4/1-21}$$

因为流体不可压缩

$$\Delta(pV) = V\Delta p = \frac{\Delta p}{\rho} \tag{4/1-22}$$

式中，ρ 为流体的密度。

实际流体的流动过程存在摩擦损耗，意味机械能转变为内能，有摩擦损耗

$$F = \Delta U \tag{4/1-23}$$

则式(4/1-21)有

$$F + \frac{\Delta p}{\rho} + g\Delta z + \frac{\Delta u^2}{2} = 0 \tag{4/1-24}$$

对于简化的理想情况或非黏性流体，可忽略摩擦损耗，则

$$\frac{\Delta p}{\rho} + g\Delta z + \frac{\Delta u^2}{2} = 0 \tag{4/1-25a}$$

或

$$\frac{p}{\rho} + gz + \frac{u^2}{2} = 常数 \tag{4/1-25b}$$

此即 Bernoulli 方程，可用于理想的、不可压缩流体的流动过程分析。

例 4/1-3：

空气在 0.1 MPa 及 25℃时以低速进入压缩机中，并在 0.3MPa 时排出，再进入喷嘴中膨胀至最终速度 600m · s^{-1} 及最起初的压力和温度。若对每千克空气而言的压缩功为

240kJ，试求压缩过程中需移出多少热量？

解 4/1-3：

因为空气最终回复到起初的 T 及 p，对整个过程而言没有焓的改变。空气位能的改变可忽略，若亦忽略起初的动能，则可将式（4/1-10a）写为

$$q=\frac{u_2^2}{2}-w_s$$

其中动能项可如下计算

$$\frac{1}{2}u_2^2=\frac{1}{2}\times(600\mathrm{m}\cdot\mathrm{s}^{-1})^2=180000\mathrm{m}^2\cdot\mathrm{s}^{-2}$$

$$=180000\mathrm{m}^2\cdot\mathrm{s}^{-2}\cdot\mathrm{kg}\cdot\mathrm{kg}^{-1}=180000\mathrm{N}\cdot\mathrm{m}\cdot\mathrm{kg}^{-1}=180\mathrm{kJ}\cdot\mathrm{kg}^{-1}$$

因此　　　　　　　　　　　　$q=180-240=-60\mathrm{kJ}\cdot\mathrm{kg}^{-1}$

所以每压缩 1kg 的空气，需移出 60kJ 的热量。

例 4/1-4：

如图 4/1-6 中的流程，现利用功率为 2.0kW 的泵将 95℃、流量为 $3.5\mathrm{kg}\cdot\mathrm{s}^{-1}$ 的热水从低位贮水槽抽出，经过换热器以 $698\mathrm{kJ}\cdot\mathrm{s}^{-1}$ 的速率冷却，送入高出 15m 的高位贮水槽，试求高位贮水槽的水温。

解 4/1-4：

这是一个稳定状态及稳定流动的过程，首先，需要明确问题所涉及体系的边界，如图 4/1-6 所标出的虚线所围的区域。在此体系的边界上各有一股水流入和流出，它们分别来自低位水槽和送往高位水槽。另外还有从换热器输出的一股热流和从水泵输入的功流。因此，式（4/1-10a）可以用来分析。

体系的输入与输出相等，$m_1=m_2$，故以 1kg 水为计算基准，有输入功

$$w_s=\frac{2.0\times10^3}{3.5}=0.5714\mathrm{kJ}\cdot\mathrm{kg}^{-1}$$

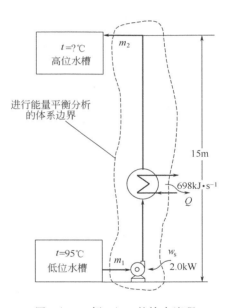

图 4/1-6　例 4/1-4 的输水流程

输出热

$$q=\frac{698}{3.5}=199.4\mathrm{kJ}\cdot\mathrm{kg}^{-1}$$

注意这里并没有给变量以正号或负号。另外，有位能变化

$$g\Delta z=9.81\times15=0.1472\ \mathrm{kJ}\cdot\mathrm{kg}^{-1}$$

过程的动能变化很小，可以忽略。根据每个物流和能流在跨越图 4/1-6 所标出的虚线所围的区域的边界时，对体系的贡献，可作能量平衡

$$-\Delta H-g\Delta z-q+w_s=0$$

有

$$\Delta H=-q+w_s-g\Delta z=-199.4+0.5714-0.1472=-199.0\mathrm{kJ}\cdot\mathrm{kg}^{-1}$$

由附录饱和水蒸气表 B7-1，95℃饱和热水的焓值为 $H_1=397.96\mathrm{kJ}\cdot\mathrm{kg}^{-1}$。故

$$H_2 = H_1 + \Delta H = 397.96 + (-199.0) = 198.96 \approx 199.0 \text{kJ} \cdot \text{kg}^{-1}$$

再查附录饱和水蒸气表 B7-1，反推出高位贮槽的水温为 47.5℃。

4.2 流体压缩与膨胀

4.2.1 气体压缩

常见于化工过程的气体增压，通常是通过压缩机完成的。图 4/2-1 是一台活塞式的密闭型压缩机。图中的压缩机以曲轴将电机的旋转运动转变成活塞的往复运动，从而实现对气体的压缩。流体压缩的主要问题之一是压缩功耗和压缩前后流体的状态参数确定。

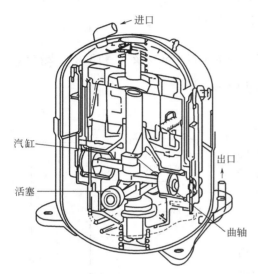

图 4/2-1 活塞式的密闭型压缩机

若忽略动能、位能变化，可逆压缩过程功量变化为

$$w_{\text{s,r}} = \int_{p_1}^{p_2} V \mathrm{d}p \quad (4/2\text{-}1)$$

式中，下标 r 表示可逆过程。此式为计算可逆过程体积功的基本关系，可用流体适用的状态方程代入求解。

（1）理想气体压缩功耗

等温压缩

$$w_{\text{s,r}}^{T} = RT_1 \ln\left(\frac{p_2}{p_1}\right) \quad (\text{kJ} \cdot \text{kmol}^{-1}) \tag{4/2-2}$$

式中，上标 T 表示等温过程。

等熵压缩

$$w_{\text{s,r}}^{S} = \frac{k}{k-1} RT_1 \left[\left(\frac{p_2}{p_1}\right)^{\frac{k-1}{k}} - 1\right] \quad (\text{kJ} \cdot \text{kmol}^{-1}) \tag{4/2-3}$$

式中，上标 S 表示等熵过程；k 称作**绝热指数（isentropic exponent）**又称**比热比（heat capacity ratio）**，定义为理想气体等压热容与等容热容的比

$$k = \frac{C_p^{\text{ig}}}{C_V^{\text{ig}}} \tag{4/2-4a}$$

且有关系

$$\frac{C_V^{\text{ig}}}{R} = \frac{1}{k-1} \tag{4/2-4b}$$

$$\frac{C_p^{\text{ig}}}{R} = \frac{k}{k-1} \tag{4/2-4c}$$

若采用上式计算绝热指数可由相关手册查到部分常用的理想气体的等压摩尔热容数据，例如附录 B1。实用中的绝热指数通常来自实验数据。

在等熵压缩过程的始态与终态之间，气体的状态参数存在关系

$$\frac{p_2}{p_1} = \left(\frac{V_1}{V_2}\right)^k \tag{4/2-5}$$

以及

$$\frac{T_2}{T_1}=\left(\frac{V_1}{V_2}\right)^{k-1} \tag{4/2-6}$$

$$\frac{T_2}{T_1}=\left(\frac{p_2}{p_1}\right)^{\frac{k-1}{k}} \tag{4/2-7}$$

(2) 真实气体压缩功耗（等熵压缩）

① 以压缩因子修正理想气体的计算偏差　如果，进出口流体的压缩因子相差不大，可取平均值。

$$Z=\frac{Z_1+Z_2}{2} \tag{4/2-8}$$

然后由式（4/2-2）或式（4/2-3）作近似计算。

$$w_{s,r}^T=ZRT_1\ln\left(\frac{p_2}{p_1}\right) \quad (kJ\cdot kmol^{-1}) \tag{4/2-9}$$

$$w_{s,r}^S=\frac{k}{k-1}ZRT_1\left[\left(\frac{p_2}{p_1}\right)^{\frac{k-1}{k}}-1\right] \quad (kJ\cdot kmol^{-1}) \tag{4/2-10}$$

图 4/2-2 是压缩过程在 p-V 图上的表示。图中带有圈注 T 和 S 的实线分别表示等温和等熵压缩过程。式（4/2-1）的压缩功量是图 4/2-2 中的过程曲线对纵坐标的面积积分。比较两个过程可知

面积（12341）＜面积（12′341）

$$w_{s,r}^T<w_{s,r}^S \tag{4/2-11}$$

$$T^T<T^S$$

说明等温压缩过程比等熵压缩过程省功，等熵压缩使流体升温。

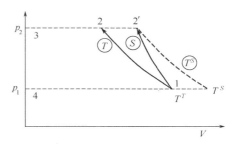

图 4/2-2　等温和等熵压缩过程的 p-V 图

② 利用始终态的焓变与熵变计算　根据式（4/1-17），绝热压缩过程有

$$w_{s,r}^S=H_2-H_1 \quad (kJ\cdot kg^{-1}) \tag{4/2-12}$$

可有两种情况：

a. 若已知进出口状态 H_1、H_2 或 T_1、p_1 和 T_2、p_2 则可直接计算。

b. 若仅知 T_1、p_1 和 p_2，但是出口温度 T_2 不知道。则需要利用等熵条件作判据，先设法（如试差的方法）求出 T_2，再计算 H_1、H_2 求解功耗。

(3) 真实气体压缩功耗

由于实际压缩过程是不可逆的，压缩过程存在能量的耗散，所以实际压缩功耗会超过理论值。虽然，根据式（4/1-16b）可以给出真实气体实际压缩过程的功耗为

$$w_s=(H_2-H_1)-q \quad (kJ\cdot kg^{-1}) \tag{4/2-13}$$

由于散热量通常无法确定，所以工程上常借用式（4/2-12）的结果，以绝热压缩效率，又称**等熵压缩效率（isentropic compression efficiency）**来修正理论计算的数值

$$\boxed{\eta_C^S=\left|\frac{w_{s,r}^S}{w_s}\right|} \tag{4/2-14}$$

式中，w_s 为实际压缩过程的功耗；$w_{s,r}^S$ 为等熵压缩过程的功耗；根据机器的类型和实际工

况，绝热压缩效率 η_C^S 的数值往往不同，通常范围在 $0.7 \sim 0.95$ 左右，有时则是出厂实验值。

例 4/2-1：

将 273K、0.2MPa 的 NH_3，送入无摩擦的压缩机中进行绝热压缩，使其终压达到 0.7MPa。试求：（a）NH_3 的终温；（b）每千克 NH_3 所需压缩功。

解 4/2-1：

题目给出压缩过程无摩擦，可以当成可逆绝热压缩过程。因为温度不为零，故有 $\Delta S = 0$，即 $S_1 = S_2$，为等熵过程。

查 NH_3 的热力学性质图（如附录 C3 的 p-H 图）中，首先查出状态 1

$$T_1 = 273K \quad p_1 = 0.2MPa \quad H_1 = 1600kJ \cdot kg^{-1} \quad S_2 = 6.4kJ \cdot kg^{-1} \cdot K^{-1}$$

由状态 1 沿等熵线至 $p_2 = 0.7MPa$。可查出状态 2 的温度（终温）和焓

$$T_2 = 360K \quad H_2 = 1780kJ \cdot kg^{-1}$$

所以，得压缩功

$$w_{s,r}^S = H_2 - H_1 = 1780 - 1600 = 180kJ \cdot kg^{-1}$$

（4）多级压缩

压缩常常导致流体升温。然而，在许多化学工艺中，被压缩气体出口温度不能过高。例如，要求温度必须低于压缩机润滑油的闪点（液体表面蒸气和空气的混合物与火接触而初次发生闪光的温度），或者必须防止被压缩工艺气体因过高的温度引起的分解或聚合等。而且，从式（4/2-10）已知，与等温压缩过程相比，绝热等熵压缩过程消耗更多的功。那么，如何降低压缩机出口温度？如何降低压缩过程能耗呢？

解决办法是采用多级压缩。类似图 4/2-3 是多级压缩过程及在 p-V 图上的表示。图中在等温和等熵过程之间的、以箭头标注的过程曲线表示多级压缩过程。曲线上的状态点与旁边的流程对应一致。由图可知

$$面积(12341) < 面积(12''341) < 面积(12'341)$$

$$w_{s,r}^T < w_{s,r}^n < w_{s,r}^S \tag{4/2-15}$$

$$T^T < T^n < T^S \tag{4/2-16}$$

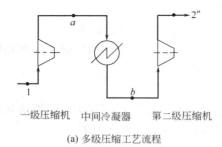

(a) 多级压缩工艺流程

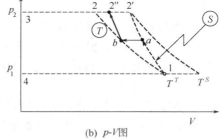

(b) p-V图

图 4/2-3　多级压缩过程

显然，级数越多越接近等温压缩。但是，另一方面将导致设备费用的增加和系统的复杂化等不利因素的出现。虽然理论上的限制是在 7 级以下，而通常采用 2～5 级。

还有一个问题是适宜级间压缩比的确定。例如，在任意一级的压缩过程终态与始态之间有压力比

$$r = \frac{p_2}{p_1} \tag{4/2-17}$$

从节能角度考虑，最佳分配是各级压缩比相同，即

$$r = \sqrt[s]{\frac{p_{s+1}}{p_1}} \tag{4/2-18}$$

式中，s 为压缩级数。因为过程压力损失的缘故，为了留有裕量，每一级的实际压缩比仍然需要在此基础上再放大 1.1～1.5 倍。

4.2.2　流体膨胀

与压缩过程相反，化工生产工艺中许多过程需要使流体压力降低。流体压力降低的同时，体积发生膨胀。因流体膨胀发生的元件（节流阀、孔板等）或膨胀机的不同而有不同的过程特征。以下主要讨论利用流体膨胀的过程进行降温和做功。

(1) 节流膨胀

节流阀（见图 4/2-4）、孔板等元件处产生的流体膨胀过程为等焓节流膨胀。此时，因减压引起的温度变化

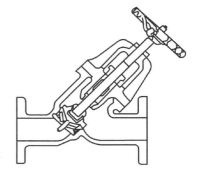

图 4/2-4　节流阀

$$\mu^H = \left(\frac{\partial T}{\partial p}\right)_H = \frac{T\left(\frac{\partial V}{\partial T}\right)_p - V}{C_p} \tag{4/2-19}$$

μ^H 称作微分节流效应系数，或称 Joule-Thomson 效应。式（4/2-19）可以利用第 3 章的 Bridgeman 表推导得出。

可以证明有判据

$$\mu^H > 0 \text{ 时} \rightarrow \text{冷效应}$$
$$\mu^H = 0 \text{ 时} \rightarrow \text{无效应} \tag{4/2-20}$$
$$\mu^H < 0 \text{ 时} \rightarrow \text{热效应}$$

有限的压力变化产生的积分节流效应为

$$\Delta T^H = \int_{p_1}^{p_2} \mu^H \mathrm{d}p = \int_{p_1}^{p_2} \frac{1}{C_p}\left[T\left(\frac{\partial V}{\partial T}\right)_p - V\right]\mathrm{d}p \tag{4/2-21}$$

选择流体所适宜的状态方程，代入式（4/2-21），可以计算出流体在等焓节流膨胀过程中的 ΔT^H 数值。另外，如图 4/2-5 表示的方法，在 T-S 图或 $\ln p$-H 图上，可以沿等焓线考察节流效应 μ^H，或考察积分节流效应 ΔT^H 的情况，即状态点 $1 \rightarrow 2^H$。

(2) 对外做功的等熵膨胀

① 温度效应　在透平等设备处发生的流体膨胀过程可以对外做功。如果过程绝热可逆，则是等熵膨胀。此时，因减压引起流体的温度变化

$$\mu^S = \left(\frac{\partial T}{\partial p}\right)_S = \frac{T\left(\frac{\partial V}{\partial T}\right)_p}{C_p} \tag{4/2-22}$$

式中，μ^S 称作微分等熵膨胀效应系数。与 μ^H 相似，式（4/2-22）也可以利用 Bridgeman 表推导得出。

因为 $T > 0$，$(\partial V/\partial T)_p > 0$，$C_p > 0$。所以，任何情况下总有 $\mu^S > 0$。也就是说，流体等熵膨胀总会有冷效应。

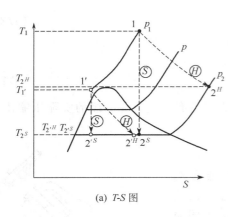

(a) $T\text{-}S$ 图

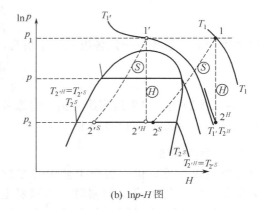

(b) $\ln p\text{-}H$ 图

图 4/2-5 膨胀过程的温度效应

有限的压力变化产生的积分等熵膨胀效应为

$$\Delta T^S = \int_{p_1}^{p_2} \mu^S \mathrm{d}p = \int_{p_1}^{p_2} \frac{T}{C_p} \left[\left(\frac{\partial V}{\partial T} \right)_p \right] \mathrm{d}p \qquad (4/2\text{-}23)$$

选择流体所适宜的状态方程，代入式(4/2-23)，可以计算出流体在对外做功的等熵膨胀过程中的 ΔT^S 的具体数值。另外，在图 4/2-5 的 $T\text{-}S$ 图和 $\ln p\text{-}H$ 图上，可以沿等熵线考察等熵膨胀效应 μ^S，或考察等熵膨胀效应 ΔT^S 的情况，即状态点 $1 \rightarrow 2^S$。

实际过程不可能绝热，且存在泄漏、摩擦等耗散效应，故流体膨胀的温度效应介于二者之间。

$$\Delta T^S \geqslant \Delta T \geqslant \Delta T^H \qquad (4/2\text{-}24)$$

在图 4/2-5 中还表示了膨胀终点达到气液两相区的情况（以 $1'$ 为起始状态）。虽然这时等焓膨胀（$1' \rightarrow 2'^H$）与等熵膨胀（$1' \rightarrow 2'^S$）的温度效应相同，但等熵膨胀有更多的液相量产生。

尽管采用膨胀机既可以回收能量（对外做功），又可以获得良好的膨胀温度效应。但是，当膨胀过程发生流体液化，膨胀气体含有液滴时，会使膨胀机发生气蚀。节流阀结构简单，可以工作于气液两相共存的情况。这时如果采用节流阀操作，则不必有此顾虑。不仅如此，出于经济和技术的考虑，如果不是为了产出功，实际场合常使用的是节流阀。

② 对外做功 与等熵压缩相似，可由式(4/1-17)计算等熵膨胀产功

$$w_{s,r}^S = H_2 - H_1 \quad (\mathrm{kJ \cdot kg^{-1}}) \qquad (4/2\text{-}25)$$

式(4/2-25)的求解方法与等熵压缩完全相同。

工程上，常用绝热膨胀效率，又称**等熵膨胀效率（isentropic expansion efficiency）**来修正理论计算的结果

$$\boxed{\eta_E^S = \left| \frac{w_s}{w_{s,r}^S} \right|} \qquad (4/2\text{-}26)$$

式中，w_s 和 ΔH 分别为实际膨胀过程的产功和焓变；$w_{s,r}^S$ 和 ΔH^S 分别为等熵膨胀过程的产功和焓变。根据膨胀机的类型和实际情况，等熵膨胀效率 η_E^S 一般约为 $0.7 \sim 0.8$。

4.3 动力循环

目前，最重要的动力来源是燃料的化学能（分子的）、核能（原子的）和水的势能（太

阳能的转化）。在以化石燃料或核能驱动的蒸汽动力循环中，工作介质（水）被封闭起来，利用工质在不同压力下相变温度不同的特点，使其工作于燃烧燃料的高温热源与环境温度的低温热源之间，同时利用工质在高压高温下向低压低温膨胀对外做功而产生动力。热动力装置（又称作热机）是最主要的动力发生系统。

4.3.1　蒸汽动力循环

（1）Carnot 循环

工作于高温和低温两个热源之间的 Carnot 热机，又称 **Carnot 循环（Carnot cycle）**，是由可逆过程构成的、效率最高的热力学循环。它可以最大限度地将高温热源输入的热量转变为功。如热力学性质图 4/3-1 所示，它是产功的正向（顺时针）可逆循环，在固定的高温 T_H 下接受外界的热 q_H，在固定的低温 T_L 下排出未能利用的热 q_L，对外做最大功

$$w_{s,r} = q_H - q_L = q_H \left(1 - \frac{T_L}{T_H}\right) \quad (\text{kJ} \cdot \text{kg}^{-1}) \tag{4/3-1}$$

Carnot 循环效率仅由高温与低温热源温度决定

$$\boxed{\eta_C \equiv \left|\frac{w_{s,r}}{q_H}\right| = \left|1 - \frac{T_L}{T_H}\right|} \tag{4/3-2}$$

明显可见，η_C 值随着 T_H 的增加及 T_L 的降低而增大。虽然实际循环的效率会因不可逆性而降低，但随着吸热时平均温度增加以及放热时平均温度的降低，循环效率仍会增大。Carnot 循环可作为真实蒸汽动力循环的比较基准。即改进实际循环，可以使其效率接近 η_C，但是不可能达到 η_C。

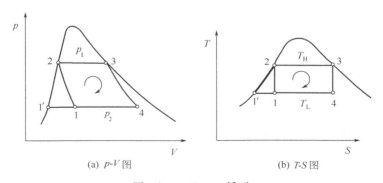

(a) p-V 图　　　　　　　　(b) T-S 图

图 4/3-1　Carnot 循环

Carnot 循环在实际蒸汽动力装置无法采用。虽然在膨胀机的绝热膨胀过程 3→4 和在冷凝器的等温（也是等压）放热过程 4→1，以及在锅炉的等温（也是等压）吸热过程 2→3 这三个过程可以近似实现。但是，在压缩机中的绝热压缩过程，1→2 却难于实现。主要原因是压缩汽水混合物时会造成工作不稳定，而且状态 1 的湿蒸汽比容比水大一两千倍，要用比水泵大得多的压缩机工作。此外，循环局限于饱和区，上限温度 T_H 受水的临界温度限制，而且膨胀机的膨胀末期，湿蒸汽所含水分甚多，膨胀机无法工作。吸入饱和蒸汽，且排放出含有大量液体的汽液混合物，由此造成设备严重的腐蚀问题。更严重的困难在于泵的设计，它必须吸入汽液混合物并排出饱和状态的液体。

（2）Rankine 循环

实际的简单蒸汽动力装置示意如图4/3-2。图中，水泵将凝结水又送入锅炉，燃烧燃料给锅炉和过热器供热，循环工作介质水在锅炉中等压吸热、汽化成为饱和蒸汽，再经过热器

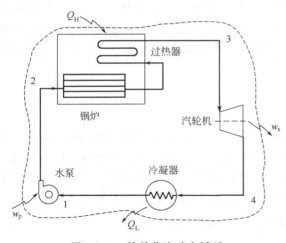

图 4/3-2　简单蒸汽动力循环

加热成为过热蒸汽。过热蒸汽经过汽轮机膨胀做功，膨胀后排出乏汽的压力通常很低，约为 5kPa，其相应的饱和温度为 32.90℃，稍高于环境温度。在冷凝器中，乏汽向冷却水放出热量而凝结成水。循环周而复始地如此进行。这个热机循环称作 Rankine 循环，是一个基本的蒸汽动力循环。各种更为复杂的循环都是在 Rankine 循环的基础上改进得到的。以此为对象，仔细分析循环的四个步骤。

1→2，工质增压（泵）。由泵在可逆及绝热（等熵）情况下，将工质由饱和液体增压至锅炉的压力，达到工质过冷的状态点 2。在 $T\text{-}S$ 图中，此段垂直线段很短，这是因为液体增压时温度上升很小。

2→3，工质被加热升温、蒸发、再加热达到过热蒸汽状态（预热器，锅炉，过热器）。此步骤于等压线上进行，包含三部分：将过冷的工质液体加热到饱和温度，等温等压下的蒸发，以及将工质蒸汽加热到饱和温度以上成为过热状态点 3。

3→4（或 3→4′），膨胀做功（透平）。气体在透平中作可逆且绝热（等熵）的膨胀至冷凝器的压力。此步骤通常会穿越饱和曲线，产生汽液混合的排放物。步骤 2→3 的过热过程可以使膨胀步骤的初始状态点 3 居于更高的温度，以至垂直线段可以向图的右方移动，使膨胀后的湿度不会太高。

4→1（或 4′→1），蒸汽降温，冷凝（冷却/冷凝器）。为冷凝器中的等压及等温过程，产生点 1 的饱和液体。

Rankine 循环（图 4/3-3）与水蒸气的 Carnot 循环（图 4/3-1）主要不同之处在于：Rankine 循环采用了过热蒸汽。乏汽的凝结是完全的，一直进行到使乏汽全部液化。所以，在过热区对蒸汽的加热是等压加热，而不是像 Carnot 循环全部为等温加热。另外，Rankine 循环的蒸汽完全凝结使循环中多了一段水的加热过程 2→5，减小了循环的平均温差，对热效率虽然不利，但对简化设备大有好处，因压缩比容小的水比压缩比容大的汽水混合物方便得多。而且，采用过热蒸汽增大了循环的平均温差，并使膨胀终了时乏汽的干度也提高了。

图 4/3-3 描绘的循环状态 12341 构成的是比较理想的循环。状态 1234′41 构成的循环则多考虑了一些膨胀过程的效率问题。利用 $T\text{-}S$ 图和 $\ln p\text{-}H$ 图，可以根据过程的特点（等压、等熵等）直观地分析各个过程，从图中得到必要的概念和数值信息，具体分析如下。

1→2：工质增压（泵）。泵功

$$w_{\mathrm{p}} = H_2 - H_1 \quad (\mathrm{kJ \cdot kg^{-1}}) \tag{4/3-3}$$

此值与下面三个阶段的能量变化相比要小得多，通常可忽略。另外，虽然实际动力循环操作的步骤 1→2 中存在一定的不可逆性效应，以致图 4/3-3 的 $T\text{-}S$ 图 1→2 线段不再为垂直，而偏向熵增加的方向，但这个偏差很小，完全可以忽略。

2→3：工质被加热升温、蒸发，达到过热蒸汽状态（预热器，锅炉，过热器），热负荷为

$$q_{\mathrm{H}} = H_3 - H_2 \quad (\mathrm{kJ \cdot kg^{-1}}) \tag{4/3-4}$$

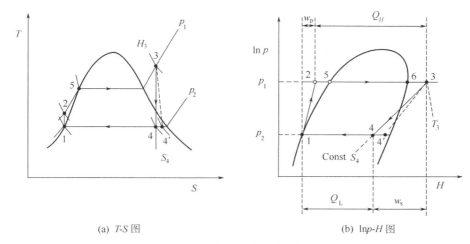

(a) T-S 图　　　　　　　　(b) $\ln p$-H 图

图 4/3-3　Rankine 循环

3→4：膨胀做功（透平）。不同于步骤 1→2，实际动力循环的不可逆状况在步骤 3→4 表现得十分明显。在图 4/3-3 中 T-S 图 3→4' 线段显著偏向熵增加的方向。透平排放流体通常仍在两相区，但只要相对湿度在 10% 之内，腐蚀的问题就不致严重。

输出功

$$w_s = H_{4'} - H_3 = \eta_E^S (H_4 - H_3) \quad (kJ \cdot kg^{-1}) \qquad (4/3\text{-}5)$$

而等熵膨胀功

$$w_{s,r}^S = H_4 - H_3 \quad (kJ \cdot kg^{-1}) \qquad (4/3\text{-}6)$$

式中，η_E^S 为膨胀机的等熵效率（为 $0.7\sim0.8$）。

4→1（或 4'→1）：蒸汽降温，冷凝（冷却/冷凝器）热负荷为

$$q_L = H_1 - H_4 \quad (kJ \cdot kg^{-1}) \qquad (4/3\text{-}7)$$

或

$$q_L = H_1 - H_{4'} \quad (kJ \cdot kg^{-1}) \qquad (4/3\text{-}8)$$

实际动力循环的冷凝器中可能发生轻微过冷情况，但其效应并不重要。

如图 4/3-2 的虚线所标明的体系边界，Rankine 循环输入与输出的热流各有一股，输入与输出的功流也各有一股。体系的能量平衡式为

$$q_H - q_L - w_s + w_p = 0 \quad (kJ \cdot kg^{-1}) \qquad (4/3\text{-}9)$$

与其他三个量相比，泵功的数值通常是可以忽略的量级。因此，Rankine 循环的效率为

$$\eta_R = \left| \frac{w_s}{q_H} \right| = \eta_E^S \left| \frac{H_4 - H_3}{H_3 - H_2} \right| \qquad (4/3\text{-}10)$$

例 4/3-1：

在动力装置中于 8600kPa 及 500℃ 所产生的水蒸气送入透平中。透平排放的流体进入 10kPa 的冷凝器，凝结为饱和液体后经泵输送至锅炉。

（a）计算在此操作情况下 Rankine 循环的热效率。

（b）当透平及泵的效率皆为 0.75 时，计算在此操作情况下真实循环的热效率。

（c）若（b）项中循环的功率为 80000kW，水蒸气的流率以及锅炉及冷凝器中的传热速率为何？

解 4/3-1:

(a) 在透平的入口情况 8600kPa 及 500℃时，可由水蒸气表查得

$$H_3 = 3391.6 \text{kJ} \cdot \text{kg}^{-1} \quad S_3 = 6.6858 \text{kJ} \cdot \text{kg}^{-1} \cdot \text{K}^{-1}$$

若以等熵情况膨胀至 10kPa，则

$$S_4 = S_3 = 6.6858 \text{kJ} \cdot \text{kg}^{-1} \cdot \text{K}^{-1}$$

由蒸汽表查得在 10kPa 时饱和水蒸气的性质为

$$H_4^{\text{v}} = 2584.8 \text{kJ} \cdot \text{kg}^{-1} \quad S_4^{\text{v}} = 8.1511 \text{kJ} \cdot \text{kg}^{-1} \cdot \text{K}^{-1}$$

$$H_4^{\text{l}} = 191.8 \text{kJ} \cdot \text{kg}^{-1} \quad S_4^{\text{l}} = 0.6493 \text{kJ} \cdot \text{kg}^{-1} \cdot \text{K}^{-1} \quad v_4^{\text{l}} = 1010 \text{cm}^3 \cdot \text{kg}^{-1}$$

在 10kPa 时透平出口的熵值位于两相区内，应用式(3/5-3) 可得

$$S_4 = S_4^{\text{l}}(1 - x_4^{\text{v}}) + S_4^{\text{v}} x_4^{\text{v}}$$

即

$$6.6858 = 0.6493(1 - x_4^{\text{v}}) + 8.1511 x_4^{\text{v}}$$

所以

$$x_4^{\text{v}} = 0.8047$$

由式（3/5-2）可得焓值

$$H_4 = H_4^{\text{l}}(1 - x_4^{\text{v}}) + H_4^{\text{v}} x_4^{\text{v}}$$
$$= 191.8 \times (1 - 0.8047) + 2584.8 \times 0.8047 = 2117.4 \text{kJ} \cdot \text{kg}^{-1}$$
$$\Delta H = H_4 - H_3 = -1274.2 \text{kJ} \cdot \text{kg}^{-1}$$

因此

$$w_{\text{s}} = \Delta H = -1274.2 \text{kJ} \cdot \text{kg}^{-1}$$

饱和液体在 10kPa 时的焓为

$$H_1 = H_4^{\text{l}} = 191.8 \text{kJ} \cdot \text{kg}^{-1} \quad v_1 = v_4^{\text{l}} = 1010 \text{cm}^3 \cdot \text{kg}^{-1}$$

所以应用式(4/3-7) 可得

$$q_{\text{CON}} = H_1 - H_4 = 191.8 - 2117.4 = -1925.6 \text{kJ} \cdot \text{kg}^{-1}$$

式中，负号表示热量是由体系流出。

泵消耗功

$$w_{\text{p}} = (p_2 - p_1)v_1 = (8600 - 10) \times 1010 = 8.7 \times 10^6 \text{kPa} \cdot \text{cm}^3 \cdot \text{kg}^{-1}$$

因为 $1 \text{kJ} = 10^6 \text{kPa} \cdot \text{cm}^3$

$$w_{\text{p}} = \Delta H^S = 8.676 \text{kJ} \cdot \text{kg}^{-1}$$

所以

$$H_2 = H_1 + \Delta H^S = 191.8 + 8.7 = 200.5 \text{kJ} \cdot \text{kg}^{-1}$$

过热蒸汽在 8600kPa 及 500℃的焓为

$$H_3 = 3391.6 \text{kJ} \cdot \text{kg}^{-1}$$

应用式(4/3-4) 可得

$$q_{\text{BOIL}} = H_3 - H_2 = 3391.6 - 200.5 = 3191.1 \text{kJ} \cdot \text{kg}^{-1}$$

Rankine 循环所得的净功为透平与泵的功的总和

$$w_{\text{s,Rank}} = -1274.2 + 8.7 = -1265.5 \text{kJ} \cdot \text{kg}^{-1}$$

此结果亦可由下式求得

$$w_{\text{s,Rank}} = -q_{\text{BOIL}} - q_{\text{CON}}$$
$$= -3191.1 + 1925.6 = -1265.5 \text{kJ} \cdot \text{kg}^{-1}$$

此循环的热效率为

$$\eta = \frac{|w_{s,\text{Rank}}|}{q_{\text{BOIL}}} = \frac{1265.5}{3191.1} = 0.397$$

（b）若透平的效率为 0.75，则

$$w_s' = \Delta H' = 0.75 \times (-1274.2) = -955.6 \text{kJ} \cdot \text{kg}^{-1}$$

且

$$H_4' = H_3 + \Delta H' = 3391.6 - 955.6 = 2436.0 \text{kJ} \cdot \text{kg}^{-1}$$

对于冷凝器而言

$$q_{\text{CON}} = H_1 - H_4' = 191.8 - 2436.0 = -2244.2 \text{kJ} \cdot \text{kg}^{-1}$$

若泵的效率为 0.75，则

$$w_p' = \Delta H = \frac{w_p}{\eta} = \frac{8.7}{0.75} = 11.6 \text{kJ} \cdot \text{kg}^{-1}$$

循环所作的净功则为

且

$$w_s = -955.6 + 11.6 = -944.0 \text{kJ} \cdot \text{kg}^{-1}$$

由此可得

$$H_2 = H_1 + \Delta H = 191.8 + 11.6 = 203.4 \text{kJ} \cdot \text{kg}^{-1}$$

$$q_{\text{BOIL}} = H_3 - H_2 = 3391.6 - 203.4 = 3188.2 \text{kJ} \cdot \text{kg}^{-1}$$

循环的热效率为

$$\eta = \frac{|w_s|}{q_{\text{BOIL}}} = \frac{944.0}{3188.2} = 0.296$$

此结果可与（a）部分所得的结果比较。

（c）当功率为 80000kW 时，可得

$$W_s = mw_s$$

即

$$m = \frac{W_s}{w_s} = \frac{-80000 \text{kJ} \cdot \text{s}^{-1}}{-944.0 \text{kJ} \cdot \text{kg}^{-1}} = 84.75 \text{kg} \cdot \text{s}^{-1}$$

因此可得

$$Q_{\text{BOIL}} = 84.75 \times 3188.2 = 270.2 \times 10^3 \text{kJ} \cdot \text{s}^{-1}$$

$$Q_{\text{CON}} = 84.75 \times (-2244.2) = -190.2 \times 10^3 \text{kJ} \cdot \text{s}^{-1}$$

注意其中

$$Q_{\text{BOIL}} + Q_{\text{CON}} = -W_s$$

4.3.2 燃气动力循环

燃气轮机是一种以空气及燃气为工质的热动力设备。简单的等压燃气轮机装置如图 4/3-4 所示，其主要设备有空气压缩机、燃烧室和燃气轮机。

进入轴流式压缩机的空气被压缩到 10^5Pa 的压力后送入燃烧室。同时，供入燃烧室的燃料与压缩空气混合、燃烧，燃烧室中的压力保持不变，产生的高温燃气通常可达 1800～2200K。这时二次冷却空气（占总空气量的 6%～80%）经通道壁面送入，与高温燃气混合，使混合气体降低到适当温度后进入燃气轮机膨胀做功，做功后的废气排入大气。离心压缩机与燃气轮机以同一杠杆操作，一部分产出的膨胀功用来驱动压缩机，其余则可用于输出。

燃气轮机由燃烧室中的高温气体驱动，燃烧气体进入透平的温度愈高，此装置的效率即愈高，也就是每单位燃料燃烧可得更多的功。温度的上限取决于透平叶片金属强度。燃气轮

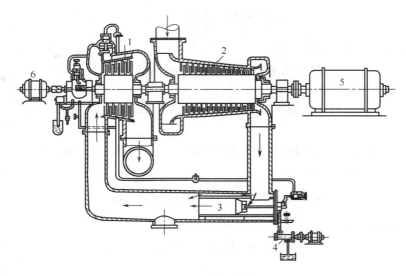

图 4/3-4 等压燃气轮机装置结构

1—燃气轮机；2—压缩机；3—燃烧室；4—燃油泵；5—发电机；6—启动电动机

机的第一级喷管和工作叶片处于连续高温条件下工作，需选用高强度、耐热的材料。材料的耐热温度通常也是燃气轮机工作的温度极限。另外，为保持燃烧温度在安全范围需要通入足够的过量空气。

通过简化的等压燃气动力循环流程（图 4/3-5），以及 p-V 图，可以看到，理想的等压燃气动力循环是由绝热压缩、等压吸热、绝热膨胀和等压放热四个可逆过程组成。它又称为 Brayton 循环，并被表示于图 4/3-6 的 p-V 图中。压缩步骤 $A \rightarrow B$ 表示一个绝热可逆路径，其中空气压力由 p_A（大气压）升至 p_B。在 $B \rightarrow C$ 步骤中，热量 q_{BC} 取代燃烧而在恒压下加入以提高空气温度，再经过恒熵膨胀由压力 p_C 至 p_D（大气压力）以产生功，$D \rightarrow A$ 步骤是恒压冷却以完成整个循环。循环的效率为

$$\eta = \frac{|w_s|}{q_{BC}} = \frac{|w_{CD}| - w_{AB}}{q_{BC}} \tag{4/3-11}$$

式中，各能量项均基于 1mol 空气计算。

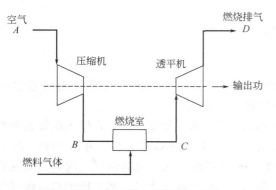

图 4/3-5 燃气动力循环流程示意

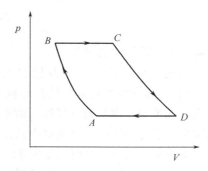

图 4/3-6 燃气透平的理想循环 p-V 图

当空气流经压缩机时，所做的功由式（4/3-5）求得，若空气为具有恒定比热容的理想气体时

$$w_{AB} = H_B - H_A = C_p(T_B - T_A)$$

同样在燃烧及透平的膨胀过程中

$$q_{BC} = C_p(T_C - T_B)$$

及

$$|w_{CD}| = C_p(T_C - T_D)$$

将这些公式代入式(4/3-11)中并经简化可得

$$\eta = 1 - \frac{T_D - T_A}{T_C - T_B} \tag{4/3-12}$$

因为 $A \to B$ 及 $C \to D$ 皆为等熵过程,根据公式(4/2-7),其中温度与压力的关系为

$$\frac{T_B}{T_A} = \left(\frac{p_B}{p_A}\right)^{(k-1)/k} \tag{4/3-13}$$

及

$$\frac{T_D}{T_C} = \left(\frac{p_D}{p_C}\right)^{(k-1)/k} = \left(\frac{p_A}{p_B}\right)^{(k-1)/k} \tag{4/3-14}$$

由这些方程式中消去 T_A 及 T_D 而得到

$$\eta = 1 - \left(\frac{p_A}{p_B}\right)^{(k-1)/k} \tag{4/3-15}$$

例 4/3-2:

一个燃气透平动力装置以空气来操作,空气在 25℃ 时进入压缩机,压缩比为 $p_B/p_A = 6$。若透平可承受的最高温度为 760℃,求

(a) 此情况下理想的空气循环的效率 η,其中绝热指数 $k = 1.4$。

(b) 若压缩机及透平在绝热及不可逆情况下操作,且其效率分别为 $\eta_c = 0.83$ 及 $\eta_t = 0.86$ 时,此动力装置的热效率。

解 4/3-2:

(a) 将数据直接代入式(4/3-15)中,可求得理想的空气循环效率为

$$\eta = 1 - (1/6)^{(1.4-1)/1.4} = 1 - 0.60 = 0.40$$

(b) 压缩机及透平中的不可逆情况会大量降低动力装置的热效率,因为净功值是压缩机所需的功与透平所产生的功的差值。空气进入压缩机的温度 T_A,以及空气进入透平的温度,如题目所定的最高温度值 T_C,都与理想循环相同。然而压缩机经过不可逆压缩后的温度 T_B,较等熵压缩后的温度 T'_B 高,透平经不可逆膨胀后的温度 T_D,亦较等熵膨胀后的温度 T'_D 高。

动力循环的热效率定义为

$$\eta = \frac{|w_s - w_c|}{q}$$

式中的功可由下列二式的等熵功表示

$$|w_s| = \eta_t C_p(T_C - T'_D)$$
$$w_c = \frac{C_p(T'_B - T_A)}{\eta_c} \tag{A}$$

在燃烧室中所吸收的热为

$$q = C_p(T_C - T_B)$$

联解上述公式,可得热效率

$$\eta = \frac{\eta_t (T_C - T'_D) - (1/\eta_c)(T'_B - T_A)}{T_C - T_B}$$

另一种表示压缩功的方法为

$$w_c = C_p (T_B - T_A) \tag{B}$$

结合式（A）及式（B），并由其结果消去热效率 η 表述式中的 T_B，经简化后可得

$$\eta = \frac{\eta_t \eta_c (T_C/T_A - T'_D/T_A) - (T'_B/T_A - 1)}{\eta_c (T_C/T_A - 1) - (T'_B/T_A - 1)} \tag{C}$$

温度比值 T'_B/T_A 与压力比值的关系可由式（4/3-13）求的。温度比值 T_C/T_A 可由已知条件求得。由式（4/3-14）知，温度比值 T'_D/T_A 可写为

$$\frac{T'_D}{T_A} = \frac{T_C T'_D}{T_A T_C} = \frac{T_C}{T_A} \left(\frac{p_A}{p_B}\right)^{(k-1)/k}$$

将这些公式代入式（C）中得到

$$\eta = \frac{\eta_t \eta_c (T_C/T_A)(1 - 1/\alpha) - (\alpha - 1)}{\eta_c (T_C/T_A - 1) - (\alpha - 1)} \tag{4/3-16}$$

其中

$$\alpha = \left(\frac{p_B}{p_A}\right)^{(k-1)/k}$$

由式（4/3-16）可知，随着空气进入透平的温度 T_C 的增加，以及压缩机效率 η_c 与透平效率 η_t 的增加，燃气透平的热效率也提升。

本题所给的效率值为

$$\eta_t = 0.86 \text{ 及 } \eta_c = 0.83$$

由其余数据可得

$$\frac{T_C}{T_A} = \frac{760 + 273.15}{25 + 273.15} = 3.47$$

及

$$\alpha = 6^{(1.4-1)/1.4} = 1.67$$

将这些数据代入式（4/3-16）中可得

$$\eta = \frac{0.86 \times 0.83 \times (1 - 1/1.67) - (1.67 - 1)}{0.83 \times (3.47 - 1) - (1.67 - 1)} = 0.235$$

由此分析可知，即使压缩机与透平具有相当高的效率，实际的燃气透平动力装置的热效率由理想回路的 40% 显著地降低至 23.5%。

4.3.3 联合动力循环

一般地，Carnot 循环效率定性地表明，随着高温热源温度的提高，动力循环的效率也将提高。但是在蒸汽动力循环中，蒸汽透平中工作的蒸汽温度限制了循环的效率。工作于 550℃ 的高温热源与 25℃ 的环境温度之间的 Carnot 循环效率，大约为 64%。假设让蒸汽动力循环工作于其间，循环的效率不过 30% 以下。

目前，燃气轮机装置进口工作温度可以达到 1000～1300℃，而排热温度仍有 400～650℃。可见，如果只采用燃气作为工质，则将由于排热温度较高引起较多的功损失，效率也必然较低。而水蒸气循环的上限温度不超过 600℃，高温热没有利用，排热温度为 30℃ 左右，接近环境温度，余热几乎为零。若将燃气轮机排出的废热加热蒸汽循环，构成一个以燃气为高温循环工质，水蒸气为低温工质；燃气动力循环与蒸汽动力循环联合运行的动力装

置，可以使整个系统的效率显著提高。通常，称其为燃气蒸汽联合循环，简称**联合循环**（combined cycle）。它是目前最先进的热动力循环之一。

　　图 4/3-7(a) 是燃气蒸汽联合循环系统构成的一个示意图。图中，经过压缩机增压的压缩空气在燃烧室内与燃料（通常是油或燃气）混合燃烧。达到 1200℃ 左右的高温、高压气体通过燃气轮机产出功。这个功的一部分可以用来驱动空气压缩机，另一部分则用来发电。燃气透平出口的烟气仍有 650℃ 左右，全部进入余热锅炉，以产生水蒸气，用于驱动一个蒸汽动力循环再次对外输出功，生产更多电力。

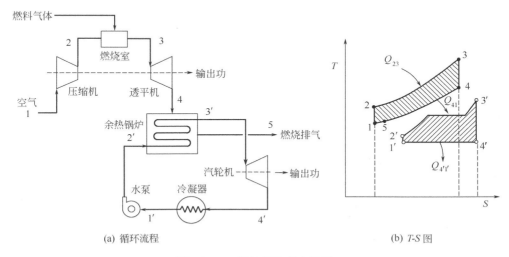

(a) 循环流程　　　　　　　　　　　　　　　(b) T-S 图

图 4/3-7　燃气蒸汽联合循环

　　理论上可以借助图 4/3-7(b) 进行分析。图中的联合循环，由上部的燃气动力循环和下部蒸汽动力循环组成。整个联合循环的加热量即燃气动力循环的加热量 Q_{23}，排热量即为蒸汽动力循环的排热量 $Q_{4'1'}$。而驱动蒸汽动力循环的加热量正是燃气动力循环的排热量 Q_{41}。因此，联合循环的热效率为

$$\eta = \left| 1 - \frac{Q_{4'1'}}{Q_{23}} \right| \tag{4/3-17}$$

显然，联合循环的效率比单独燃气或蒸汽循环的效率要高。

　　工作于 1200℃ 与 25℃ 之间的 Carnot 循环效率，大约为 80％。而工作于同样温度间的联合循环的效率可以达到 55％ 以上。

4.4　制冷与热泵

4.4.1　Carnot 制冷循环

　　制冷用于建筑的空调，以及食品和饮料的处理、输送和保存。制冷也在工业上大规模的应用，如制冰及气体的脱水。在石油工业上，制冷应用于润滑油的纯化、低温下的反应，以及挥发性碳氢化合物的分离。气体液化是与制冷密切相关的过程，在商业上有重要的应用。

　　为了维持一个较环境低的温度，热量需要连续地从低温吸收，这项工作可借助稳流过程中液体的蒸发来完成。所形成的气体可以再转变成原来的液体以再次进行蒸发。这项转换可由两种方法达成，最常见的方法有两种，其一是消耗功，经由简单的气体压缩及冷凝即压缩式制冷；

其二是消耗热，气体也可被低挥发性的液体吸收，再于高压下将此液体蒸发，即吸收式制冷。

在连续制冷过程中，低温下制冷工质所吸收的热连续地排放到高温的环境中。基本上，制冷循环为热机循环的逆转过程。热由低温传送到高温，根据热力学第二定律，实现这一目标需要消耗外界提供的能量。理想的制冷机如同理想热机，在 Carnot 循环的热力学条件下操作，称其为逆 Carnot 循环或 Carnot 制冷循环。它包含两个等温步骤，在低温 T_L 下被吸收热量 q_L，且在高温 T_H 下排放热量 q_H。此循环也包含两个绝热步骤。在这个循环中，净功 w_s 需要加入体系中，因为循环中工质的 ΔU 为零，由热力学第一定律知

$$w_s = q_H - q_L \tag{4/4-1}$$

逆循环的能量利用水平以**性能系数**（coefficient of performance）评价

$$\omega = \left| \frac{q_L}{w_{s,r}} \right| = \left| \frac{q_L}{q_H - q_L} \right| \tag{4/4-2}$$

对于 Carnot 制冷循环

$$\omega_C = \frac{T_L}{T_H - T_L} \tag{4/4-3}$$

显然，Carnot 制冷循环的性能系数仅由高温与低温热源温度决定。对于任一操作于 T_H 及 T_L 温度之间的制冷机，式(4/4-3) 所得的 ω_C 为其最大可能值。由式(4/4-3) 可知，每单位能量所能达到的制冷效果，随着吸热温度 T_L 的降低以及排热温度 T_H 的升高而增大。另外，之所以用性能"系数"而不是直接用"效率"评价逆循环的能量利用水平，是因为循环的这一评价指标有可能大于 1。概念上，效率的数值范围是 0～1 之间。

当制冷温度为 5℃ 且环境温度为 30℃ 时，Carnot 制冷循环的性能系数为

$$\omega_C = \frac{5+273.15}{(30+273.15)-(5+273.15)} = 11.13$$

通常，实际制冷循环以此作为比较的标准。

4.4.2 蒸气压缩制冷循环

蒸气压缩制冷循环的流程与热力学原理分别表示于图 4/4-1 和图 4/4-2。图 4/4-2 中，1→2 的线段为液态的制冷剂在等压下的蒸发，它提供了低温下制冷剂对外界吸热的制冷效应。所产生的制冷剂蒸气被压缩至高压。线段 2→3 表示等熵压缩的路径。线段 2→3′ 表示实际的压缩过程，其斜率朝向熵增加的方向，反映出其本质上的不可逆特性。然后，制冷剂蒸气在较高的温度下冷却、冷凝而放热。这个过程以线段 3→4（或 3′→4）表示。然后，再经过膨胀过程 4→1 回复到起初的压力。理论上这个膨胀过程中可获得功，但实际上此膨胀过程是由部分开启的节流阀（或一段狭窄的管路）完成。在此不可逆过程中，由于阀的摩擦力而产生压力降。线段 4→1 表示的节流过程

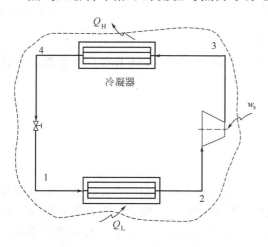

图 4/4-1 蒸气压缩制冷循环

在等焓下进行。

以每单位质量流体为基准，蒸发器内所吸收的热，即制冷量为

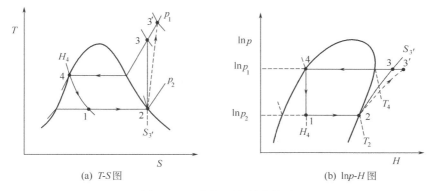

(a) T-S图   (b) $\ln p$-H图

图 4/4-2 蒸气压缩制冷循环

$$q_{\mathrm{L}} = H_2 - H_1 \quad (\mathrm{kJ \cdot kg^{-1}})$$

冷凝器中所排放的热为

$$q_{\mathrm{H}} = H_3 - H_4 \quad (\mathrm{kJ \cdot kg^{-1}})$$

或

$$q_{\mathrm{H}} = H_{3'} - H_4 \quad (\mathrm{kJ \cdot kg^{-1}})$$

这些公式可由式(4/1-10)中忽略位能及动能的微小改变而得。压缩的功可表示为

$$w_{\mathrm{s}} = H_{3'} - H_2 = \frac{H_3 - H_2}{\eta_{\mathrm{C}}^{\mathrm{S}}} \quad (\mathrm{kJ \cdot kg^{-1}})$$

式中，$\eta_{\mathrm{C}}^{\mathrm{S}}$ 为压缩机的等熵压缩效率。

由式(4/4-2)可得性能系数为

$$\omega = \frac{H_2 - H_1}{H_3 - H_2} \tag{4/4-4}$$

设计蒸发器、压缩机、冷凝器及附属设备时，需要制冷剂的循环量 m'，此值由蒸发器必须达到的制冷负荷要求 $Q_{\mathrm{L}}(\mathrm{kJ \cdot h^{-1}})$ 计算，并写为

$$m' = \frac{Q_{\mathrm{L}}}{H_2 - H_1} \quad (\mathrm{kg \cdot h^{-1}}) \tag{4/4-5}$$

相对于图 4/4-2（a）T-S 图，在分析制冷循环的负荷时，$\ln p$-H 图更有方便之处。因为由相图上可直接表示出所需的焓值。另外，虽然蒸发及冷凝过程以等压路径表示，微小的压力降会由于流体的摩擦而发生，这里均忽略了。

对于固定的 T_{L} 及 T_{H} 值，Carnot 制冷循环可达到最高的 ω 值。蒸气压缩循环中因经节流阀的不可逆膨胀，以及具有不可逆的压缩，而使得性能系数较低。例 4/4-1 给出性能系数的典型循环分析。

例 4/4-1：

某制冷系统需维持在 -12.22℃，冷却水为 21.11℃。蒸发器及冷凝器有足够大，使最小传热温差为 5.56℃。系统制冷量为 $35\mathrm{kW}$，制冷剂为 R-134a，其数据列于附录 B8 及附录 C4 的图中。试计算：

（a）Carnot 制冷机的制冷系数 ω 为多少？

（b）若图 4/4-1 的蒸气压缩循环中压缩机效率为 0.80，ω 及制冷剂的循环量 m 为多少？

解 4/4-1：

（a）根据题目条件

$$T_L = -12.22 - 5.56 = -17.78℃$$

$$T_H = 21.11 + 5.56 = 26.67℃$$

由式 (4/4-3) 计算 Carnot 制冷机的制冷系数为

$$\omega = \frac{(-17.78) + 273.15}{(26.56 + 273.15) - [(-17.78) + 273.15]} = 5.76$$

（b）制冷剂 R-134a 在图 4/4-1 及图 4/4-2 状态 2 及 4 的焓值，可由附录 B8 获得。附录 B8 表中，温度为 −17.78℃ 处，可查得 R-134a 在蒸发器中蒸发的压力为 1.459bar（0.1459MPa）。此时饱和汽相的性质为

$$H_2 = 388.152 kJ \cdot kg^{-1}$$

$$S_2 = 1.74 kJ \cdot kg^{-1} \cdot K^{-1}$$

由附录 B8 表中温度为 26.67℃ 处，查得 R-134a 在 6.989bar（0.6989MPa）时凝结，此时饱和液体的性质为

$$H_4 = 236.875 kJ \cdot kg^{-1}$$

若压缩步骤为绝热及可逆（等熵），由状态 2 的饱和蒸气至状态 3′ 的过热蒸气应服从

$$S_3' = S_2 = 1.74 kJ \cdot kg^{-1} \cdot K^{-1}$$

由附录 C4 知，在此熵值及压力为 6.989bar 时的焓值为

$$H_3' = 421 kJ \cdot kg^{-1}$$

则过程焓变为

$$\Delta H_S = H_3' - H_2 = 421 - 388.152 = 32.848 kJ \cdot kg^{-1}$$

当压缩机效率为 0.80 时，由式 (4/2-12) 和式 (4/2-14)，可求得步骤 2→3 的实际焓变为

$$H_3 - H_2 = \frac{\Delta H_S}{\eta} = \frac{32.848}{0.80} = 41.06 kJ \cdot kg^{-1}$$

因为步骤 1→4 的节流过程为等焓，$H_1 = H_4$。由式 (4/4-4) 所表示的性能系数则变为

$$\omega = \frac{H_2 - H_1}{H_3 - H_2} = \frac{388.152 - 236.875}{41.06} = 3.68$$

与理想情况相比，此值缩小了 35.4%。另外，由式 (4/4-5) 可得 R-134a 的循环流率为

$$m = \frac{|Q_L|}{H_2 - H_4} = \frac{35}{388.152 - 236.875} = 0.231 kg \cdot s^{-1}$$

4.4.3 制冷剂的选择

如 4.3 节所述，Carnot 热机的效率与热机中工作介质无关。同理，Carnot 制冷机的性能系数也与制冷剂无关。然而由于蒸气压缩循环中的不可逆性，实际制冷机的性能系数通常与制冷剂有紧密关系。同时，毒性、可燃性、价格、腐蚀性及蒸气压的温度函数，也是选择制冷剂时的重要因素。空气不可渗入制冷剂的循环回路。

在蒸发器温度下制冷剂的蒸气压必须高于大气压。另一方面，在冷凝器温度下的蒸气压不可太高，因为高压设备的固定及操作成本较昂贵。这些要求使得制冷剂的选择仅限于少数流体。最后的选择取决于上述非技术的其他因素。

氨、卤化甲烷、二氧化碳、丙烷及其他碳氢化合物可当作制冷剂。在 1930 年前后，卤化碳氢化合物开始被常用为制冷剂。最常使用者为完全卤化的氟氯烃（CFC），CCl_3F（三氯一氟甲烷，即 CFC-11）及 CCl_2F_2（二氟二氯甲烷，即 CFC-12）。

它们是非常稳定的分子，可在大气中存在数百年，并引起臭氧层被破坏的问题。它们现今已大部分停止生产，而以氢氯氟烃（HCFC）代替。氢氯氟烃具较低卤化程度，可造成较

少的臭氧衰减。氢氯氟烃的例子为 $C_2HCl_2F_3$（二氯三氟乙烷，即 HCFC-123）。

因氢氟烃（HFC）不含氯也不会引起臭氧衰减，被人们称为环保制冷剂。例如 CF_3CH_2F（四氟乙烷，即 HFC-134a）及 CHF_2CF_3（五氟乙烷，即 HFC-125）。目前更常用的是 HFC-134a。HFC-134a 的饱和性质数据示于附录 B8，而压焓图则示于附录 C4。其他制冷剂的物性表及相图也可在相关手册和工具书中查到。

蒸发器及冷凝器操作压力限制了制冷体系中温度差值 $T_H - T_L$。简单的蒸气压缩循环即在此温度间操作。当 T_H 被环境温度限制后，制冷温度则由制冷剂在低压下的蒸发温度决定。但是，这也不是绝对的。可以将两个制冷循环迭加起来操作。两个循环使用不同的制冷剂，并形成阶梯状的结构。图 4/4-3 表示了一个两段复迭式的体系。

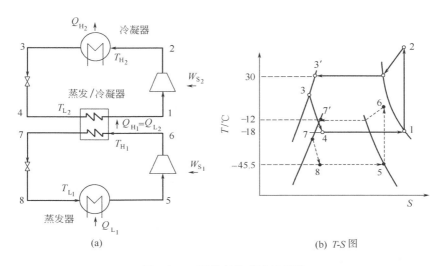

图 4/4-3　两段复迭式冷冻系统

在这两个循环的操作中，高温循环 2 中制冷剂在热交换器中所吸收的热，用来冷凝低温循环 1 中的制冷剂。可选择适当的制冷剂，使得操作温度可在合理的压力下实现。例如，假设下列的操作温度（见图 4/4-3），其中迭加处的温差为 6℃。

$$T_{H_2} = 30℃ \quad T_{L_2} = -18℃ \quad T_{H_1} = -12℃ \quad T_{L_1} = -45.5℃$$

若选 HFC-134a 为循环 2 的制冷剂，则压缩机的吸入与排放压力分别约为 1.45bar（0.145MPa）及 7.72bar（0.772MPa），压力比值为 5.33。若选丙烯为循环 1 的制冷剂，压缩机的进出口压力值分别约为 1.10bar（0.11MPa）及 4.00bar（0.4MPa），压力比值约为 3.64，这些都是合理的数值。相比之下，如果使用单级循环在 30℃ 及 -45.5℃ 之间操作，且以 R-134a 为制冷剂。则压缩机的吸入压力约为 0.386bar（0.0386MPa），低于大气压力，而其排出压力约为 7.72bar（0.772MPa），压力比值约为 20，对于单级程压缩机来说，这个操作条件则过高了。

4.4.4　吸收式制冷

在蒸气压缩式制冷中，压缩所需的功通常由电动机供给。但是驱动电动机的电能可能来自热动力装置（集中的发电厂）。可以认为制冷所需的功来源原本是高温的热。因此，可以设想直接利用热驱动制冷循环。吸收式制冷就是基于此观念而设计的。

Carnot 制冷机于 T_L 温度吸热，并于环境温度 T_S 下放热时所需要的功可由式（4/4-2）及式（4/4-3）求得

$$w_S = \frac{T_S - T_L}{T_L} |q_L|$$

式中，q_L 是循环所吸收的热。热源温度 T_H 高于环境的温度，在此温度 T_H 及环境温度 T_S 之间应用 Carnot 热机可得到功。排放热量 q_H 所产生的功 w_S 可由式（4/3-2）求得：

$$\eta = \frac{|w_S|}{|q_H|} = 1 - \frac{T_S}{T_H}$$

及

$$|q_H| = |w_S| \frac{T_H}{T_H - T_S}$$

代入 w_S 的公式可得

$$|q_H| = |q_L| \frac{T_H}{T_H - T_L} \frac{T_S - T_L}{T_L} \tag{4/4-6}$$

由式（4/4-6）所得的绝对值比值 q_H / q_L 为循环最小可能值，因为实际上循环不可能达到 Carnot 循环的操作水平。

图 4/4-4 表示一个典型吸收式制冷机。蒸气压缩式制冷与吸收式制冷主要的不同在于压缩的方式。图 4/4-4 虚线左方所示的吸收式制冷装置部分与蒸气压缩式制冷相同，但其右方所示的压缩却由相当于热机的形式完成。由蒸发器出来的制冷剂蒸气进入吸收器，在蒸发压力及较低温度下被无挥发性的液态溶剂吸收，此过程中所释放的热排至温度为 T_M 的环境中，此即为热机的低温部分。离开吸收器的溶液含有较高浓度的制冷剂，经过泵输送至压力较高的发生器。由高温 T_H 的热源加热使其温度升高并使制冷剂由溶剂中蒸发。制冷剂蒸气进入冷凝器，而含有较低制冷剂浓度的溶剂再送回吸收器中。循环中的热交换器可调节物流的温度至适当的数值。

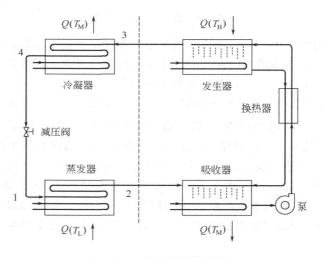

图 4/4-4　吸收式制冷循环

吸收式制冷体系中常使用水为制冷剂，并以溴化锂作为吸收剂。此体系受限于水的凝固点，制冷温度通常为 7℃ 以上。该循环在相关的手册或专业书籍中有详细的说明。在低温体系操作中，常以氨为制冷剂且以水为吸收剂。另外也可使用甲醇为制冷剂及聚乙二醇醚为吸收剂。

举例说明，若制冷在 −10℃ （$T_L = 263.15K$）进行，并可利用大气压力下的凝结水蒸气热源（$T_H = 373.15K$），且环境温度为 30℃（$T_S = 303.15K$），则绝对值比值 q_H/q_L 的最低值可由式（4/4-6）求出

$$\frac{|q_H|}{|q_L|} = \frac{373.15}{373.15 - 303.15} \times \frac{303.15 - 263.15}{263.15} = 0.81$$

对于真实的吸收式制冷机而言，其数值将为以上数值的 3 倍。

4.4.5　热泵

凡是消耗机械能、热能等外部能量，将热由低温位提升到高温位的装置都可称作**热泵（heat pump）**。习惯上，通常又将以低温侧的制冷效果为目的的这种装置称作制冷机，而将以高温侧的供热效果为目的的称作热泵。

热泵概念的发明可以追溯到 18 世纪末的用硫酸和水来制冰的实验研究。其后，19 世纪法国人 Carre 提出氨水吸收式热泵的专利，在德国人 Linde 开发成功压缩式热泵以后，各种形式的热泵被用于制冰、空调、干燥、结晶浓缩、海水淡化和溶液蒸馏等领域。

热泵技术将以往的工业和民用余热，以及大气、江河中蓄存的热资源，还有地热、太阳能等热资源更为有效地转变到人类需要利用的温位，减少了一次能源的消耗。

热泵最普通的应用是建筑物的冬天供热和夏天供冷。在冬天中它从环境中吸收热量，并输送至建筑物中。热泵的操作费用是运转压缩机所需的电费。若此设备的性能系数通常为 4 左右，则加热房屋的热 q_H 等于压缩机耗电 W_S 的五倍。使用热泵供热的经济效益，在于电费与油或天然气等燃料价格的比较。热泵在夏天作空调使用时，可使制冷剂的流动方向反转，建筑物内的热被移出，并经地下循环水管回路排放至外界环境中。

例 4/4-2：

考虑使用热泵维持一个房屋的室温，冬天为 20℃，夏天为 25℃。冬天需供热负荷为 30kJ·s^{-1}，夏天需制冷负荷为 60kJ·s^{-1}。制冷剂在内部热交换器循环时的温度，冬天为 30℃，夏天为 5℃。埋于地下的循环水管回路在冬天当作热源，在夏天则用于排热。若常年地下温度为 15℃，循环水管回路内的热媒要求制冷剂的工作温度冬天为 10℃、夏天为 25℃。冬天加热及夏天冷却所需最少的功率为多少？

解 4/4-2：

最小功需求量可由 Carnot 热泵求出。在冬天供热时，回管在高温 T_H。又已知供热负荷 q_H 为 30kJ·s^{-1}，应用式（4/4-2）和式（4/4-6）得到

$$|q_L| = |q_H| \frac{T_L}{T_H} = 30 \times \left(\frac{10 + 273.15}{30 + 273.15} \right) = 28.02 kJ \cdot s^{-1}$$

此为地下循环水管回路所吸收的热，由式（4/4-1）可得

$$w_S = |q_H| - |q_L| = 30 - 28.02 = 1.98 kJ \cdot s^{-1}$$

所以需求的功率为 1.98kW。

在夏天进行制冷时，$|q_L| = 60kJ \cdot s^{-1}$ 屋内的循环水管回路处于低温 T_L，由式（4/4-2）及式（4/4-3）式联合可解得 w_S

$$w_S = |q_L| \frac{T_H - T_L}{T_L} = 60 \times \left(\frac{25 - 5}{5 + 273.15} \right) = 4.31 kJ \cdot s^{-1}$$

因此所需求的功率为 4.31kW。由此可见，在冬季热泵可以大大节省供热能耗；即使在夏

季，也可以利用地下相对低的热阱温度，节省制冷循环的压缩电耗。

4.5 液化过程

液化气体有多种用途。例如，瓶装的液化丙烷是常见的民用燃料，液态氧可作为火箭燃料，天然气液化后可于海运输送，液态氮可用于低温制冷。此外，气体混合物（如空气）液化后经过蒸馏而分离出各种不同的组分。

当气体冷却到两相区时，就得到液化的结果，它可由不同的方式实现：

① 在等压下经过热交换而液化；

② 经过对外做功的膨胀过程而液化；

③ 经过节流过程而液化。

第一种方法需要一个低温的热源，它常用作预冷需要液化的气体，以方便其后用别的方法进行液化。当气体温度较环境温度低时，需要外加制冷机。

上述的三种方法表示于图 4/5-1。基于 A 点的等压过程 1 趋向两相区，随着温度的下降而发生液化。节流过程 3 只有在起始压力较高且温度较低时，随等焓过程可进入两相区时才会发生液化，当起始状态为 A 时，经节流过程 3 液化不会发生。当起始状态为 A' 时，与 A 点具有相同的温度，但其压力较 A 点高，经等焓膨胀过程（$3'$）则可产生液相。由 A 状态至 A' 状态的过程，可先将气体压缩到 B，再经等压下冷却到 A'。等熵膨胀所得的液化过程 2，比起节流过程可在较低压力下（当温度固定时）完成。例如由起始状态 A 继续过程 2 最后可达成液化。

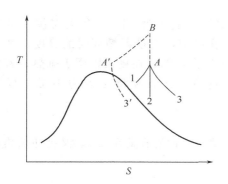

图 4/5-1 示于 T-S 相图的几个降温过程

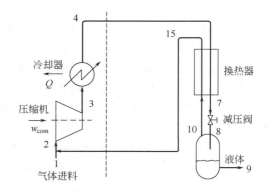

图 4/5-2 Linde 液化过程

节流过程 3 在小规模商业液化装置中经常应用。多数气体在室温及常压下，经膨胀后其温度通常会降低。但氢气及氦气为例外，除非氢气的起始温度低于约 100K，或氦气的起始温度低于 20K，否则经节流过程后它们的温度反而升高。应用节流过程来液化这些气体，必须先使用①或②的方法，将它们的温度先降至较低水平。

如前所述，在节流过程前气体温度必须足够低，且压力必须足够高，才能经等焓节流过程进入两相区内。例如，由空气的 T-S 相图知，在压力约为 10MPa 时，温度必须低于 169.4K 才能在等焓路径下进行液化。换言之，若空气被压缩到 10MPa 并冷却至 169.4K 以下，则可经节流过程达成部分液化。经济的空气液化法是利用经节流过程后的未液化部分的空气，进行反向的热交换。

图 4/5-2 是最简单的液化过程，它只应用节流过程，它被称为 Linde 过程。经过压缩后的气体预冷到外界温度，再进一步经过冷冻降低温度。进入节流阀的气体温度愈低，气体液化的分率愈大。例如利用制冷剂蒸发，可使气体在进入节流阀前达到－40℃的低温，比使用25℃的冷却水的降温效果更显著。

更有效的液化过程是将节流阀更换为可以对外做功的膨胀机，但实际上该操作无法工作于两相区。然而，图 4/5-3 所示的 Claude 过程则是基于这一思路而设计。换热器中的气体在中间温度时被抽出，再经过膨胀机后，以饱和或稍微过热的蒸气排出。其余的气体如同 Linde 过程一样，再经冷却以及节流阀后发生液化。未液化的蒸气，与膨胀机的排出物混合，再经换热器而回流。

将能量平衡关系应用于图 4/5-3 虚线右边所示的体系，可得

$$-m_9 H_9 - m_{15} H_{15} + m_4 H_4 = w_{out} \quad (kJ \cdot kg^{-1})$$

若膨胀机为绝热操作，则

$$w_{out} = m_{12}(H_5 - H_{12})$$

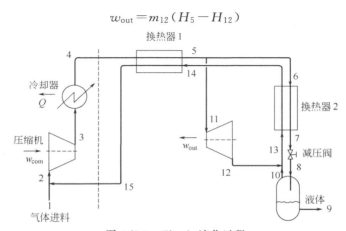

图 4/5-3　Claude 液化过程

再由质量平衡可知 $m_{15} = m_4 - m_9$，将能量平衡式各项除以 m_4 可得

$$\frac{m_9}{m_4} H_9 + \frac{m_4 - m_9}{m_4} H_{15} - H_4 = \frac{m_{12}}{m_4}(H_5 - H_{12})$$

经由定义 $z = m_9/m_4$ 及 $x = m_{12}/m_4$，求解上式中的 z 值，可得

$$z = \frac{x(H_5 - H_{12}) + H_4 - H_{15}}{H_9 - H_{15}} \tag{4/5-1}$$

式中，z 表示进入热交换体系中物流所液化的分率，x 表示在热交换体系之间被抽出且流经膨胀机的物流的分率。上述的 x 值是设计变量，必须先经决定后才可利用式（4/5-1）求解 z。注意在 Linde 过程中 $x = 0$，此时式（4/5-1）简化为

$$z = \frac{H_4 - H_{15}}{H_9 - H_{15}} \tag{4/5-2}$$

因此 Linde 过程是 Claude 过程的特殊情况，即为没有高压气体送至膨胀机时的特例。

式（4/5-1）及式（4/5-2）中假设没有热量由体系传送到环境，这是不可能的情况。当温度非常低的时候，即使在良好绝缘的设备中，仍有可观的热量散失。

例 4/5-1：

天然气可假设由纯甲烷构成，它由简单的 Claude 过程而液化。压缩机出口压力为 60bar

（6MPa）且预冷温度为 300K。膨胀及节流过程都排放至 1bar（0.1MPa）的压力。此压力下的回流甲烷在 295K 时离开热交换体系（图 4/5-3 中的点 15）。假设此体系无热量泄漏到环境中，膨胀机的效率为 75%，且膨胀机排放出饱和蒸气。若离开热交换体系的甲烷有 25% 进入膨胀机（$x=0.25$），计算其中甲烷液化的分率 z，及进入节流阀的高压物流的温度。

解 4/5-1：

甲烷的数据由 Perry 和 Green 的手册[1]中可查得，由甲烷的过热性质表中可知

$$H_4=1140.0\text{kJ} \cdot \text{kg}^{-1} \quad \text{（在 300K 及 60bar）}$$

$$H_{15}=1188.9\text{kJ} \cdot \text{kg}^{-1} \quad \text{（在 295K 及 1bar）}$$

由饱和液体及气体性质表内插，可得到在 1bar 时，$T^s=111.5\text{K}$

$$H_9=285.4\text{kJ} \cdot \text{kg}^{-1} \quad \text{（饱和液体）}$$

$$H_{12}=796.9\text{kJ} \cdot \text{kg}^{-1} \quad \text{（饱和气体）}$$

$$S_{12}=9521\text{kJ} \cdot \text{kg}^{-1} \cdot \text{K}^{-1} \quad \text{（饱和气体）}$$

位于换热器 1 与换热器 2 之间的抽出点的焓值 H_5，需用于式（4/5-1）的求解中。膨胀机的效率 η 及膨胀机出口的焓 H_{12} 皆为已知，计算膨胀机入口焓值 H_5（$=H_{11}$），通常利用入口焓值计算出口处的焓值更为直接。由膨胀机效率的定义公式

$$\Delta H=H_{12}-H_5=\eta\Delta H_s=\eta(H'_{12}-H_5)$$

可得

$$H_{12}=H_5+\eta(H'_{12}-H_5) \tag{A}$$

式中，H'_{12} 是点 5 经由等熵膨胀至 1bar 时的焓值，当点 5 的状态确定时即可求得此焓值，求解此题需用迭代法，而第一个步骤乃是假设 T_5 值，然后解出 H_5 及 S_5，再求得 H'_{12} 值，此时式（A）中的各项皆为已知，代入式（A）中观察是否满足式（A）的要求。若不符合要求，重新选取 T_5，再经同样过程直到式（A）可符合为止，而得以下的答案

$$T_5=253.6\text{K} \quad H_5=1009.8\text{kJ} \cdot \text{kg}^{-1} \quad \text{（60bar 时）}$$

将这些数值代入式（4/5-1）中可得

$$z=\frac{0.25\times(796.9-1009.8)+1140-1188.9}{285.4-1188.9}=0.1130$$

因此进入热交换体系的甲烷，有 11.3% 的分率可液化。

点 7 的温度与其焓有关，而焓值可经由热交换体系的能量平衡求得，对换热器 1 而言

$$m_4(H_5-H_4)+m_{15}(H_{15}-H_{14})=0$$

因 $m_{15}=m_4-m_9$ 及 $m_9/m_4=z$。此式可再写为

$$H_{14}=\frac{H_5-H_4}{1-z}+H_{15}=\frac{1009.8-1140.0}{1-0.1130}+1188.9$$

因此

$$H_{14}=1042.1\text{kJ} \cdot \text{kg}^{-1} \quad T_{14}=227.2\text{K} \quad \text{（1bar 时）}$$

式中，T_{14} 可由甲烷在 60bar 的过热物性表中内插求得。

对换热器 2 而言

$$m_7(H_7-H_5)+m_{14}(H_{14}-H_{12})=0$$

因 $m_7=m_4-m_{12}$ 及 $m_{14}=m_4-m_9$，与 z 及 x 的定义联合，上式可再写为

$$H_7=H_5-\frac{1-z}{1-x}(H_{14}-H_{12})=1009.8-\frac{1-0.1130}{1-0.25}\times(1042.1-796.9)$$

---

❶ Perry, R H. Green D. Perry's Chemical Engineer's Handbook. 7th ed. New York：McGraw-Hill，1997.

所以

$$H_7 = 719.8 \text{kJ} \cdot \text{kg}^{-1} \quad T_7 = 197.6 \text{K （60bar 时）}$$

当 x 值增加时，T_7 值也减小，最后达到分离器中的饱和温度，此时换热器 2 的面积变为无限大，所以 x 的最大值则取决于热交换的价格。

另一个极值 $x = 0$，即为 Linde 体系，由式(4/5-2) 知

$$z = \frac{1140.0 - 1188.9}{285.4 - 1188.9} = 0.0541$$

在此情况下，只有 5.41% 进入节流阀中的气体液化。点 7 的气体温度也由其熔值决定，并可经下列能量平衡式求出

$$H_7 = H_4 - (1 - z)(H_{15} - H_{10})$$

代入这些已知数据，可得

$$H_7 = 1140.0 - (1 - 0.0541) \times (1188.9 - 796.9) = 769.2 \text{kJ} \cdot \text{kg}^{-1}$$

此时可得进入节流阀的甲烷温度为 206.6K。

第 5 章 过程热力学分析

热力学讨论能量的各种转换，而热力学定律则具体地讨论实际发生的能量转换的限制。热力学第一定律说明了转换中能量在数量上是**守恒（conservation）**的，但是热力学第一定律没有限制能量转换过程进行的方向。经验证明限制是存在的，热力学第二定律指出：自然的过程都存在方向。无论是因温度差导致的热量传递，因浓度差导致的质量传递或因压力差导致的动量传递以及因化学势差导致的化学反应等自然的过程，都具有方向性和限度。

理解热和功这两种不同形式能量的差异，有助于对热力学第二定律的认识。在能量**平衡（balance）**中，热和功仅仅表示为简单加和关系的项目，用同一单位，例如 1J 的热与 1J 的功相等。但是，实验表明，机械功可以完全转变为其他形式的能量。例如，可借重物的提升而转为位能，可由质量的加速而转为动能，或经过发电机的运转而转为电能。在这些过程中，可以因避免摩擦的产生而达到 100% 的过程效率。而摩擦是一种**耗散过程（dissipative process）**，会使功转变为热。Joule 实验证明，功可以完全转变为热。另一方面，所有力图将热在连续过程中完全转变为功，例如转变为机械功或电能的努力都失败了。无论人们如何改进装置，热转变为功的效率都大大小于 100%。由此可知，与**数量（quantity）**相等的功比较，热是相对使用价值低的能量形式。换句话说，热和功在**质量（quality）**上不相等。

本章的目的在于理解能量的品位概念，掌握对过程进行热力学第二定律分析的方法，了解如何从本质上提高过程的能量转换与利用效率。本章首先讨论流动体系的热力学第二定律与熵平衡方程。㶲函数是基于焓和熵的新热力学函数，所以流动体系也存在㶲平衡方程。热力学第二定律的这两个热力学性质平衡关系，仅仅是为了建立计算公式，其隐含的能量质量不守恒原理，则需要通过最后一节（过程与系统的㶲分析）的学习来进一步认识。

5.1 热力学第二定律与熵平衡方程

5.1.1 熵产生与熵平衡方程

1850 年 R. Clausius 基于热传导现象的研究提出热力学第二定律："热不可能自动地从低温物体传给高温物体"。数学上表示为

$$\Delta S \geqslant \int_Q \frac{\delta Q}{T} \tag{5/1-1}$$

式中，微分记号以 "δ" 表示而不用 "d"，意在区别热不是状态函数，而是过程函数。此外，功也是过程函数。

对于孤立体系（与环境无能量交换，且无质量交换）则

$$\Delta S_{iso} \geqslant 0 \tag{5/1-2a}$$

式中，ΔS_{iso} 为孤立体系总熵变，是体系熵变 ΔS_{sys} 与环境熵变 ΔS_{sur} 之和，即

$$\Delta S_{iso} = \Delta S_{sys} + \Delta S_{sur} \geqslant 0 \tag{5/1-2b}$$

热力学第二定律也以熵增原理表述：孤立体系的任何过程总是向着总熵变为正的方向进行，随着过程趋于平衡，则孤立体系总熵变也趋于零，即 $\Delta S_{iso} \rightarrow 0$。或者说，孤立体系总熵

变减少的过程是不可能的。

根据热力学第一定律，对应于式(5/1-2a) 和式(5/1-2b) 可有

$$\Delta H_{iso} = 0 \tag{5/1-3a}$$

$$\Delta H_{iso} = \Delta H_{sys} + \Delta H_{sur} \tag{5/1-3b}$$

式中，ΔH_{iso} 为孤立体系总焓变；ΔH_{sys} 与 ΔH_{sur} 分别为体系与环境的焓变。这一对应关系表明：孤立体系中进行的自发过程，能量守恒，但是熵不守恒，熵必然增加。称此熵的增量为**熵产生** （entropy generation）

$$S_{gen} \equiv \Delta S_{iso} \tag{5/1-4}$$

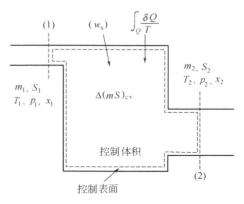

可见，熵产生的大小表征着自发过程不可逆性的程度。虽然总熵变 ΔS_{iso} 是用于描述孤立体系的概念，但是自发过程中熵产生的概念是普遍的，不限于孤立体系自发过程的描述。即，任何体系中的自发过程总有

$$S_{gen} \geqslant 0 \tag{5/1-5}$$

图 5/1-1　流动体系的控制体积
概念下的熵平衡

比照流动体系热力学第一定律的分析，借助图 5/1-1 可以考察一个流动体系的控制体积的边界上熵的流入、流出，以及控制体积内部熵累积和熵产生之间的关系。在体系的输入与输出中，功流没有熵的贡献，体系的动能、位能对熵的影响亦为零。所以，体系的内部熵累积和熵产生分别由物流和热流的贡献构成。可有熵平衡关系

$$\boxed{\Delta(mS)_{cv} = \sum_i (mS)_{fs} + \sum_j \left(\int_Q \frac{\delta Q}{T} \right)_j + mS_{gen}} \quad (\text{kJ} \cdot \text{h}^{-1} \cdot \text{K}^{-1}) \tag{5/1-6}$$

式中，下标 cv 表示控制体积的性质，fs 则表示此项适用于所有的物流。加和符号要求其涉及的项目凡进入控制体积者为正，凡离开控制体积者为负。

若体系为稳定流动，则式(5/1-6) 中体系的熵累积项 $\Delta(mS)_{cv}$ 为零，控制体积的熵平衡为

$$\boxed{\sum_i (mS)_{fs} + \sum_j \left(\int_Q \frac{\delta Q}{T} \right)_j + mS_{gen} = 0} \tag{5/1-7a}$$

或

$$-\sum_i (mS)_{fs} - \sum_j \left(\int_Q \frac{\delta Q}{T} \right)_j = mS_{gen} \geqslant 0 \tag{5/1-7b}$$

这个常用的稳流体系熵平衡关系可有如下一些应用情况：

① 绝热体系，$\int (\delta Q/T) = 0$

$$-\sum_i (mS)_{fs} = mS_{gen} \geqslant 0 \tag{5/1-8}$$

② 可逆过程或平衡态，$S_{gen} = 0$

$$\sum_i (mS)_{fs} + \sum_j \left(\int_Q \frac{\delta Q}{T} \right)_j = 0 \tag{5/1-9}$$

③ 封闭体系，$m_1 = 0$，$m_2 = 0$，$\Delta_1^2 S = 0$

$$-\sum_j \left(\int_Q \frac{\delta Q}{T} \right)_j = m S_{\text{gen}} \geqslant 0 \qquad (5/1\text{-}10)$$

④ 一个特例是控制体积只有一个入口及一个出口的情形。以图 5/1-1 中的体系为例，此时入口及出口的流率皆为 m，且仅有一股热流 Q，则

$$\Delta_1^2 (mS) - \int_Q \frac{\delta Q}{T} = m S_{\text{gen}} \geqslant 0 \quad (\text{kJ} \cdot \text{h}^{-1} \cdot \text{K}^{-1}) \qquad (5/1\text{-}11)$$

此简化式中，下标 fs 被省略，且 Δ 符号表示由入口至出口处的变化量。式(5/1-11) 各项遍除以 $m(\text{kg} \cdot \text{h}^{-1})$ 可得

$$(S_2 - S_1) - \int_q \frac{\delta q}{T} = S_{\text{gen}} \geqslant 0 \quad (\text{kJ} \cdot \text{kg}^{-1} \cdot \text{K}^{-1}) \qquad (5/1\text{-}12)$$

式(5/1-12) 表示在只有一个入口与一个出口的稳定状态，稳定流动过程中第二定律的数学式，或称熵平衡关系。各项皆表示每单位质量流体的性质。

5.1.2 能量质量的差异

能可以多种形式(内能、位能或动能等) 存在，或以功或热的形式传递。但是，根据热力学第二定律：热不可能全部转变为功。工作于温度为 T_0 的环境，与温度为 T 的热源之间的 Carnot 热机循环，可能转换为有用功的仅是传入 Carnot 热机中热量 q_H 的一部分，这是理论上的极限，即

$$w_C = q_H \left(1 - \frac{T_0}{T_H} \right) \qquad (5/1\text{-}13)$$

而另一部分 $(T_0/T)q_H$ 则以热的形式排弃于环境。

热力学第二定律对能量转换能力的这一限制表明：某种形式能的"品质"(quality) 取决于它向其他形式转换的能力。

根据能量转换时是否受热力学第二定律的制约，可以划分成三种不同品质的能量形式。

① 可无限转换的能量 如机械能 (包括水的动能和位能)、电磁能和风能等。理论上，它在转换时可百分之百地转换为其他形态的能量，因而可以直接用它们的数量反映其本身的品质。它们的能量品质与能量数量完全统一，可被认为是品质完美的能量。

② 有限转换的能量 如各种热过程释放的热。它们转换为机械能或电磁能等其他形态的能量时，受热力学第二定律的约束，即使在极限条件 (可逆过程) 下，其能量总量中也只有一部分可无限制地转换。这类"有限转换的能量"不能单纯用它的数量来度量它的品质。显然，其品质的高低取决于其中所包含的"可无限转换的能量"的多少。本质上，这类能量是部分有序的。因而可认为是品质有限的能量。

③ 不可转换的能量 如环境介质的内能。它们虽然具有相当的数量，但受热力学第二定律的制约，在环境条件下已无法无限制地转换为其他形态的能量。

概括地说，热力学第二定律对能量品质的限制是热不可能全部地转换为功，它只具有部分的转换性。功可以连续、全部地转换为热，它具有完美的转换性；不同形式的能量转换性的差异，实质上是它们的可利用性的差异。

这一限制的程度还与环境条件有关，也与转换过程是否可逆有关。为了有共同的比较基础，就必须附加两个约束条件：一个是以给定环境为基准，另一个是以可逆条件下最大限度

为前提。有了这两个附加约束条件，就可以建立能量品质的概念。

例题 5/1-1：

1000J 热量由 1000K 转变到 500K，当环境温度为 300K 时，试比较该热量处于两个温位时的最大作功能力（能量品位）有多大差异？

解 5/1-1：

根据 Carnot 循环原理，由式(5/1-13)，有两个温位下的最大做功能力

$$W_{1000} = 1000 \times \left(1 - \frac{300}{1000}\right) = 700\text{J}$$

$$W_{500} = 1000 \times \left(1 - \frac{300}{500}\right) = 400\text{J}$$

$$\frac{700-400}{700} \times 100\% = 42.9\%$$

由 1000K 转变到 500K，最大做功能力减少了 42.9%。图 5/1-2 以 *T-S* 图上的 Carnot 循环的功，示意性地表示了它们的差异。

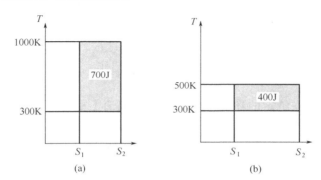

图 5/1-2　不同温位下热量的最大做功能力的差异

5.2　㶲函数

5.2.1　㶲的概念

如图 5/2-1 所示，对任意状态（温度 *T*，压力 *p* 和组成 *x*) 与环境状态（温度 T_0，压力 p_0 和组成 x_0) 之间的稳定流动过程，如果忽略动能与位能（$E_K = 0$，且 $E_P = 0$) 可作能量平衡与熵平衡

$$H - H_0 = \int_q \delta q + w_s \qquad (5/2\text{-}1)$$

$$S - S_0 = \int_q \frac{\delta q}{T} + S_{gen} \qquad (5/2\text{-}2)$$

整理有

$$w_s = (H - H_0) - T_0(S - S_0) + T_0 S_{gen} - \int_q \left(1 - \frac{T_0}{T}\right)\delta q$$

$$(5/2\text{-}3)$$

若过程可逆，$S_{gen} = 0$，$T = T_0$，则

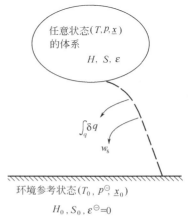

图 5/2-1　体系由任意状态可逆地变化到环境参考状态

$$w_{s,r} = (H - H_0) - T_0(S - S_0) \tag{5/2-4}$$

类似地对封闭体系可推出

$$w_{s,r} = (U - U_0) + p_0(V - V_0) - T_0(S - S_0) \tag{5/2-5}$$

因此可有定义：在除环境外无其他热源的条件下，当体系由任意状态可逆地变化到与给定的环境相平衡的状态时，能够最大限度转换为有用功的那部分能称之为㶲（exergy）。此处，所谓的与环境相平衡是指与环境达到热平衡、机械平衡和化学平衡，即与环境的温度、压力相等而且与环境的化学成分相同的状态。通常，取大气、地表和海水条件作为环境参考状态。这一概念在后面还要详细讨论。

对于忽略动能与位能的流动体系，㶲被记作

$$\boxed{\varepsilon \equiv (H - H_0) - T_0(S - S_0)} \tag{5/2-6}$$

而对于封闭体系，㶲被记作

$$\varepsilon \equiv (U - U_0) + p_0(V - V_0) - T_0(S - S_0) \tag{5/2-7}$$

联系 5.1 的分析，这里用㶲定义了能量中"量"与"质"统一的部分。不论哪种形态的能量，其中所含的㶲都反映了各自能量中"量"与"质"相统一的部分。因此，可以以㶲来评价和比较各种不同形态的能量。换句话说，㶲所具有的这样一种互比性，提供了评价能量的统一尺度。

与㶲相反，凡一切不能转换为㶲的能量称为㶲，记作

$$\alpha \equiv T_0(S - S_0) \tag{5/2-8}$$

㶲也是一种能量，在给定的环境条件下，它是理论上根本无法转换为"可无限转换能量"（或称之为㶲）的那部分能量。㶲和㶲虽然有状态函数的性质，且具有能的量纲与属性。但是，它们也用来评价能量传递方式（功和热）的特性，而功和热为过程函数。另外，内能与焓等性质的绝对值是无法得知的，然而相对于一定的环境基准状态的任意体系，或对于以功或热的形式传递的能量，却可以评价其㶲的绝对值的多少。

另一方面，许多过程需在环境参与下进行，环境可以起到提供㶲和蓄积㶲的作用。环境是一个无限大的㶲的阱，同时也是㶲的源，无论从环境取出多少㶲或向其蓄积多少㶲，其性质均无变化。

按照对㶲与㶲的这样一种理解，可以把各种能量 E 看成是由㶲与㶲所组成，即

$$E = \varepsilon + \alpha \tag{5/2-9}$$

对于某种形态的能量，其㶲或㶲可能为零，例如机械能、电能的㶲为零，全部为㶲；而环境所贮存的内能，其㶲为零，全部为㶲。不同形态的能量，其中包含㶲与㶲的比例可以各不相同。

显然，能量中含有的㶲值越多，其转换为有用功或"可无限转换能量"的能力越大，也就是其"质"越高，动力利用的价值越大。这样，能的品质也就可以定量地用下式描述

$$\lambda \equiv \frac{\varepsilon}{E} \tag{5/2-10}$$

式中，λ 称为"能质系数"，它表示单位能量中含有㶲的多少，为无量纲量。通常，对于流动体系以焓来表示其能量的数量，则

$$\lambda = \frac{\varepsilon(T, p, \underline{x})}{H(T, p, \underline{x})} \tag{5/2-11}$$

根据式（5/1-2a）和式（5/1-3a），引入㶲和㶲的概念分析孤立体系发生的自发过程

$$d\varepsilon_{iso} \leqslant 0 \tag{5/2-12}$$

和

$$\mathrm{d}a_{\mathrm{iso}} \geqslant 0 \qquad\qquad (5/2\text{-}13)$$

上述分析表明，如同热力学第二定律函数（熵、Gibbs 函数和 Helmholtz 函数等）一样，㶲也可以用来判断孤立体系自发过程的方向和限度（平衡），也就是说，孤立体系的一切自发过程都趋于使系统的㶲减少，而当㶲达到最小值时，则系统达到过程极限，实现平衡。表 5/2-1 列出了这些关系。

表 5/2-1　自发过程方向与平衡的几种判据

条　件	判　据	判别式	过程方向	体系平衡条件
孤立体系	熵判据	$\mathrm{d}S_{\mathrm{iso}} \geqslant 0$	$\mathrm{d}S_{\mathrm{iso}} > 0$	S 具有最大值
孤立体系	㶲判据	$\mathrm{d}\varepsilon_{\mathrm{iso}} \leqslant 0$	$\mathrm{d}\varepsilon_{\mathrm{iso}} < 0$	ε 具有最小值
等温、等容过程的孤立体系	Helmholtz 能判据	$\mathrm{d}F_{T,V} \leqslant 0$	$\mathrm{d}F_{T,V} < 0$	F 具有最小值
等温、等压过程的孤立体系	Gibbs 函数判据	$\mathrm{d}G_{T,p} \leqslant 0$	$\mathrm{d}G_{T,p} < 0$	G 具有最小值

从㶲的观点看，一切实际过程（不可逆过程）都不可避免地导致能的"贬值"或变质，㶲的总量将有所减少，而退化为炕，炕的总量将有所增加。由于㶲一旦退化为炕之后，再也无法重新转换为㶲，因而这种退化是无法补偿的。只有这种损失，才真正意味着能量转换中的损失。

如果认为，热力学第一定律是能量的"量"守恒定理，那么能量的"质"不守恒定理可以表述为：在能量转换的过程中，孤立体系的㶲值不会增加，炕值不会减少。只有可逆过程，孤立体系的㶲值和炕值才分别保持不变。换言之，孤立体系中发生的实际过程的㶲不守恒，只能减少。

能量的质不守恒定理普遍地揭示了能源利用过程中不可避免的能量品质贬值和退化现象。能源与资源的"枯竭"不是数量上的"丧失"，而是品质上的贬值。所谓合理利用资源，就是要充分和有效地发挥资源与能源中所含㶲的作用，尽可能减少那些不必要和不合理的损失，尽量避免让宝贵的㶲轻易地、白白地退化为炕。

5.2.2　环境参考态

不同于一般的热力学状态函数数值计算中的参考态，这里所介绍的**环境参考态（reference state of environment）**是一个特定的、理想的外界，是一个理论上的概念模型。它由处于完全平衡状态下的大气圈、水圈和地壳岩石圈中的选定基准物所组成，且有规定的温度和压力，这一状态的㶲值为零。它是任意状态（任意温度、压力或化学组成等条件）㶲函数数值的计算基准。在㶲的定义式(5/2-6)中存在项目 $\varepsilon_0 = H_0 - T_0 S_0$，也是为了强调环境参考态对确定㶲函数数值的特殊意义。

需要说明的是，之所以将此状态称为环境参考态，而非"环境标准态"是出于化学热力学的概念。因为通常化学热力学的标准态的概念仅仅限定压力为 0.1MPa，而不限定温度，这里却必须同时规定温度条件。

通常，热力学状态函数具有相对数值，即它们的数值基准是任意的。而㶲函数却不完全如此，它的数值基准是特殊的，确切地说是一个"固定的"热力学参考态。基于㶲分析的原理，㶲函数应恒为正值。所以，区别于其他热力学状态函数，任意状态的㶲函数相对于这一环境参考态具有"绝对值"。另一方面，这也是衡量规定环境参考态模型时的合理性准则。换言之，如果在某种环境参考态模型的基础上计算出㶲函数为负值，表明该环境参考态模型体系存在缺陷。

通常规定，㶲函数的环境参考态的温度为 298.15K、压力为 100kPa；根据元素种类所选定的物质称为环境基准物。环境参考态条件下基准物的㶲值规定为零，表明其与环境完全达到了平衡。

而基于元素所确定的基准物体系中，首先规定大气物质所含元素的基准物取此温度和压力下的饱和湿空气（相对湿度等于 100%）的对应成分，其组成如表 5/2-2 所示。但是，氢元素的基准物是液态水。

部分元素的基准物，规定取如表 5/2-3（完整数据参见附录 B9）中所列的稳定纯物质。显然，所有处于 298.15K、100kPa 下基准物的㶲值为零。此温度和压力下的饱和湿空气的㶲值也等于零。

表 5/2-2　大气物质所含元素的基准物

元　素	N	O	Ar	C	Ne	He	H
基准物组分	N_2	O_2	Ar	CO_2	Ne	He	H_2O
摩尔组成	0.7557	0.2034	0.0091	0.0003	1.8×10^{-5}	5.24×10^{-6}	0.0316

表 5/2-3　部分元素的基准物

元　素	基　准　物	元　素	基　准　物	元　素	基　准　物
Al	Al_2O_3	Fe	Fe_2O_3	Na	$NaNO_3$
Br	$PtBr_2$	H	H_2O（液态）	O	O_2（空气）
C	CO_2（空气）	Hg	$HgCl_2$	P	$Ca_3(PO_4)_2$
Ca	$CaCO_3$	K	KNO_3	Pd	Pd
Cl	NaCl	Li	$LiNO_3$	Pt	Pt
Cu	CuO	Mg	$CaCO_3 \cdot MgCO_3$	S	$CaSO_4 \cdot 2H_2O$
F	Na_3AlF_6	N	N_2（空气）	Si	SiO_2

应注意大气中所含元素的基准物与其他元素基准物的区别。例如，碳元素是大气中所含元素。碳的基准物是摩尔分数为 0.0003 的空气中的 CO_2，不是纯物质。又如，铝不是大气中所含元素。铝的基准物是 Al_2O_3，是一种纯物质。

需要重申，体系所处的任意状态的㶲值总是大于或者等于零，而不可能小于零。可以设想，在温度、压力和组成这三个"坐标"中，无论体系的参数在哪一个方向上偏离"0"点（环境参考态），均存在一定的㶲值。偏离越远，㶲值越大。

例 5/2-1：

求 20℃的水变成冰的㶲变化。设环境温度为：（a）20℃；（b）−20℃。

解 5/2-1：

查题目条件下水的焓与熵的数据如下

状　　态	温度/℃	H/kJ·kg^{-1}	S/kJ·kg^{-1}·K^{-1}
水	20	83.72	0.2972
冰	0	−334.88	−1.2265

（a）环境温度为 20℃时

根据式(5/2-6)

$$\Delta_1^2\varepsilon = (H_2 - H_1) - T_0(S_2 - S_1)$$
$$= (-334.88 - 83.72) - 293.15 \times (-1.2265 - 0.2972) = 28.073 \text{kJ} \cdot \text{kg}^{-1}$$

（b）环境温度为 −20℃时

$$\Delta_1^2\varepsilon = (-334.88 - 83.72) - 253.15 \times (-1.2265 - 0.2972) = -32.875 \text{kJ} \cdot \text{kg}^{-1}$$

此例说明，虽然水的㶲值高于冰，但是当环境温度高于冰点时，制冰是消耗功的。例如情况

（a），每制造 1kg 冰理论上需要消耗 28.073kJ 的功。相当于理想冰机耗电 0.0078kW·h。环境温度越高，功耗越大，冰的能量"价值"也越高。

情况（b）的环境温度低于冰点，此时水变成冰倒是可以自动进行了，理想情况下还可以向外输出功 32.875kJ·kg^{-1} 或 0.091kW·h·kg^{-1}。可以设想，在寒冷地区水比冰更"值钱"，因为把冰融化成水将消耗㶲。

5.2.3 功和热的㶲

功全部是㶲。例如电或机械能（轴功）

$$\varepsilon = w_s \tag{5/2-14}$$

热是能量的另一种传递方式。基于环境参考态温度 T_0，温度为 T 的热量㶲为

$$\boxed{\varepsilon_q = \int_q \left(1 - \frac{T_0}{T}\right)\delta q} \tag{5/2-15}$$

此式仅能用于 $T > T_0$ 的场合。如果 $T < T_0$，则

$$\boxed{\varepsilon_q^C = \int_q \left(\frac{T_0}{T} - 1\right)\delta q} \tag{5/2-16}$$

若需要计算过程传热所导致的㶲变，可有

$$\Delta\varepsilon_q = \int_{T_1}^{T_2} \left(1 - \frac{T_0}{T}\right)\delta q \tag{5/2-17}$$

当体系在恒定温度为 T 的条件下传热时，式(5/2-17) 可简化为

$$\varepsilon_q = q\left(1 - \frac{T_0}{T}\right) \tag{5/2-18}$$

类似式(5/2-15)，式(5/2-18) 也仅能用于 $T > T_0$ 的场合。如果 $T < T_0$，则

$$\varepsilon_q^C = q\left(\frac{T_0}{T} - 1\right) \tag{5/2-19}$$

此外，恒温条件下传热的㶲变也还可以表达为

$$\Delta\varepsilon_q = q - T_0\Delta_1^2 S \tag{5/2-20}$$

式中，$\Delta_1^2 S$ 为过程熵变。

5.2.4 物质的标准㶲

定义在温度为 298.15K、压力为 100kPa 的条件下，纯物质的㶲值为该物质的标准㶲。该值通常取摩尔量，记作 $\varepsilon^\ominus$。

(1) 化合物的标准㶲

考察某种化合物 $A_a X_x$，由其构成元素 A 和 X 生成时有

$$aA + xX = A_a X_x$$

在环境参考态下，等温、等压反应的㶲变为

$$\begin{aligned}
\Delta_r\varepsilon^\ominus &= \varepsilon^\ominus(A_a X_x) - a\varepsilon^\ominus(A) - x\varepsilon^\ominus(X) \\
&= \Delta_f H^\ominus(A_a X_x) - T_0\Delta S^\ominus(A_a X_x) \\
&= \Delta_f G^\ominus(A_a X_x)
\end{aligned} \tag{5/2-21}$$

式中，$\Delta_f G^\ominus$（$A_a X_x$）是化合物 $A_a X_x$ 的标准生成 Gibbs 函数；$\varepsilon^\ominus$（A）和 $\varepsilon^\ominus$（X）分别为组成该化合物的各元素的标准㶲。改写式(5/2-21)，得计算任意化合物 $A_a X_x$ 的标准㶲关系式

$$\boxed{\begin{aligned}\epsilon^{\ominus}(A_aX_x) &= \Delta_fG^{\ominus}(A_aX_x) + \sum_i \epsilon_i^{\ominus} \\ &= \Delta_fG^{\ominus}(A_aX_x) + a\epsilon^{\ominus}(A) + x\epsilon^{\ominus}(X)\end{aligned}}$$

(5/2-22)

当化合物 A_aX_x 为元素 X 的基准物时，$\epsilon^{\ominus}(A_aX_x)$ 的数值为零。

(2) 元素的标准㶲

若化合物 A_aX_x 为元素 X 的基准物，且为气体混合物中的某一组分，而其摩尔分数为 $y(A_aX_x)$，基于式(5/2-21) 元素 X 的标准㶲表示为

$$\epsilon^{\ominus}(X) = \frac{1}{x}[-RT_0\ln y(A_aX_x) - \Delta_fG^{\ominus}(A_aX_x) - a\epsilon^{\ominus}(A)]$$

(5/2-23)

式(5/2-23) 适用于大气圈中所含的元素，通常这些元素的基准物是大气混合物中的一个组分。

类似地，若化合物 A_aX_x 为元素 X 的基准物，且为纯固体，元素 X 的标准㶲表示为

$$\epsilon^{\ominus}(X) = \frac{1}{x}[-\Delta_fG^{\ominus}(A_aX_x) - a\epsilon^{\ominus}(A)]$$

(5/2-24)

式(5/2-24) 适用于水圈和地壳岩石圈中所含元素。根据这些元素基准物，并选择适当的计算顺序，则可获得各种元素的标准㶲。

所以，若已知任意元素 X 的基准物 A_aX_x 的标准生成 Gibbs 函数 $\Delta_fG^{\ominus}(A_aX_x)$，以及基准物中其他构成元素 A 的标准㶲 $\epsilon^{\ominus}(A)$，则可由式(5/2-24) 求取任意元素 X 的标准㶲。

例如，元素铝的标准㶲可由其基准物 Al_2O_3 的标准生成 Gibbs 函数 $\Delta_fG^{\ominus}(Al_2O_3)$，以及 Al_2O_3 中铝以外的构成元素氧的标准㶲 $\epsilon^{\ominus}(O)$ 求取。表 5/2-4（完整数据请参见附录 B9）列出了根据较新的热力学数据得到的各种元素的标准㶲。

表 5/2-4　部分元素的标准㶲

元　素	标准㶲/kJ·mol^{-1}	元　素	标准㶲/kJ·mol^{-1}	元　素	标准㶲/kJ·mol^{-1}
Al	788.186	Fe	367.761	Na	360.802
Br	25.842	H	117.575	O	1.977
C	410.515	Hg	134.692	P	863.689
Ca	713.882	K	388.426	Pd	0
Cl	23.222	Li	374.690	Pt	0
Cu	126.350	Mg	616.793	S	601.063
F	211.481	N	0.346	Si	850.529

例 5/2-2：

由表 5/2-2 知，C 元素的基准物是大气中的 CO_2，而大气中 CO_2 的摩尔组成为 0.0003。已知 O 元素的标准㶲为 1.977kJ·mol^{-1}，CO_2 的 $\Delta_fG^{\ominus}$ 为 -394.394kJ·mol^{-1}，试求 C 元素的标准㶲为多少？

解 5/2-2：

将题目给出的已知条件代入式(5/2-23)，可得 C 元素的标准㶲为

$$\begin{aligned}\epsilon^{\ominus}(C) &= -RT_0\ln y(CO_2) - \Delta_fG^{\ominus}(CO_2) - 2\epsilon^{\ominus}(O) \\ &= -(8.314\times10^{-3})\times298.15\times\ln0.0003 - (-394.394) - 2\times1.977 \\ &= 410.548\text{kJ·mol}^{-1}\end{aligned}$$

例 5/2-3：

已知甲烷的 $\Delta_fG^{\ominus}$ 为 -50.84kJ·mol^{-1}，试求其标准㶲为多少？

解 5/2-3：

由表 5/2-4 可知 CH_4 分子中所含元素的标准㶲分别为：$\varepsilon^{\ominus}(C) = 410.515 kJ \cdot mol^{-1}$，$\varepsilon^{\ominus}(H) = 117.575 kJ \cdot mol^{-1}$，代入式(5/2-22)可得

$$\begin{aligned}\varepsilon^{\ominus}(CH_4) &= \Delta_f G^{\ominus}(CH_4) + \sum_i \varepsilon_i^{\ominus} \\ &= \Delta_f G^{\ominus}(CH_4) + \varepsilon^{\ominus}(C) + 4\varepsilon^{\ominus}(H) \\ &= -50.84 + 410.515 + 4 \times 117.575 = 829.975 kJ \cdot mol^{-1}\end{aligned}$$

(3) 燃料的标准㶲

许多物质难于明确其化学构成，但有时可能得到其燃烧热数据，例如许多有机物质。Z. Rant（1956）曾提出如下的一些式子，可以用来估算气体、液体或固体燃料的标准比㶲（$kJ \cdot kg^{-1}$）。

$$\varepsilon^{\ominus}(gas) \approx 0.95 \Delta h_H^{\ominus} \tag{5/2-25}$$

$$\varepsilon^{\ominus}(liq) \approx 0.975 \Delta h_H^{\ominus} \tag{5/2-26}$$

$$\varepsilon^{\ominus}(sol) \approx \Delta h_L^{\ominus} + 2438w \tag{5/2-27}$$

式中，$\Delta h_H^{\ominus}$ 和 $\Delta h_L^{\ominus}$ 分别为该燃料的标准高燃烧热值和标准低燃烧热值；w 是固体燃料的含水率（$0 \sim 1$）。

5.2.5　稳定流动体系的㶲

稳定流动体系的㶲指处于一定温度、压力和组成状态下稳定流动体系中物流的㶲，其值可由物流的焓 H 和熵 S 值确定

$$\varepsilon(T, p, \underline{x}) = (H - T_0 S) - (H_0 - T_0 S_0) + E_P + E_K \tag{5/2-28}$$

在忽略动能与位能时其㶲为

$$\boxed{\varepsilon(T, p, \underline{x}) = (H - T_0 S) - (H_0 - T_0 S_0)} \tag{5/2-29}$$

状态之间的㶲变

$$\Delta_1^2 \varepsilon = (H_2 - T_0 S_2) - (H_1 - T_0 S_1) \tag{5/2-30a}$$

或

$$\Delta_1^2 \varepsilon = (H_2 - H_1) - T_0 (S_2 - S_1) \tag{5/2-30b}$$

(1) 单组分流体的㶲

根据状态函数的性质和剩余性质的概念，任意温度、压力下的纯流体的㶲为

$$\boxed{\begin{aligned}\varepsilon_i(T, p) &= \varepsilon^{\ominus} + \Delta\varepsilon^{ig} + \varepsilon^{R} \\ &= \varepsilon_i^{\ominus} + (\Delta H_i^{ig} - T_0 \Delta S_i^{ig}) + (H_i^{R} - T_0 S_i^{R})\end{aligned}} \tag{5/2-31}$$

式中，$\varepsilon^{\ominus}$ 为纯流体组分的标准㶲；$\Delta\varepsilon^{ig}$ 为理想气体的㶲变（T_0，$p_0 \to T$，p）；ε^{R} 则是体系温度和压力下的剩余㶲。可以比较图 5/2-2(a) 理解此式。

而对于任意状态间的过程，则可设计图 5/2-2(b) 的路径，基于式(5/2-31)有

$$\begin{aligned}\Delta_1^2 \varepsilon_i &= \varepsilon_i(T_2, p_2) - \varepsilon_i(T_1, p_1) \\ &= \Delta_1^2 \varepsilon_i^{ig} + \Delta_1^2 \varepsilon_i^{R} \\ &= (\Delta_1^2 H_i^{ig} - T_0 \Delta_1^2 S_i^{ig}) + (\Delta_1^2 H_i^{R} - T_0 \Delta_1^2 S_i^{R})\end{aligned} \tag{5/2-32}$$

可见，这时与标准㶲无关。如果忽略剩余性质的作用，可不计后半部的数值。例如对于理想气体，有任意状态时的㶲值计算式

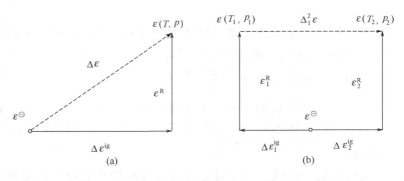

图 5/2-2 任意状态的㶲与任意状态间的过程的㶲变

$$\varepsilon^{ig}(T,p) = \varepsilon^{\ominus} + \int_{T_0}^{T}\left(1 - \frac{T_0}{T}\right)C_p^{ig}dT + RT_0\ln\left(\frac{p}{p_0}\right) \tag{5/2-33}$$

式中，上标"ig"表示理想气体，组分的标准㶲亦为气态的数值。进一步可以得到任意两个状态之间的㶲变

$$\Delta_1^2\varepsilon^{ig}(T_1,p_1 \rightarrow T_2,p_2) = \int_{T_1}^{T_2}\left(1 - \frac{T_0}{T}\right)C_p^{ig}dT + RT_0\ln\left(\frac{p_2}{p_1}\right) \tag{5/2-34}$$

至于任意温度、压力下的液体可分别有

$$\varepsilon^{l}(T,p) = \varepsilon^{\ominus} + \int_{T_0}^{T}\left(1 - \frac{T_0}{T}\right)C_p^{l}dT \tag{5/2-35}$$

类似地，式中的上标"l"表示液体，组分的标准㶲亦为液态的数值。而任意两个状态之间的㶲变为

$$\Delta_1^2\varepsilon^{l}(T_1,p_1 \rightarrow T_2,p_2) = \int_{T_1}^{T_2}\left(1 - \frac{T_0}{T}\right)C_p^{l}dT \tag{5/2-36}$$

例 5/2-4：

一20℃的液氨，由自然环境吸热，直到最后温度与大气平衡为止。大气温度为 25℃，液氨比热容为 $4.552kJ \cdot kg^{-1} \cdot K^{-1}$。以 1kmol 液氨为基准，试求

（a）液氨散失到环境去的冷量，以及此冷量所含㶲的大小。

（b）液氨摄入的热，以及此热量所含㶲的大小。

解 5/2-4：

（a）根据液氨的状态变化，此过程的热即液氨散失到环境去的冷量

$$q = \int_{T}^{T_0}C_p dT = C_p(T_0 - T) = 17 \times 4.552 \times (298.15 - 253.15) = 3482kJ$$

由式（5/2-16）有此冷量所含㶲

$$\varepsilon_q^C = \int_{T}^{T_0}\left(\frac{T_0}{T} - 1\right)C_p dT = T_0\int_{T}^{T_0}C_p\frac{dT}{T} - \int_{T}^{T_0}C_p dT = C_pT_0\ln\frac{T_0}{T} - q$$

$$= 17 \times 4.552 \times 298.15 \times \ln\frac{298.15}{253.15} - 3482 = 292.9kJ$$

（b）液氨从环境摄入的热量在数量上等于其散失到环境去的冷量，设此热量为 q'，则

$$q' = q = -3482kJ$$

此热量是在大气温度下传递给液氨的，故其所含㶲

$$\varepsilon_{q'} = q'\left(1 - \frac{T_0}{T}\right) = (-3482) \times \left(1 - \frac{298.15}{298.15}\right) = 0$$

（2）汽液相变时的㶲变

平衡条件下的汽液两相之间，根据㶲的定义和汽化焓、汽化熵，可有汽化㶲概念

$$\Delta_{\text{vap}}\varepsilon = \Delta_{\text{vap}}H - T_0\Delta_{\text{vap}}S$$
$$= \Delta_{\text{vap}}H\left(1 - \frac{T_0}{T}\right) \tag{5/2-37}$$

同理可分析其他聚集态之间的相变过程。

（3）多组分体系的㶲

根据偏摩尔性质的概念，可以定义多组分体系中组分 i 的偏摩尔㶲为

$$\overline{\varepsilon_i} \equiv \left[\frac{\partial(n\varepsilon)}{\partial n_i}\right]_{T,p,n_{j \neq i}} \tag{5/2-38}$$

联系多组分体系的性质，可推出

$$\overline{\varepsilon_i}(T,p,\underline{x}) = \varepsilon_i(T,p) + RT_0\ln\hat{a}_i + \left(1 - \frac{T_0}{T}\right)(\overline{H}_i - H_i^{\ominus}) \tag{5/2-39}$$

式中，$\hat{a}_i$ 为组分 i 的活度，将在第 6 章展开讨论；$\overline{H}_i$ 和 $H_i^{\ominus}$ 分别为组分 i 的偏摩尔焓和标准态的摩尔焓。$\varepsilon_i(T,p)$ 为体系温度和压力下单组分 i 的摩尔㶲，为该物质的标准㶲及其环境参考态至任意状态的㶲变化之和，可由式（5/2-30）求取。例如，对理想气体可由式（5/2-31）计算。

对于稳定流动体系，任意温度、压力和组成的多组分流体的㶲为

$$\boxed{\begin{aligned}\varepsilon(T,p,\underline{x}) &= \sum x_i\overline{\varepsilon_i}(T,p,\underline{x}) \\ &= \sum x_i[\varepsilon_i(T,p) + RT_0\ln\hat{a}_i] + \left(1 - \frac{T_0}{T}\right)\Delta_{\text{mix}}H\end{aligned}} \tag{5/2-40}$$

式中，$\Delta_{\text{mix}}H$ 为体系的混合热。

若为理想混合物，有 $\hat{a}_i^{\text{id}} = x_i$，$\Delta_{\text{mix}}H = 0$，则

$$\varepsilon^{\text{id}} = \sum x_i[\varepsilon_i(T,p) + RT_0\ln x_i] \tag{5/2-41}$$

由以上一部分内容的讨论可见，有关稳定流动体系物流㶲值的计算原理的许多内容，是基于第 2 章至第 3 章所介绍过的流体 pVT 性质和流体热力学性质的基本知识和方法而建立起来的。

例 5/2-5：

已知氨水液体混合物在 35.5℃、摩尔分数为 0.75 时的混合热为 $-1.629\text{kJ} \cdot \text{mol}^{-1}$，试计算同样温度和组成条件，但压力为 12bar（1.2MPa）下的氨水液体混合物的㶲值。

解 5/2-5：

根据式（5/2-35），首先需要分别计算出氨和水在 35.5℃和 12bar 下的㶲函数值

$$\varepsilon^l(T,p) = \varepsilon^{\ominus} + \int_{T_0}^{T}\left(1 - \frac{T_0}{T}\right)C_p^l\,\mathrm{d}T \tag{5/2-42}$$

查手册得到 Chase[1] 和 Binnewies 等人[2]的氨和水的 $\Delta_f G_i^{\ominus}$ 数据，加上元素标准㶲数据，

[1]　Chase M W Jr. NIST-JANAF Thermochemical Tables. Washington D C：American Chem Society；Woodbury，N Y. American Inst of Physics for NIST，1998.

[2]　Binnewies M，Mike E. Thermochemical Data of Elements and Compounds. New York：Wiley-VCH，1999.

可以算出氨和水的标准㶲 $\varepsilon_i^{\ominus}$，结果如下。

组　分	$\Delta_f G_i^{\ominus}$/kJ·mol^{-1}		$\varepsilon_i^{\ominus}$ (liq)/kJ·mol^{-1}	
	Chase	Binnewies	Chase	Binnewies
NH$_3$	−16.367	−16.370	336.746	336.701
H$_2$O	−237.141	−237.127	−0.014	0

基于两个文献数据的 NH$_3$ 标准㶲计算偏差在 0.012%，几乎相同，虽然两个文献 NH$_3$ 的 $\Delta_f G_i^{\ominus}$ 数据相差 0.25%。液态水是元素 H 的基准物，其标准㶲应为零。由于 Chase 的 $\Delta_f G_i^{\ominus}$ 数值与 Binnewies 略有偏差，导致水的 $\varepsilon_i^{\ominus}$ 产生微小偏差。

基于式(5/2-40)，均相液体混合物的㶲函数可以表示为

$$\varepsilon(T,p,\underline{x})=\sum x_i\big[\varepsilon_i(T,p)+RT_0\ln(x_i\gamma_i)\big]+\left(1-\frac{T_0}{T}\right)\Delta_{\text{mix}}H \tag{5/2-43}$$

式中，γ_i 为组分 i 的活度系数。选择 Wilson 活度系数方程计算出该数值，进一步基于氨的摩尔分数为 0.75，将所有数据代入式(5/2-43)，可以得到氨水液体混合物在给定状态下的㶲函数值。计算结果汇总如下。

项　目	$\sum x_i\varepsilon_i(T,p)$/kJ·mol^{-1}		$RT_0\sum x_i\ln(x_i\gamma_i)$ /kJ·mol^{-1}	$\left(1-\dfrac{T_0}{T}\right)\Delta_{\text{mix}}H$ /kJ·mol^{-1}	ε_m /kJ·mol^{-1}
	$\sum x_i\varepsilon_i^{\ominus}$ (liq)	$\sum x_i\left[\int_{T_0}^{T}\left(1-\dfrac{T_0}{T}\right)C_p^{\text{liq}}dT\right]$			
Chase	252.556	0.015	−2.754	−2.731	247.086
Binnewies	252.526	0.015	−2.754	−2.731	247.056

最终基于两个文献数据的计算结果的相对偏差为 0.013%。数值上可以看到，表中第一栏的标准㶲项目是该体系㶲函数的最主要的影响因素。所以，标准㶲的计算应尽可能处理得十分准确，其微小的偏差都会对最终的计算结果产生很大影响，表明了基础数据的重要作用。

5.3　㶲平衡方程

5.3.1　㶲损失与稳流系的㶲平衡方程

能量的质不守恒定理所揭示的，实际过程内部不可逆性所导致的能的品质贬值，体系作功能力的耗散，或者说是㶲向㶼的退化，表现为体系有相当的熵产生。

式(5/2-8) 曾给出了㶼的概念，定义下述物理量为**内部㶲损失（internal exergy loss）**

$$\boxed{I_{\text{int}}\equiv T_0 S_{\text{gen}}\geqslant 0} \tag{5/3-1}$$

可以说，内部㶲损失和熵产生紧密联系，是熵产生概念的延伸表述。

同样是对应关于流动体系热力学第一定律能量平衡、热力学第二定律熵平衡的分析，借助图 5/3-1 可以考察对于一个流动体系的控制体积边界上，㶲的流入、流出，以及控制体积内部㶲累

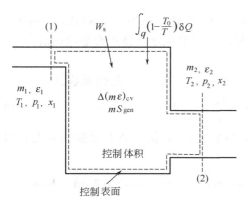

图 5/3-1　流动体系的控制体积概念下的㶲平衡

积和内部㶲损失之间的关系，可以写出㶲平衡关系

$$\Delta(m\varepsilon)_{\text{cv}} = \sum_i (m\varepsilon)_{\text{fs},i} + \sum_j \Big[\int_Q \Big(1 - \frac{T_0}{T}\Big)\delta Q \Big]_j + \sum_k W_{\text{s},k} - mI_{\text{int}} \qquad (\text{kJ} \cdot \text{h}^{-1})$$

$$(5/3\text{-}2)$$

式中，下标 cv 表示控制体积的性质；fs 表示此项适用于所有物流。加和符号要求其涉及项目凡进入控制体积者为正，凡离开控制体积者为负。可以理解，内部㶲损失恒为正，第二定律限制体系的可能发生过程，体系做功能力的"支出"是必然存在的，所以㶲产生项前面的符号为负。

若体系为稳定流动，体系的㶲累积项 $\Delta(m\varepsilon)_{\text{cv}}$ 为零，则控制体积的㶲平衡为

$$\sum_i (m\varepsilon)_{\text{fs},i} + \sum_j \Big[\int_Q \Big(1 - \frac{T_0}{T}\Big)\delta Q \Big]_j + \sum_k W_{\text{s},k} - mI_{\text{int}} = 0 \qquad (5/3\text{-}3)$$

或

$$\sum_i (m\varepsilon)_{\text{fs},i} + \sum_j \Big[\int_Q \Big(1 - \frac{T_0}{T}\Big)\delta Q \Big]_j + \sum_k W_{\text{s},k} = mI_{\text{int}} \geqslant 0 \qquad (5/3\text{-}4)$$

这个常用的稳流体系㶲平衡关系可有如下一些应用情况。

① 绝热体系

$$\sum_i (m\varepsilon)_{\text{fs},i} + \sum_k W_{\text{s},k} = mI_{\text{int}} \geqslant 0 \qquad (5/3\text{-}5)$$

② 可逆过程或平衡态，$S_{\text{gen}} = 0$

$$\sum_i (m\varepsilon)_{\text{fs},i} + \sum_j \Big[\int_Q \Big(1 - \frac{T_0}{T}\Big)\delta Q \Big]_j + \sum_k W_{\text{s},k} = 0 \qquad (5/3\text{-}6)$$

③ 封闭体系，$m_1 = 0$，$m_2 = 0$，$\Delta_1^2 S = 0$

$$\sum_j \Big[\int_Q \Big(1 - \frac{T_0}{T}\Big)\delta Q \Big]_j + \sum_k W_{\text{s},k} = mI_{\text{int}} \geqslant 0 \qquad (5/3\text{-}7)$$

④ 一个特例是控制体积只有一个入口及一个出口的情形。以图 5/3-1 为例，此时入口及出口的流率皆为 m，且仅有一股热流 Q，一股功流 W_{s}，则

$$-\Delta_1^2(m\varepsilon)_{\text{fs}} + \int_Q \Big(1 - \frac{T_0}{T}\Big)\delta Q + W_{\text{s}} = mI_{\text{int}} \geqslant 0 \qquad (\text{kJ} \cdot \text{h}^{-1} \cdot \text{K}^{-1}) \qquad (5/3\text{-}8)$$

在此简化情形中，下标 fs 被省略，且 Δ 符号表示由入口至出口处的变化量。

将式(5/3-8) 各项遍除以 $m(\text{kg} \cdot \text{h}^{-1})$，可得

$$-(\varepsilon_2 - \varepsilon_1) + \int_q \Big(1 - \frac{T_0}{T}\Big)\delta q + w_{\text{s}} = I_{\text{int}} \geqslant 0 \qquad (\text{kJ} \cdot \text{kg}^{-1} \cdot \text{K}^{-1}) \qquad (5/3\text{-}9)$$

此式表示在图 5/3-1 情况下，只具一个入口与一个出口的稳定流动过程的㶲平衡关系。各项皆表示每单位质量流体的性质。

需要重申，㶲平衡是在能量的质不守恒定理基础上建立起来的。在上述分析中可以看出，内部㶲损失项表示的不等式关系表明实际过程的不可逆性导致进入体系的㶲总是大于离开体系的㶲。或者说，实际过程总是导致体系做功能力的减少。只有不存在消耗效应的可逆过程，进出体系的㶲才相等。

从更为完整的损失分析上可以进一步认识，实际过程中离开体系的㶲，还应分成两部分。一部分是有效的，例如过程的产品所携带的㶲；另一部分是无效的、被过程废弃的，即所谓的**外部㶲损失 (external exergy loss)**。总体上，体系的㶲损失由内部㶲损失和外部㶲损

失构成

$$I = I_{\text{int}} + I_{\text{ext}} \tag{5/3-10}$$

结合评价对象体系的情况，选择式(5/3-2)～式(5/3-9)中适当的形式，可以计算出过程的内部㶲损失。另外，内部㶲损失也可以借助体系的熵产生，从式(5/3-1)解出。而外部㶲损失的确定却带有一定程度的"随意性"，它要结合具体情况来确定。

在一些特殊场合，例如保温良好，几乎接近绝热的过程，其外部㶲损失可能趋近于零。但是，内部㶲损失产生于克服过程势差或过程阻力的过程中。为了在体系内部实现热量传递或质量传递等过程，适宜的内部㶲损失，是过程得以一定速率进行的必要消耗。所以，任何实际过程的内部㶲损失都不可能为零。

另一方面，尽管内部㶲损失对过程是必须的，但仍存在一个"度"。"所费多于所当费或所得少于所可得，都是浪费"（严济慈）。有效利用能源就是要从能量既具有"量"又具有"质"的两个方面去把握这个度。

5.3.2 㶲效率

基于㶲和㶲损失的概念，针对能量利用系统所进行的输入与输出或支付与收益的平衡计算。通过㶲和㶲损失的衡算，可以明确㶲的利用、消耗和损失的情况，可以进一步进行系统的效率分析。

㶲效率（exergy efficiency） 又称作热力学第二定律效率，是表示能量利用过程或系统的㶲利用效率。根据分析对象体系的特点及其能量利用目标，通常有两种定义。

（1）普遍㶲效率

式(5/3-3)～式(5/3-9)描述了稳定流动体系中穿过体系控制体积的输入㶲 ε_{in}、输出㶲 ε_{out} 和内部㶲损失 I_{int} 之间的平衡关系

$$\varepsilon_{\text{in}} = \varepsilon_{\text{out}} + I_{\text{int}} \tag{5/3-11}$$

基于这一平衡关系，可以定义体系的输出㶲与输入㶲之比为普遍㶲效率，即

$$\boxed{\eta_{\text{gen}} = \frac{\varepsilon_{\text{out}}}{\varepsilon_{\text{in}}} = 1 - \frac{I_{\text{int}}}{\varepsilon_{\text{in}}}} \tag{5/3-12}$$

（2）目的㶲效率

此外，根据对系统能量利用目标的分析，还可以把体系的㶲分为支付㶲 ε_{p} 与收益㶲 ε_{b} 及相应的㶲损失 I，建立另外的平衡关系

$$\varepsilon_{\text{p}} = \varepsilon_{\text{b}} + I \tag{5/3-13}$$

或

$$\varepsilon_{\text{p}} - \varepsilon_{\text{b}} = I \geqslant 0 \tag{5/3-14}$$

支付㶲 ε_{p} 是为实现某种能量利用目标而消耗的㶲，收益㶲 ε_{b} 则是支付㶲中被利用的部分。对其中各个量的确认随各类体系的具体情况和评价的侧重点的不同而有所区别。特别是，㶲损失 I 包括了过程的全部损失，所以对于过程的"代价"与"效益"要结合过程的特征与目的作确切的分析。

例如，对于高于环境温度的传热过程，其支付㶲 ε_{p} 是热流体进出口的㶲变，收益㶲 ε_{b} 则是冷流体进出口的㶲变。又如，对于精馏过程，其支付㶲 ε_{p} 是再沸器加热介质进出口的㶲变，收益㶲 ε_{b} 则是混合物与塔顶产品、塔底产品的㶲变。

基于收益㶲 ε_{b}、支付㶲 ε_{p} 和㶲损失 I 的平衡关系，可以定义体系的收益㶲与支付㶲之比为目的㶲效率，即

$$\eta_{\text{obj}} = \frac{\varepsilon_{\text{b}}}{\varepsilon_{\text{p}}} = 1 - \frac{I}{\varepsilon_{\text{p}}} \tag{5/3-15}$$

普遍㶲效率多用于包含复杂过程的分析对象，例如化工生产系统等。目的㶲效率多用于能量利用目的与消耗均明确的分析对象，例如换热器和制冷循环等。

例 5/3-1：

　　能流图和㶲流图是表示系统以及系统内部子系统的能量平衡或㶲平衡的输入与输出数量关系的一种图示分析工具。它直观地描述了任一系统的能量或㶲的流量、来源和去向，可用于评价系统能量利用效率，把握能量供需平衡。图 5/3-2 分别是一个蒸汽加热工艺物流的能流图和㶲流图，图中标注的数据分别为能流的焓值和㶲值。试比较两图的差异，并以图中数据计算过程的普遍㶲效率和目的㶲效率。

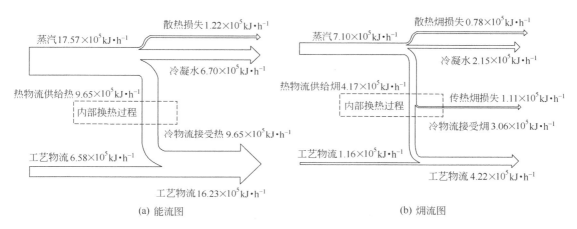

(a) 能流图　　　　　　　　　　　　(b) 㶲流图

图 5/3-2　蒸汽加热工艺物流的能流图和㶲流图

解 5/3-1：

　　可以看出，两个图形的结构基本相同，但仔细比较差异还是很明显。㶲流图的幅宽比能流图的要窄，表明数值上㶲仅是焓的一部分。另外，能流图有三股输出能流，而㶲流图有四股，因为在蒸汽加热工艺物流的换热过程中存在因温差导致的内部㶲损失。

　　根据图中标注的数据，代入式(5/3-12)，该过程的普遍㶲效率为

$$\eta_{\text{gen}} = \frac{\varepsilon_{\text{out}}}{\varepsilon_{\text{in}}} \times 100\% = \left(1 - \frac{1.11 \times 10^5}{7.10 \times 10^5 + 1.16 \times 10^5}\right) \times 100\% = 86.56\%$$

同理，基于式(5/3-15)，该过程的目的㶲效率为

$$\eta_{\text{obj}} = \frac{\varepsilon_{\text{b}}}{\varepsilon_{\text{p}}} \times 100\% = \left(\frac{3.06 \times 10^5}{7.10 \times 10^5 - 2.15 \times 10^5}\right) \times 100\% = 61.82\%$$

　　比较两个计算结果，普遍㶲效率达到 90.87%，似乎过程的能量利用已经很好，而61.82% 的目的㶲效率则表明该过程仍有改进的余地。

例 5/3-2：

　　某氮肥工艺中的锅炉生产 40bar （4MPa）、400℃过热蒸汽，其中的一部分经减压阀减压到 7bar （0.7MPa）、375℃后送到煤气发生炉。流程示意于图 5/3-3。由于管道阻力影响，蒸汽进

图 5/3-3　例 5/3-2 的流程

入煤气炉时压力下降到 2bar（0.2MPa），温度为 250℃。试求每千克蒸汽在减压阀和管道中的㶲损失。

解 5/3-2：

由水蒸气表查得各状态的有关数据如下

状　　态	1	2	3	环境参考态	状　　态	1	2	3	环境参考态
p/MPa	4	0.7	0.2	0.1	h/kJ·kg^{-1}	3308.3	3216.6	2971.2	104.9
t/℃	440	375	250	25	s/kJ·kg^{-1}·K^{-1}	6.9069	7.5568	7.7096	0.3664

蒸汽的㶲为

$$\varepsilon_1 = (h_1 - h_0) - T_0(s_1 - s_0)$$
$$= (3308.3 - 104.9) - 298.15 \times (6.9069 - 0.3664) = 1253.3 \text{kJ·kg}^{-1}$$

蒸汽经过减压阀的㶲损失

$$I_{int} = (h_2 - h_1) - T_0(s_2 - s_1)$$
$$= (3216.6 - 3308.3) - 298.15 \times (7.5568 - 6.9069) = -285.5 \text{kJ·kg}^{-1}$$

损失率为

$$损失率 = 285.5/1253.3 = 22.78\%$$

管道中的㶲损失

$$I_{int} = (h_3 - h_2) - T_0(s_3 - s_2)$$
$$= (2971.2 - 3216.6) - 298.15 \times (7.7096 - 7.5568) = -291.9 \text{kJ·kg}^{-1}$$

损失率为

$$损失率 = (291.9/1253.3) \times 100\% = 23.29\%$$

每千克蒸汽在减压阀和管道中的㶲损失合计达到 46.07%。

5.4　过程与系统的㶲分析

英文的"体系"与"系统"是一个词。本书中，用于热力学研究对象的界定，本书此前的"体系"可以指具有一定温度、压力和组成的状态，也可以是一个复杂对象。这里题目用"系统"一词是为了强调，本节讨论的对象是一个由多个热力学过程构成的复杂体系。

㶲分析（exergy analysis） 又称作过程热力学分析或热力学第二定律分析，是运用㶲和㶲损失的概念，对能量利用和转化过程中㶲的传递、转化、利用和损失等情况进行热力学分析的一种方法。通过㶲分析可以揭示出能量利用体系㶲损失的部位、大小和原因，为改善过程的能量利用效率指出方向和途径。

一个对象体系的㶲平衡是基于㶲函数的衡算，但是㶲分析的基础是体系的能量平衡，所以焓的数值衡算也需要同时考虑。

5.4.1　"过程-体系"的㶲分析方法

对于一些能量利用目的明确的、相对单纯的过程，可以将这些过程的性质变化值作为分析依据，注重目标过程的能量特性，将相关过程组合成一个孤立体系来进行㶲分析。如图 5/4-1（a），在目的过程与驱动过程之间有能量平衡和㶲平衡关系

$$\Delta H_{obj} - \Delta H_{dri} = 0 \tag{5/4-1}$$

$$\Delta \varepsilon_{obj} - \Delta \varepsilon_{dri} \leqslant 0 \tag{5/4-2}$$

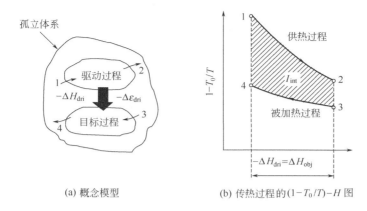

(a) 概念模型　　　　　　(b) 传热过程的$(1-T_0/T)-H$ 图

图 5/4-1　过程-体系的㶲分析

或

$$\Delta\varepsilon_{obj} - \Delta\varepsilon_{dri} + I_{int} = 0 \qquad (5/4\text{-}3)$$

式中，各项因过程特性而各自带有正号或符号，驱动过程的能量是释放出的，所以为负；而目的过程的能量是接受的，所以为正。实际上，驱动过程提供的㶲需要大于目的过程的理论需要，过量部分是弥补内部㶲损失的消耗。即

$$-(\Delta\varepsilon_{obj} - \Delta\varepsilon_{dri}) = I_{int} \geqslant 0 \qquad (5/4\text{-}4)$$

因为过程的㶲变计算是这种方法的分析基础。所以，在没有化学变化的过程中，环境参考态对于确定㶲变的意义主要在于确定环境参考态的温度和压力。例如，传热过程的分析就不涉及环境参考态的化学条件。当然，即使过程有化学变化，却有可能获得过程的焓变和熵变，也可以回避涉及环境参考态的化学条件，也就是说不必计算标准㶲，而直接计算出过程的㶲变来进行分析。

简而言之，"过程-体系"的㶲分析方法的特点在于整体上将研究对象作为一个孤立体系考虑，热力学性质的计算则着意于该性质的改变（状态变化的相对差值），而不介意性质的基准。通常，"过程-体系"的㶲分析方法更适合能量转化目的明确，而且相对简单的研究对象。

由式(5/2-17) 知，两温度间传热过程的㶲变为

$$\Delta\varepsilon_q = \int_{T_1}^{T_2} \left(1 - \frac{T_0}{T}\right)\delta q$$

而传热过程有 $\delta q = \mathrm{d}H$。以 $(1-T_0/T)$ 对过程热负荷作图，如图 5/4-1 （b）。图中过程线对横轴的积分有物理意义

$$\int_{T_1}^{T_2} \left(1 - \frac{T_0}{T}\right)\mathrm{d}H = \Delta\varepsilon_q$$

显然，供热过程线在被加热过程线之上。由式(5/4-4) 可解释，供热过程线下的面积为 $\Delta\varepsilon_{dri}$（支付㶲 ε_p），受热过程线下的面积为 $\Delta\varepsilon_{obj}$（收益㶲 ε_b）。两者之差即两过程线所围面积，则是过程的内部㶲损失。

例 5/4-1：

稳流热交换器依其流动形式分为两种：并流形式与逆流形式，分别表示于图 5/4-2 中。在并流情形时，热物流依箭头方向所示，由左方流向右方，把热量传送给同方向流动的冷物流。在逆流情形时，冷物流仍是由左方流向右方，却接受由相反方向流动的热物流所给予的热量。图中的直线，分别表示热物流 T_H 与冷物流 T_C 与 q_C 间的关系，而 q_C 是冷物流由左

方流到任何下游位置所接受的热量。考虑本题中下列各情况：

$$T_{H_1} = 400K \quad T_{H_2} = 350K \quad T_{C_1} = 300K \quad n_H = 1mol \cdot s^{-1}$$

物流之间最小温度差为 10K。假设两个物流都是理想气体，其 $C_p = (7/2)R$ 且 $T_0 = 300K$，计算两种形式下的㶲损失。

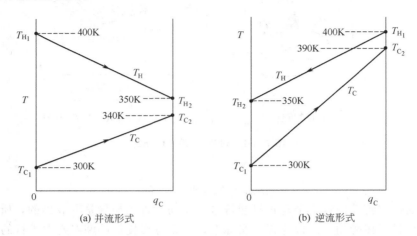

图 5/4-2 并流形式与逆流形式的热交换器的 T-Q 图

解 5/4-1：

这是一对放热与吸热的过程组合。可以采用"过程-体系"分析法研究。

下列公式可应用至两种形式。假设动能及位能改变可忽略不计，$w_s = 0$，则能量平衡关系可写为

$$n_H \Delta H_H + n_C \Delta H_C = 0$$

进一步有

$$n_H C_p (T_{H_2} - T_{H_1}) + n_C C_p (T_{C_2} - T_{C_1}) = 0 \tag{A}$$

物流的总熵改变量为

$$\Delta(nS)_{fs} = n_H \Delta S_H + n_C \Delta S_C$$

根据熵的计算，并假设物流的压力改变可忽略不计，上式写为

$$\Delta(nS)_{fs} = n_H C_p \left(\ln \frac{T_{H_2}}{T_{H_1}} + \frac{n_C}{n_H} \ln \frac{T_{C_2}}{T_{C_1}} \right) \tag{B}$$

最后，应用式(5/3-1)，并忽略传送到环境的热量，得到

$$I_{int} = T_0 \Delta(nS)_{fs} \tag{C}$$

在并流形式中，由式(A)得知

$$\frac{n_C}{n_H} = \frac{400 - 350}{340 - 300} = 1.25$$

由式(B)得

$$\Delta(nS)_{fs} = 1 \times (7/2) \times 8.314 \times \left(\ln \frac{350}{400} + 1.25 \ln \frac{340}{300} \right) = 0.667 K^{-1} \cdot s^{-1}$$

再由式(C)，得到并流形式换热过程的㶲损失为

$$I_{int} = 300 \times 0.667 = 200.1 J \cdot s^{-1}$$

类似地，在逆流形式中，由式(A)和式(B)，分别有

$$\frac{n_C}{n_H} = \frac{400 - 350}{390 - 300} = 0.5556$$

$$\Delta(nS)_{fs} = 1 \times (7/2) \times 8.314 \times \left(\ln\frac{350}{400} + 0.5556\ln\frac{390}{300} \right) = 0.356 \text{K}^{-1} \cdot \text{s}^{-1}$$

最后，由式（C）得到逆流形式换热过程的㶲损失为

$$I_{int} = 300 \times 0.356 = 106.8 \text{J} \cdot \text{s}^{-1}$$

虽然两种形式热交换器的总传热速率相同，但冷物流在逆流形式所得到的温度增加量，比并流形式的两倍还多。另一方面，热物流的流量，前者亦只有后者的一半。就热力学的观点来看，逆流形式是效率较高的。因为 $\Delta(nS)_{fs} = S_{gen}$，并流形式下熵的产生速率及损失功的速率，都几乎是逆流形式下的两倍。

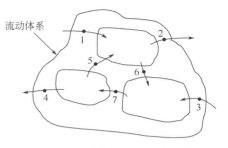

图 5/4-3 "状态-体系"的㶲分析概念模型

5.4.2 "状态-体系"的㶲分析方法

许多分析对象比较复杂，可以考察进出体系的控制体积的能流与物流的节点，以及内部子体系之间的节点，基于它们的状态性质来研究体系的能量特性。

如图 5/4-3，对体系总体的控制体积，或其子体系的控制体积均可有能量平衡和㶲平衡关系

$$\sum_i H_i = 0 \tag{5/4-5}$$

$$\sum_i \varepsilon_i - \sum_j I_{int,j} = 0 \tag{5/4-6a}$$

或

$$\sum_i \varepsilon_i = \sum_j I_{int,j} \geqslant 0 \tag{5/4-6b}$$

式中，加和符号要求其涉及的项目，凡进入控制体积者为正，凡离开控制体积者为负。另外，i 是指穿越总控制体积的物流和能流，如图 5/4-3 中的 1、2、3 和 4。而 j 是指体系中的三个子体系。

"状态-体系"的㶲分析方法的特点在于总体上将研究对象视作一个流动体系考虑，热力学性质的计算则着意于该性质相对于某个基准的"绝对值"，所以需要有明确的环境参考态（可以参考例 5/2-5 中氨水混合物㶲值的计算例）。确定㶲值的数据系统的一致性和完整性是非常重要的。通常，"状态-体系"的㶲分析方法适合相对复杂的研究对象。

这时，采用式（5/3-10）给出的普遍㶲效率分析各个子系统的情况。而系统总的㶲损失为各个子系统㶲损失之和

$$I_{int} = \sum_j I_{int,j} \tag{5/4-7}$$

以系统总的㶲损失为基础，与某个子系统的㶲损失作比较，有㶲损失率的概念

$$d_j = \frac{I_{int,j}}{I_{int}} \times 100\% \tag{5/4-8}$$

据此，可以了解系统中㶲损失的分布情况。

例 5/4-2：

丙酮与水的液态混合物经图 5/4-4 所示的精馏分离过程得到提纯。流程中，丙酮与水的液态混合物作为原料由精馏塔中部送入，在精馏塔顶得到几乎纯净的丙酮，除去的水由塔底排出。分

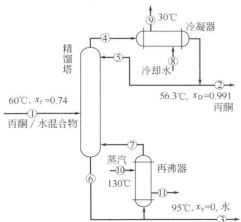

图 5/4-4 丙酮/水精馏分离流程示意

离过程所需热由再沸器的蒸汽加入，塔顶冷凝热则由冷却水排出。设其为稳定流动体系，且体系中各物流为理想混合物。已知图 5/4-4 所示各状态点（物流）的温度、压力以及物料平衡情况如表 5/4-1。以环境状态为 25℃，1bar（0.1MPa）为基础，试对其作㶲分析。

解 5/4-2：

可将体系分割成精馏塔、冷凝器和再沸器三个子体系，采用"状态-体系"法分析本例。

本例涉及的化合物有关热力学性质如表 5/4-2 所示。除了标准㶲以外，表中所列热力学性质均选自《化学工程手册，第 1 篇：化工基础数据》（化学工业出版社，1980）的数据。基于上述手册中的标准生成自由焓数据和附录 B9 的化学元素标准㶲，类似例 5/2-2 方法，由式（5/2-24）算出气态和液态丙酮的标准㶲。

表 5/4-1 丙酮-水精馏分离系统的物料平衡

物流号	1	2	3	4	5	6	7	8	9	10	11
流量/kmol·h^{-1}											
丙酮(C_3H_6O)	111	110.95	0.05	1283.72	1172.77	10.73	10.68	0	0	0	0
水(H_2O)	39	1	38	11.66	10.66	958.35	918.35	48405.54	48405.54	970.39	970.39
合计	150	111.95	38.05	1295.38	1183.43	967.08	929.03	48405.54	48405.54	970.39	970.39
温度/℃	60	56.3	95	59	56.3	95.6	105	25	30	130	130
压力/MPa	0.11	0.1	0.12	0.1	0.1	0.12	0.12	0.1	0.1	0.27	0.1

表 5/4-2 丙酮与水的有关热力学性质

化合物	分子式	聚集态	摩尔热容 C_p/kJ·mol^{-1}	标准生成自由焓 $\Delta_f G^{\ominus}$/kJ·mol^{-1}	标准㶲 $\varepsilon^{\ominus}$/kJ·mol^{-1}
丙酮	C_3H_6O	g	74.9	−152.3	1786.92
丙酮	C_3H_6O	l	125	1783.85	
水	H_2O	g	33.56	8.58	
水	H_2O	l	75.31	0	

因对象为稳定流动体系，且体系中各物流为理想混合物。则可应用式（5/2-41）

$$\varepsilon^{id} = \sum x_i [\varepsilon_i(T, p) + RT_0 \ln x_i]$$

式中，下标 i 分别表示丙酮与水的性质，其中 $\varepsilon_i(T, p)$ 为物流温度与压力的纯物质的㶲。

对于气态物流，如物流 4 或 7，由式（5/2-33）$\varepsilon_i(T, p)$ 可有

$$\varepsilon_i^{ig}(T, p) = \varepsilon_i^{\ominus} + \int_{T_0}^{T} \left(1 - \frac{T_0}{T}\right) C_{p,i}^{ig} dT + RT_0 \ln\left(\frac{p}{p_0}\right)$$

$$= \varepsilon_i^{\ominus} + C_{p,i}^{ig}\left[T - T_0 - T_0 \ln\left(\frac{T_0}{T}\right)\right] + RT_0 \ln\left(\frac{p}{p_0}\right)$$

式中，组分的标准㶲亦为气态的数值。对于液态物流，如物流 2 或 6，由式（5/2-35）$\varepsilon_i(T, p)$ 可有

$$\varepsilon_i^l(T, p) = \varepsilon_i^{\ominus} + \int_{T_0}^{T} \left(1 - \frac{T_0}{T}\right) C_{p,i}^l dT$$

$$= \varepsilon_i^{\ominus} + C_{p,i}^l\left[T - T_0 - T_0 \ln\left(\frac{T_0}{T}\right)\right]$$

基于表 5/4-2 的物性数据，以及表 5/4-1 的物流信息即可由上述公式，求出各物流的㶲值。

另外，根据关于㶲平衡的输入㶲 ε_{in}、输出㶲 ε_{out} 和内部㶲损失 I_{int} 之间的平衡关系

$$\varepsilon_{in} = \varepsilon_{out} + I_{int}$$

可得表 5/4-3 的㶲平衡计算结果。为了便于比较分析，针对本例情况将外部㶲损失与内部㶲损失并列给出。

表 5/4-3　丙酮-水分离过程的㶲平衡/GJ·h^{-1}

设　　备	输　　　入		输　　　出	
精馏塔	原料①	198.8263	塔顶采出蒸气④	2296.2190
	回流液⑤	2092.1220	塔底采出液⑥	19.5354
	再沸气体⑦	28.9072		
			外部㶲损失	0
			内部㶲损失	3.1109
冷凝器	塔顶采出气体④	2296.2190	回流液⑤	2092.1220
	冷却水⑧	0	塔顶产物②	197.9254
			冷却水⑨	0.5980
			外部㶲损失（⑨）	0.5980
			内部㶲损失	5.5736
再沸器	塔底采出液⑥	19.5254	再沸蒸汽⑦	28.9072
	加热蒸汽⑩	11.9399	塔底产物（水）③	0.1087
			冷凝水⑪	1.0995
			外部㶲损失（③+⑪）	1.2081
			内部㶲损失	1.3500
合计	①+⑧+⑩	209.7663	②+③+⑨+⑪	199.7316
			外部㶲损失（③+⑨+⑪）	1.8062
			内部㶲损失	10.0347

可以认为再沸器的蒸汽至蒸汽冷凝水的㶲差是体系的支付㶲 ε_p，而塔顶产物②和塔底产物③相对于原料①的物流㶲差为收益㶲 ε_b，则由式（5/3-15）体系的目的㶲效率

$$\eta_{\text{obj}} = \frac{\varepsilon_b}{\varepsilon_p} = \frac{\varepsilon_2 + \varepsilon_3 - \varepsilon_1}{\varepsilon_{10} - \varepsilon_{11}}$$

$$= \frac{198.8263 - 197.9254 - 0.1087}{11.9399 - 1.0995} = 7.31\%$$

可见，通过精馏方法分离混合物的效率低。

从表 5/4-3 可以看出，体系的内部与外部㶲损失之和为

$$I = I_{\text{int}} + I_{\text{ext}} = 10.0347 + 1.8062 = 11.8409\text{GJ}\cdot\text{h}^{-1}$$

其中，主要消耗于冷凝器的冷凝过程，占 52.12%。而精馏塔与再沸器几乎两者相当，分别为 26.27% 和 21.60%。体系的内部㶲损失占总的㶲损失的 84.75%，其中，精馏塔的份额虽然不小，占到 31.00%，但仍然低于冷凝器的内部㶲损失，占 55.54%。表明体系中传热过程的不可逆性远大于分离过程的不可逆性。有可能通过设立多级中间冷凝器和多级中间再沸器以及采用热泵等方式来减少内部㶲损失。节能措施的实施虽然可以节省能源费用，但是却增加了设备投资以及系统的复杂性。所以，其间存在一个适宜的"度"，它取决于技术、经济，甚至安全和环境等因素。

第6章 流体热力学性质：逸度与活度

第4章介绍了偏摩尔 Gibbs 函数 $\overline{G}_i$，也就是化学位 μ_i，它是一个热力学强度性质，是建立化学热力学平衡的基本性质。在分析化学平衡和相平衡问题时，它描述质量传递过程的推动力，例如在探讨相平衡与化学反应平衡时即如此。Gibbs 函数由内能及熵所定义，其绝对值未知，而与一定的参考基准相关，具体的数值计算也不是直接展开的。类似流体 pVT 关系以及流体的热力学性质焓与熵的模型化中使用过的方法，即基于对理想化体系作偏差修正的方法，本章目的在于借助一些新的热力学量来建立偏摩尔 Gibbs 函数的热力学模型。

在本章，首先借助剩余 Gibbs 函数的概念，引入了逸度，并介绍用状态方程来计算逸度的方法。因为多数场合下，用逸度无法描述液体的行为，所以本章又通过超额性质的概念，引入了活度，而活度除实验测定外需要采用活度系数模型求解。可见，为了获得逸度与活度的数值，活度系数模型与状态方程具有同样的重要性。

6.1 逸度

6.1.1 纯组分的逸度

由基本关系式(3/1-4b)，恒温时

$$dG_i(T,p)=V_i\,dp \tag{6/1-1}$$

若为理想气体，则

$$dG_i^{ig}(T,p)=RT\,d\ln p \quad \text{（温度为常数）} \tag{6/1-2}$$

虽然，式(6/1-2)以简明的形式给出了理想气体纯组分在任意 T、p 时的 $G_i(T,p)$ 的描述，但这个式子不适用于真实气体，对真实气体的积分式将很复杂。

定义气体纯组分 i 的**逸度（fugacity）**为

$$\boxed{dG_i(T,p)\equiv RT\,d\ln f_i} \quad \text{（温度为常数）} \tag{6/1-3}$$

式中，f_i 称作 i 组分的逸度，是 i 组分的一种具有压力单位的强度性质。比较式(6/1-2)，规定

$$\lim_{p\to 0}\frac{f_i}{p}\equiv 1 \tag{6/1-4}$$

理想气体的逸度与压力相同，即

$$f_i^{ig}=p \tag{6/1-5}$$

将任意温度和压力 $p^{\ominus}$（$=100\text{kPa}=1\text{bar}$）下的理想气体状态定义为标准态，压力 p 单位为 bar（以下如不特意指明，p 均以 bar 为单位），恒温下，将式(6/1-3)由标准压力 $p^{\ominus}$ 积分至任意压力 p，可有

$$G_i(T,p)-G_i^{\ominus}(T,p^{\ominus})=RT\ln\frac{f_i}{p^{\ominus}} \tag{6/1-6a}$$

因标准压力已经给定，式(6/1-6a) 可改写为

$$G_i(T, p) = G_i^{\ominus}(T) + RT \ln \frac{f_i}{p^{\ominus}} \qquad (6/1\text{-}6\text{b})$$

式(6/1-6b) 表示了纯组分 i 在任意温度和压力下的 Gibbs 函数。

如果同样处理式(6/1-2)，可有

$$G_i^{\text{ig}}(T, p) - G_i^{\ominus}(T, p^{\ominus}) = RT \ln \frac{p}{p^{\ominus}} \qquad (6/1\text{-}7)$$

两式相减，可得

$$G_i(T, p) - G_i^{\text{ig}}(T, p) = RT \ln \frac{f_i}{p} \qquad (6/1\text{-}8\text{a})$$

根据剩余性质的概念，$G_i - G_i^{\text{ig}}$ 称为**剩余 Gibbs 函数 （residual Gibbs function）**。而这里的无量纲比值 f_i/p 是一项新的物性，定义为**逸度系数 （fugacity coefficient）**。

$$G_i^{\text{R}} = RT \ln \frac{f_i}{p} \qquad (6/1\text{-}8\text{b})$$

其中

$$\boxed{\phi_i = \frac{f_i}{p}} \qquad (6/1\text{-}9)$$

所以，对于理想气体的特例，$G_i^{\text{R}} = 0$，$\phi_i = 1$；且式(6/1-3) 回复到式(6/1-2) 的形式。可将逸度系数理解成对压力的校正。对纯组分理想气体，其逸度系数 $\phi^{\text{ig}} = 1$。而对纯组分真实气体，其逸度系数 ϕ_i 是温度 T 和压力 p 的函数，既可能大于 1 也可能小于 1。

以上的分析虽然是以气体为对象来讨论的，但是液体纯组分也有类似结果。

6.1.2　纯组分汽液相平衡时的逸度

当纯物质 i 为饱和蒸气时，式(6/1-6) 可写为

$$G_i^{\text{v}}(T, p) = G_i^{\ominus}(T, p^{\ominus}) + RT \ln \frac{f_i^{\text{v}}}{p^{\ominus}} \qquad (6/1\text{-}10\text{a})$$

在相同温度时，饱和液体 i 的公式为

$$G_i^{\text{l}}(T, p) = G_i^{\ominus}(T, p^{\ominus}) + RT \ln \frac{f_i^{\text{l}}}{p^{\ominus}} \qquad (6/1\text{-}10\text{b})$$

上列两式的差为

$$G_i^{\text{v}} - G_i^{\text{l}} = RT \ln \frac{f_i^{\text{v}}}{f_i^{\text{l}}} \qquad (6/1\text{-}10\text{c})$$

式(6/1-10c) 用于表示在温度 T 及饱和蒸气压 p_i^{s} 时，由饱和液体变为饱和蒸气时 Gibbs 函数的改变。当纯物质的两相达成平衡共存时，$G_i^{\text{v}} = G_i^{\text{l}}$，因此

$$f_i^{\text{v}} = f_i^{\text{l}} = f_i^{\text{s}} \qquad (6/1\text{-}11)$$

式中，f_i^{s} 表示饱和液相或汽相的数值。式(6/1-11) 表示了一个基本原则：当纯物质汽液相

平衡共存时，它们具有相同的温度、压力与逸度。

纯组分饱和态的逸度系数的另一种表示法为

$$\phi_i^s = \frac{f_i^s}{p_i^s} \qquad (6/1\text{-}12)$$

因此

$$\phi_i^v = \phi_i^l = \phi_i^s \qquad (6/1\text{-}13)$$

式(6/1-13) 所表示的逸度系数等式，亦适用于纯物质的汽液相平衡。

6.1.3 多组分体系中组分的逸度

仿照式(6/1-3)，多组分体系中组分的逸度的定义为

$$\mathrm{d}\,\overline{G}_i(T, p, \underline{y}) \equiv RT\mathrm{d}\ln \hat{f}_i \quad （温度为常数） \qquad (6/1\text{-}14)$$

$$\lim_{p \to 0} \frac{\hat{f}_i}{y_i p} \equiv 1 \qquad (6/1\text{-}15)$$

要注意上式的写法，混合物中组分 i 的逸度 $\hat{f}_i$ 的顶标 "$\hat{\ }$" 不能写成 "—"。它不是偏摩尔性质，而是混合物中组分的性质。

恒温下，将式(6/1-14) 从标准态积分至任意状态，可有

$$\boxed{\overline{G}_i(T, p, \underline{y}) = G_i^\ominus(T) + RT\ln \frac{\hat{f}_i}{f_i^\ominus}} \qquad (6/1\text{-}16)$$

式(6/1-16) 表示了多组分体系中组分 i 在任意温度、压力和组成条件下的偏摩尔 Gibbs 函数。显然，此时组分 i 的偏摩尔 Gibbs 函数的数值不仅取决于温度、压力和组成，还与组分 i 的标准态选择有关。换言之，结合多组分体系的化学特性和聚集态（例如气体或液体），将体系考虑为混合物还是溶液，以及适当选择组分 i 的标准态，是需要特别注意的。

在剩余性质定义式的各项，乘以多组分体系物质的量 n 可得

$$n\Delta M^R = nM - nM^{ig}$$

在恒定 T、p 及 n_j 时对 n_i 微分可得

$$\left[\frac{\partial(nM^R)}{\partial n_i}\right]_{T, p, n_{j \neq i}} = \left[\frac{\partial(nM)}{\partial n_i}\right]_{T, p, n_{j \neq i}} - \left[\frac{\partial(nM^{ig})}{\partial n_i}\right]_{T, p, n_{j \neq i}}$$

依式(3/7-1) 的定义，以上各项为偏摩尔性质的形式，因此

$$\overline{M}_i^R = \overline{M}_i - \overline{M}_i^{ig} \qquad (6/1\text{-}17)$$

因为剩余性质是表示偏离理想气体的程度，它最适用于描述气体的性质，实际上它们也适用于液体的性质。

将式(6/1-17) 应用于 Gibbs 函数可得偏摩尔剩余 Gibbs 函数的定义

$$\overline{G}_i^R = \overline{G}_i - \overline{G}_i^{ig} \qquad (6/1\text{-}18)$$

所以，联系式(6/1-16) 可得多组分体系中组分的逸度系数定义

$$\overline{G}_i^{\mathrm{R}} = RT\ln\frac{\hat{f}_i}{y_i p} \tag{6/1-19}$$

其中

$$\boxed{\hat{\phi}_i \equiv \frac{\hat{f}_i}{y_i p}} \tag{6/1-20}$$

式(6/1-19) 可写为

$$\overline{G}_i^{\mathrm{R}} = RT\ln\hat{\phi}_i \tag{6/1-21}$$

逸度系数也可用于液体，此时将摩尔分数由 y_i 换为 x_i。

显然，对于理想气体的混合物，$\overline{G}_i^{\mathrm{R}}$ 为零，因此 $\hat{\phi}_i^{\mathrm{ig}} = 1$，并且

$$\boxed{\hat{f}_i^{\mathrm{ig}} = y_i p} \tag{6/1-22a}$$

因此理想气体的混合物，组分 i 的逸度就等于其分压。

6.1.4　Lewis-Randall 规则

在理想混合物特例时，对其中 i 组分而言，式(6/1-16) 变为

$$\overline{G}_i^{\mathrm{id}} = G_i^{\ominus}(T, p) + RT\ln\frac{\hat{f}_i^{\mathrm{id}}}{f_i^{\ominus}}$$

当此式和式(6/1-6b) 与式(3/9-2) 联合使用时，可消去 $G_i^{\ominus}(T, p)$ 并简化为下式

$$\boxed{\hat{f}_i^{\mathrm{id}} = x_i f_i} \tag{6/1-22b}$$

式(6/1-22b) 称为 Lewis-Randall 规则，适用于所有温度、压力及组成时理想混合物中的每一组分。此式表示理想混合物中每一物质的逸度正比于其摩尔分数，其比例常数为与体系相同温度、压力下纯组分 i 的逸度。将式(6/1-22b) 两边各除以 $x_i p$ 并将 $\hat{f}_i^{\mathrm{id}}/x_i p$ 表示为 $\hat{\phi}_i^{\mathrm{id}}$ [式(6/1-20)]，将 f_i/p 表示为 ϕ_i [式(6/1-9)]，可得下列表示式

$$\hat{\phi}_i^{\mathrm{id}} = \phi_i \tag{6/1-23}$$

因此在理想混合物中 i 组分的逸度系数，等于相同 T、p 与物理状态下纯组分 i 的逸度系数。因为 Raoult 定律中假设液相为理想混合物，所以符合 Raoult 定律的体系即为理想混合物。

6.1.5　剩余性质的基本关系

为了推广基本性质的关系式至剩余性质，将式(3/7-5a) 转变为另一种数学表示形式(亦曾用于 3.1 节)

$$\mathrm{d}\left(\frac{nG}{RT}\right) \equiv \frac{1}{RT}\mathrm{d}(nG) - \frac{nG}{RT^2}\mathrm{d}T$$

在此式中，由式(3/7-5a) 消去 $\mathrm{d}(nG)$，并以 $H - TS$ 取代 G。经过一些代数运算简化后可得

$$\mathrm{d}\left(\frac{nG}{RT}\right) = \frac{nV}{RT}\mathrm{d}p - \frac{nH}{RT^2}\mathrm{d}T + \sum_i \frac{\overline{G}_i}{RT}\mathrm{d}n_i \tag{6/1-24}$$

式中，各项都以摩尔为单位，与式(3/7-5a) 相比，式(6/1-24) 右边存在焓的项而非熵的项。式(6/1-24) 是将 G/RT 表示为其基本变量 T、p 与 n 的一般化公式。对 1mol 的恒定组

成相，此式简化为式（3/1-25）。式（3/1-26）及式（3/1-27）可由它们导出，其他的热力学性质关系也可由适当的定义公式得出。G/RT 表示为其基本变量的函数可用来计算其他热力学性质，它包含了完整的热力学性质信息。然而，并不直接利用这项特性，实际上利用其相关的性质，如剩余 Gibbs 函数。

因为式（6/1-24）是一般化的公式，可对理想气体的特例写出

$$d\left(\frac{nG^{ig}}{RT}\right) = \frac{nV_i^{ig}}{RT}dp - \frac{nH_i^{ig}}{RT^2}dT + \sum_i \frac{\overline{G_i^{ig}}}{RT}dn_i$$

由式（3/3-3）及式（6/1-18）可知，可从式（6/1-24）减去上式而得

$$d\left(\frac{nG^{R}}{RT}\right) = \frac{nV^{R}}{RT}dp - \frac{nH^{R}}{RT^2}dT + \sum_i \frac{\overline{G_i^{R}}}{RT}dn_i \qquad (6/1\text{-}25)$$

式（6/1-25）是基本的剩余性质关系，如同在第 3 章中由式（3/1-4b）导出式（3/3-5），事实上，式（3/1-4b）和式（3/3-5）是式（3/6-2）和式（6/1-25）在 1mol 恒定组成流体时的特例。引入式（6/1-20）所定义的逸度系数，可得到式（6/1-25）的另一种表示法

$$d\left(\frac{nG^{R}}{RT}\right) = \frac{nV^{R}}{RT}dp - \frac{nH^{R}}{RT^2}dT + \sum_i \ln\hat{\phi}_i dn_i \qquad (6/1\text{-}26)$$

式（6/1-25）及式（6/1-26）所表示的一般化公式，在特定限制条件下才具有实用性。将式（6/1-25）及式（6/1-26）在恒温及恒定组成时除以 dp 得到

$$\frac{V^{R}}{RT} = \left[\frac{\partial(G^{R}/RT)}{\partial P}\right]_{T,x} \qquad (6/1\text{-}27)$$

同理，在恒压及恒定组成时除以 dT 得到

$$\frac{H^{R}}{RT} = -T\left[\frac{\partial(G^{R}/RT)}{\partial T}\right]_{p,x} \qquad (6/1\text{-}28)$$

这些公式是式（3/3-4）及式（3/3-5）在固定组成下的再次表述，并可由式（3/3-7）、式（3/3-8）、式（3/3-9），从体积数据计算超额性质。

由式（6/1-26）可得

$$\ln\hat{\phi}_i = \left[\frac{\partial(G^{R}/RT)}{\partial n_i}\right]_{p,T,n_{j\neq i}} \qquad (6/1\text{-}29)$$

此式显示 $\ln\hat{\phi}_i$ 是 G^{R}/RT 的偏摩尔性质。

6.2　逸度的计算

6.2.1　气体纯组分逸度的计算

由式（6/1-8b）所定出 $\ln\phi_i$ 与 G_i^{R}/RT 的等式可使式（3/3-9）重新写为

$$\ln\phi_i = \int_0^p (Z_i - 1)\frac{dp}{p} \qquad （温度为常数） \qquad (6/2\text{-}1)$$

由此式及状态方程所表示的 pVT 数据，可计算纯物质的逸度系数（以及逸度）。

（1）利用 virial 方程计算逸度

当压缩因子如式（2/4-2）所示时，可得

$$Z_i - 1 = \frac{B_{ii}p}{RT}$$

式中，纯物质的第二 virial 系数 B_{ii} 只是温度的函数。将上式代入式（6/2-1）中可得

$$\ln\phi_i = \frac{B_{ii}}{RT}\int_0^p \mathrm{d}p \qquad （温度为常数）$$

因此

$$\boxed{\ln\phi_i = \frac{B_{ii}p}{RT}} \qquad (6/2\text{-}2)$$

（2）利用立方型状态方程计算逸度

直接利用式（6/1-8b）及式（3/4-15b），可由立方型状态方程计算逸度系数

$$\boxed{\ln\phi_i = Z_i - 1 - \ln(Z_i - \beta_i) - q_i I_i} \qquad (6/2\text{-}3)$$

式中，β_i 由式（2/5-13）表示，q_i 由式（2/5-14）表示，I_i 由式（3/4-14）表示，并皆针对纯物质而言。利用式（6/2-3）的前提，必须在指定的 T 与 p 时，由式（2/5-12）计算汽相的 Z_i 值，或由式（2/5-16）计算液相的 Z_i 值。

（3）逸度系数的一般化关联

在 2.6 节所导出对压缩因子 Z 的一般化计算法，及 3.4 节对气体剩余焓及熵的一般计算法可在此应用于逸度系数。代入下列关系可将式（6/2-1）表示为一般化的形式

$$p = p_c p_r \qquad \mathrm{d}p = p_c \mathrm{d}p_r$$

因此

$$\ln\phi_i = \int_0^{p_r}(Z_i - 1)\frac{\mathrm{d}p_r}{p_r} \qquad (6/2\text{-}4)$$

式中，积分是在恒定 T_r 下进行。将式（2/6-2）代入 Z_i 可得

$$\ln\phi = \int_0^{p_r}(Z^0 - 1)\frac{\mathrm{d}p_r}{p_r} + \omega\int_0^{p_r}Z^1\frac{\mathrm{d}p_r}{p_r}$$

其中为了方便起见而省略下标 i。此式也可写为另一形式

$$\ln\phi = \ln\phi^0 + \omega\ln\phi^1 \qquad (6/2\text{-}5)$$

其中

$$\ln\phi^0 \equiv \int_0^{p_r}(Z^0 - 1)\frac{\mathrm{d}p_r}{p_r}$$

及

$$\ln\phi^1 \equiv \int_0^{p_r}Z^1\frac{\mathrm{d}p_r}{p_r}$$

利用附录 B2 中所列出 Z^0 与 Z^1 的数据，可由数值法或图形法在各 T_r 及 p_r 时计算上列各式的积分。另一种方法是基于状态方程，即用 Lee-Kesler 关联式来计算逸度系数的方法。

因为式（6/2-5）亦可写为

$$\boxed{\phi = (\phi^0)(\phi^1)^\omega} \qquad (6/2\text{-}6)$$

所以也可写出 ϕ^0 及 ϕ^1 的关联式，而不必求它们的对数值。附录 B5 即是如此表示，由 Lee-Kesler 关联式将 ϕ^0 及 ϕ^1 写成 T_r 及 p_r 的函数，并由此得到逸度系数的三参数一般化关联式。

例 6/2-1：

利用式（6/2-6）估算正丁烯在 200℃ 及 7MPa 时的逸度。

解 6/2-1：

由附录 B1 查得正丁烯的

$$T_c = 419.6\text{K} \qquad p_c = 4.023\text{MPa} \qquad \omega = 0.187$$

$$T_r = \frac{273.15 + 200}{419.6} = 1.127 \qquad p_r = \frac{7}{4.023} = 1.740$$

由附录 B5 内差可得

$$\phi^0 = 0.6232 \quad \text{及} \quad \phi^1 = 1.0946$$

由式（6/2-6）可得

$$\phi = 0.6232 \times (1.0946)^{0.187} = 0.6338$$

及

$$f = \phi p = 0.6338 \times 7 = 4.44\text{MPa}$$

当简单 virial 方程适用时，可得到有用的 $\ln\phi$ 的一般化表示。由式（2/4-2）及式（2/6-10）联合可得

$$Z - 1 = \frac{p_r}{T_r}(B^0 + \omega B^1)$$

代入式（6/2-4）中并积分得到

$$\ln\phi = \frac{p_r}{T_r}(B^0 + \omega B^1)$$

或

$$\boxed{\phi = \exp\left[\frac{p_r}{T_r}(B^0 + \omega B^1)\right]} \qquad (6/2\text{-}7)$$

当 Z 大约是压力的线性函数时，式（6/2-7）与式（2/6-13）联用对非极性或弱极性气体的 ϕ 值可得到满意的结果。

$$B^0 = 0.083 - \frac{0.422}{T_r^{1.6}}$$

$$B^1 = 0.139 - \frac{0.172}{T_r^{4.2}}$$

图 2/7-1 可再次提供其适用范围的参考。

上述的一般化关联式仅针对纯气体而已。在下列章节中，将叙述如何利用一般化的 viral 方程计算气体多组分体系中各组分的逸度系数。

6.2.2　液体纯组分逸度的计算

纯液体 i 的逸度可由下列两步骤求得：

① 首先，饱和气体的逸度系数 $\phi_i^s = \phi_i^v$，可在 $p = p_i^s$ 时由式（6/2-1）积分求得。再由式（6/1-12）知 $f_i^s = \phi_i^s p_i^s$，此时为体系温度下饱和气体及饱和液体的逸度。

② 再计算压力由 p_i^s 改变至 p 时，即由饱和液体改变至压缩液体时，逸度所发生的改变。

第二步中，恒温下压力的改变时，可由式（3/1-4b）积分而得

$$G_i - G_i^s = \int_{p_i^s}^{p} V_i \mathrm{d}p$$

再将式（6/1-3）分别对 G_i 及 G_i^s 写出，求此两者的差值为

$$G_i - G_i^s = RT\ln\frac{f_i}{f_i^s}$$

上列二式所表示的 $G_i - G_i^s$ 相等，因此可得

$$\ln\frac{f_i}{f_i^s} = \frac{1}{RT}\int_{p_i^s}^{p} V_i \mathrm{d}p$$

或写作

$$\frac{f_i}{f_i^s} = \exp\int_{p_i^s}^{p} \frac{V_i}{RT}\mathrm{d}p$$

式中，指数项称为 **Poynting 因子（Poynting factor）**，表示由饱和态向更高压力发展时对逸度的影响。因为，V_i 是液相的摩尔体积，在临界温度 T_c 以下是压力的极微弱函数，在积分时假设 V_i 为常数，并等于饱和液体体积 V_i^l，可得近似结果

$$\ln\frac{f_i}{f_i^s} = \frac{V_i^l(p - p_i^s)}{RT}$$

代入 $f_i^s = \phi_i^s p_i^s$，解出

$$\boxed{f_i = \phi_i^s p_i^s \exp\frac{V_i^l(p - p_i^s)}{RT}} \quad (6/2\text{-}8)$$

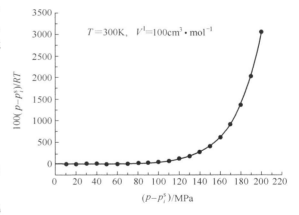

图 6/2-1　Poynting 因子与压力的关系

借助图 6/2-1 可以认识 Poynting 因子对逸度的数值校正意义。图中的数值是在给定温度为 300K 和液体摩尔体积为 $100\mathrm{cm}^3 \cdot \mathrm{mol}^{-1}$ 时得到的。显然，在很大的范围内校正的作用并不明显。只有在相当高的压力，例如达到 110MPa 以上，Poynting 因子的校正作用才逐渐显现出来。

例 6/2-2：

试求液态异丁烷在 360.9K 和 10.2MPa 下的逸度。已知 360.9K，液体异丁烷的平均摩尔体积为 $V^l = 0.119 \times 10^{-3} \mathrm{m}^3 \cdot \mathrm{mol}^{-1}$，饱和蒸气压为 $p^s = 1.574\mathrm{MPa}$。

解 6/2-2：

首先计算 $f^s(T, p^s)$，可查到异丁烷（i-C_4H_{10}）的临界性质和偏心因子为

$$T_c = 408.1K \qquad p_c = 3.6MPa \qquad \omega = 0.176$$

有临界对比性质

$$T_r = \frac{T}{T_c} = \frac{360.96}{408.1} = 0.884 \qquad p_r = \frac{p_i^s}{p_c} = \frac{1.574}{3.6} = 0.437$$

采用 Lee-kesler 关联式求其逸度，由附录 B5 经数值内差可得

$$\phi^\circ = 0.7677 \quad \phi' = 0.7385$$

有

$$\phi_{C_4H_{10}}^s(T, p_i^s) = 0.7677 \times (0.7385)^{0.176} = 0.7278$$

将所有数据代入

$$f_i^l(T, p) = \phi_i^s p_i^s \times \exp\left[\frac{V_i^l}{RT}(p - p_i^s)\right]$$

$$= 0.7278 \times 1.574 \times \exp\left[\frac{0.119 \times 10^{-3}}{8.3145 \times 360.9} \times (10.2 - 1.574) \times 10^6\right]$$

解出

$$f_{C_4H_{10}}^l = 1.613MPa$$

例 6/2-3：

由蒸汽表的数据，计算温度为 300℃，压力至 10000kPa（100bar）水的 f_i 及 ϕ_i，并对 p 作图。

解 6/2-3：

式（6/1-3）可以写出

$$d\ln f_i = \frac{1}{RT}dG_i \qquad （温度为常数）$$

在相同压力下，从基准态（以 * 表示）积分到压力 p 得

$$\ln \frac{f_i}{f_i^*} = \frac{1}{RT}(G_i - G_i^*)$$

因为 $G_i = H_i - TS_i$ 及 $G_i^* = H_i^* - TS_i^*$，上式变为

$$\ln \frac{f_i}{f_i^*} = \frac{1}{R}\left[\frac{H_i - H_i^*}{T} - (S_i - S_i^*)\right] \tag{A}$$

假设 300℃和 1kPa 下水蒸气可当作理想气体，$f_i^* = p_i^* = 1kPa$，在此状态下参考点的数据为

$$H_i^* = 3076.8J \cdot g^{-1}$$

$$S_i^* = 10.3450J \cdot g^{-1} \cdot K^{-1}$$

在温度为 300℃，且压力由 1kPa 至饱和压力 8592.7kPa 时，式（A）皆可适用。例如 $p = 4000kPa$，且 $t = 300$℃时

$$H_i = 2962.0J \cdot g^{-1}$$

$$S_i = 6.3642\mathrm{J \cdot g^{-1} \cdot K^{-1}}$$

但是，H_i 及 S_i 的数值需要乘以水的相对分子质量（18.015），变为每摩尔的数值后再代入式（A）

$$\ln \frac{f_i}{f_i^*} = \frac{18.015}{8.314} \times \left[\frac{2962.0 - 3076.8}{573.15} - (6.3642 - 10.3450) \right] = 8.1917$$

所以

$$f_i / f_i^* = 3611.0$$

$$f_i = 3611.0 f_i^* = 3611.0 \times 1 = 3611.0 \mathrm{kPa}$$

同时，4000kPa 时的逸度系数为

$$\phi_i = \frac{f_i}{p} = \frac{3611.0}{4000} = 0.9028$$

同理可求得其他压力下的数值，并绘于图 6/2-2 上，其中压力可高至饱和压力 8592.7kPa，此时

$$f_i = f_i^s = 6738.9\mathrm{kPa} \quad 及 \quad \phi_i = \phi_i^s = 0.7843$$

由式（6/1-11）及式（6/1-13）知，饱和点的数值不因冷凝而改变。虽然这些图形为连续曲线，但其斜率具有不连续性。更高压力下液态水的 f_i 及 ϕ_i 值可利用式（6/2-8）求得。令 V_i^1 等于 300℃时液态水的摩尔体积为

$$V_i^1 = 1.043 \times 18.015 = 25.28\mathrm{cm^3 \cdot mol^{-1}}$$

在压力为 10000kPa 时，由式（6/2-8）可得

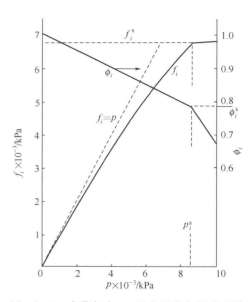

图 6/2-2　水蒸气在 300℃的逸度与逸度系数

$$f_i = 6738.9 \times \exp \frac{25.28 \times (10000 - 8592.7) \times 10^{-3}}{8.314 \times 573.15} = 6789.4\mathrm{kPa}$$

此情况下液态水的逸度系数为

$$\phi_i = \frac{f_i}{p} = \frac{6789.4}{10000} = 0.6789$$

由此计算可完成图 6/2-2 的绘制，其中实线表示 f_i 及 ϕ_i 随压力而改变的情形，理想气体如虚线所示的 $f_i = p$。随着压力的升高，逸度 f_i 曲线更加偏离理想气体行为。在 $p = p_i^s$ 时，曲线有一个明显的不连续变化。在此以上，曲线随压力增加的变化十分不明显。因此 300℃的液态水的逸度只是微弱的压力函数，这是液态物质在临界温度以下的特性。逸度系数 ϕ_i 从压力为零时的数值 1 开始，随压力的升高逐渐下降，在 $p = p_i^s$ 以后的液态区内 ϕ_i 随压力的增加而快速下降，因为此时 f_i 几乎为一常数。

6.2.3　多组分体系逸度的计算

对于 n 摩尔恒定组成的多组分体系，式（3/3-9）变为

$$\frac{nG^R}{RT} = \int_0^p (nZ - n) \frac{\mathrm{d}p}{p}$$

在固定 T、p 与 n_j 时，如同式（6/1-28）将上式对 n_i 微分可得

$$\ln \hat{\phi}_i = \int_0^p \left[\frac{\partial (nZ - n)}{\partial n_i} \right]_{p,T,n_j} \frac{\mathrm{d}p}{p}$$

因为 $\partial(nZ)/\partial n_i = \overline{Z}_i$ 且 $\partial n/\partial n_i = 1$，上式简化为

$$\boxed{\ln\hat{\phi}_i = \int_0^p (\overline{Z}_i - 1)\,\frac{\mathrm{d}p}{p}} \tag{6/2-9}$$

其中积分是在恒温及恒定组成下进行。此式是类比于式（6/2-1）的偏摩尔性质公式，并可由 pVT 数据计算 $\hat{\phi}_i$。

(1) 利用 virial 方程计算逸度

多组分体系中 i 组分的 $\hat{\phi}_i$ 值可由状态方程求出，而舍项的 virial 方程提供了一个有用的范例。此方程对气体混合物或纯物质所表示的形式是一样的

$$Z = 1 + \frac{Bp}{RT}$$

混合物的第二 virial 系数是温度及组成的函数，它的正确组成关系在 2.9 节给出，并使得在低至中压范围内，virial 方程较其他方程更易于使用。此组成关系式为

$$B = \sum_i \sum_j (y_i y_j B_{ij}) \tag{2/9-13}$$

对二组分混合物而言，$i = 1$、2 及 $j = 1$、2，由式（2/9-13）展开而得

$$B = y_1^2 B_{11} + 2 y_1 y_2 B_{12} + y_2^2 B_{22}$$

由式（2/9-13），可导出二组分气体混合物中的 $\ln\hat{\phi}_1$ 与 $\ln\hat{\phi}_2$。对 n mol 的气体混合物，有

$$nZ = n + \frac{nBp}{RT}$$

对 n_1 微分可得

$$\overline{Z}_1 \equiv \left[\frac{\partial(nZ)}{\partial n_1}\right]_{p,T,n_2} = 1 + \frac{p}{RT}\left[\frac{\partial(nB)}{\partial n_1}\right]_{T,n_2}$$

将 $\overline{Z}_1$ 代入式（6/2-9）中得

$$\ln\hat{\phi}_1 = \frac{1}{RT}\int_0^p \left[\frac{\partial(nB)}{\partial n_1}\right]_{T,n_2}\mathrm{d}p = \frac{p}{RT}\left[\frac{\partial(nB)}{\partial n_1}\right]_{T,n_2}$$

其中的积分极简易，因 B 不是压力的函数，只需考虑微分的运算。式（2/9-13）所表示的第二 virial 系数可表示为

$$B = y_1(1 - y_2)B_{11} + 2 y_1 y_2 B_{12} + y_2(1 - y_1)B_{22}$$

$$= y_1 B_{11} - y_1 y_2 B_{11} + 2 y_1 y_2 B_{12} + y_2 B_{22} - y_1 y_2 B_{22}$$

或

$$B = y_1 B_{11} + y_2 B_{22} + y_1 y_2 \delta_{12}$$

其中

$$\delta_{12} \equiv 2 B_{12} - B_{11} - B_{22}$$

因为

$$y_i = \frac{n_i}{n}$$

$$nB = n_1 B_{11} + n_2 B_{22} + \frac{n_1 n_2}{n}\delta_{12}$$

由微分可得

$$\left[\frac{\partial(nB)}{\partial n_1}\right]_{T,n_2} = B_{11} + \left(\frac{1}{n}-\frac{n_1}{n^2}\right)n_2\delta_{12}$$

$$= B_{11} + (1-y_1)y_2\delta_{12} = B_{11} + y_2^2\delta_{12}$$

因此

$$\ln\hat{\phi}_1 = \frac{p}{RT}(B_{11}+y_2^2\delta_{12}) \qquad (6/2\text{-}10)$$

同理

$$\ln\hat{\phi}_2 = \frac{p}{RT}(B_{22}+y_1^2\delta_{12}) \qquad (6/2\text{-}11)$$

式(6/2-10) 与式(6/2-11) 可延伸使用于多组分气体混合物中，其中通式为

$$\ln\hat{\phi}_k = \frac{p}{RT}\left[B_{kk} + \frac{1}{2}\sum_i\sum_j y_i y_j(2\delta_{ik}-\delta_{ij})\right] \qquad (6/2\text{-}12)$$

式中，下标 i 与 j 指全部的组分，且

$$\delta_{ik}\equiv 2B_{ik}-B_{ii}-B_{kk} \qquad\qquad \delta_{ij}\equiv 2B_{ij}-B_{ii}-B_{jj}$$

以及 $\delta_{ii}=0$，$\delta_{kk}=0$ 及 $\delta_{ki}=\delta_{ik}$。

例 6/2-4：

利用式(6/2-10) 与式(6/2-11)，计算 200K 及 3MPa 时，含有 40%（摩尔分数）氮气的氮气（1）/甲烷（2）混合物的逸度系数。实验值的 virial 系数为：

$B_{11}=-35.2\text{cm}^3\cdot\text{mol}^{-1}$ $\qquad B_{22}=-105.0\text{cm}^3\cdot\text{mol}^{-1}$ $\qquad B_{12}=-59.8\text{cm}^3\cdot\text{mol}^{-1}$

解 6/2-4：

由定义知，$\delta_{12}=2B_{12}-B_{11}-B_{22}$，因此

$$\delta_{12}=2\times(-59.8)+35.2+105.0=20.6\text{cm}^3\cdot\text{mol}^{-1}$$

将此数值代入式(6/2-10)及式(6/2-11)可得

$$\ln\hat{\phi}_1 = \frac{3}{8.314\times200}[-35.2+(0.6)^2\times20.6]=-0.0501$$

$$\ln\hat{\phi}_2 = \frac{3}{8.314\times200}[-105.0+(0.4)^2\times20.6]=-0.835$$

所以

$$\hat{\phi}_1=0.9511 \quad 及 \quad \hat{\phi}_2=0.8324$$

由式(2/9-13) 可求得混合物的第二 virial 系数为 $B=-72.14\text{cm}^3\cdot\text{mol}^{-1}$，再代入式(2/4-2) 可得混合物的压缩系数为 $Z=0.870$。

利用第二 virial 系数的数据以计算 $\ln\hat{\phi}_k$ 的通式，可由式(6/2-12) 表示。纯物质的 virial 系数 B_{kk}、B_{ii} 等可由式(2/6-14)、式(2/6-13) 等一般化关联式求出。交互作用参数 B_{ik}、B_{ij} 等可由式(2/9-14)、式(2/9-15) 同样的关联式推延求得。例如，由式(2/9-14) 所得的 B_{ij} 代入式(2/9-13) 中可得到混合物的第二 virial 系数 B，且可代入式(6/2-12) 而求得

$\ln\hat{\phi}_i$ 值。

例 6/2-5：

在 50℃ 及 25kPa 时，由式(6/2-10) 及式(6/2-11) 估算等摩尔混合物丁酮（1）/甲苯（2）的 $\hat{\phi}_1$ 与 $\hat{\phi}_2$ 值，令 $k_{ij}=0$。

解 6/2-5：

本题所需要的数据如下

ij	T_{cij}/K	p_{cij}/bar	$V_{cij}/cm^3\cdot mol^{-1}$	Z_{cij}	ω_{ij}
11	535.5	41.5	267	0.249	0.323
22	591.8	41.1	316	0.264	0.262
12	563.0	41.3	291	0.256	0.293

其中最后两行的值是由式(2/9-17)～式(2/9-21) 计算而得。对每一对 ij 组分由式(2/9-15) 及式(2/9-14) 计算所得的 T_{rij}、B^0、B^1 及 B_{ij} 数值如下

ij	T_{rij}	B^0	B^1	$B_{ij}/cm^3\cdot mol^{-1}$
11	0.603	−0.865	−1.300	−1387
22	0.546	−1.028	−2.045	−1860
12	0.574	−0.943	−1.632	−1611

由 δ_{12} 的定义可计算得到

$$\delta_{12}=2B_{12}-B_{11}-B_{22}=2\times(-1611)+1387+1860=25cm^3\cdot mol^{-1}$$

再由式(6/2-10) 及式(6/2-11) 计算

$$\ln\hat{\phi}_1=\frac{p}{RT}(B_{11}+y_2^2\delta_{12})=\frac{25}{8314\times323.15}[-1387+(0.5)^2\times25]=-0.0128$$

$$\ln\hat{\phi}_2=\frac{p}{RT}(B_{22}+y_1^2\delta_{12})=\frac{25}{8314\times323.15}[-1860+(0.5)^2\times25]=-0.0172$$

所以

$$\hat{\phi}_1=0.987 \quad 且 \quad \hat{\phi}_2=0.983$$

此结果代表了低压下汽液相平衡中汽相的典型数值。

（2）利用立方型方程计算逸度

基于式(2/9-23)～式(2/9-28) 经过推导可有

$$\boxed{\ln\hat{\phi}_i=\frac{b_i}{b}(Z-1)-\ln(Z-\beta)-\bar{q}_i I} \tag{6/2-13}$$

式中，参数 b、b_i、β、Z 等的计算，可参考第二章的有关章节。I 可由式(3/4-13) 和式(3/4-14) 计算，式(6/2-3) 是此式用于纯物质 I 的一个特例。

因为

$$q\equiv\frac{a(T)}{bRT} \tag{2/5-11}$$

$$nq=\frac{n(na)}{RT(nb)}$$

所以

$$\overline{q}_i \equiv \left[\frac{\partial(nq)}{\partial n_i}\right]_{T,n_j} = q\left(1 + \frac{\overline{a}_i}{a} - \frac{\overline{b}_i}{b}\right) = q\left(1 + \frac{\overline{a}_i}{a} - \frac{b_i}{b}\right) \tag{6/2-14}$$

显然，以手算处理这样复杂的公式，一般无法得到满意的结果，可以借助计算机编程以提高计算效率和精度。

例 6/2-6:

利用 RK 方程计算 200K 及 3MPa 时，含有 40%（摩尔分数）氮气的氮气（1）/甲烷（2）混合物的氮气和甲烷逸度系数。

解 6/2-6:

对于 RK 方程有 $\varepsilon = 0$，$\sigma = 1$，$\Omega = 0.08664$ 和 $\Psi = 0.42748$
则式（2/9-23）变为

$$Z = 1 + \beta - q\beta\frac{Z-\beta}{Z(Z+\beta)} \tag{A}$$

对于二元混合物根据式（2/9-30）及式（2/9-31）有

$$a = y_1^2 a_1 + y_2^2 a_2 + 2y_1 y_2 \sqrt{a_1 a_2} \tag{B}$$
$$b = y_1 b_1 + y_2 b_2 \tag{C}$$

由式（2/5-6）及式（2/5-7）

$$a_i = 0.42748\frac{T_{ri}^{-1/2} R^2 T_{ci}^2}{p_{ci}} \tag{D}$$

$$b_i = 0.08664\frac{R T_{ci}}{p_{ci}} \tag{E}$$

对纯组分，查取临界性质等参数并由式（D）和式（E）计算参数 a_i 和 b_i 如下：

组　分	T_{ci}/K	T_{ri}	p_{ci}/MPa	$a_i/Pa \cdot m^6 \cdot K^{0.5} \cdot mol^{-2}$	$b_i/cm^3 \cdot mol^{-1}$
N_2(1)	126.2	1.5848	3.4	0.10995	26.737
CH_4(2)	190.6	1.0493	4.599	0.22786	29.853

混合物参数为

$a = 0.1756 Pa \cdot m^6 \cdot K^{0.5} \cdot mol^{-2}$　　$b = 28.607 cm^3 \cdot mol^{-1}$　　$q = 3.6916$　　$\beta = 0.051612$
方程（A）变为

$$Z = 1 + 0.051612 - 3.6916 \times 0.051612 \times \frac{Z - 0.051612}{Z(Z + 0.051612)}$$

迭代解得　　　　　　　　　　　$Z = 0.85393$
由式（3/4-14）得

$$I = \ln\frac{Z+\beta}{Z} = 0.05868$$

由式（B）得

$$\overline{a}_1 = \left[\frac{\partial(na)}{\partial n_1}\right]_{T,n_2} = 2y_1 a_1 + 2y_2 \sqrt{a_1 a_2} - a$$

$$\overline{a}_2 = \left[\frac{\partial(na)}{\partial n_1}\right]_{T,n_1} = 2y_2 a_2 + 2y_1 \sqrt{a_1 a_2} - a$$

由式（C）得

$$\bar{b}_1 = \left[\frac{\partial(nb)}{\partial n_1}\right]_{T,n_2} = b_1 \qquad \bar{b}_2 = \left[\frac{\partial(nb)}{\partial n_1}\right]_{T,n_1} = b_2$$

由式(6/2-14)

$$\bar{q}_1 = q\left(\frac{2y_1 a_1 + 2y_2 \sqrt{a_1 a_2}}{a} - \frac{b_1}{b}\right) \tag{F}$$

$$\bar{q}_2 = q\left(\frac{2y_2 a_2 + 2y_1 \sqrt{a_1 a_2}}{a} - \frac{b_2}{b}\right) \tag{G}$$

将 b、b_i、β、Z、q 代入式(6/2-13)得计算结果如下:

组　分	$\bar{q}_i$	$\ln\hat{\phi}_i$	$\hat{\phi}_i$
N_2(1)	2.39194	−0.05664	0.94493
CH_4(2)	4.55795	−0.19966	0.81901

6.3　活度

借助逸度的概念可以计算、分析混合物体系的化学位，条件是要有适宜的状态方程。然而，实际上寻找可以同时描述汽液两相行为的适宜方程通常比较困难。有时，又偏重于考察混合物液相的行为，而状态方程对液相的描述不如汽相好。另外，有时研究的是液液相、液固相、气固相等不同聚集态之间的相平衡问题等。这时可以借助活度的概念。这里，需要留意标准态的概念，不同情况下其具体规定有许多差异，以致影响到相关热力学量的最终计算数值。

6.3.1　纯液体与固体组分的活度

在这里涉及固体，是因为讨论相平衡或化学平衡时会遇到涉及固体组分，例如气-固多相反应的平衡问题。

借助纯组分液体逸度的概念，定义纯液体或固体组分的**活度（activity）**为

$$\boxed{a_i \equiv \frac{f_i}{f_i^{\ominus}}} \tag{6/3-1}$$

式中，$f_i^{\ominus}$ 为纯液体或固体组分的标准态逸度。活度又称相对逸度，为任意状态逸度与标准态逸度之比，它描述了任意状态的逸度对标准态逸度的偏差。标准态的确定是活度的取值基础。

对纯液体或纯固体组分来说，规定取活度的标准态为任意温度 T、标准压力为 100kPa（1bar）下的纯液体或纯固体状态。此时，因压力作用不明显，而有

$$f_i(T,p) \approx f_i^{\ominus}(T,p^{\ominus})$$

表明不管实际体系压力有多高，纯液体或固体组分的活度近似等于1

$$a_i^{l}(T,p^{\ominus}) = 1 \tag{6/3-2}$$

$$a_i^{s}(T,p^{\ominus}) = 1 \tag{6/3-3}$$

与逸度不同，活度为无量纲的热力学量。

6.3.2　液态多组分体系中的组分的活度

改写式(6/1-16)

$$\overline{G}_i^{\text{l}}(T,p,\underline{x})=G^{\ominus}(T)+RT\ln\frac{\hat{f}_i^{\text{l}}}{f_i^{\ominus}} \tag{6/3-4}$$

定义液态多组分体系中组分的活度为

$$\boxed{\hat{a}_i\equiv\frac{\hat{f}_i^{\text{l}}}{f_i^{\ominus}}} \tag{6/3-5}$$

式中，$\hat{f}_i^{\text{l}}$ 为组分 i 的逸度，$f_i^{\ominus}$ 为纯液体组分的标准态逸度。

同时，定义**活度系数（activity coefficient）**为

$$\gamma_i\equiv\frac{\hat{a}_i}{x_i} \tag{6/3-6}$$

由式(6/3-5) 活度系数又可写成

$$\gamma_i=\frac{\hat{f}_i^{\text{l}}}{f_i^{\ominus}x_i} \tag{6/3-7}$$

显然，组分的活度系数的数值亦与组分的标准态选择有关。活度系数亦为无量纲热力学量。

(1)　液体混合物中的组分的活度

对液体混合物中的组分，忽略压力对液体逸度的影响

$$\frac{f_i^{\text{l}}(T,p)}{f_i^{\ominus}(T,p^{\ominus})}=\exp\left[\frac{V^{\text{l}}}{RT}(p-p^{\ominus})\right]\approx1$$

规定取与体系温度、压力下的纯液体逸度为其标准态逸度，则其活度确切地表述为

$$\boxed{\hat{a}_i\equiv\frac{\hat{f}_i^{\text{l}}(T,p,\underline{x})}{f_i^{\text{l}}(T,p)}} \tag{6/3-8}$$

比较液体理想混合物

$$\overline{G}_i^{\text{id}}(T,p,\underline{x})\equiv G_i^*(T,p)+RT\ln x_i$$

或由 Lewis-Randall 规则可得

$$\hat{a}_i^{\text{id}}=\frac{\hat{f}_i^{\text{id}}}{f_i^{\text{l}}}=\frac{f_i^{\text{l}}x_i}{f_i^{\text{l}}}=x_i \tag{6/3-9}$$

说明液体理想混合物中，组分的活度与组分的摩尔分数相等。

特别地，对液体混合物中的组分则有

$$\gamma_i=\frac{\hat{f}_i^{\text{l}}}{f_i^{\text{l}}x_i}=\frac{\hat{f}_i^{\text{l}}}{\hat{f}_i^{\text{id}}} \tag{6/3-10a}$$

或

$$\boxed{\hat{f}_i^{\text{l}}=x_i\gamma_i f_i^{\text{l}}} \tag{6/3-10b}$$

液体混合物中组分的活度系数既可理解为是其活度对其摩尔分数偏差大小的描述，如式(6/3-6)；也可理解为是将其视作真实的液体混合物组分对将其视作理想混合物组分，所求组分逸度偏差大小的描述，如式(6/3-10)。

一般，当组分的活度系数大于 1 时，称体系行为对 Lewis-Randall 规则呈正偏差；当组分的活度系数小于 1 时，称体系行为对 Lewis-Randall 规则呈负偏差。

(2) 溶液中的溶剂与溶质的活度

溶液之所以不同于混合物是在于其构成组分（即溶剂与溶液）不以同样的"方法"研究。溶剂（A）与溶质（B）将采用不同的标准态。但是，它们的标准态选取原则是统一的，即体系为无限稀释溶液时，溶剂与溶质的活度均为 1。

① 溶剂　溶剂的标准态为体系温度、压力下纯溶剂（$x_B \to 0$，$x_A \to 1$）。此时，溶剂须服从 Lewiss-Randall 规则，有

$$f_A^{\ominus} = f_A^l \quad (Pa) \tag{6/3-11a}$$

$$\hat{f}_A^l = f_A^l x_A \quad (Pa) \tag{6/3-11b}$$

即溶液中，分别有溶剂的活度与活度系数的定义

$$\boxed{\hat{a}_A \equiv \frac{\hat{f}_A^l}{f_A^{\ominus}} \equiv \frac{\hat{f}_A^l}{f_A^l}} \tag{6/3-12}$$

$$\boxed{\gamma_A \equiv \frac{\hat{f}_A^l}{f_A^{\ominus} x_A} \equiv \frac{\hat{f}_A^l}{f_A^l x_A}} \tag{6/3-13}$$

且有条件

$$\lim_{\substack{x_A \to 1 \\ x_B \to 0}} \gamma_A = \lim_{\substack{x_A \to 1 \\ x_B \to 0}} \frac{\hat{f}_A^l}{f_A^l x_A} = 1 \tag{6/3-14}$$

因此，任意状态时溶剂的偏摩尔 Gibbs 函数为

$$\overline{G}_A^l(T, p, \underline{x}) = G_A^{\ominus}(T) + RT \ln \frac{\hat{f}_A^l}{f_A^l} \tag{6/3-15}$$

一般情况下，可以用活度系数来表示溶剂的逸度

$$\boxed{\hat{f}_A^l = f_A^l \hat{a}_A = f_A^l \gamma_A x_A} \quad (Pa) \tag{6/3-16}$$

图 6/3-1 以 x_A 为变量，基于溶剂与溶质的 $\hat{f}_i^l$-x_A 曲线，直观地描述了上述有关标准态的概念。$\hat{f}_i$-x_A 实线所表示的是真实逸度 $\hat{f}_i$ 与组成的关系，虚线表示了 Lewis-Randall 规则的结果。在 $x_A = 1$ 时，实线相切于 Lewis-Randall 规则所表示的直线。可见，溶剂标准态逸度是一个"真实"的状态。

② 溶质　溶质的标准态仍为体系温度、压力下溶质的无限稀释溶液（$x_B \to 0$，$x_A \to 1$）。但此时，溶质须服从 Henry 定律，有

$$\boxed{\hat{f}_B^l = k_{H,B} x_B} \quad (Pa) \tag{6/3-17}$$

式中，$k_{H,B}$ 为溶质的 **Henry 常数 (Henry's constant)**。在图 6/3-1 中，$k_{H,B}$ 是以 $\hat{f}_B^l$ 对 x_B 作图，在 x_B 浓度为零处（$\hat{f}_B^l$-x_B 曲线极限处）的切线斜率。Henry 定律适用于 $x_A \to 0$ 的极限，并在微小的 x_A 范围内可近似适用。

$$f_B^{\ominus} = k_{H,B} = \left(\frac{\mathrm{d}\hat{f}_B^l}{\mathrm{d}x_B} \right)_{x_B = 0} \quad (Pa) \tag{6/3-18}$$

因此可以说，溶质标准态逸度是一个"虚拟"的状态。

因此，分别有溶液中溶质的活度与活度系数的定义

$$\hat{a}_B \equiv \frac{\hat{f}_B^l}{f_B^\ominus} \equiv \frac{\hat{f}_B^l}{k_{H,B}} \qquad (6/3\text{-}19)$$

$$\gamma_B \equiv \frac{\hat{f}_B^l}{f_B^\ominus x_B} \equiv \frac{\hat{f}_B^l}{k_{H,B} x_B} \qquad (6/3\text{-}20)$$

且有条件

$$\lim_{\substack{x_A \to 1 \\ x_B \to 0}} \gamma_B = \lim_{\substack{x_A \to 1 \\ x_B \to 0}} \frac{\hat{f}_B^l}{k_{H,B} x_B} = 1 \qquad (6/3\text{-}21)$$

因此，任意状态时溶质的偏摩尔 Gibbs 函数为

$$\overline{G}_B^l(T,p,\underline{x}) = G_B^\ominus(T) + RT\ln\frac{\hat{f}_B^l}{k_{H,B}} \qquad (6/3\text{-}22)$$

一般情况下，可以活度系数来表示溶质的逸度

$$\hat{f}_B^l = k_{H,B}\hat{a}_B = k_H \gamma_B x_B \qquad (\text{Pa}) \qquad (6/3\text{-}23)$$

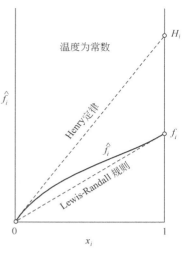

图 6/3-1　溶剂与溶质的标准态

归结起来，所有前述有关逸度与活度的标准态的规定，不外乎下述两种情况。

一种是以 Lewiss-Randall 规则为基础的规定，即规定标准态为体系温度、100kPa 压力下的理想气体或者是体系温度和压力下的纯液体、纯固体，此时标准态逸度等于相应条件下纯组分的逸度。纯组分、混合物中的组分以及溶液中的溶剂都采用了这种规定。这是一种真实的或接近真实的状态。

另外一种是以 Henry 定律为基础的规定，即规定标准态为体系温度和压力下组分的无限稀释溶液，此时标准态逸度等于相应条件下的 Henry 常数。仅对溶液中的溶质使用了这种规定。这是一种"假想"的状态。

对研究的体系组分选择何种标准态，要根据组分与其所处体系的性质。例如，在体系温度、压力下组分能以与体系中其他组分相同的聚集态存在，而且组分之间可以无限制地混合，就可以选择前一种规定。像乙醇与水即如此。相反，组分不能以与体系中其他组分相同的聚集态存在。或者组分之间不能无限制地混合，就可以选择后一种规定。像 CO_2 与水即如此。

根据丁酮（1）和甲苯（2）在 50℃ 下的 VLE 数据所绘制的图 6/3-2 表示了这个体系组分所具有的特性。可以看出，两个组分均表现出对 Lewis-Randall 规则呈正偏差，且偏差不大。重要的是，虽然变化范围有差异，但两个组分的曲线形状比较相似。所以，选择混合物的概念来研究它们的热力学行为比较妥当。

一般，正偏差的体系是常见的，负偏差的体系比较少。将丙酮作为组分 1，而分别将甲醇和氯仿作为组分 2。结果，可以得到图 6/3-3 所示的丙酮在两种二组分液态体系中逸度与组成的关系。可见，当第 2 组分为甲醇时，丙酮显出正偏差，而当第 2 组分为氯仿时，丙酮显出负偏差。在极限 $x_1 = 1$ 时，纯丙酮的逸度 $f_{丙酮}$ 当然不会随第 2 组分而变。然而，在另一极限 $x_1 = 0$ 时 $\hat{f}_1$ 变为 0。由两条虚线斜率所分别表示的两个 Henry 常数却有很大的差异。因为，这分别是采用第 2 组分的两种不同体系。

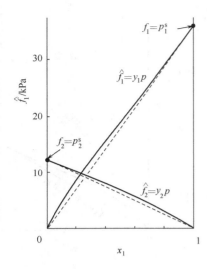

图 6/3-2　丁酮（1）和甲苯（2）体系
在 50℃下的逸度与组成关系

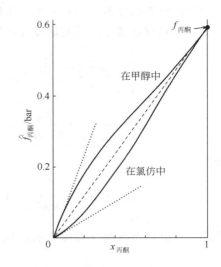

图 6/3-3　丙酮（1）与甲醇（2）或氯仿（2）
体系在 50℃下的逸度与组成关系

6.3.3　活度与混合性质

根据

$$\frac{\Delta_{\mathrm{mix}}G}{RT}=\frac{1}{RT}\sum x_i(\overline{G}_i-G_i)$$

结合活度定义式（6/3-4）和式（6/3-5），可有摩尔混合 Gibbs 函数变化

$$\frac{\Delta_{\mathrm{mix}}G}{RT}=\sum x_i\ln\hat{a}_i \tag{6/3-24}$$

类似地还可写出一些混合物的混合性质变化，如摩尔混合熵变化

$$\frac{\Delta_{\mathrm{mix}}S}{R}=-\sum x_i\ln\hat{a}_i-\sum x_i\left(\frac{\partial\ln\hat{a}_i}{\partial\ln T}\right)_{p,x} \tag{6/3-25}$$

另外，还可有摩尔混合焓变化

$$\frac{\Delta_{\mathrm{mix}}H}{RT}=-\sum x_i\left(\frac{\partial\ln\hat{a}_i}{\partial\ln T}\right)_{p,x} \tag{6/3-26}$$

或

$$\frac{\Delta_{\mathrm{mix}}H}{RT^2}=-\sum x_i\left(\frac{\partial\ln\hat{a}_i}{\partial T}\right)_{p,x} \tag{6/3-27}$$

和摩尔混合体积变化

$$\frac{\Delta_{\mathrm{mix}}V}{RT}=\sum x_i\left(\frac{\partial\ln\hat{a}_i}{\partial p}\right)_{T,x} \tag{6/3-28}$$

因为理想混合物的活度与摩尔分数相等，即遵守

$$\hat{a}_i^{\mathrm{id}}=x_i$$

所以，根据式（6/3-24）～式（6/3-28），可以得到与前面的式（3/9-23）～式（3/9-26）相同

的、关于理想混合物的摩尔混合性质的表述。例如

$$\Delta_{\mathrm{mix}}V^{\mathrm{id}}=0 \tag{3/9-23}$$

$$\Delta_{\mathrm{mix}}H^{\mathrm{id}}=0 \tag{3/9-24}$$

$$\Delta_{\mathrm{mix}}S^{\mathrm{id}}=-R\sum x_i\ln x_i \tag{3/9-25}$$

$$\Delta_{\mathrm{mix}}G^{\mathrm{id}}=RT\sum x_i\ln x_i \tag{3/9-26}$$

可见，活度是多组分体系非理想性的描述，与体系的混合性质关系密切。确切表示多组分体系的热力学性质，必然涉及活度。而当某个多组分体系可以作为理想混合物处理时，其混合性质（涉及热力学第二定律的热力学性质）的表述则可直接用摩尔分数替代活度。

6.4　超额性质

6.4.1　超额 Gibbs 函数

剩余 Gibbs 函数及逸度系数都可经由式(3/3-7)、式(6/2-1) 及式(6/2-9) 与 pVT 实验数据直接相关。pVT 数据可由状态方程关联，而热力学性质可由剩余性质作有效的表达。若所有的流体皆可利用状态方程表示，则热力学关系式的表达已经几乎接近完备。然而对于液态多组分体系，常表示它们偏离理想混合物的程度，而非偏离理想气体的程度。因此，类似于剩余性质的偏差描述方法，可以引出新的概念。

若 M 代表任一摩尔（或单位质量）热力学性质（如 V，U，H，S 和 G 等），则**超额性质（excess propety）** 定义为实际多组分体系的性质，与同样温度、压力及组成时理想混合物性质的差异，即

$$\boxed{M^{\mathrm{E}}\equiv M-M^{\mathrm{id}}} \tag{6/4-1}$$

例如

$$G^{\mathrm{E}}\equiv G-G^{\mathrm{id}}\qquad H^{\mathrm{E}}\equiv H-H^{\mathrm{id}}\qquad S^{\mathrm{E}}\equiv S-S^{\mathrm{id}}$$

以及

$$G^{\mathrm{E}}=H^{\mathrm{E}}-TS^{\mathrm{E}} \tag{6/4-2}$$

式(6/4-2) 则由式(6/4-1) 以及有关 G 的定义而得。

M^{E} 的定义与式(3/3-3) 对剩余性质的定义是相似的。实际上，超额性质与剩余性质间存在一个简单的关系，由式(3/3-3) 与式(6/4-1) 相减而得

$$M^{\mathrm{E}}-M^{\mathrm{R}}=-(M^{\mathrm{id}}-M^{\mathrm{ig}})$$

因为理想气体混合物是由理想气体所形成的理想混合物，所以将 M_i 改换为 M_i^{ig} 时，式(3/9-7)～式(3/9-10) 则变成 M^{ig} 的表示式。例如，式(3/9-7) 变为

$$G^{\mathrm{ig}}=\sum x_iG_i^{\mathrm{ig}}+RT\sum x_i\ln x_i$$

由 M^{id} 及 M^{ig} 的方程，可导出其差值的一般化表示式

$$M^{\mathrm{id}}-M^{\mathrm{ig}}=\sum x_iM_i-\sum x_iM_i^{\mathrm{ig}}=\sum x_iM_i^{\mathrm{R}}$$

其中含有对数项的部分已在求差值的过程中消去。由上式可得下列结果

$$M^E = M^R - \sum x_i M_i^R \tag{6/4-3}$$

超额性质对纯物质并无意义，但剩余性质对纯物质及多组分体系都有效。

如同式(6/1-17)，可写出偏摩尔性质关系

$$\overline{M_i^E} = \overline{M_i} - \overline{M_i^{id}} \tag{6/4-4}$$

式中，$\overline{M_i^E}$ 是偏摩尔超额性质。超额性质关系的推导与剩余性质相同，并得到类似的结果，由式(6/1-23)减去其为理想混合物时的结果，可得到

$$d\left(\frac{nG^E}{RT}\right) = \frac{nV^E}{RT}dp - \frac{nH^E}{RT^2}dT + \sum_i \frac{\overline{G_i^E}}{RT}dn_i \tag{6/4-5}$$

此式即为超额性质的基本公式，并类似于式(6/1-24)之剩余性质的基本公式。

存在于物性 M，剩余性质 M^R，以及超额性质 M^E 之间的确实相似关系式，列于表 6/4-1 中。其中所列的公式皆为基本物性间的关系。

表 6/4-1 Gibbs 函数及其他相关性质关系式的整理

M 与 G 的关系	M^R 与 G^R 的关系	M^E 与 G^E 的关系
$S = -(\partial G/\partial T)_{p,x}$	$S^R = -(\partial G^R/\partial T)_{p,x}$	$S^E = -(\partial G^E/\partial T)_{p,x}$
$V = (\partial G/\partial p)_{T,x}$	$V^R = (\partial G^R/\partial p)_{T,x}$	$V^E = (\partial G^E/\partial p)_{T,x}$
$\begin{aligned}H &= G + TS \\ &= G - T(\partial G/\partial T)_{p,x} \\ &= -RT^2\left[\frac{\partial(G/RT)}{\partial T}\right]_{p,x}\end{aligned}$	$\begin{aligned}H^R &= G^R + TS^R \\ &= G^R - T(\partial G^R/\partial T)_{p,x} \\ &= -RT^2\left[\frac{\partial(G^R/RT)}{\partial T}\right]_{p,x}\end{aligned}$	$\begin{aligned}H^E &= G^E + TS^E \\ &= G^E - T(\partial G^E/\partial T)_{p,x} \\ &= -RT^2\left[\frac{\partial(G^E/RT)}{\partial T}\right]_{p,x}\end{aligned}$
$\begin{aligned}C_p &= (\partial H/\partial T)_{p,x} \\ &= -T(\partial^2 G/\partial T^2)_{p,x}\end{aligned}$	$\begin{aligned}C_p^R &= (\partial H^R/\partial T)_{p,x} \\ &= -T(\partial^2 G^R/\partial T^2)_{p,x}\end{aligned}$	$\begin{aligned}C_p^E &= (\partial H^E/\partial T)_{p,x} \\ &= -T(\partial^2 G^E/\partial T^2)_{p,x}\end{aligned}$

根据混合性质定义可得

$$M^E = \Delta M^E = \Delta_{\text{mix}} M - \Delta_{\text{mix}} M^{id} \tag{6/4-6}$$

需要注意，与前面的混合性质比较，因为 $\Delta_{\text{mix}} V^{id}$、$\Delta_{\text{mix}} H^{id}$、$\Delta_{\text{mix}} C_p^{id}$ 等均为零，故这类函数的超额性质与相应的混合性质相同，例如

$$H^E = \Delta_{\text{mix}} H = \sum x_i(\overline{H_i} - H_i)$$

$$V^E = \Delta_{\text{mix}} V = \sum x_i(\overline{V_i} - V_i)$$

然而，对于基于热力学第二定律的熵以及由熵导出的函数，它们的超额性质与相应的混合性质则不同。

$$S^E \neq \Delta_{\text{mix}} S \qquad G^E \neq \Delta_{\text{mix}} G$$

例 6/4-1：

（a）若 C_p^E 为与温度无关的常数，求出 G^E、S^E 及 H^E 的温度函数表示式。

（b）利用（a）部分导出的结果，针对苯（1）/正己烷（2）等摩尔组成二组分液态体系，导出在 323.15K 时的 G^E、S^E 及 H^E 值。

对此等摩尔组成二组分液态体系而言，在 298.15K 时的超额性质为

$$C_p^E = -2.86\text{J} \cdot \text{mol}^{-1} \cdot \text{K}^{-1} \qquad H^E = 897.9\text{J} \cdot \text{mol}^{-1} \qquad G^E = 384.5\text{J} \cdot \text{mol}^{-1}$$

解 6/4-1：

（a）令 $C_p^E = a$，其中 a 为常数。由表 6/4-1 最后一行知

$$C_p^E = -T\left(\frac{\partial^2 G^E}{\partial T^2}\right)_{p,x}$$

因此

$$\left(\frac{\partial^2 G^E}{\partial T^2}\right)_{p,x} = -\frac{a}{T}$$

积分可得

$$\left(\frac{\partial G^E}{\partial T}\right)_{p,x} = -a\ln T + b$$

式中，b 为积分常数。由二次积分可得

$$G^E = -a(T\ln T - T) + bT + c \qquad (A)$$

式中，c 为另一积分常数。

因为表 6/4-1 中所列 $S^E = -(\partial G^E/\partial T)_{p,x}$

$$S^E = a\ln T - b \qquad (B)$$

由 G^E 及 S^E 的表示可得到 H^E。因为 $H^E = G^E + TS^E$

$$H^E = aT + c \qquad (C)$$

(b) 令 $C_{p_0}^E$、H_0^E 及 G_0^E 代表 $T_0 = 298.15\mathrm{K}$ 时各超额性质的数值，因 C_p^E 为常数

$$a = C_{p_0}^E = -2.86$$

由式(C) 及式(A) 可得

$$c = H_0^E - aT_0 = 1750.6$$

$$b = \frac{G_0^E (T_0\ln T_0 - T_0) - c}{T_0} = -18.0171$$

将已知数值代入式(A)、式(B)、式(C)，在 $T = 323.15\mathrm{K}$ 时得

$$G^E = 344.4\mathrm{J \cdot mol^{-1}} \qquad H^E = 826.4\mathrm{J \cdot mol^{-1}} \qquad S^E = 1.492\mathrm{J \cdot mol^{-1} \cdot K^{-1}}$$

6.4.2 超额 Gibbs 函数与活度系数

由式(6/3-4) 及活度定义得

$$\overline{G}_i^l(T,p,\underline{x}) = G^\ominus(T) + RT\ln\frac{\hat{f}_i^l}{f_i^\ominus} = G^\ominus(T) + RT\ln\hat{a}_i$$

对于理想混合物 $\hat{a}_i^{id} = x_i$，上式可写为

$$\overline{G}_i^{id}(T,p,\underline{x}) = G^\ominus(T) + RT\ln x_i$$

将上述二式代入式(6/4-4) 可得

$$\overline{G}_i^E = RT\ln\gamma_i \qquad (6/4\text{-}7)$$

将式(6/4-7) 的活度系数代入式(6/4-5) 得

$$\boxed{\mathrm{d}\left(\frac{nG^E}{RT}\right) = \frac{nV^E}{RT}\mathrm{d}p - \frac{nH^E}{RT^2}\mathrm{d}T + \sum_i \ln\gamma_i \mathrm{d}n_i} \qquad (6/4\text{-}8)$$

这个一般化公式在实际应用上受到限制，可利用下列特定形式的公式

$$\frac{V^E}{RT} = \left[\frac{\partial(G^E/RT)}{\partial p}\right]_{T,x} \qquad (6/4\text{-}9)$$

$$\frac{H^{\mathrm{E}}}{RT} = -T\left[\frac{\partial(G^{\mathrm{E}}/RT)}{\partial T}\right]_{p,x} \tag{6/4-10}$$

$$\boxed{\ln\gamma_i = \left[\frac{\partial(nG^{\mathrm{E}}/RT)}{\partial n_i}\right]_{p,T,n_j}} \tag{6/4-11}$$

式(6/4-8)～式(6/4-11) 类似于式(6/1-25)～式(6/1-28) 的剩余性质。剩余性质的优点，在于与 pVT 实验数据及状态方程直接相关，而超额性质如 V^{E}、H^{E} 及 γ_i 也与实验结果有关。活度系数可经由汽液相平衡数据求出，V^{E} 及 H^{E} 则可经由混合性质的实验结果求得。

式(6/4-11) 表示 $\ln\gamma_i$ 是 G^{E}/RT 的偏摩尔性质。它类似于式(6/1-28) 所表示的 $\ln\phi_i$ 与 G^{E}/RT 的关系。类似于式(6/4-9) 及式(6/4-10) 的偏摩尔性质表示式为

$$\left(\frac{\partial\ln\gamma_i}{\partial p}\right)_{T,x} = \frac{\overline{V_i^{\mathrm{E}}}}{RT} \tag{6/4-12}$$

$$\left(\frac{\partial\ln\gamma_i}{\partial T}\right)_{p,x} = -\frac{\overline{H_i^{\mathrm{E}}}}{RT^2} \tag{6/4-13}$$

这些公式可计算压力与温度对活度系数的影响。

因为 $\ln\gamma_i$ 是 G^{E}/RT 的偏摩尔性质，可写出加成关系式及 Gibbs/Duhem 公式

$$\boxed{\frac{G^{\mathrm{E}}}{RT} = \sum x_i\ln\gamma_i} \tag{6/4-14}$$

$$\boxed{\sum x_i\,\mathrm{d}\ln\gamma_i = 0} \quad \text{（温度和压力为常数）} \tag{6/4-15}$$

对二组分体系

$$x_1\,\mathrm{d}\ln\gamma_1 + x_2\,\mathrm{d}\ln\gamma_2 = 0 \quad \text{（温度和压力为常数）} \tag{6/4-16}$$

或

$$x_1\frac{\mathrm{d}\ln\gamma_1}{\mathrm{d}x_1} - x_2\frac{\mathrm{d}\ln\gamma_2}{\mathrm{d}x_2} = 0 \quad \text{（温度和压力为常数）} \tag{6/4-17}$$

由此来检验二组分体系模型与数据的正确性。上述这些公式在热力学相平衡的计算上有重要的应用。

压力及温度对超额 Gibbs 函数的影响，可由式(6/4-9) 及式(6/4-10) 直接计算。例如在 25℃ 及 1bar（0.1MPa）时等摩尔的苯与环己烷混合物的超额体积为 $0.65\mathrm{cm}^3 \cdot \mathrm{mol}^{-1}$，其超额焓约为 $800\mathrm{J} \cdot \mathrm{mol}^{-1}$，因此在这些情况下

$$\left[\frac{\partial(G^{\mathrm{E}}/RT)}{\partial p}\right]_{T,x} = \frac{0.65}{83.14\times298.15} = 2.62\times10^{-5}\,\mathrm{bar}^{-1}$$

$$\left[\frac{\partial(G^{\mathrm{E}}/RT)}{\partial T}\right]_{p,x} = \frac{-800}{8.314\times(298.15)^2} = -1.08\times10^{-3}\,\mathrm{K}^{-1}$$

由此，可以发现压力改变约 40bar 时对 Gibbs 函数的影响，约等于温度改变 1K 所产生的影响。应用式(6/4-12) 及式(6/4-13) 计算，亦得相同的结果。这是因为在低压下，压力对液体的超额 Gibbs 函数以及活度系数的影响通常是可忽略的。

6.4.3　超额性质的本质

液体混合物的特别行为可表现在超额性质上。最主要的超额性质是 V^{E}、G^{E}、H^{E} 与 S^{E}。超额 Gibbs 函数可由汽液相平衡数据整理而得，V^{E} 和 H^{E} 则可利用量热计和膨胀计测

定。超额熵则不可直接测得，而是由式(6/4-2) 求出

$$S^{\mathrm{E}} = \frac{H^{\mathrm{E}} - G^{\mathrm{E}}}{T}$$

超额性质受到温度的影响很大，而受到压力的影响较小。它们随着组成而变的关系，可由图 6/4-1 中 50℃及大气压力下的六种二组分液体混合物表示。如同式(6/4-2) 所述，在这些图中以 TS^{E} 表示熵的影响，而不只用 S^{E} 表示。虽然这些系统有不同的表现方式，但具有以下共同的特点：

① 当组成趋近于任一纯物质时，所有的超额性质皆变为零；

② 虽然 G^{E} 对 x_1 的作图大致呈现抛物线的形式，H^{E} 及 TS^{E} 却各自保有个别的组成相依关系；

③ 当一个超额性质 M^{E} 只具有单一的正值或负值时（如六个情况中的 G^{E}），M^{E} 的极值（最大值或最小值）常发生在等摩尔的组成。

特性①是定义公式式(6/4-1) 的结果，当任一 x_1 趋近 1 时，M 及 M^{id} 皆趋近于纯物质 i 的性质。特性②及特性③是基于观察所得的一般化结果，但也有例外的情况（例如乙醇/水系统中的 H^{E}）。

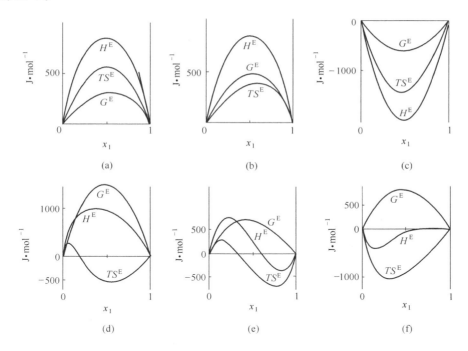

图 6/4-1　六种二组分液体系统在 50℃的超额性质
(a) 氯仿(1)/正庚烷(2)；(b) 丙酮(1)/甲醇(2)；(c) 丙酮(1)/氯仿(2)；
(d) 乙醇(1)/正庚烷(2)；(e) 乙醇(1)/氯仿(2)；(f) 乙醇(1)/水(2)

图 6/4-2 进一步表示了这六个体系的 $\ln\gamma_i$ 值与组成关系的不同的形态。在每一个情形中，当 $x_i \to 1$ 时 $\ln\gamma_i \to 0$ 且此处的斜率为零。通常（但非完全如此）在无限稀释的状态下的活度系数具有最大值。比较此图与图 6/4-1 可知，$\ln\gamma_i$ 通常与 G^{E} 具有相同的正负号，即正值的 G^{E} 表示活度系数大于 1，负值的 G^{E} 表示活度系数小于 1，这种情况在大部分的组成范围内都会出现。

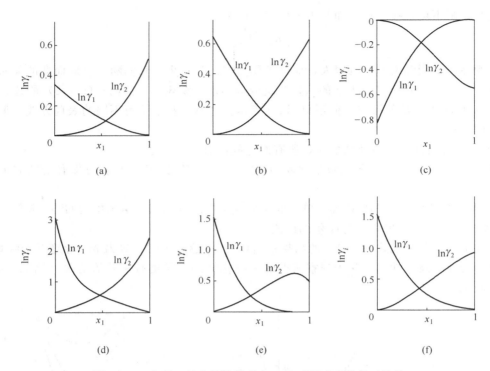

图 6/4-2　六种二组分液体体系在 50℃时活度系数的对数值
(a) 氯仿 (1)/正庚烷 (2)；(b) 丙酮 (1)/甲醇 (2)；(c) 丙酮 (1)/氯仿 (2)；
(d) 乙醇 (1)/正庚烷 (2)；(e) 乙醇 (1)/氯仿 (2)；(f) 乙醇 (1)/水 (2)

6.5　活度系数模型

一般，G^E/RT 是 T、p 及组成的函数，但是对于低至中压下的液体，它只是微弱的压力函数。因此活度系数随压力的变化常可被忽略，在恒温下可写成

$$\frac{G^E}{RT}=g(x_1,x_2,\cdots,x_n)\quad（温度为常数）$$

其他形式的方程也常用来关联活度系数。对于二组分系统（含组分 1 及 2），常将函数以 G^E/x_1x_2RT 形式写出，并表示为 x_1 的多项式

$$\frac{G^E}{x_1x_2RT}=a+bx_1+cx_1^2+\cdots\quad（温度为常数）$$

因为 $x_2=1-x_1$，对于含有组分 1 及 2 的二组分体系，x_1 可视为单独的独立变数。根据 G^E/RT 与 T、p 及组成的函数关系，由式(6/4-11)可推出相应的活度系数模型。

6.5.1　Scatchard Hildebrand 方程与溶解度参数

正规混合物（regular mixture） 是指混合体积变为零、混合熵变等于理想混合熵变的液体或固体混合物。应用上，通常为分子大小和形状均相近的正偏差类型混合物。如图6/5-1，其 G^E/RT 对组成（以及对 $\ln\gamma_i$）的关系呈对称形式。

对二元系，Scatchard Hildebrand 方程的超额 Gibbs 函数关系表示为

$$\frac{G^{\mathrm{E}}}{RT} = \frac{V\phi_1\phi_2}{RT}(\delta_1 - \delta_2)^2 \qquad (6/5\text{-}1)$$

式中，ϕ_1、ϕ_2 是组分 1 和 2 的体积分数。

$$\phi_1 = \frac{x_1 V_1^{\mathrm{l}}}{x_1 V_1^{\mathrm{l}} + x_2 V_2^{\mathrm{l}}} \qquad (6/5\text{-}2\mathrm{a})$$

$$\phi_2 = \frac{x_2 V_2^{\mathrm{l}}}{x_1 V_1^{\mathrm{l}} + x_2 V_2^{\mathrm{l}}} \qquad (6/5\text{-}2\mathrm{b})$$

当 V_1^{l} 近似等于 V_2^{l}，且有 $\phi_1 = x_1$ 和 $\phi_2 = x_2$ 时，可推导出活度系数模型

$$\boxed{\ln\gamma_1 = \frac{V_1^{\mathrm{l}} x_2^2}{RT}(\delta_1 - \delta_2)^2 \qquad (6/5\text{-}3\mathrm{a})}$$

$$\boxed{\ln\gamma_2 = \frac{V_2^{\mathrm{l}} x_1^2}{RT}(\delta_1 - \delta_2)^2 \qquad (6/5\text{-}3\mathrm{b})}$$

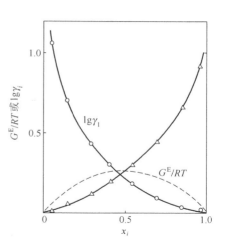

图 6/5-1　乙醇-甲基环己烷的
G^{E}/RT 与组成的关系

式中，δ_i 称为组分 i 的**溶解度参数**（**solubility parameter**），定义为

$$\delta_i \equiv \sqrt{\frac{\Delta_{\mathrm{vap}} U_i}{V_i^{\mathrm{l}}}} \qquad (6/5\text{-}4\mathrm{a})$$

式中，$\Delta_{\mathrm{vap}} U_i$ 是纯液体 i 的摩尔蒸发内能变。利用 $\Delta_{\mathrm{vap}} U_i$ 与摩尔蒸发焓变的关系改写式（6/5-4a），可得 δ_i 的计算式

$$\boxed{\delta_i = \left(\frac{\Delta_{\mathrm{vap}} H_i - RT}{V_i^{\mathrm{l}}}\right)^{1/2} \qquad (6/5\text{-}4\mathrm{b})}$$

所以，可以由式（6/5-4b）根据组分 i 的摩尔蒸发焓和液体摩尔体积计算溶解度参数，再由式（6/5-3）计算二组分体系的活度系数。附录 B1 给出了部分物质的 V_i^{l} 和 $\Delta_{\mathrm{vap}} H_i$ 的数据。

6.5.2　Redlich-Kister 经验式

另一个同义的多项式函数称为 Redlich-Kister 展开式

$$\frac{G^{\mathrm{E}}}{x_1 x_2 RT} = A + B(x_1 - x_2) + C(x_1 - x_2)^2 + \cdots \qquad (6/5\text{-}5)$$

应用此式时，可截取多项式适当的前部，略去其后各项。当 $G^{\mathrm{E}}/x_1 x_2 RT$ 的特定形式决定后，$\ln\gamma_1$ 及 $\ln\gamma_2$ 可由式（6/4-11）求出。

当 $A = B = C = \cdots = 0$ 时，$G^{\mathrm{E}}/RT = 0$，$\ln\gamma_1 = 0$ 及 $\ln\gamma_2 = 0$。此时 $\gamma_1 = \gamma_2 = 1$，且液态多组分体系为理想混合物。

若 $B = C = \cdots = 0$ 时，则

$$\frac{G^{\mathrm{E}}}{x_1 x_2 RT} = A \qquad (6/5\text{-}6)$$

式中，A 在一定温度时为一常数。由此所得 $\ln\gamma_1$ 及 $\ln\gamma_2$ 为

$$\ln\gamma_1 = A x_2^2 \qquad (6/5\text{-}7\mathrm{a})$$

$$\ln\gamma_2 = A x_1^2 \qquad (6/5\text{-}7\mathrm{b})$$

此式具有对称性的关系。无限稀释时的活度系数可表为

$$\ln\gamma_1^\infty = \ln\gamma_2^\infty = A \qquad (6/5\text{-}8)$$

6.5.3 Margules 模型

对于式(6/5-5)，若 $C=\cdots=0$，则

$$\frac{G^E}{x_1 x_2 RT} = A + B(x_1 - x_2) = A + B(2x_1 - 1) \qquad (6/5\text{-}9)$$

此时 $G^E/x_1 x_2 RT$ 是 x_1 的线性函数，若令 $A+B=A_{21}$ 及 $A-B=A_{12}$，则式(6/5-9) 可表示为

$$\frac{G^E}{x_1 x_2 RT} = A_{21} x_1 + A_{12} x_2 \qquad (6/5\text{-}10)$$

式中，A_{12} 及 A_{21} 是常数，由各特定的系统而定出。式(6/5-10) 也可以表示为

$$\frac{G^E}{RT} = (A_{21} x_1 + A_{12} x_2) x_1 x_2 \qquad (6/5\text{-}11)$$

利用式(6/5-13)，可将 $\ln\gamma_1$ 及 $\ln\gamma_2$ 由式(6/4-11) 求出。因须将 nG^E/RT 对物质的量微分，将式(6/5-11) 乘以 n，并将摩尔分数转换为物质的量，即式(6/5-11) 右边的 x_1 以 $n_1/(n_1+n_2)$ 代替，并且将 x_2 以 $n_2/(n_1+n_2)$ 代替。因为 $n=n_1+n_2$，所以可得

$$\frac{nG^E}{RT} = (A_{21} n_1 + A_{12} n_2) \frac{n_1 n_2}{(n_1+n_2)^2} \qquad (6/5\text{-}12)$$

依据式(6/4-11)，将式(6/5-12) 对 n_1 微分可得

$$\ln\gamma_i = \left[\frac{\partial(G^E/RT)}{\partial n_1} \right]_{p,T,n_2}$$

$$= n_2 \left[(A_{21} n_1 + A_{12} n_2) \left(\frac{1}{(n_1+n_2)^2} - \frac{2n_1}{(n_1+n_2)^3} \right) + \frac{n_1 A_{21}}{(n_1+n_2)^2} \right] \qquad (6/5\text{-}13a)$$

再将含 n_i 各项转换以 x_i 表示可得

$$\ln\gamma_1 = x_2 \left[(A_{21} x_1 + A_{12} x_2)(1 - 2x_1) + A_{21} x_1 \right] \qquad (6/5\text{-}13b)$$

又因 $x_2 = 1 - x_1$，式(6/5-13b) 可简化为

$$\boxed{\ln\gamma_1 = x_2^2 \left[A_{12} + 2(A_{21} - A_{12}) x_1 \right]} \qquad (6/5\text{-}14a)$$

同理，对 n_2 微分可得

$$\boxed{\ln\gamma_2 = x_1^2 \left[A_{21} + 2(A_{12} - A_{21}) x_2 \right]} \qquad (6/5\text{-}14b)$$

这两个公式称为 Margules 模型，是常用的经验模型。

在无限稀释的极限状况 $x_1 = 0$ 时，可以得到 Margules 模型的参数

$$\ln\gamma_1^\infty = A_{12} \qquad (6/5\text{-}14c)$$

而当 $x_2 = 0$ 时

$$\ln\gamma_2^\infty = A_{21} \qquad (6/5\text{-}14d)$$

当然，也可以直接用实验数据通过式(6/5-11) 或式(6/5-14a) 和式(6/5-14b) 拟合这两个

参数。

6.5.4　van Laar 模型

另一个熟知的方程则是将 $\dfrac{x_1 x_2}{G^E/RT}$ 表示为 x_1 的线性函数

$$\frac{x_1 x_2}{G^E/RT} = A' + B'(x_1 - x_2) = A' + B'(2x_1 - 1)$$

此式亦可写为

$$\frac{x_1 x_2}{G^E/RT} = A'(x_1 + x_2) + B'(x_1 - x_2) = (A' + B')x_1 + (A' - B')x_2$$

令 $A' + B' = 1/A'_{21}$，$A' - B' = 1/A'_{12}$，可得另一种形式的表示法

$$\frac{x_1 x_2}{G^E/RT} = \frac{x_1}{A'_{21}} + \frac{x_2}{A'_{12}} = \frac{A'_{12} x_1 + A'_{21} x_2}{A'_{12} A'_{21}}$$

或

$$\frac{G^E}{x_1 x_2 RT} = \frac{A'_{12} A'_{21}}{A'_{12} x_1 + A'_{21} x_2} \tag{6/5-15}$$

由此方程所得之活度系数为

$$\boxed{\ln\gamma_1 = A'_{12}\left(1 + \frac{A'_{12} x_1}{A'_{21} x_2}\right)^{-2}} \tag{6/5-16a}$$

$$\boxed{\ln\gamma_2 = A'_{21}\left(1 + \frac{A'_{21} x_2}{A'_{12} x_1}\right)^{-2}} \tag{6/5-16b}$$

这两个公式称为 van Laar 模型。类似 Margules 模型，在无限稀释的极限状况时，可以得到 van Laar 模型的参数

$$\ln\gamma_1^\infty = A'_{12} \tag{6/5-16c}$$

$$\ln\gamma_2^\infty = A'_{21} \tag{6/5-16d}$$

也可以直接用实验数据通过式(6/5-15) 或式(6/5-16a) 和式(6/5-16b) 拟合这两个参数。

Redlich-Kister 展开式、Margules 模型以及 van Laar 模型，都是一般化多项式 $G^E/x_1 x_2 RT$ 函数的特例。这些一般化公式在二组分 VLE 数据的关联上具有很好的适用性，但它们也缺乏理论基础，以至于延伸至多组分系统时并无合理的根据。此外，这些公式中的参数并不内含与温度的关系，其温度函数是因其必要性而加入的。

6.5.5　局部组成模型

近代有关液体多组分体系的分子热力学的理论发展，则是基于**局部组成（local composition）**的概念。在液态多组分体系中，局部组成与总体组成不同，它是由于假设分子间由于不同大小及不同作用力所造成的短距离非随机分子排列而来。

此概念由 G. M. Wilson 于 1964 年在其液态多组分体系行为模型的论文中提出，因此称为 Wilson 模型。Wilson 在提出局部组成概念时认为：在二元混合物中，由于 1-1、1-2 和 2-2 分子对相互作用不同，在任何一个分子的近邻，其局部的组成（局部分子分数）和混合物的总体组成（混合物的分子分数）不一定相同。例如，当 1-1、2-2 的相互作用明显大于 1-2 时，在分子 1 周围出现分子 1 的概率将高些。同样，在分子 2 的周围出现分子 2 的概率也将

高些。相反，当 1-1、2-2 的相互作用显著小于 1-2 时，则在某分子近邻出现异种分子的概率将会大一些。这样在某个分子（中心分子）周围的局部范围内，其组成和总体组成会不同。

局部组成概念成功地关联 VLE 数据，并引发其他相关模型的发展。最著名的是由 Renon 和 Prausnitz 提出的 NRTL（Non-Random-Two-Liquid）模型[1]，以及由 Abrams 和 Prausnitz 提出的 UNIQUAC（UNIversal QUAsi-Chemical）模型[1]。根据 UNIQUAC 模型，又有更进一步的重要发展，称为 UNIFAC（UNIQUAC Functional-group Activity Coefficients）模型[1]，它是基于体系中各组分的分子中各官能基的贡献所形成的计算方法。

（1）Wilson 模型

Wilson 模型如同 Margules 及 van Laar 模型，在二组分系统中只含有两个参数（Λ_{12} 及 Λ_{21}），并可写为

$$\frac{G^{\mathrm{E}}}{RT} = -x_1\ln(x_1+x_2\Lambda_{12}) - x_2\ln(x_2+x_1\Lambda_{21}) \tag{6/5-17}$$

$$\boxed{\ln\gamma_1 = -\ln(x_1+x_2\Lambda_{12}) + x_2\left(\frac{\Lambda_{12}}{x_1+x_2\Lambda_{12}} - \frac{\Lambda_{21}}{x_2+x_1\Lambda_{21}}\right)} \tag{6/5-18a}$$

$$\boxed{\ln\gamma_2 = -\ln(x_2+x_1\Lambda_{21}) - x_1\left(\frac{\Lambda_{12}}{x_1+x_2\Lambda_{12}} - \frac{\Lambda_{21}}{x_2+x_1\Lambda_{21}}\right)} \tag{6/5-18b}$$

在无限稀释时，Wilson 模型变为

$$\ln\gamma_1^{\infty} = -\ln\Lambda_{12} + 1 - \Lambda_{21} \tag{6/5-18c}$$

$$\ln\gamma_2^{\infty} = -\ln\Lambda_{21} + 1 - \Lambda_{12} \tag{6/5-18d}$$

式中，Λ_{12} 及 Λ_{21} 必须为正数。

局部组成模型在关联实验数据时也有适用性上的限制，但大部分工程目的上都足以使用。它们可延伸至多组分系统，除了二组分系统的参数外，无须再引进任何其他参数。例如，Wilson 模型在多组分系统中可写为

$$\frac{G^{\mathrm{E}}}{RT} = -\sum_i x_i\ln\left(\sum_j x_j\Lambda_{ij}\right) \tag{6/5-19}$$

$$\ln\gamma_i = 1 - \ln\left(\sum_j x_j\Lambda_{ij}\right) - \sum_k \frac{x_k\Lambda_{ki}}{\sum_j x_j\Lambda_{kj}} \tag{6/5-20}$$

式中，当 $i=j$ 时 $\Lambda_{ij}=1$。上式中的各下标表示相同的物种，并对所有物种进行加成。对于每一个 ij 物质，模型中有两个参数，因为 $\Lambda_{ij} \neq \Lambda_{ji}$。在三组分系统中，则包含各 ij 分子配对的参数，$\Lambda_{12}, \Lambda_{21}, \Lambda_{13}, \Lambda_{31}, \Lambda_{23}$ 和 Λ_{32}。

Wilson 模型参数的温度函数形式为

$$\Lambda_{ij} = \frac{V_j}{V_i}\exp\frac{-a_{ij}}{RT}(i\neq j) \tag{6/5-21}$$

式中，V_j 及 V_i 是 j 及 i 在温度 T 时的液体摩尔体积；a_{ij} 是与组成及温度无关的常数。

[1] Poling B E, Prausnitz J M, O'Connel J P. The Properties of Gases and Liquids. 5th Ed, New York: Mc Graw Hill, 2001.

Wilson模型与其他局部组成模型一样，其参数具有内含的近似温度函数。所有的参数都由二组分体系（对比于多组分体系）的数据求得，如此使得求取局部组成模型参数成为可能。

（2）NRTL 模型

NRTL 模型对二组分体系有三个参数，并可写为

$$\frac{G^E}{x_1 x_2 RT} = \frac{G_{21}\tau_{21}}{x_1 + x_2 G_{21}} + \frac{G_{12}\tau_{12}}{x_2 + x_1 G_{12}} \tag{6/5-22}$$

$$\ln\gamma_1 = x_2^2 \left[\tau_{21}\left(\frac{G_{21}}{x_1 + x_2 G_{21}}\right)^2 + \frac{G_{12}\tau_{12}}{(x_2 + x_1 G_{12})^2} \right] \tag{6/5-23a}$$

$$\ln\gamma_2 = x_1^2 \left[\tau_{12}\left(\frac{G_{12}}{x_2 + x_1 G_{12}}\right)^2 + \frac{G_{21}\tau_{21}}{(x_1 + x_2 G_{21})^2} \right] \tag{6/5-23b}$$

其中

$$G_{12} = \exp(-\alpha\tau_{12}) \qquad G_{21} = \exp(-\alpha\tau_{21})$$

且

$$\tau_{12} = \frac{b_{12}}{RT} \qquad \tau_{21} = \frac{b_{21}}{RT}$$

而 α、b_{12} 及 b_{21} 为一对分子的特性参数，并与组成及温度无关。无限稀释时的 NRTL 模型活度系数可表示为

$$\ln\gamma_1^\infty = \tau_{21} + \tau_{12}\exp(-\alpha\tau_{12}) \tag{6/5-23c}$$

$$\ln\gamma_2^\infty = \tau_{12} + \tau_{21}\exp(-\alpha\tau_{21}) \tag{6/5-23d}$$

相应的多组分体系的 NRTL 模型为

$$\ln\gamma_i = \frac{\sum\limits_{j=1}^{N} x_j \tau_{ji} G_{ji}}{\sum\limits_{k=1}^{N} x_k G_{kj}} + \sum\limits_{j=1}^{N} \frac{x_j G_{ji}}{\sum\limits_{k=1}^{N} x_k G_{kj}} \left[\tau_{ij} - \frac{\sum\limits_{k=1}^{N} x_j \tau_{kj} G_{kj}}{\sum\limits_{k=1}^{N} x_k G_{kj}} \right] \tag{6/5-24}$$

其中，模型参数分别表示如下

$$\tau_{ij} = \frac{b_{ij}}{RT} \tag{6/5-25}$$

$$G_{ij} = \exp(-\alpha_{ij}\tau_{ij}) \tag{6/5-26}$$

由于 UNIQUAC 模型和 UNIFAC 模型比较复杂，详细内容可以参考相关书籍和文献。

6.5.6　活度系数模型的选用

上述各种活度系数模型对具体的应用对象可能有适应性的差异，可以从理论分析和实验测定等几个方面考虑。但通常都离不开体系的实验数据，无论这些数据是实测的或者是由文献查取的。

（1）G^E-x_1 图形的线性分析

由式（6/5-11）可知 Margulars 方程的特征是 $G^E/(x_1 x_2 RT)$-x_1 图为直线关系；而由式（6/5-15）van Laar 模型的特征是 $(x_1 x_2 RT)/G^E$-x_1 图为直线关系。所以，可以利用实验数据，选择适宜坐标作图，根据是否形成线性关系来判断模型对体系的适应性。

表 6/5-1 列出丁酮（1）/甲苯（2）体系的数据，这些数据也以圆圈表示在图 6/5-2（a）中。以上的结果是基于恒定 T 与 p 下的式（6/4-17）而得。虽然表 6/5-1 中的数据是恒温下

所得，但压力却有改变。应用于式（6/4-17）时所引起的误差可忽略不计，因为在低至中压时液相活度系数几乎与 p 无关。

表 6/5-1　丁酮（1）/甲苯（2）体系在 50℃ 的 VLE 数据

p/kPa	x_1	y_1	$\ln\gamma_1$	$\ln\gamma_2$	G^E/RT	G^E/x_1x_2RT
$30(p_2^s)$	0.0000	0.0000		0.000	0.000	
15.51	0.0895	0.2716	0.266	0.009	0.032	0.389
18.61	0.1981	0.4565	0.172	0.025	0.054	0.342
21.63	0.3139	0.5934	0.108	0.049	0.068	0.312
24.01	0.4232	0.6815	0.069	0.075	0.072	0.297
25.92	0.5119	0.7440	0.043	0.100	0.071	0.283
27.69	0.6096	0.8050	0.023	0.127	0.063	0.267
30.12	0.7135	0.8639	0.010	0.151	0.051	0.248
31.75	0.7934	0.9048	0.003	0.173	0.038	0.234
34.15	0.9102	0.9590	−0.003	0.237	0.019	0.227
$36.09(p_1^s)$	1.0000	1.0000	0.000		0.000	

由实验可得的四种热力学函数数据 $\ln\gamma_1$、$\ln\gamma_2$、G^E/RT 及 G^E/x_1x_2RT，它们都是液相的性质。表中第 4 列及第 5 列的 $\ln\gamma_1$ 及 $\ln\gamma_2$ 以空白方形及三角形表示在图 6/5-2（b）中，表示这些实验数据在特定温度的二组分体系中随组成改变的情形。该体系显示了正偏差，γ_1 及 γ_2 皆大于 1；$\ln\gamma_1$、$\ln\gamma_2$、G^E/RT 及 G^E/x_1x_2RT 皆为正偏值。

如果考察 Margules 模型对这丁酮/甲苯体系的适用性，可以计算得出的 G^E/RT 再除以 x_1x_2，可得到 G^E/x_1x_2RT 的数值，这些数据列于表 6/5-1 的第 6 列及第 7 列，并以实心圆圈绘于图 6/5-2（b）上，连接 G^E/x_1x_2RT 的数据点，可以作出 G^E/x_1x_2RT-x_1 直线，合理地近似所有数据点之间的关系。表明 Margules 模型可以较好地描述此体系。

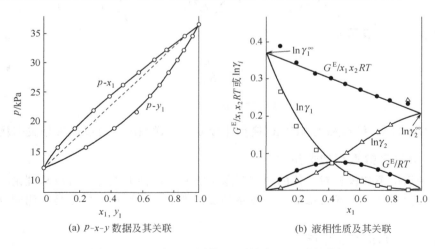

（a）p-x-y 数据及其关联　　　　（b）液相性质及其关联

图 6/5-2　丁酮（1）/甲苯（2）系统在 50℃ 时的数据

进一步，可以由代表 G^E/x_1x_2RT 数据的直线在 $x_1=0$ 及 $x_2=1$ 两轴上的截距求得 $A_{12}=0.372$ 与 $A_{21}=0.198$。因而有 VLE 数据精简地用一个表示无量纲超额 Gibbs 函数的数学式表达。应用 Margules 模型计算 $\ln\gamma_1$ 及 $\ln\gamma_2$，低压下可用下述模型关联该体系的 p-x_1-y_1 数据（详细原理将在第 7 章介绍）。

$$p = x_1 \gamma_1 p_1^s + x_2 \gamma_2 p_2^s$$

因此

$$y_1 = \frac{x_1 \gamma_1 p_2^s}{x_1 \gamma_1 p_1^s + x_2 \gamma_2 p_2^s}$$

由丁酮(1)/甲苯(2) 体系求得的 A_{12} 及 A_{21} 数值，可求出 γ_1 及 γ_2 之值。再通过 p_1^s 及 p_2^s 的实验数据及利用以上公式，可在不同 x_1 值下求得 p 及 y_1 值。这些结果以实线表示于图 6/5-2（a）中，即计算所得的 $p\text{-}x_1$ 及 $p\text{-}y_1$ 关系，它们与实验数据相当吻合。具体地证明了 Margules 模型对该体系的适用性。

表 6/5-2 和图 6/5-3 给出的是另一个例子，即用同样方法考察氯仿(1)/1,4-二噁烷 （2）体系的情况。表 6/5-2 列出 50℃时氯仿(1)/1,4-二噁烷(2) 的 $p\text{-}x_1\text{-}y_1$ 数据，以及相关的热力学函数。图 6/5-3(a) 及图 6/5-3（b）表示了所有实验数据。这个体系显示了负偏差，γ_1 及 γ_2 皆小于 1；$\ln\gamma_1$、$\ln\gamma_2$ 及 $G^E/x_1 x_2 RT$ 皆为负值。图 6/5-3(a) 中的 $p\text{-}x_1$ 数据点皆位于虚线所表示的理想混合物关系式的下方。所有 $G^E/x_1 x_2 RT$ 数据点皆可成功关联，表明 Margules 模型也可适用该体系，且 $A_{12} = -0.72$ 及 $A_{21} = -1.27$，由计算得出的 G^E/RT、$\ln\gamma_1$、$\ln\gamma_2$、p 及 y_1 值，并表示于图 6/5-3(a) 及图 6/5-3（b）中的各曲线。实验所得之 $p\text{-}x_1\text{-}y_1$ 数据再次被比较吻合地关联。

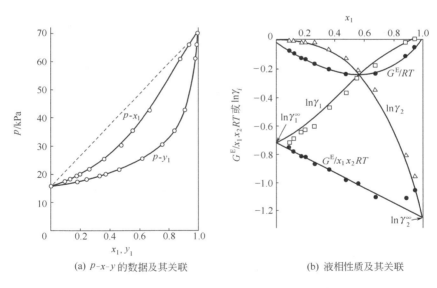

(a) $p\text{-}x\text{-}y$ 的数据及其关联　　　　(b) 液相性质及其关联

图 6/5-3　氯仿(1)/1,4-二噁烷在 50℃时的数据

虽然应用 Margules 模型可满意地关联以上两组 VLE 数据，但此模型仍不够完美。有两点原因存在，首先，Margules 模型并没有做到精确地描述两个体系；再者，$p\text{-}x_1\text{-}y_1$ 数据本身具有系统误差，以致它们不能符合 Gibbs/Duhem 方程的要求。

应用 Margules 模型时，曾假设 $G^E/x_1 x_2 RT$ 实验数据与模型所代表的直线之间的差异均源于数据测试的随机误差。实际上除了少数几个数据点之外，模型所代表的直线均给出较佳的关联。只有在图形的边缘部分才有较显著的偏离。当组分趋近于图形的边缘部分时，误差发生的范围也急速的增加。在 $x_1 \to 0$ 及 $x_1 \to 1$ 的极限的情形时，$G^E/x_1 x_2 RT$ 变成未定数，就实验角度而言，此极限值可具有无限量的误差并且不能测量，但是也不能排除采用其他更为适宜模型的可能性。借助更适宜的模型，仍有可能进一步改进 G^E/x_1x_2RT 的表达结果。实际上，寻求最佳关联模型的目标，常常需要经过多方面地尝试步骤方可达成。

表 6/5-2　氯仿(1)/1,4-二噁烷在 50℃ 时的 VLE 数据

p/kPa	x_1	y_1	$\ln\gamma_1$	$\ln\gamma_2$	G^E/RT	G^E/x_1x_2RT
15.79(p_2^s)	0	0		0	0	
17.51	0.0932	0.1794	−0.722	0.004	−0.064	−0.758
18.15	0.1248	0.2383	−0.694	−0.000	−0.086	−0.790
19.30	0.1757	0.3302	−0.648	−0.007	−0.120	−0.825
19.89	0.2000	0.3691	−0.636	−0.007	−0.133	−0.828
21.37	0.2626	0.4628	−0.611	−0.014	−0.171	−0.882
24.95	0.3615	0.6184	−0.486	−0.057	−0.212	−0.919
29.82	0.4750	0.7552	−0.380	−0.127	−0.248	−0.992
34.80	0.5555	0.8378	−0.279	−0.218	−0.252	−1.019
42.10	0.6718	0.9137	−0.192	−0.355	−0.245	−1.113
60.38	0.8780	0.9860	−0.023	−0.824	−0.120	−1.124
65.39	0.9398	0.9945	−0.002	−0.972	−0.061	−1.074
69.36(p_1^s)	1.0000	1.0000	0		0	

(2) 参数拟合精度分析法

以相同程序和优化目标值，利用实验数据拟合待选模型参数，拟合精度的高低可以表明模型的适应性。

此外，实用中还有许多具体情况，需要区别考虑。一般地可有如下比较。

① 与其他方程相比，Margules 和 van Laar 模型的优点是数学上的简单，从活度系数数据容易获得参数，以及能充分表示包括部分互溶的液态体系在内的偏离理想状态很远的二元混合物。但它们在没有三元或更高的相互作用参数时不能适用于多元体系。

② Wilson 模型的形式也比较简单，只需要有二元参数就能很好地表示二元和多元混合物的汽液平衡。以此观点，它比 NRTL 和 UNIQUAC 方程更可取。虽然它不能直接适用于液液平衡。但经过简单改进的 T-K-Wilson 模型，已有令人满意的结果。Wilson 模型是 ASOG 基团贡献法求活度系数的基础。

③ NRTL 模型在表示二元和多元体系的汽液和液液平衡方面相当好，而且对水溶液体系常常比其他方程更好，形式上也比 UNIQUAC 方法简便。

④ 虽然 UNIQUAC 方程对每一对组分只要求两个参数，但其形式上最复杂。它普遍适用于不同分子大小的混合物，只要有二元参数和纯组分参数，便可用于多元混合物的汽液和液液平衡。UNIQUAC 是从结构得到活度系数的 UNIFAC 基团贡献法的基础。

DECHEMA 汽液相平衡数据集[❶]是一本重要的热力学数据手册，其中收集、评价的数据达到 3563 组体系。手册中，基于文献数据对各种方程进行了参数拟合。图 6/5-4 是手册的一页例子，内容是丙酮-正己烷的汽液平衡数据。不仅有实验数据，而且有图形、多种活度系数模型的数据处理和分析。在这一页上，针对一套 20℃ 的等温数据，分别列出了采用 Margules 模型、van Laar 模型、Wilson 模型、NRTL 模型和 UNIQUAC 模型的计算结果。其中，Wilson 模型的平均偏差和最大偏差都是最小的。由此表明，它是一个相对的最佳拟合模型。

---

❶ Gemehling J et al. Vapor-Liquid Equilibrium Data Collection，Chemistry Data Series，Frnkfurt/Main：DECHEMA，1981-1988.

Table 4.11.　Sample Page from the DECHEMA Collection of Vapor-Liquid Equilibrium Data (1979, Vol I/3&4p. 228)

| (1) ACETONE | C_3H_6O |
| (2) HEXANE | C_6H_{14} |

* * * * * ANTOINE CONSTANTS				REGION * * * * *		CONSISTENCY
(1)	7.11714	1210.595	229.664	-13- 55 C	METHOD1	*
(2)	6.91058	1189.640	226.280	-30- 170 C	METHOD2	*

TEMPERATUER=20.00 DEGREE C

LIT: RALL W., SCHAEFER K., Z. ELECTROCHEM. 63,1019(1959).

CONSTANTS:	A12	A21	ALPHA12
MARGULES	1.7448	1.8012	
VAN LAAR	1.7416	1.8044	
WILSON	1077.8013	375.5248	
NRTL	632.4249	583.8331	0.2913
UNIQUAC	-41.9959	512.3937	

EXPERIMENTAL DATA

P MM HG	X1	Y1	MARGULES DIFF P	MARGULES DIFF Y1	VAN LAAR DIFF P	VAN LAAR DIFF Y1	WILSON DIFF P	WILSON DIFF Y1	NRTL DIFF P	NRTL DIFF Y1	UNIQUAC DIFF P	UNIQUAC DIFF Y1
119.60	0.0	0.0	-0.67	0.0	-0.67	0.0	-0.67	0.0	-0.67	0.0	-0.67	0.0
187.20	0.0913	0.3966	4.24	0.0024	4.35	0.0028	-1.26	-0.0110	2.90	-0.0011	3.60	0.0008
226.70	0.2563	0.5421	-0.19	-0.0166	-0.13	-0.0166	1.52	-0.0023	0.07	-0.0137	-0.01	-0.0151
232.30	0.3019	0.5595	0.85	-0.0161	0.89	-0.0162	3.13	-0.0007	1.28	-0.0128	1.10	-0.0144
232.40	0.3543	0.5737	-2.36	-0.0154	-2.33	-0.0155	-0.02	-0.0009	-1.89	-0.0121	-2.09	-0.0137
237.00	0.4035	0.5827	0.37	-0.0153	0.38	-0.0155	2.40	-0.0032	0.76	-0.0125	0.58	-0.0139
238.80	0.5325	0.6092	-0.02	-0.0043	-0.03	-0.0046	0.92	-0.0020	0.10	-0.0039	0.04	-0.0043
237.70	0.6609	0.6362	-1.47	0.0045	-1.49	0.0042	-0.89	-0.0028	-1.44	0.0027	-1.46	0.0033
239.30	0.7309	0.6564	1.22	0.0065	1.20	0.0063	1.76	-0.0033	1.24	0.0042	1.22	0.0052
237.90	0.7679	0.6722	1.21	0.0081	1.19	0.0080	1.62	-0.0017	1.20	0.0060	1.19	0.0069
234.30	0.7862	0.6825	-1.38	0.0097	-1.41	0.0097	-1.10	0.0004	-1.43	0.0078	-1.43	0.0086
234.10	0.8219	0.6975	1.18	0.0038	1.14	0.0038	1.08	-0.0037	1.02	0.0024	1.07	0.0030
230.30	0.8528	0.7202	0.88	0.0028	0.83	0.0028	0.29	-0.0021	0.60	0.0021	0.70	0.0024
220.60	0.9105	0.7778	1.70	-0.0051	1.64	-0.0049	-0.07	-0.0026	1.18	-0.0041	1.38	-0.0044
202.90	0.9619	0.8739	-0.14	-0.0071	-0.18	-0.0069	-2.24	0.0009	-0.66	-0.0050	-0.44	-0.0059
181.50	1.0000	1.0000	-3.96	0.0	-3.96	0.0	-3.96	0.0	-3.96	0.0	-3.96	0.0
MEAN DEVIATION:			1.23	0.0084	1.23	0.0084	1.31	0.0027	1.13	0.0064	1.17	0.0073
MAX DEVIATION:			4.24	0.0166	4.35	0.0166	3.13	0.0110	2.90	0.0137	3.60	0.0151

WILSON
$\gamma_1^\infty = 7.24$
$\gamma_2^\infty = 6.96$

图 6/5-4　DECHEMA 汽液相平衡数据集的一页示例

　　把手册中各种方程所得最佳拟合的出现的概率进行归纳、比较，可以从中可以得到一些启示。表 6/5-3 为所给出的结果。分作 7 类。符号"＊"指每个项目中最佳拟合的最高出现率。虽然对不同的体系，不同方程各有所长。例如在有机水溶液类体系中 NRTL 模型具有极为显著的适应性，而各个模型对于烃类的差异就小得多。另外，可以发现 Wilson 模型的总体表现比较突出。

表 6/5-3　　DECHEMA 汽液相平衡数据集中五种活度系数关联方法的最佳拟合出现率/％

收集的部分	数据数	Margules	van Laar	Wilson	NRTL	UNIQUAC
有机水溶液	504	14.3	7.1	24.0	40.3*	14.3
醇类	574	16.6	8.5	39.5*	22.3	13.1
醇-酚	480	21.3	11.9	34.2*	22.5	10.2
醇-酮-醚	490	28.0*	16.7	24.3	15.5	15.5
$C_4 \sim C_6$ 烃类	587	17.2	13.3	36.5*	23.2	9.9
$C_7 \sim C_{18}$ 烃类	435	22.5	17.0	26.0*	20.9	13.6
芳烃	493	26.0*	18.7	22.5	16.0	17.2
合计	3563	20.6	13.1	30.0*	23.0	13.3

第 7 章 流体相平衡

工业上多组分体系的平衡共存相多为汽相与液相共存的情况。其他如液/液、汽/固或气/固、液/固相共存的体系也比较常见。多组分体系中质量发生变化不一定是由于化学反应。温度、压力以及体系中组分的变动可以使一定聚集态下的组成发生变化。过程工业中许多重要的单元操作，例如蒸馏、吸收或萃取等，就是使具有不同组成的各个相相互接触，当相平衡未达成时，各相间发生质量传递而改变组成。组成改变的程度与质量传递的速率与体系偏离平衡的程度有关。

本章的目的在于介绍利用流体逸度与活度计算汽液相平衡的方法。主要内容有汽液相平衡的基础理论：稳定性准则、汽液相平衡相的相图、互溶系的共沸现象、汽液相平衡模型化，以及汽液相平衡问题（泡点、露点和闪蒸等问题）的基本计算；热力学一致性检验和液-液相平衡等内容是扩展知识。

7.1　稳定性准则

等温、等压下多相、多组分体系的热力学平衡条件是

$$[dG^t(T,p,x)]_{T,p} \leqslant 0 \qquad (7/1\text{-}1)$$

式中，上标"t"表示体系的总体性质；符号"＝"表示平衡条件；符号"＜"表示体系可能发生过程的方向，惟有使 Gibbs 函数减小的方向可行。

数学上一元函数极值的必要条件是函数的一阶导数等于 0，而充分条件是函数的二阶导数小于 0 时，该点为极大值；而二阶导数大于 0 时，该点为极小值。分析图 7/1-1 中的二元体系 G^t-x_1 关系曲线，可知存在三种情况。

① 类似 F 点，为稳定平衡状态。

② 类似 B 点，为介稳定平衡状态。

可以理解，对于处于平衡条件下的体系施加"位移"，总有

$$[dG^t(T,p,x)]_{T,p} > 0 \qquad (7/1\text{-}2)$$

以二元体系为例，可有

$$\left(\frac{\partial^2 G^t}{\partial x_1^2}\right)_{T,p} > 0 \qquad (7/1\text{-}3)$$

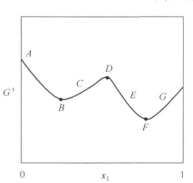

图 7/1-1　二元系的 G^t-x_1
关系曲线示例

即在恒温、恒压的条件下，体系总的 Gibbs 函数的一阶和二阶导数均为连续函数，且二阶导数恒为正。

而且

$$\left[\frac{\partial^2 (\Delta G/RT)}{\partial x_1^2}\right]_{T,p} > 0 \qquad (7/1\text{-}4)$$

即在恒温、恒压的条件下，体系的摩尔 Gibbs 函数变化的一阶和二阶导数均为连续函数，且二阶导数恒为正。此即**稳定性准则 (stability criteria)**，或称为扩散稳定性条件。

③ 类似于 D 点，为不稳定平衡状态。这是一个不满足稳定性准则的状态。在微小"位移"的作用下，平衡体系将分裂为 B 点或 F 点两个相对稳定的状态。与稳定性准则相反，处于 D 点时体系有

$$[dG^t(T,p,x)]_{T,p}<0$$

以二元体系为例，可有

$$\left(\frac{\partial^2 \Delta G^t}{\partial x_1^2}\right)_{T,p}<0$$

和

$$\left[\frac{\partial^2 (\Delta G/RT)}{\partial x_1^2}\right]_{T,p}<0$$

扩散稳定条件常用于分析多组分体系的相平衡。当不满足这一条件，则发生相分裂，形成两个共存的平衡相。例如，外界作用使混合物的不稳定状态分离成汽液两相，又如使混合物的不稳定状态分离成液液两相（如部分互溶的两相）。

对二元系，结合 Gibbs-Duhem 方程，可推出

$$\left(\frac{\partial^2 \ln\hat{a}_1}{\partial x_1^2}\right)_{T,p}>0 \tag{7/1-5}$$

$$\left[\frac{\partial^2 (G^E/RT)}{\partial x_1^2}\right]_{T,p}>-\frac{1}{x_1 x_2} \tag{7/1-6}$$

以及对每个组分均有

$$\left(\frac{\partial \overline{G}_i}{\partial x_i}\right)_{T,p}>0 \tag{7/1-7}$$

$$\left(\frac{\partial \hat{f}_i}{\partial x_i}\right)_{T,p}>0 \tag{7/1-8}$$

$$\left(\frac{\partial \ln\gamma_i}{\partial x_i}\right)_{T,p}>0 \tag{7/1-9}$$

可见，在等温、等压条件下的二组元体系稳定相，任何一个组分的偏摩尔 Gibbs 函数、逸度和活度系数，总是随其摩尔分数的增大而增大。

例如，若体系处于低压，则 $\hat{f}_1=y_1 p$，$\hat{f}_2=y_2 p$，忽略此时压力对液相的热力学性质影响，式(7/1-8) 有

$$\left(\frac{\partial p_1}{\partial x_1}\right)_T=\left[\frac{\partial (y_1 p)}{\partial x_1}\right]_T>0$$

$$\left(\frac{\partial p_2}{\partial x_1}\right)_T=\left[\frac{\partial (y_2 p)}{\partial x_1}\right]_T<0$$

显然，上述式子所表明的意义在二组元体系的汽液相平衡关系 $p\text{-}x$ 图上得到直观描述。

　　稳定性准则还常常用来判断热力学模型可否用作某种相平衡分析。例如，可以判断理想气体状态方程不可能用于汽液相平衡分析；还可以判断 Wilson 模型不适合评价液液相平衡。

例 7/1-1：

　　试判断理想气体状态方程能否用于分析汽液相平衡。

解 7/1-1：

　　基于热力学基本关系，与 Gibbs 函数相似，对内能可有稳定性准则的相应表示

$$[\mathrm{d}U^{\mathrm{t}}(T,p,x)]_{S,V} > 0$$

可推出

$$\left(\frac{\partial p}{\partial V^{\mathrm{t}}}\right)_T < 0$$

或

$$\left(\frac{\partial p}{\partial V}\right)_T < 0 \tag{A}$$

说明等温条件下压缩气体必然导致体系压力升高。

　　体系分裂为汽液两相表明其不稳定，相应条件为

$$\left(\frac{\partial p}{\partial V}\right)_T > 0 \tag{B}$$

对理想气体状态方程求导

$$\left(\frac{\partial p}{\partial V}\right)_T = -\frac{RT}{V^2} < 0$$

式中，变量为正值，所以式（B）无法满足，即理想气体状态方程无法用于分析相分裂的汽液相平衡体系。

例 7/1-2：

　　G^{E}/RT 的一些表达式是不能够描绘出液液相平衡的。某例中 Wilson 模型的形式为

$$\frac{G^{\mathrm{E}}}{RT} = -x_1\ln(x_1 + x_2\Lambda_{12}) - x_2\ln(x_2 + x_1\Lambda_{21})$$

试证明稳定性准则满足任何值的 Λ_{12}、Λ_{21} 和 x_1。

解 7/1-2：

　　对于组分 1，不等式（7/1-8）的形式为

$$\frac{\mathrm{d}\ln(x_1\gamma_1)}{\mathrm{d}x_1} > 0$$

若 $\ln\gamma_1$ 由 Wilson 活度系数模型给出。将 $\ln x_1$ 添加到方程的两边得到

$$\ln(x_1\gamma_1) = -\ln\left(1 + \frac{x_2}{x_1}\Lambda_{12}\right) + x_2\left(\frac{\Lambda_{12}}{x_1 + x_2\Lambda_{12}} - \frac{\Lambda_{21}}{x_2 + x_1\Lambda_{21}}\right)$$

由此得到

$$\frac{\mathrm{dln}(x_1\gamma_1)}{\mathrm{d}x_1}=\frac{x_2\Lambda_{12}^2}{x_1(x_1+x_2\Lambda_{12})^2}+\frac{\Lambda_{21}^2}{(x_2+x_1\Lambda_{21})^2}$$

在这个等式右边所有的量都是正的，因此对于所有的 x_1 和所有非零量 Λ_{12} 和 Λ_{21}

$$\frac{\mathrm{dln}(x_1\gamma_1)}{\mathrm{d}x_1}>0$$

其实 Λ_{12} 和 Λ_{21} 在定义中为正值。因为，若 $\Lambda_{12}=\Lambda_{21}=0$，则导致 γ_1^∞ 和 γ_2^∞ 的极大值。因此不等式(7/1-8)总是成立，不能表达单液相的不稳定，或者说它不能表达液相分层。而液液相平衡不能以 Wilson 活度系数模型描述。

7.2　汽液相平衡的相图

汽液相平衡是指一个单独液相与其汽相达成平衡的体系。在此定性讨论中，限定于二组分体系，因为更复杂的体系不便以图形表示。

当 $N=2$ 时，相律公式变为 $F=4-\pi$，因为至少有一个相存在，所以要描述体系的相平衡状态时，最多需要三个相律变量，即 p、T 及一个摩尔（或质量）分数。因体系所有的平衡状态可以用 p-T-$x(y)$ 组成的三维空间表示。在此空间中，一对共存的平衡相（$F=4-2=2$）定义一个平面。在三维空间中表示汽液相平衡，曲面的示意图示于图 7/2-1。

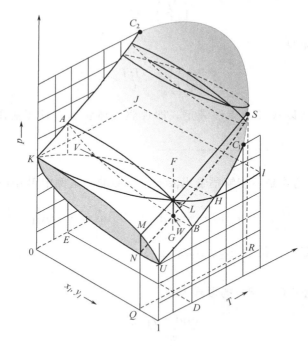

图 7/2-1　汽液相平衡的 p-T-$x(y)$ 图

此图表示了 p-T-$x(y)$ 组成的曲面，它代表了饱和汽相与饱和液相平衡共存的二组分体系。下方的曲面是饱和汽相的状态，它称做 p-T-y_1 曲面。上方的曲面是饱和液相的状态，它称做 p-T-x_1 曲面。这两个曲面沿着 $UBHC_1$ 及 KAC_2 线段交会，这两个线段分别表示纯物质 1 及 2 的蒸气压对温度的曲线。上下两个曲面形成一个连续平滑的曲面，并在图形上方连接纯物质 1 及 2 的临界点 C_1 及 C_2，各种不同组成的混合物的临界点，位于连接 C_1 与 C_2 两点的曲线上。临界曲线上各点代表汽相与液相平衡共存而变为相同性质的情况。关于临界区域更进一步的讨论将列于以后的章节中。

图 7/2-1 上方曲面之上为过冷液体区，而下方曲面之下则为过热蒸气区。两曲面之间的区域为汽液两相共存。若从 F 点所代表的液体开始降压，并保持恒温及恒定组成的 FG 直线下降，第一个蒸气气泡在 L 点出现，即位于上方曲面上，因此 L 称为**泡点 (bubble point)**，且上方曲面称为泡点曲面。与液体达成平衡的汽相，必须位于与液体同样温度及压力的下方曲面上，如 V 点所示的位置。V 与 L 所形成的连接线的端点，代表了两个平衡相。

若压力沿着 FG 线继续下降，更多的液体蒸发，直到 W 点时完成了全部的蒸发程序。因此 W 点居于下方曲面，并表示一个与混合物具相同组成的饱和汽相。因为 W 是最后一滴液体（露滴）消失的状态，它因此称为**露点 (dew point)**，而下方的曲面称为露点曲面。再继续减少压力时将进入过热蒸气区域。

因为图 7/2-1 具相当的复杂性，所以二组分体系的汽液平衡（VLE）特性常以二维空间的投影图来表示，这些二维空间的图形，是由三维空间图形上，取一定的切面投影而得。三维空间中三个互相垂直的坐标轴如图 7/2-1 所示。与温度轴垂直的平面如 $ALBDEA$ 所示，此平面上的曲线表示恒温下的 p-T-y_1 相图。这些投影图若绘于同一个图中，就得到如图 7/2-2（a）所示的图形，它表示三个不同温度下的 p-$x_1(y_1)$ 图。其中 T_a 温度的等温曲线是图 7/2-1 中 $ALBDEA$ 所围成的区域，T_a 中的横线连接两个平衡相的组成。T_b 是介于图 7/2-1 中两个纯物质临界温度 C_1 与 C_2 之间的温度，而 T_d 则为两个临界点以上的温度。T_b 与 T_d 二温度下的图形，并不会延伸到整个组成的范围。T_b 温度的图形经过一个混合物的临界点，T_d 温度的图形则经过两个临界点。这些临界点在图上以符号 C 表示，它们都是水平切线交于 p-$x(y)$ 图形的切点。因为连接两平衡相的连接线是水平线，而连接两个相同相（即临界点的定义）的连接线必须为切于此图形的最后一条直线。

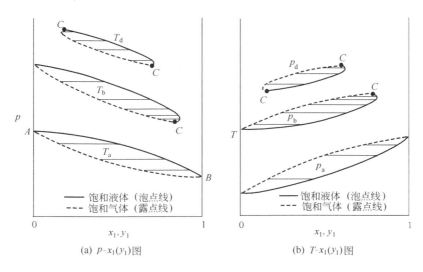

图 7/2-2　三个不同温度与不同压力时 $p(T)$-$x(y)$ 图

垂直于 p 轴且平行通过图 7/2-1 的平面可用 $HIJKLH$ 表示。由上方看，此平面上的线段构成 T-$x_1(y_1)$ 图。当数个压力下的图形投影在平行平面时，可得到图 7/2-2（b）的结果。此图类似于图 7/2-2（a），只是改由 p_a、p_b 及 p_d 三个等压图表示。

也可将汽相摩尔分率 y_1，对液相摩尔分率 x_1 作图，这些图形可在如图 7/2-2（a）的恒温情况下求得，或是在如图 7/2-2（b）的等压状况下求得。

由图 7/2-1 所得的第三个切面是垂直于组成的切面，如 *MNQRSLM* 所示，数个如此的平行切面投影在同一图上，如图 7/2-3 所示。这是一个 p-T 相图，其中 UC_1 及 KC_2 是纯物质的蒸气压曲线，与图 7/2-1 具有相同的符号。在这两条曲线之间，表示各不同恒定混合物组成时的饱和液体与饱和气体的 p-T 关系。显然，饱和液体的 p-T 关系，与相同组成时的饱和气体不同。此现象与纯物质成为对比。因为纯物质的泡点与露点曲线是重合的。图 7/2-3 中的 A 点与 B 点表示饱和液体与饱和气体的交点。在这些点上，具有某个组成的饱和液体，与有另个组成的饱和气体，正好有相同的 T 及 p，所以这两个饱和相达成平衡。连接 A 点与 B 点的连接线垂直于 p-T 平面，如图 7/2-1 中所示的连接线 *VL*。

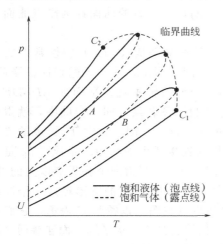

图 7/2-3　各不同组成时 p-T 图

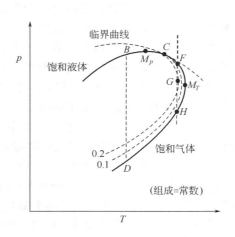

图 7/2-4　临界点附近的部分 p-T 相图

二组分混合物的临界点，是图 7/2-3 中**封合曲线（envelope curve）**与各定组成线的切点，这个封合曲线是各临界点所连成的轨迹。可设想两个相近的等组成曲线，当它们的距离变得无限小时，其临界点就相连而成为临界点轨迹曲线。图 7/2-3 显示不同组成的曲线具有不同的临界点。对纯物质而言，临界点是汽液相共存的最高温度与压力，对混合物而言一般却并非如此。所以在某些情形下，当压力降低时会发生凝结的过程。

将某个恒定组成的 p-T 相图的端点放大示于图 7/2-4。其中 C 点表示临界点，压力最高点与温度最高点分别为 M_p 及 M_T。汽液两相区内的虚线，表示液相分率相等的曲线。在临界点 C 左边，沿着 BD 直线降低压力时，会从 B 点的泡点饱和液体开始发生蒸发，直到露点的饱和气体，这与所预想的相同。但若起始点在 F 的饱和蒸气状态，当压力降低时发生液化，而在 G 点达到液体最多的情况，再降低压力又开始发生蒸发，直到露点 H，这种现象称为**逆行凝结（retrograde condensation）**。在天然气井的操作中，这种现象具有相当的重要性，其中地底的温度与压力达到 F 点所代表的情况。若将气井表面的压力维持在 G 点附近，可将得到液化的产品，其中有一些较重的组分可从混合物中分离出来。在地下气井中，当天然气储量减少时压力会降低，若不防止这种现象，则会产生液相致使气井的产量下降。此时常利用加压的工艺，即将轻质气体（除去重质组分气体）重新打回气井中以维持高压。

乙烷（1）与正庚烷（2）的 p-T 相图示于图 7/2-5，同一体系数个等压线下的 y_1-x_1 图示于图 7/2-6。依照惯例，取用混合物中挥发性较高者作为 y_1 及 x_1 以绘图。在某压力下蒸馏操作中可得到的挥发性较高组分的最大及最小组成，即为 y_1-x_1 曲线与对角线的交点，因为在这些交点上汽相与液相具有相同的组成。除了 $y_1=x_1=0$ 或 $y_1=x_1=1$ 之外，这些交点即表示混合物的临界点。图 7/2-6 中的 A 点表示乙烷/庚烷体系中，汽液两相在最高压力状况下可共存的组成，此组成约为 77%摩尔分数的乙烷，且压力约为 1263psia。此点对应于图 7/2-5 中 M 点。

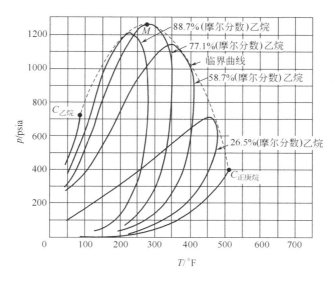

图 7/2-5　乙烷/正庚烷 p-T 图

100kPa＝14.5038psia

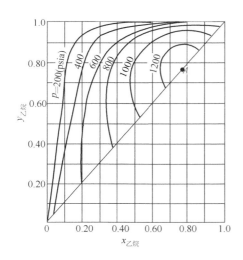

图 7/2-6　乙烷/正庚烷 y-x 图

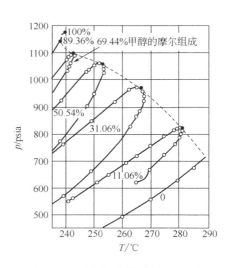

图 7/2-7　甲醇/苯体系的 p-T 图

图 7/2-5 所示 p-T 图，为碳氢化合物这种非极性混合物的典型相图。高度非理想性体系，如甲醇(1)/苯(2) 的相图示于图 7/2-7。由此图可知，欲预测相异性极大的体系如甲醇与苯的相行为时，具有相当的难度。

虽然临界区域的汽相平衡对石油及天然气工业具有相当的重要性，大多数化学过程却是在低压下完成。图 7/2-8 及图 7/2-9 表示在远离临界点区域时，常见的 p-$x(y)$ 及 T-$x(y)$ 相图。

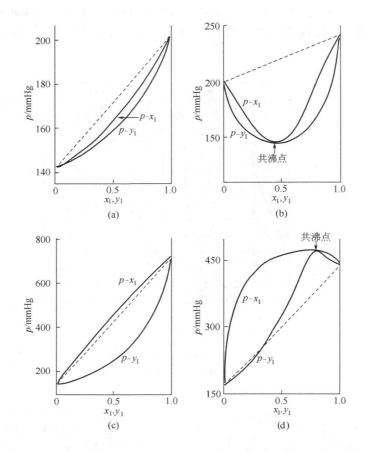

图 7/2-8　恒温下的 p-$x(y)$ 图［虚线表示理想混合物 p-$x(y)$ 关系］
$$1\text{mmHg}=133.32\text{Pa}$$
(a) 四氢呋喃(1)/四氯化碳(2)在 30℃；(b) 氯仿(1)/四氢呋喃(2)在 30℃；
(c) 呋喃(1)/四氯化碳(2)在 30℃；(d) 乙醇(1)/甲苯(2)在 65℃

四氢呋喃(1)/四氯化碳(2) 在 30℃ 数据示于图 7/2-8 (a)，其中 p-x_1 所表示的泡点曲线，位于 p-x_1-y_1 相图中由 Raoult 定律所表示的 p-x_1 线性关系的下方，它代表了离开理想混合物的负偏差行为。当此种偏差程度较两个纯物质蒸气压的差异更大时，p-x_1 图上会出现一个最低点，如图 7/2-8 (b) 所示的氯仿(1)/四氢呋喃(2) 在 30℃ 的体系。此图显示 p-y_1 曲线亦具有相同的最低点，在此点 $x_1=y_1$，泡点与露点曲线在此点具有相同的水平切线。具有这个组成的沸腾液体产生具有相同组成的蒸气，所以液体在蒸发过程中不会改变其组成。在蒸馏过程中无法分离这个具有共沸点的混合物，而**共沸点 (azeotrope)** 即用来叙述此点的状态。

图 7/2-8 (c) 表示 30℃ 时呋喃(1)/四氯化碳(2) 数据，它代表 p-x_1 曲线较其线性关系发生少量正偏差的情况。乙醇(1)/甲苯(2) 体系则具有较大的正偏差，并于 p-x_1 曲线上形成了最高点，如图 7/2-8 (d) 所示的 65℃ 的相图。如同 p-x_1 曲线上最低点所表示的共沸点一样，最高点也表示共沸点。它们分别称为最低压力及最高压力的共沸点。在任一情况

下，共沸状态的汽液两相都具有相同的组成。

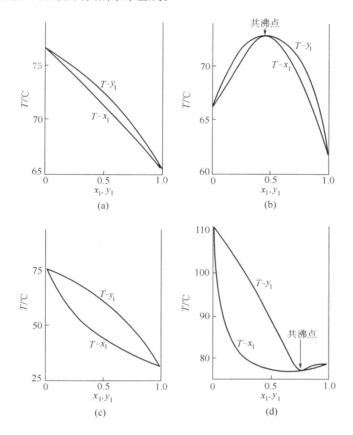

图 7/2-9　恒压（101325Pa）下的 $T\text{-}x(y)$ 图

（a）四氢呋喃(1)/四氯化碳(2)；（b）氯仿(1)/四氢呋喃(2)；
（c）呋喃(1)/四氯化碳(2)；（d）乙醇(1)/甲苯(2)

从分子观点来看，当相异分子对间的吸引力较相同分子对间的强时，液相会发生离开理想混合物的负偏差。若相同分子间的吸引力较相异分子强时，则发生正偏差。在后者情况中，若相同分子间的吸引力甚强以致不能完全互溶，在某段组成范围中将发生液相分离。

因为蒸馏过程常在恒压而非恒温情况下进行，恒压下的 $T\text{-}x_1(y_1)$ 相图更具有实用价值。相对于图 7/2-8 的四个体系在大气压下的 $T\text{-}x_1(y_1)$ 相图示于图 7/2-9，其中露点曲线（$T\text{-}y_1$）位于泡点曲线（$T\text{-}x_1$）之上。图 7/2-8（b）的最低压力共沸点对应于图 7/2-9（b）中的最高温度（或最高沸点）共沸点。图 7/2-8（d）及图 7/2-9（d）也具有类比的特性。同样四个体系在恒压下的 $y_1\text{-}x_1$ 相图示于图 7/2-10。在此图中跨越对角线的点代表共沸点，

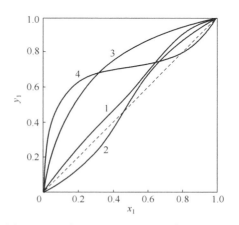

图 7/2-10　恒压（101325Pa）下的 $y_1\text{-}x_1$ 图

1—四氢呋喃(1)/四氯化碳(2)；2—氯仿
(1)/四氢呋喃(2)；3—呋喃(1)/四氯化碳(2)；
4—乙醇(1)/甲苯(2)

在这些点上 $x_1 = y_1$。

7.3 汽液相平衡模型化

7.3.1 平衡判据

重写式(7/1-1)

$$[dG^t(T,p,x)]_{T,p} = 0 \qquad (7/3\text{-}1)$$

此即热力学的平衡判据,可用于相平衡和化学平衡的分析。如果仅仅考虑相平衡,有更直接的判据。

对 π 个相、N 种化学物质的体系,相平衡时有

$$\mu_i^\alpha = \mu_i^\beta = \cdots = \mu_i^\pi \qquad (i = 1,2\cdots N) \qquad (7/3\text{-}2)$$

此即相平衡的普通判别式,意为:多相多组分体系,在恒温恒压下处于相平衡时,每个组分在各相中的化学位相等。又根据

$$G = \sum_i x_i \overline{G}_i$$

$$\overline{G}_i(T,p,y_i) = \mu_i(T,p,y_i) \qquad (i = 1,2\cdots N)$$

$$d\overline{G}_i(T,p,y_i) \equiv RTd\ln \hat{f}_i \quad (温度为常数)(i = 1,2\cdots N) \qquad (6/1\text{-}14)$$

由式(7/3-2)可推出更为实用的判别式

$$\hat{f}_i^\alpha = \hat{f}_i^\beta = \cdots = \hat{f}_i^\pi \qquad (i = 1,2\cdots N) \qquad (7/3\text{-}3)$$

意即对多相多组分相平衡体系,在恒温恒压下处于相平衡时,每个组分在各相中的逸度应相等。

7.3.2 汽液相平衡基本关系式

(1) 逸度系数 VLE 方程与活度系数 VLE 方程

用于汽液相平衡体系时,式(7/3-3) 可写成

$$\boxed{\hat{f}_i^v = \hat{f}_i^l} \qquad (i = 1,2\cdots N) \qquad (7/3\text{-}4)$$

根据第 6 章的知识可知,汽液相平衡体系中组分的逸度 $\hat{f}_i$ 可由一系列方法来关联。

因为

$$\hat{\phi}_i^v \equiv \frac{\hat{f}_i^v}{y_i p} \qquad (i = 1,2\cdots N) \qquad (6/1\text{-}20)$$

或

$$\hat{\phi}_i^l \equiv \frac{\hat{f}_i^l}{x_i p} \qquad (i = 1,2\cdots N)$$

改写式(7/3-4),得

$$\boxed{y_i \hat{\phi}_i^v = x_i \hat{\phi}_i^l} \qquad (i = 1,2\cdots N) \qquad (7/3\text{-}5)$$

式中,$\hat{\phi}_i^v$,$\hat{\phi}_i^l$ 分别表示汽相和液相中 i 组分的逸度系数。这是汽液相平衡体系普遍适用的方程,称其为逸度系数 VLE 方程。

根据混合物组分逸度的计算基本公式

$$\ln\hat{\phi}_i = \int_{p^\ominus}^{p} (\hat{Z}_i - 1)\,\frac{\mathrm{d}p}{p} \quad （温度、组成为常数）$$

欲使用式(7/3-5)，需有同时可用于汽相和液相的适宜模型。目前仅有少数几个方程可以用于部分体系。多数场合下，直接应用式(7/3-5) 是困难的。后面将介绍，不少场合的汽液相平衡体系，根据具体情况可以进行多种简化。

另一方面，由式(6/3-7) 对液相的组分有

$$\hat{f}_i^{\mathrm{l}} = x_i \gamma_i f_i^\ominus \quad (i = 1, 2 \cdots N)$$

则式(7/3-4) 可写成

$$\boxed{y_i \hat{\phi}_i^{\mathrm{v}} p = x_i \gamma_i f_i^\ominus} \qquad (i = 1, 2 \cdots N) \tag{7/3-6}$$

与式(7/3-5) 相比，此式的右项以活度表示液相组分的逸度。也就是说，汽相组分的逸度可以利用状态方程求解，液相组分的逸度则可以利用活度系数方程求解。如 6.5 节所述，活度系数模型中没有考虑压力的影响，所以此式通常适用于中、低压的 VLE 计算。称其为活度系数 VLE 方程，尽管它也要涉及逸度系数。

(2) 汽液平衡比与分离因子

汽液相平衡时，混合物中的 i 组分在汽相和液相中摩尔分数的比定义为 i 组分的**相平衡比**（phase equilibrium ratio），或称作分配系数，记为

$$\boxed{K_i = \frac{y_i}{x_i}} \tag{7/3-7}$$

相平衡比 K_i 为一分配系数，描述 i 组分在汽液两相分配的情况。也可理解其为**"轻度"**（lightness），当

$$K_i > 1 \text{ 时，} i \text{ 组分为轻组分，集中于汽相}$$
$$K_i < 1 \text{ 时，} i \text{ 组分为重组分，集中于液相}$$

故，可以用相平衡比表示汽液相平衡基本关系式

$$\boxed{K_i = \frac{y_i}{x_i} = \frac{\hat{\phi}_i^{\mathrm{l}}}{\hat{\phi}_i^{\mathrm{v}}}} \qquad (i = 1, 2 \cdots N) \tag{7/3-8}$$

或

$$\boxed{K_i = \frac{\gamma_i f_i^\ominus}{\hat{\phi}_i^{\mathrm{v}} p}} \qquad (i = 1, 2 \cdots N) \tag{7/3-9}$$

相平衡比概念用于相平衡分离单元操作时，习惯上，在精馏操作中 y_i 用于表示汽相；在吸收操作中 y_i 用于表示汽相；在萃取操作中 y_i 用于表示萃取液。

通常，K_i 的数值大小取决于两相特性以及体系的温度和压力。

将汽液相平衡时混合物中任意两个组分的相平衡比的比值，定义为这两个组分的**分离因子**（separating factor），记为

$$\boxed{\alpha_{ij} = \frac{K_i}{K_j}} \qquad (i = 1, 2 \cdots N; j = 1, 2 \cdots N) \tag{7/3-10}$$

习惯上，将分离因子概念用于相平衡分离单元操作时，在精馏技术中称 α_{ij} 为**相对挥发度**（relative volatility）。在萃取技术中称 α_{ij} 为选择性系数。

在表示上，通常数值大的相平衡比作为式(7/3-10)的分子，故总有 $\alpha_{ij} > 1$。

只要 $K_i \neq K_j$，即 $\alpha_{ij} \neq 1$，便可用平衡分离方法分离。α_{ij} 越大越易于分离。多数体系的相平衡比 K_i 和分离因子 α_{ij} 均不大。所以，一次接触平衡（在一个容器里）的分离效果通常有限，需要连续多次汽液相平衡操作才能实现分离目的。

对于在多组分体系中的分离因子 α_{ij} 来说，组分 j 往往是固定的参比物质。例如，设 j 为组分 1，则式(7/3-10)又可写成

$$\alpha_{i1} = \frac{K_i}{K_1} = \frac{y_i/x_i}{y_1/x_1} = \frac{y_i/y_1}{x_i/x_1} \tag{7/3-11}$$

(3) 汽液相平衡基本关系式中的热力学性质

在上述汽液相平衡的模型化分析中，无论是逸度系数模型还是活度系数模型都涉及求解具体的热力学性质。可以将有关的热力学性质归纳，如表 7/3-1。其中，给出了考虑热力学性质的计算时需要注意它所关联的变量。例如，即使比较简单的饱和蒸气压，如果采用 Antoine 方程它仅仅关联到体系的温度，但是如果采用其他的普遍化方法，就要涉及组分的临界性质和偏心因子等变量。

表 7/3-1   求解汽液相平衡问题时涉及的热力学性质

函　数	涉及的变量	计　算　方　法	计算用参数
p_i^s	T	Antoine 方程等关联式	Antoine 常数或临界性质，ω_i
$\phi_i^s(T, p_i^s)$	T, p_i^s	状态方程	临界性质，ω_i
γ_i	$T, \underline{x}$	活度系数方程	方程常数
$\hat{\phi}_i^v$	$T, p, \underline{y}$	状态方程	临界性质，ω_i
V_i^l	T	状态方程或关联式	临界性质，ω_i

7.3.3　De Priester 列线图与 K 值关联汽液相平衡

体系压力较高时，汽相与液相的行为通常会比较复杂。但在低压下，一些场合可以把组分结构相近似体系认为是完全理想的汽液相平衡体系。例如，低压下轻质碳氢化合物及其他简单分子，此类混合物的分子间作用力通常比较简单，可以认为它们遵守 Lewiss-Randall 规则。根据理想混合物的概念，这类体系的汽液相平衡关系式可写成

$$y_i f_i^v = x_i f_i^l \quad (i = 1, 2 \cdots N) \tag{7/3-12}$$

或

$$y_i \phi_i^v(T, p) p = x_i \phi_i^s(T, p_i^s) p_i^s \quad (i = 1, 2 \cdots N) \tag{7/3-13}$$

式中，ϕ_i^v 和 $\phi_i^s(T, p_i^s)$ 分别表示 i 组分的逸度系数和 i 组分在体系温度与该温度对应的饱和蒸气压 p_i^s 下的逸度系数。同时，还可以写出

$$K_i = \frac{f_i^l}{f_i^v} = \frac{\phi_i^s(T, p_i^s) p_i^s}{\phi_i^v(T, p) p} \quad (i = 1, 2 \cdots N) \tag{7/3-14}$$

此类体系的相平衡比 K_i 与组成无关，仅由体系的温度和压力决定。也就是说，仅仅借助汽相的性质(p_i^s, ϕ_i^v)就可以求出 K_i。

而体系的分离因子可表示为

$$\alpha_{ij} = \left[\frac{\phi_i^v(T, p_i^s)}{\phi_j^v(T, p_j^s)} \right] \left(\frac{p_i^s}{p_j^s} \right) \left[\frac{\phi_j^v(T, p)}{\phi_i^v(T, p)} \right] \quad (i = 1, 2 \cdots N; j = 1, 2 \cdots N) \tag{7/3-15}$$

对于高压下的汽液相平衡，这是最简单的处理情况。根据实际情况的不同，可能接受的偏差大小也不同，需酌情而定。

对烃类体系，C. L. De Priester（1953 年）提出了一种计算工具——De Priester p-T-K 列线图，如图 7/3-1（较低温度）和图 7/3-2（较高温度）。对于图中列出的烃类物质，可以由已知的温度和压力，直接在图上查到相平衡比的数值。

7.3.4 溶液体系的汽液相平衡关系

通常，式(7/3-6)的活度系数 VLE 方程用于混合物，所有组分选择相同的标准态并采用相同的热力学模型。此时，组分的标准态逸度即纯液体的逸度 $f_i^{\ominus} = f_i^{\text{l}}$。但是，实际上体系温度可能使体系处于超临界状态，也就是说，体系温度可能会超过其临界温度。此时，无法测量出蒸气压，也不能通过式(7/3-6)计算在体系温度下纯液体的逸度。

考虑一个二元溶液体系，指定组分 A 为溶剂，组分 B 为溶质。组分 B 在体系温度下无法以纯液体的形式存在。图 7/3-3 描绘出恒温下，液相溶质逸度系数和它的摩尔分数 x_{B} 的图形关系。此图与图 6/3-1 不同。因为代表 $\hat{f}_{\text{B}}$ 的曲线不能延长到 $x_{\text{B}}=1$ 处。因此不能够确定纯组分 B 的逸度 f_{B} 的位置，而且也不能够描绘出代表 Lewis-Randall 规则的曲线。在此区域，代表 Henry 定律的切线斜率为 Henry 常数，由式(6/3-18)确定。所以

$$k_{\text{H,B}} = \lim_{x_{\text{B}} \to 0} \frac{\hat{f}_{\text{B}}}{x_{\text{B}}} \tag{7/3-16}$$

Henry 常数受温度的影响较大，但是压力对它几乎没有影响。然而，注意到体系温度下 $k_{\text{H,B}}$ 确定，假设压力在 x_{B} 趋近于零是平衡值，也就是纯溶剂 A 的蒸气压 p_{A}^{s}。

汽液相平衡条件下

$$\hat{f}_{\text{B}} = \hat{f}_{\text{B}}^{\text{l}} = \hat{f}_{\text{B}}^{\text{v}} = y_{\text{B}} \hat{\phi}_{\text{B}} p \tag{7/3-17}$$

两边同除以 x_{B} 得

$$\frac{\hat{f}_{\text{B}}}{x_{\text{B}}} = \hat{\phi}_{\text{B}} \frac{y_{\text{B}}}{x_{\text{B}}} p$$

由 Henry 常数定义

$$k_{\text{H,B}} = p_{\text{A}}^{\text{s}} \hat{\phi}_{\text{B}}^{\infty} \lim_{x_{\text{B}} \to 0} \frac{y_{\text{B}}}{x_{\text{B}}} \tag{7/3-18}$$

通过描绘 $y_{\text{B}}/x_{\text{B}}$-$x_{\text{B}}$ 关系曲线并外推至零，可得出 $y_{\text{B}}/x_{\text{B}}$ 的极限值。

因为溶液中的组分需采用不同的标准态以及不同的热力学模型，所以只有活度系数 VLE 模型适于描述溶液体系的汽液相平衡行为，故式(7/3-6)和式(7/3-9)对溶剂 A 有

$$y_{\text{A}} \hat{\phi}_{\text{A}}^{\text{v}} p = x_{\text{A}} \gamma_{\text{A}} f_{\text{A}}^{\text{l}} \tag{7/3-19}$$

$$K_{\text{A}} = \frac{\gamma_{\text{A}} f_{\text{A}}^{\text{l}}}{\hat{\phi}_{\text{A}}^{\text{v}} p} \tag{7/3-20}$$

同时对溶质 B 有

$$K_{\text{B}}(T, p, \underline{x}) = \frac{\gamma_{\text{B}}' k_{\text{H,B}}}{\hat{\phi}_{\text{B}}^{\text{v}} p} \tag{7/3-21}$$

此时须注意，式(7/3-21)中的活度系数 γ_{A} 和 γ_{B}' 需要采用不同的活度系数模型。通常，若

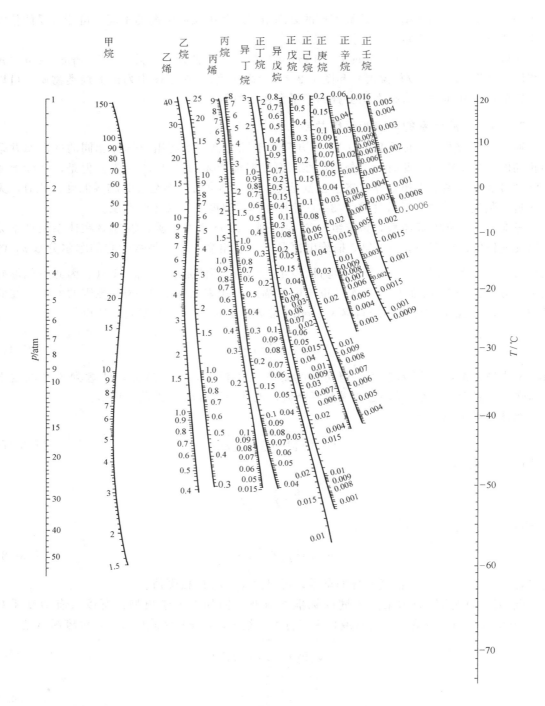

图 7/3-1　De Priester p-T-K 列线图 （−70～20℃）（较低温度）

1atm=101325Pa

选择同一模型，又应如何处理呢？此时，由式(6/3-7) 可知，溶质 B 的活度系数为

$$\frac{\hat{f}_B}{x_B}=\gamma_B f_B \tag{7/3-22}$$

将式(7/3-22) 与式(7/3-16) 结合得到

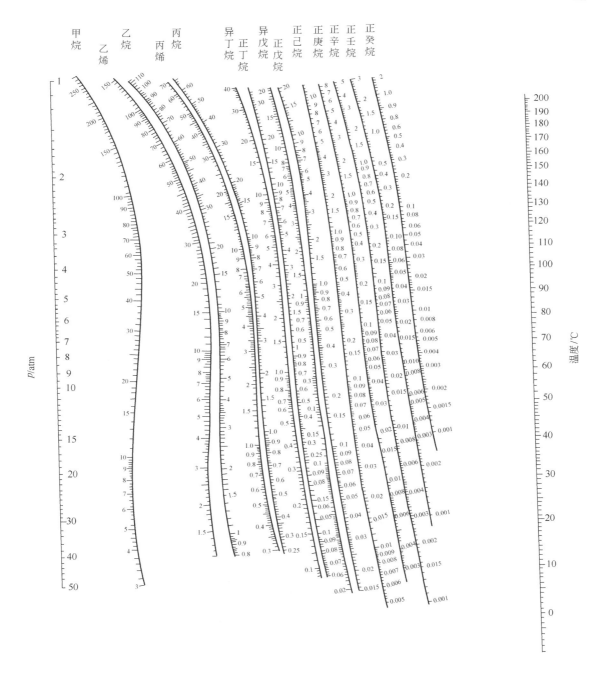

图 7/3-2　De Priester p-T-K 列线图（0～200℃）（较高温度）
1atm＝101325Pa

$$k_H = \gamma_B^\infty f_B$$

式中，γ_B^∞ 代表溶质活度系数的无穷大值，因为 $k_{H,B}$ 和 γ_B^∞ 都是在 p_2^s 条件下估计出来的，所以这个压力也适用于 f_B。然而，压力对液相逸度系数的影响非常小，通常对于实际问题可以忽略。从式(7/3-22)中消除 f_B 得到下式

$$\hat{f}_B = x_B \frac{\gamma_B}{\gamma_B^\infty} k_{H,B} \qquad (7/3\text{-}23)$$

所以，对溶质 B 活度系数 VLE 模型为

$$\boxed{y_B \hat{\phi}_B^v p = x_B \frac{\gamma_B}{\gamma_B^\infty} k_{H,B}} \qquad (7/3\text{-}24)$$

而式（7/3-21）可改写成

$$\boxed{K_B(T,p,\underline{x}) = \frac{(\gamma_B/\gamma_B^\infty) k_{H,B}}{\hat{\phi}_B^v p}} \qquad (7/3\text{-}25)$$

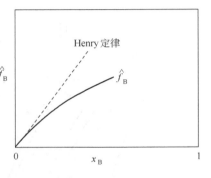

图 7/3-3　溶质逸度系数 $\hat{f}_B$-x_B 关系

这样，就可以用同一个活度系数模型来计算 γ_A、γ_B 和 γ_B^∞。

7.4　汽液相平衡的基本计算

根据相律，汽液相平衡的基本问题可表述为："在温度 T 或压力 p 以及液相组成 $\{x\}$ 或汽相组成 $\{y\}$ 中指定任意 N 个（有意义的必须包括温度 T 或压力 p），以确认 N 个自由度。只要有足够的热力学基础数据就可以通过 N 个独立的相平衡方程（7/3-4），由计算来确定其余 N 个变量"。意即，从 $2N$ 个独立相律变量中，任意指定 N 个，求解 N 个。这样的组合可能有许多种，其中有工程意义的仅以下五种。

① 泡点温度与组成的计算（BUBLT）　已知体系的压力 p 与液相组成 $\underline{x}$，求泡点温度 T 与汽相组成：$(p,\underline{x}) \rightarrow (T,\underline{y})$。

② 泡点压力与组成的计算（BUBLP）　已知体系的温度 T 与液相组成 $\underline{x}$，求泡点压力 p 与汽相组成 $\underline{y}$：$(T,\underline{x}) \rightarrow (p,\underline{y})$。

③ 露点温度与组成的计算（DEWT）　已知体系的压力 p 与汽相组成 $\underline{y}$，求露点温度 T 与液相组成 $\underline{x}$：$(p,\underline{y}) \rightarrow (T,\underline{x})$。

④ 露点压力与组成的计算（DEWP）　已知体系的温度 T 与汽相组成 $\underline{y}$，求露点压力 p 与液相组成 $\underline{x}$：$(T,\underline{y}) \rightarrow (p,\underline{x})$。

⑤ 闪蒸的计算（FLASH）　已知体系的温度 T、压力 p 和闪蒸前的总组成 $\underline{z}$，求闪蒸后的液相组成 $\underline{x}$ 和汽相组成 $\underline{y}$，以及闪蒸后的汽相与液相的摩尔比（例如，设总量为 1mol，则汽相量为 Vmol，液相量为 Lmol）：$(T,p,\underline{z}) \rightarrow (\underline{x},\underline{y},V$ 或 $L)$。

这里用符号 $\{x\}$ 和 $\{y\}$ 表示液相组成和汽相组成，即括号中的变量为一数组。以下也有类似表示。

7.4.1　露点和泡点的计算

由于活度系数模型的复杂性，所有由该公式进行的计算都不得不使用迭代法。

$$\hat{\phi}_i^v = \phi(T, p, y_1, y_2 \cdots y_{N-1})$$
$$\gamma_i = \gamma(T, p, x_1, x_2 \cdots x_{N-1})$$
$$p_i^s = f(T)$$

在适中的压力下，假定活度系数不随压力而变化，以活度系数模型描述汽液相平衡是妥当的。此时，迭代计算依然需要。例如，利用 $\{y_i\}$ 和 p 计算泡点压力时，要求 ϕ_i 的值，

而该值又是压力 p 和 $\{y_i\}$ 的函数。在以下章节中，将介绍如何通过简单的迭代过程，计算泡点压力、露点压力、泡点温度和露点温度。

将活度系数 VLE 方程（7/3-6）用于液体混合物，由式（6/3-10）可得

$$y_i \hat{\phi}_i^v p = x_i \gamma_i f_i^l \quad (i=1,2\cdots N)$$

再通过式（6/2-8）有

$$y_i \Phi_i p = x_i \gamma_i p_i^s \quad (i=1,2\cdots N) \tag{7/4-1}$$

式中

$$\boxed{\Phi_i \equiv \frac{\hat{\phi}_i^v}{\phi_i^s} \exp\left[-\frac{V_i^l(p-p_i^s)}{RT}\right]} \tag{7/4-2}$$

需要注意，式（7/4-2）的左项已不仅仅表示与汽相中 i 组分的逸度计算相关，因为部分液相性质的计算内容已转移到左项。此公式形式主要是为了便于 VLE 的数值求解。所以大写符号"Φ_i"不是逸度，只是一变量记号。因此，y_i 或 x_i 可以表示为

$$\boxed{y_i = \frac{x_i \gamma_i p_i^s}{\Phi_i p}} \quad (i=1,2\cdots N) \tag{7/4-3}$$

$$\boxed{x_i = \frac{y_i \Phi_i p}{\gamma_i p_i^s}} \quad (i=1,2\cdots N) \tag{7/4-4}$$

因为 $\sum y_i = 1$ 和 $\sum x_i = 1$，所以这些公式可以被归纳为

$$1 = \sum_{i=1}^N \frac{x_i \gamma_i p_i^s}{\Phi_i p} \qquad\qquad 1 = \sum_{i=1}^N \frac{y_i \Phi_i p}{\gamma_i p_i^s} \tag{7/4-5}$$

为了得到压力 p，式（7/4-5）变形为

$$\boxed{p = \sum_{i=1}^N \frac{x_i \gamma_i p_i^s}{\Phi_i}} \tag{7/4-6}$$

或

$$p = \frac{1}{\displaystyle\sum_{i=1}^N y_i \Phi_i / \gamma_i p_i^s} \tag{7/4-7}$$

当压力比较低，或认为处于与液相相平衡的汽相为理想气体的混合物时，$\Phi_i = 1$，则式（7/4-1）为

$$\boxed{y_i p = x_i \gamma_i p_i^s \quad (i=1,2\cdots N)} \tag{7/4-1b}$$

而式（7/4-3）、式（7/4-4）和式（7/4-6）被简化为

$$\boxed{y_i = \frac{x_i \gamma_i p_i^s}{p}} \quad (i=1,2\cdots N) \tag{7/4-3b}$$

$$\boxed{x_i = \frac{y_i p}{\gamma_i p_i^s}} \quad (i=1,2\cdots N) \tag{7/4-4b}$$

$$\boxed{p = \sum_{i=1}^N x_i \gamma_i p_i^s} \tag{7/4-6b}$$

或

$$p = \frac{1}{\sum\limits_i y_i/\gamma_i p_i^s} \qquad (7/4\text{-}7\text{b})$$

与 Raoult 定律相比，式(7/4-7b) 只是引入液相中非理想性的因子，通常被广泛地用于低压至中压范围内的泡点及露点计算。

(1) 泡点压力的计算

图 7/4-1 显示了一个利用计算机进行迭代计算的程序。图中，用大括号来表示相同性质的一组向量。首先，输入一系列给定的值：温度 T、$\{x_i\}$ 和一些用来计算 $\{p_i^s\}$、$\{\gamma_i\}$ 和 $\{\Phi_i\}$ 的参数。因为计算 Φ_i 值所需的 $\{y_i\}$ 值未知，所以设 $\Phi_i = 1$。利用式(2/3-4) 和给定的温度 T，可以计算出每一个 p_i^s 值，γ_i 值来源于活度系数模型。借助式(7/4-6) 和式(7/4-3) 可以获得压力 p 和 $\{y_i\}$ 的值。由 6.2.3 节介绍的方法可以得到 $\{\Phi_i\}$；式(7/4-6) 的带入法可以提供一个压力 p。迭代过程至偏差小于某个允差 δ 时结束。因此，所得的最后的值就是所要的压力 p 和 $\{y_i\}$。

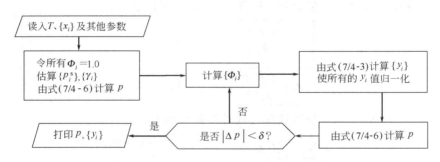

图 7/4-1　泡点压力（T，$\underline{x} \rightarrow p$，$y$）计算的程序框图

(2) 露点压力的计算

图 7/4-2 是一个利用初值温度 T、$\{y_i\}$ 和一些精确参数的计算过程。开始时，$\{\gamma_i\}$ 和 $\{\Phi_i\}$ 的数值未知，所以设 $\Phi_i = 1$，$\gamma_i = 1$。由式(2/3-4) 计算出 $\{p_i^s\}$，式(7/4-7) 和式(7/4-4) 可以解决压力 p 和 $\{x_i\}$。利用计算出的 $\{x_i\}$ 和 6.5 节介绍的方法估算 $\{\gamma_i\}$ 值，再由式(7/4-7) 得出的压力 p 值，进而可以利用 6.2 节介绍的方法确定出 $\{\Phi_i\}$。内循环可以得出求取 $\{x_i\}$ 和 $\{\gamma_i\}$ 所需的中间值。因为 $\{x_i\}$ 的计算值是发散的，不能满足 $\sum x_i = 1$ 的要求，因此通过 $x_i = x_i/\sum x_i$ 来使 x_i 归一化。通过式(7/4-7) 进行重复计算，最后得到压力 p 和 $\{x_i\}$ 值。

在泡点压力和露点压力的计算过程中温度已知，利用它可以计算出 $\{p_i^s\}$ 的中间和最后值。对于计算泡点温度和露点温度时，温度是未知的。然而迭代受到温度控制，需要提出一个初值。依靠已知的压力以及 $\{x_i\}$ 或 $\{y_i\}$ 值，温度初值可计算如下

$$T = \sum_{i=1}^{N} x_i T_i^s(p) \quad \text{或} \quad T = \sum_{i=1}^{N} y_i T_i^s(p)$$

根据式(2/3-4)，式中的饱和温度为

$$T_i^s = \frac{B}{A_i - \ln p} - C_i \qquad (7/4\text{-}8)$$

虽然组分的分压与温度密切相关，但是蒸气压的比值却没有那么密切的依从关系，而且利用它们进行计算也非常方便。式(7/4-6) 和式(7/4-7) 的两侧除以 p_j^s，经整理后得到

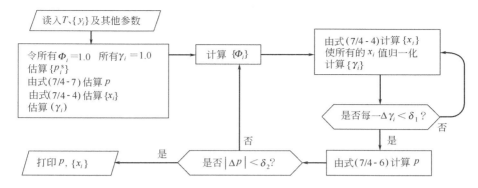

图 7/4-2　露点压力（T，$\underset{\sim}{y} \rightarrow p$，$\underset{\sim}{x}$）计算的程序框图

$$p_j^{\mathrm{s}} = \frac{p}{\displaystyle\sum_{i=1}^{N}(x_i \gamma_i / \Phi_i)(p_i^{\mathrm{s}}/p_j^{\mathrm{s}})} \tag{7/4-9}$$

$$p_j^{\mathrm{s}} = p \sum_{i=1}^{N}\left(\frac{y_i \Phi_i}{\gamma_i}\right)\left(\frac{p_j^{\mathrm{s}}}{p_i^{\mathrm{s}}}\right) \tag{7/4-10}$$

　　上述两个求和公式中，包括了组分 j 在内的所有组分，组分 j 是一个任意选择的组分。一旦计算出了 p_j^{s} 的值，相应的温度 T 值也就可以通过式(7/4-11) 求出。

$$T = \frac{B_j}{A_j - \ln p_j^{\mathrm{s}}} - C_j \tag{7/4-11}$$

(3) 泡点温度的计算

　　图 7/4-3 列出了一个迭代方案，它要求输入压力 p、$\{x_i\}$ 和一些参数。在温度 T 和 $\{y_i\}$ 值未知的情况下，设 $\Phi_i = 1$，随后的迭代方法已经在图中清楚地描述。

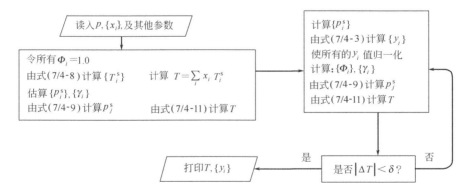

图 7/4-3　泡点温度（p，$\underset{\sim}{x} \rightarrow T$，$\underset{\sim}{y}$）计算的程序框图

(4) 露点温度的计算

　　在这个计算中，温度和 $\{x_i\}$ 未知。关于这个计算的迭代方案已经详细地列于图 7/4-4 中。和计算露点压力相似，计算 $\{x_i\}$ 的内循环不能得到收敛的真实值，故利用 $x_i = x_i / \sum x_i$ 进行归一化处理。露点和泡点的计算都可以利用已有的商业软件进行，例如 Mathcad，也可自行编程计算。

　　表 7/4-1 给出了正己烷(1)/乙醇(2)/甲基环戊烷(3)/苯(4) 体系的完整泡点温度计算结

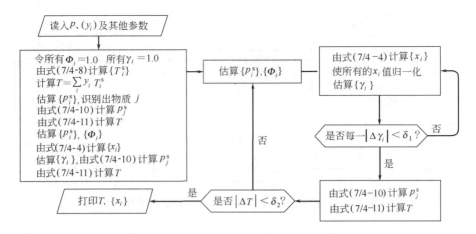

图 7/4-4　露点温度（p，$\underline{y} \rightarrow T$，$\underline{x}$）计算的程序框图

果。该体系的给定压力为 1.01325MPa，液相组成摩尔分数 x_i 列于表 7/4-1 中。可查得 Antoine 方程的参数[1]如下：

$$A_1 = 9.2033 \qquad B_1 = 2697.55 \qquad C_1 = -48.78$$
$$A_2 = 12.2786 \qquad B_2 = 3803.98 \qquad C_2 = -41.11$$
$$A_3 = 9.1690 \qquad B_3 = 2731.00 \qquad C_3 = -46.11$$
$$A_4 = 9.2675 \qquad B_4 = 2788.51 \qquad C_4 = -52.36$$

另外，还可以查到第二 virial 系数[2]：

$$B_{11} = -1360.1 \qquad B_{12} = -657.0 \qquad B_{13} = -1274.2 \qquad B_{14} = -1218.8$$
$$B_{22} = -1174.7 \qquad B_{23} = -621.8 \qquad B_{24} = -589.7$$
$$B_{33} = -1191.9 \qquad B_{34} = -1137.9$$
$$B_{44} = -1086.9$$

最后，输入数据包括 UNIFAC 方法的参数。温度 T 的计算值和气相摩尔分数 y_i 与实验值相比的结果很让人满意。表 7/4-1 也列举了 p_i、Φ_i 和 γ_i 最后计算值。经过迭代 4 次后，计算出的泡点温度为 334.82K，而实验值为 334.85K。

表 7/4-1　正己烷/乙醇/甲基环戊烷/苯体系的泡点温度计算结果

组分 i	x_i	y_i(cal)	y_i(exp)	p_i^s/MPa	Φ_i	γ_i
正己烷	0.162	0.139	0.140	0.08075	0.993	1.073
乙醇	0.068	0.279	0.274	0.05046	0.999	8.241
甲基环戊烷	0.656	0.500	0.503	0.07346	0.990	1.042
苯	0.114	0.082	0.083	0.05542	0.998	1.289

表 7/4-1 给出了泡点温度 T 计算值是对于压力为 101.325kPa，在此压力下气相通常被看作为理想气体，且每个组分的 $\Phi_i = 1$。Φ_i 值都在 0.98～1.00 之间。这说明了在压力为 0.1MPa（1bar）或者更低时，提出理想气体的假设几乎没有任何错误。从另一方面来说，对于液相理

❶ Reid R C，Prausnitz J M，Sherwood T K. The Properties of Gases and Liquids. 3rd ed，app A New York：McGrawHill，1977.

❷ Hayden J G，O'Connell J P. Ind Eng Chem Proc Des Dev，1975，14：209-216.

想状态（$\gamma_i=1$）的假设则证明是罕见的。认为对于表 7/4-1 中乙醇的 γ_i 值大于 8。

例 7/4-1：

　　认为甲醇(1)/甲酸乙酯(2) 体系适于下列公式提供的关联活度系数的方法

$$\ln\gamma_1=Ax_2^2 \qquad \ln\gamma_2=Ax_1^2 \qquad 其中 A=2.771-0.00523T$$

且有 Antoine 方程表示的饱和蒸气压

$$\ln p_1^s=16.59158-\frac{3643.31}{T-33.424} \qquad \ln p_2^s=14.25326-\frac{2665.54}{T-53.424}$$

其中 T 的单位为 K，蒸气压的单位为 kPa。若式(7/4-1b)可适用，试计算下列各项：

　　(a) $T=318.15$K 及 $x_1=0.25$ 时的 p 及 $\{y\}$；

　　(b) $T=318.15$K 及 $y_1=0.60$ 时的 p 及 $\{x\}$；

　　(c) $p=101.33$kPa 及 $x_1=0.85$ 时的 T 及 $\{y\}$；

　　(d) $p=101.33$kPa 及 $y_1=0.40$ 时的 T 及 $\{x\}$。

解 7/4-1：

　　(a) 此问为泡点压力计算。$T=318.15$K 时，由 Antoine 方程可得

$$p_1^s=44.51\text{kPa} \qquad p_2^s=65.64\text{kPa}$$

活度系数可由题目提供的关联模型计算

$$A=2.771-0.00523\times318.15=1.107$$
$$\gamma_1=\exp(Ax_2^2)=\exp[1.107\times(0.75)^2]=1.864$$
$$\gamma_2=\exp(Ax_1^2)=\exp[1.107\times(0.25)^2]=1.072$$

压力可由式(7/4-6b)求出

$$p=0.25\times1.864\times44.51+0.75\times1.072\times65.64=73.50\text{kPa}$$

由式(7/4-3b)可得

$$y_1=0.282 \qquad y_2=0.718$$

　　(b) 此题为露点压力计算。在与（a）相同温度时 p_1^s 及 p_2^s 值保持不变。此时液相的组成未知，但必须用它来计算活度系数，所以需应用迭代方法。首先，令 $\gamma_1=\gamma_2=1.0$，依下列步骤进行计算。

　　由式(7/4-7b)计算 p

$$p=\frac{1}{y_1/\gamma_1 p_2^s+y_2/\gamma_2 p_2^s}$$

　　由式(7/4-4b)计算 x_1

$$x_1=\frac{y_1 p}{\gamma_1 p_1^s} \qquad 因此\ x_2=1-x_1$$

　　计算活度系数，再回到第一步骤，一直重复到收敛为止。

由此迭代程序，求得最后的结果为

$$p=62.89\text{kPa} \qquad x_1=0.8169 \qquad \gamma_1=1.378 \qquad \gamma_2=2.0935$$

　　(c) 此题为泡点温度计算。首先由已知压力，求得纯组分的饱和温度作为温度的起始猜测值。借助式(7/4-8)，由 $p=101.33$kPa 可得

$$T_1^s=337.71\text{K} \qquad T_2^s=330.08\text{K}$$

利用摩尔分数平均值求出起始温度

$$T=0.85\times337.71+0.15\times330.08=336.57\text{K}$$

迭代程序包含下列步骤：

由此温度计算 A、γ_1 与 γ_2

$$\alpha_{12}=p_1^s/p_2^s$$

由式(7/4-9) 计算新的 p_1^s

$$p_1^s=\frac{p}{x_1\gamma_1+x_2\gamma_2/\alpha_{12}}$$

对组分 1 而言，利用式(7/4-11) 求出新的 T

$$T=\frac{B_1}{A_1-\ln p_1^s}-C_1$$

回到起始步骤，迭代计算至 T 值收敛。

由此程序求得最终结果为

$$T=331.20\text{K} \qquad p_1^s=95.24\text{kPa} \qquad p_2^s=48.73\text{kPa}$$
$$A=1.0388 \qquad \gamma_1=1.0236 \qquad \gamma_2=2.1182$$

汽相摩尔分数为

$$y_1=0.670 \qquad x_2=0.330$$

(d) 此题为露点温度计算。因为 $p=101.33\text{kPa}$，所以饱和温度与 (c) 部分相同。未知温度的起始值可由饱和温度的摩尔分数平均值求得

$$T=0.40\times337.71+0.60\times330.08=333.13\text{K}$$

因为液相组成未知，首先可令 $\gamma_1=\gamma_2=1$，如同 (c) 部分一样，进行下列迭代计算。

利用 Antoine 方程，在目前 T 时，计算 A、p_1^s、p_2^s 与 $\alpha_{12}=p_1^s/p_2^s$

由式(7/4-4b) 计算 x_1

$$x_1=\frac{y_1p}{\gamma_1p_1^s} \quad \text{与} \quad x_2=1-x_1$$

由关联模型计算 γ_1 与 γ_2。

由式(7/4-9) 求出新的 p_1^s

$$p_1^s=p\left(\frac{y_1}{\gamma_1}+\frac{y_2}{\gamma_2}\alpha_{12}\right)$$

对于组分 1 而言，式(7/4-11) 求出新的 T 值

$$T=\frac{B_1}{A_1-\ln p_1^s}-C_1$$

回到起始步骤，迭代计算 γ_1 与 γ_2，直到 T 值收敛为止。

由此程序所得的最后数值为

$$T=326.70\text{K} \qquad p_1^s=64.63\text{kPa} \qquad p_2^s=90.89\text{kPa}$$
$$A=1.0624 \qquad \gamma_1=1.3629 \qquad \gamma_2=1.2523$$
$$x_1=0.4602 \qquad x_2=0.5398$$

7.4.2　闪蒸的计算

汽液相平衡的一项重要应用，即为**闪蒸（flash）**计算。其意义为液体在某压力时，此压力大于或等于其泡点压力，故液体压力降低时，会产生闪蒸或部分蒸发现象，产生汽相与液相达成平衡的两相体系。将 T-x 图与闪蒸工艺流程结合在一起，图 7/4-5 是闪蒸操作原理的说明。这里，仅讨论给定温度与压力的闪蒸，即在已知 T、p 及总组成时，计算两相体系中达成平衡的汽液相的量及组成。对于已知质量且不发生化学反应的物质而言，若 T、p 及总组成 $\{z_i\}$ 已知，可求得平衡相的量（由总量 F 分离成汽相 V 和液相 L）与组成。

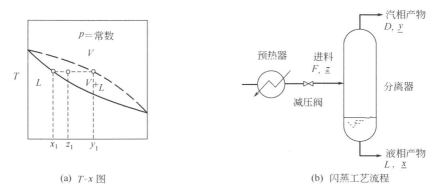

(a)　T-x 图　　　　　　　　(b)　闪蒸工艺流程

图 7/4-5　闪蒸操作的原理

对于总量为 1mol 且含有无化学反应的体系，若总组成的摩尔分数以 $\{z_i\}$ 表示；液相以 L 表示摩尔流量，$\{x_i\}$ 表示液相摩尔分数；汽相以 V 表示摩尔流量，$\{y_i\}$ 表示汽相摩尔分数，则有质量平衡

$$L+V=1 \tag{7/4-12}$$

$$z_i=x_iL+y_iV \quad (i=1,2\cdots N) \tag{7/4-13}$$

由以上方程消去 L 而得

$$z_i=x_i(1-V)+y_iV \quad (i=1,2\cdots N) \tag{7/4-14}$$

代入 $x_i=y_i/K_i$，并解出 y_i 而得

$$y_i=\frac{z_iK_i}{1+V(K_i-1)} \quad (i=1,2\cdots N) \tag{7/4-15}$$

因为 $\sum y_i=1$，由式(7/4-15)对所有组分加成而得

$$\sum_{i=1}^{N}\frac{z_iK_i}{1+V(K_i-1)}=1 \tag{7/4-16}$$

在 p、T 闪蒸计算的第一步骤，即为求解满足上式的 V 值，其中令 $V=1$ 作为计算的初值。

因为 $x_i=y_i/K_i$，可替换式(7/4-15)为

$$x_i=\frac{z_i}{1+V(K_i-1)} \quad (i=1,2\cdots N) \tag{7/4-17}$$

因为 $\sum x_i=1$，所以

$$\sum_{i=1}^{N}\frac{z_i}{1+V(K_i-1)}=1 \tag{7/4-18}$$

显然，基于 $\sum x_i=1$ 和 $\sum y_i=1$，分别令

$$F_y=\sum_{i=1}^{N}\frac{z_iK_i}{1+V(K_i-1)}-1=0 \tag{7/4-19}$$

$$F_x = \sum_{i=1}^{N} \frac{z_i}{1 + V(K_i - 1)} - 1 = 0 \tag{7/4-20}$$

如果能够解得使得方程 F_x 和 F_y 为零时的 V 值，压力 p 与温度 T 下的闪蒸问题亦可随之解决。然而，一个更方便的求解方程是 F_y 与 F_x 差值。

$$F = \sum_{i=1}^{N} \frac{z_i(K_i - 1)}{1 + V(K_i - 1)} = 0 \tag{7/4-21}$$

从其导数可以明显看出该方程的有利之处

$$\frac{\mathrm{d}F}{\mathrm{d}V} = - \sum_{i=1}^{N} \frac{z_i(K_i - 1)^2}{[1 + V(K_i - 1)]^2} \tag{7/4-22}$$

因为，$\mathrm{d}F/\mathrm{d}V$ 恒为负。所以 F 与 V 的关系是单调的，即快速收敛迭代算法——Newton 法也适用于 V 的求解。因此，对于第 k 次迭代方程变为

$$F + \left(\frac{\mathrm{d}F}{\mathrm{d}V}\right)\Delta V = 0 \tag{7/4-23}$$

这里 $\Delta V \equiv V_{k+1} - V_k$，并且通过式(7/4-24) 和式(7/4-25) 可解出 F 和 $\mathrm{d}F/\mathrm{d}V$。式中，K_i 值源于式(7/4-1)，写作

$$K_i = \frac{y_i}{x_i} = \frac{\gamma_i p_i^{\mathrm{s}}}{\Phi_i p} \quad (i = 1, 2 \cdots N) \tag{7/4-24}$$

式中，Φ_i 可由式(7/4-2) 计算。K_i 值与温度 T、压力 p 以及 $\{x_i\}$、$\{y_i\}$ 密切相关。因为是求解 $\{x_i\}$、$\{y_i\}$，所以规定的温度和压力下的闪蒸计算不可避免地要求迭代。

多组分闪蒸的计算可以基于活度系数 VLE 方程式(7/3-6)，应用计算机来进行的数值处理的原则性求解策略描述如图 7/4-6。首先输入给定的条件。在给定的温度和压力下，事先

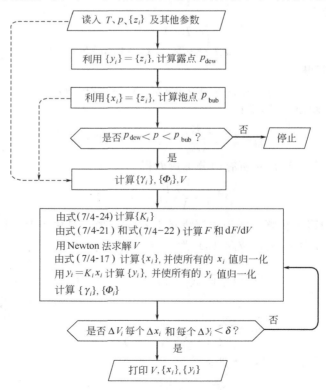

图 7/4-6　闪蒸计算的程序框图

无法确定体系是饱和液体或饱和蒸气的混合物还是过冷液体或过热蒸气，所以最初的计算是用来确定体系的性质和状态。借助图 7/4-7 可以理解，在给定的温度和总组分下，如果体系的压力低于露点压力 p_{dew}，则体系为过热蒸气。而如果体系的压力比泡点压力 p_{bub} 高，则体系为过冷液体。只有当体系压力处于露点压力和泡点压力之间时，体系才是一种汽液相平衡的状态。因此，可以利用给定的温度和 $\{y_i\}=\{z_i\}$ 的条件，通过露点压力的计算方法（图 7/4-2）来确定露点压力 p_{dew}；同样，可以利用给定的温度和 $\{x_i\}=\{z_i\}$ 的条件通过泡点压力的计算方法（图 7/4-1）来确定泡点压力 p_{bub}。只有当给定

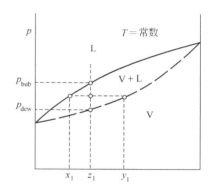

图 7/4-7　闪蒸时的操作压力

的压力在露点压力和泡点压力之间时，闪蒸压力和温度的计算才有意义。如果如此，则可以利用露点压力和泡点压力的计算结果来初步估计 $\{\gamma_i\}$、$\{\Phi_i\}$ 和 V。对于露点，即 $V=1$ 时，可以计算出 p_{dew}、$\gamma_{i,dew}$ 和 $\hat{\phi}^y_{i,dew}$；对于泡点，即 $V=0$ 时，可以计算出 p_{bub}、$\gamma_{i,bub}$ 和 $\hat{\phi}^y_{i,bub}$。最简单的程序就是在相应的压力下的露点和泡点值之间进行反复迭代，达到 p_{dew} 和 p_{bub} 之间的 p。

$$\frac{\gamma_i-\gamma_{i,dew}}{\gamma_{i,bub}-\gamma_{i,dew}}=\frac{\hat{\phi}_i-\hat{\phi}_{i,dew}}{\hat{\phi}_{i,bub}-\hat{\phi}_{i,dew}}=\frac{p-p_{dew}}{p_{bub}-p_{dew}}$$

而

$$\frac{V-1}{0-1}=\frac{p-p_{dew}}{p_{bub}-p_{dew}} \quad 或 \quad V=\frac{p_{bub}-p}{p_{bub}-p_{dew}}$$

利用 γ_i、$\hat{\phi}^y_i$ 的初始值，根据式（7/4-24）可以计算出 K_i 的初始值。p^s_i 和 ϕ^s_i 也可以从露点压力和泡点压力的初步计算中很容易得到。式（7/4-19）和式（7/4-20）能够提供式（7/4-21）（Newton 迭代法）所需要的 F 和 dF/dV 的初始值。重复应用这个方程得到式（7/4-19）所需的 V 值，且它满足 $\{K_i\}$ 的估计值。其余的计算主要是利用新得到的 $\{K_i\}$ 值去重新估算 $\{\gamma_i\}$、$\{\phi_i\}$。随后的步骤（一个外循环）就是进行重复计算，直到前后两次的结果相差不大为止。第一次外循环进行完毕以后，F 和 dF/dV 的值被用来启动 Newton 迭代公式（一个外循环），这个值应该是最新（上一次）的值。一旦 V 的值被估计出来，x_i 的值就可以通过式（7/4-17）计算出来，而 y_i 的值可以利用公式 $y_i=x_iK_i$ 得出。

表 7/4-2 显示了正己烷(1)/乙醇(2)/甲基环戊烷(3)/苯(4)体系闪蒸温度和压力的计算结果。同样的体系，泡点温度的计算结果被列于表 7/4-1 中，并且两者应用了相同的关系式和一些参数值。这里给定的压力和温度值分别为 1.01325 MPa 和 334.15 K。体系给定的全部摩尔分数被列于表 7/4-2 中，包括液相和汽相的摩尔分数值和 K_i 的计算值。汽相体系被确定为 $V=0.8166mol$。

表 7/4-2　正己烷/乙醇/甲基环戊烷/苯体系闪蒸温度和压力的计算结果

组分 i	z_i	x_i	y_i	K_i
正己烷	0.250	0.160	0.270	1.694
乙醇	0.400	0.569	0.362	0.636
甲基环戊烷	0.200	0.129	0.216	1.668
苯	0.150	0.142	0.152	1.070

例 7/4-2：

甲烷(1)/乙烷(2)/丙烷(3)体系在 10℃时的总组成为 $z_1=0.1$，$z_2=0.2$，$z_3=0.7$，计算

（a）其露点压力；

（b）其泡点压力。

K_i 值由图 7/3-1 可查取。

解 7/4-2：

（a）当此体系达到露点时，只有微量液体存在，因此题目所示的摩尔分数即为 y_i。因为温度已决定，所以 K_i 值依压力而定，可由试差法求得满足 $\sum y_i/K_i=1$ 的数值。一些 p 值下所得的计算结果列于表 7/4-3。

表 7/4-3　p 值下所得计算结果（a）

组分 y_i		压力 p/MPa					
		0.699		1.044		0.871	
		K_i	y_i/K_i	K_i	y_i/K_i	K_i	y_i/K_i
甲烷	0.10	20.0	0.005	13.2	0.008	16.0	0.006
乙烷	0.20	3.25	0.062	2.25	0.089	2.65	0.075
丙烷	0.70	0.92	0.761	0.65	1.077	0.762	0.919
$\sum y_i/K_i$		0.828		1.174		1.000	

由此表的最后两行来看，可知在 $p=0.871$MPa 时，$\sum y_i/K_i=1$ 式的要求可以符合。此压力即为露点压力，此时微小的液相组成可由 $x_i=y_i/K_i$ 求得，并列于表 7/4-3 中的最后一列。

（b）当此体系几乎完全凝结时，即为泡点，而题目所给的摩尔分数即为 x_i 值。在此情况下由试差法求得 p，并使所求出的 K_i 值符合 $\sum K_i x_i=1$。一些压力下的计算结果列于表 7/4-4。

表 7/4-4　p 值下所得计算结果（b）

组分 x_i		压力 p/ MPa					
		2.655		2.797		2.685	
		K_i	$K_i x_i$	K_i	$K_i x_i$	K_i	$K_i x_i$
甲烷	0.10	5.60	0.560	5.25	0.525	5.49	0.549
乙烷	0.20	1.11	0.222	1.07	0.214	1.10	0.220
丙烷	0.70	0.335	0.235	0.32	0.224	0.33	0.231
$\sum K_i x_i$		1.107		0.963		1.000	

由此表可知，在 $p=2.685$MPa 时，$\sum K_i x_i=1$ 式的要求可以符合，此压力即为泡点压力。汽相组成可由 $y_i=K_i x$ 求得，如表 7/4-4 最后一列 $K_i x_i$ 所示。

例 7/4-3：

丙酮(1)/乙腈(2)/硝基甲烷(3) 体系在 80℃及 110kPa 时，总组成为 $z_1=0.45$，$z_2=0.35$，$z_3=0.20$。假设 Raoult 定律可适用于此体系，计算 L、V、$\{x\}$ 及 $\{y\}$。在 80℃时各纯组分的蒸气压为

$$p_1^s=195.75\text{kPa} \quad p_2^s=97.84\text{kPa} \quad p_3^s=50.33\text{kPa}$$

解 7/4-3：

首先利用 $\{z\}=\{x\}$，进行泡点压力计算以求出 p_{bub}，由式(7/4-6b) 得

$$p_{bub} = x_1 p_1^s + x_2 p_2^s + x_3 p_3^s$$
$$= 0.45 \times 195.75 + 0.35 \times 97.84 + 0.20 \times 50.33$$
$$= 132.40 kPa$$

再令 $\{z\} = \{y\}$，由式(7/4-7b) 进行露点压力计算

$$p_{dew} = \frac{1}{y_1/p_1^s + y_2/p_2^s + y_3/p_3^s} = 101.52 kPa$$

因为本题的压力介于 p_{bub} 及 p_{dew} 之间，此体系位于两相区，可进行闪蒸计算。

因为 Raoult 定律可适用于此体系，则 $K_i = p_i^s/p$，所以

$$K_1 = 1.7795 \qquad K_2 = 0.8895 \qquad K_3 = 0.4575$$

将这些数值代入式(7/4-19)

$$\frac{0.45 \times 1.7795}{1 + 0.7795V} + \frac{0.35 \times 0.8895}{1 - 0.1105V} + \frac{0.20 \times 0.4575}{1 - 0.5425V} = 1 \qquad (A)$$

利用试差法解得

$$V = 0.7364 mol$$

所以

$$L = 1 - V = 0.2636 mol$$

由式(7/4-18)知，式（A）左边各项皆为此的表示式，因此可得

$$y_1 = 0.5087 \qquad y_2 = 0.3389 \qquad y_3 = 0.1524$$

因为 $x_i = y_i/K_i$，因此

$$x_1 = 0.2859 \qquad x_2 = 0.3810 \qquad x_3 = 0.3331$$

由此可知，$\sum x_i = 1$ 及 $\sum y_i = 1$。本例题求解的过程，不限于体系中所含组分的数目。

对于轻质碳氢化合物的闪蒸计算，可由图 7/3-1 及图 7/3-2 的数据进行。如同例 7/4-3 一样，可利用 Raoult 定律来计算。当 T 及 p 给定时，轻质碳氢化合物的 K_i 值可由图 7/3-1 及图 7/3-2 求出，此时式(7/4-16)中只有一个未知数 V，可由试差法求出。

例 7/4-4：

如例 7/4-2 所述的体系，在压力为 1.398MPa 时，汽相分率为何？平衡汽相及液相的组成为何？

解 7/4-4：

题目所定的压力，介于例 7/4-2 所述体系的露点与泡点压力之间，因此体系由两相构成。此时利用式 (7/4-24) 所求出的 K_i 值及试差法，求出满足式(7/4-16)的 V 值。几个试差法的结果，分列于表 7/4-5 中。表 7/4-5 中所列 y_i 值即为式(7/4-16)中加成符号内所表示的各 y_i 项。

表 7/4-5　试差法的结果

组　分	z_i	K_i	V 值			
			0.35	0.25	0.273	0.273
			y_i	y_i	y_i	$x_i = y_i/K_i$
甲烷	0.10	10.0	0.241	0.308	0.289	0.029
乙烷	0.20	1.76	0.278	0.296	0.292	0.166
丙烷	0.70	0.52	0.438	0.414	0.419	0.805
$\sum y_i$			0.957	1.018	1.000	1.000

由此可知，当 $V=0.273$ 时，可满足式(7/4-14)的要求，两相的组分列于表 7/4-5 中的最后两列。

7.5　互溶系的共沸现象

在偏差体系中的相图中曾经介绍了一种特殊的现象，如果体系在一定温度和压力下的某个状态，汽液两相组成相等

$$\boxed{(x_i)^{\mathrm{az}}=(y_i)^{\mathrm{az}}} \qquad (i=1,2\cdots N) \qquad (7/5\text{-}1)$$

称此状态为**共沸状态（azeotrope state）**。体系在该点的组成和温度分别称为共沸组成和共沸温度。

在 p-$x(y)$ 相图中，液体理想混合物的上述行为，直观地表现为线性关系。对 Raoult 定律呈正偏差的体系的 p-$x(y)$ 曲线落在 Raoult 定律直线上方；而负偏差体系的 p-$x(y)$ 曲线落在 Raoult 定律直线下方。组分的 Raoult 定律分压为

$$p_i(RL)=p_i^{\mathrm{s}}x_i \qquad (7/5\text{-}2)$$

与低压下的非理想系汽液相平衡关系式合并，得

$$p_i=\gamma_i p_i(RL) \qquad (7/5\text{-}3)$$

或

$$\frac{p_i-p_i(RL)}{p_i(RL)}=\gamma_i-1 \qquad (7/5\text{-}4)$$

在 6.3 节和 7.2 节，混合物对理想混合物的偏差概念被叙述成：当组分的活度系数大于 1 时，称体系行为对 Raoult 定律呈正偏差；当组分的活度系数小于 1 时，称体系行为对 Raoult 定律呈负偏差；而当组分的活度系数等于 1 时，体系为理想混合物。可见，低压液体混合物是对 Raoult 定律表现正偏差还是负偏差，主要取决于组分的活度系数 γ_i 的数值。

多组分流体对 Raoult 定律的偏差突出地表现为共沸物的形成。共沸物的出现，有两种可能。

(1) 最高压力共沸点（也是最低温度共沸点）

此时，$\gamma_i\gg1$，关于压力组成关系 p-$x(y)$ 上存在极大值，即

$$\left(\frac{\partial p}{\partial x_1}\right)_T^{\mathrm{az}}=0 \qquad \left(\frac{\partial^2 p}{\partial x_1^2}\right)_T^{\mathrm{az}}<0 \qquad (7/5\text{-}5\mathrm{a})$$

而在温度组成关系 T-$x(y)$ 上存在极小值

$$\left(\frac{\partial T}{\partial x_1}\right)_p^{\mathrm{az}}=0 \qquad \left(\frac{\partial^2 T}{\partial x_1^2}\right)_p^{\mathrm{az}}>0 \qquad (7/5\text{-}5\mathrm{b})$$

(2) 最低压力共沸点（也是最高温度共沸点）

此时，$\gamma_i\ll1$，关于压力组成关系 p-$x(y)$ 上存在极小值，即

$$\left(\frac{\partial p}{\partial x_1}\right)_T^{\mathrm{az}}=0 \qquad \left(\frac{\partial^2 p}{\partial x_1^2}\right)_T^{\mathrm{az}}>0 \qquad (7/5\text{-}6\mathrm{a})$$

而在温度组成关系 $T\text{-}x(y)$ 上存在极大值

$$\left(\frac{\partial T}{\partial x_1}\right)_p^{\text{az}}=0 \qquad \left(\frac{\partial^2 T}{\partial x_1^2}\right)_p^{\text{az}}<0 \qquad (7/5\text{-}6\text{b})$$

对于无共沸现象的体系可以采用常规精馏进行分离。而对偏差现象严重的共沸体系则须采用特殊精馏。

低压下的二元系有分离因子

$$\alpha_{12}=\frac{\gamma_1 p_1^{\text{s}}}{\gamma_2 p_2^{\text{s}}} \qquad (7/5\text{-}7)$$

又因为

$$\lim_{x_1\to 0}\gamma_1=\gamma_1^\infty \qquad\qquad \lim_{x_1\to 0}\gamma_2=1$$

$$\lim_{x_1\to 1}\gamma_1=1 \qquad\qquad \lim_{x_1\to 1}\gamma_2=\gamma_2^\infty$$

故

$$\lim_{x_1\to 0}\alpha_{12}=\frac{\gamma_1^\infty p_1^{\text{s}}}{p_2^{\text{s}}} \qquad (7/5\text{-}8\text{a})$$

$$\lim_{x_1\to 1}\alpha_{12}=\frac{p_1^{\text{s}}}{\gamma_2^\infty p_2^{\text{s}}} \qquad (7/5\text{-}8\text{b})$$

可有判据：

① 共沸体系存在判据。因为 α_{12} 是 x_1 的连续函数，在 x_1 的值域（0,1）内，如果

$$\lim_{x_1\to 0}\alpha_{12}>1 \quad \text{而} \quad \lim_{x_1\to 1}\alpha_{12}<1 \qquad (7/5\text{-}9\text{a})$$

或

$$\lim_{x_1\to 0}\alpha_{12}<1 \quad \text{而} \quad \lim_{x_1\to 1}\alpha_{12}>1 \qquad (7/5\text{-}9\text{b})$$

则必然存在一点使 $\alpha_{12}=1$，即该体系为共沸体系。

② 共沸体系类型判据（在判据①的基础上）。如果在 x_1 的值域内有 $\gamma_1^\infty>1$ 和 $\gamma_2^\infty>1$。即，总有 $\gamma_i>1$，则该体系为最高压力共沸体系（也是最低温度共沸体系）。

而如果在 x_1 的值域内有 $\gamma_1^\infty<1$ 和 $\gamma_2^\infty<1$。即，总有 $\gamma_i<1$，则该体系为最低压力共沸体系（也是最高温度共沸体系）。

例 7/5-1：

试计算在例 7/4-1 给出条件下，$T=318.15\text{K}$ 时的共沸压力与共沸组成。

解 7/5-1：

借助相对挥发度的定义

$$\alpha_{12}=\frac{y_1/x_1}{y_2/x_2}$$

在共沸点时 $x_1=y_1$，$x_2=y_2$ 且 $\alpha_{12}=1$。通常由式（7/4-1b）可得

$$\frac{y_i}{x_i}=\frac{\gamma_i p_i^{\text{s}}}{p}$$

因此

$$\alpha_{12} = \frac{\gamma_1 p_1^s}{\gamma_2 p_2^s}$$

由活度系数的关联式可知，当 $x_1 = 0$ 时，$\gamma_2 = 1$ 且 $\gamma_1 = \exp(A)$；当 $x_1 = 1$ 时，$\gamma_1 = 1$ 且 $\gamma_2 = \exp(A)$，因此在极限条件下

$$(\alpha_{12})_{x_1=0} = \frac{p_1^s \exp(A)}{p_2^s} \quad 且 \quad (\alpha_{12})_{x_1=1} = \frac{p_1^s}{p_2^s \exp(A)}$$

在此温度时的 p_1^s、p_2^s 与 A 值由（a）部分得知，因此 α_{12} 的极限值为

$$(\alpha_{12})_{x_1=0} = \frac{44.51 \times \exp(1.107)}{65.64} = 2.052$$

$$(\alpha_{12})_{x_1=1} = \frac{44.51}{65.64 \times \exp(1.107)} = 0.224$$

上列的一个极限值大于 1，另一极限值小于 1。因为 α_{12} 为连续函数，因此必有一个中间组成时，α_{12} 值恰为 1，即表示有共沸点存在。

对共沸点而言，$\alpha_{12} = 1$，则

$$\frac{\gamma_1^{az}}{\gamma_2^{az}} = \frac{p_2^s}{p_1^s} = \frac{65.64}{44.51} = 1.4747$$

由关联式可知 $\ln\gamma_1$ 与 $\ln\gamma_2$ 的差值可表示为

$$\ln\frac{\gamma_1}{\gamma_2} = Ax_2^2 - Ax_1^2 = A(x_2 - x_1)(x_2 + x_1) = A(x_2 - x_1) = A(1 - 2x_1)$$

若某 x_1 取值恰可使上式的活度系数比值为 1.4747 时，即为共沸点组成

$$\ln\frac{\gamma_1}{\gamma_2} = \ln 1.4747 = 0.388$$

由此解得 $x_1^{az} = 0.325$，此时 $\gamma_1^{az} = 1.657$。因为 $x_1^{az} = y_1^{az}$，所以式（7/4-6b）变为

$$p^{az} = \gamma_1^{az} p_1^s = 1.657 \times 44.51 = 73.76 \text{kPa}$$

因此

$$x_1^{az} = y_1^{az} = 0.325$$

7.6 热力学一致性检验

Gibbs-Duhem 方程用于表示二组分体系时可以写成式（6/4-17）的形式，表示对活度系数的限制，存在误差的 VLE 实验数据无法满足它。

$$x_1 \frac{\mathrm{d}\ln\gamma_1}{\mathrm{d}x_1} + x_2 \frac{\mathrm{d}\ln\gamma_2}{\mathrm{d}x_1} = 0 \quad (T, p \text{ 为常数}) \tag{6/4-17}$$

假设体系处于低压下，则可以基于实验数据计算活度系数

$$\gamma_i^* = \frac{y_i^* p^*}{x_i^* p_i^s} \quad (i = 1, 2 \cdots N)$$

式中，上标星号表示实验值，除了饱和蒸气压均来自实验数据。如果饱和蒸气压是根据 Antoine 方程计算的，也可以认为是来自实验。然后，G^E/RT 又可以用式（7/6-1）计算。

$$\frac{G^{E^*}}{RT} = x_1 \ln\gamma_1^* + x_2 \ln\gamma_2^* \qquad (7/6\text{-}1)$$

此时并未涉及 Gibbs-Duhem 方程。但是，如果进一步考察关联模型 $G^E/RT = f(\underline{x})$，且由式（6/4-11）计算得出 $\ln\gamma_1$ 及 $\ln\gamma_2$。

$$\ln\gamma_i = \left[\frac{\partial(nG^E/RT)}{\partial n_i}\right]_{p,T,n_{j\neq i}} \qquad (6/4\text{-}11)$$

此时与 Gibbs-Duhem 方程有关。若实验数据有体系误差存在，以上所述两种计算法就不能相吻合。此时关联模型不可能准确地描述原始的 $p\text{-}x_1\text{-}y_1$ 数据。说明这些数据与 Gibbs-Duhem 方程不具一致性，可以认为是不准确的数据。J. M. Smith 等提出了一个简单的检验法[1]，以确认 $p\text{-}x_1\text{-}y_1$ 实验数据与 Gibbs-Duhem 方程的**热力学一致性**（thermodynamic consistency）。

根据式（7/6-1）

$$\frac{\mathrm{d}(G^E/RT)^*}{\mathrm{d}x_1} = \ln\frac{\gamma_1^*}{\gamma_2^*} + \left(x_1 \frac{\mathrm{d}\ln\gamma_1^*}{\mathrm{d}x_1} + x_2 \frac{\mathrm{d}\ln\gamma_2^*}{\mathrm{d}x_1}\right) \qquad (7/6\text{-}2)$$

而对于关联模型可以写出

$$\frac{\mathrm{d}(G^E/RT)}{\mathrm{d}x_1} = \ln\frac{\gamma_1}{\gamma_2} \qquad (7/6\text{-}3)$$

与式（7/6-2）相减，得出

$$\frac{\mathrm{d}(G^E/RT)}{\mathrm{d}x_1} - \frac{\mathrm{d}(G^E/RT)^*}{\mathrm{d}x_1} = \ln\frac{\gamma_1}{\gamma_2} - \ln\frac{\gamma_1^*}{\gamma_2^*} - \left(x_1 \frac{\mathrm{d}\ln\gamma_1^*}{\mathrm{d}x_1} + x_2 \frac{\mathrm{d}\ln\gamma_2^*}{\mathrm{d}x_1}\right) \qquad (7/6\text{-}4a)$$

相似的项目所表示的差值可以用符号 δ 注释。则有

$$\frac{\mathrm{d}\delta(G^E/RT)}{\mathrm{d}x_1} = \delta\ln\frac{\gamma_1}{\gamma_2} - \left(x_1 \frac{\mathrm{d}\ln\gamma_1^*}{\mathrm{d}x_1} + x_2 \frac{\mathrm{d}\ln\gamma_2^*}{\mathrm{d}x_1}\right) \qquad (7/6\text{-}4b)$$

如果数据满足 Gibbs-Duhem 方程，应导致

$$\delta\ln\frac{\gamma_1}{\gamma_2} = x_1 \frac{\mathrm{d}\ln\gamma_1^*}{\mathrm{d}x_1} + x_2 \frac{\mathrm{d}\ln\gamma_2^*}{\mathrm{d}x_1} \qquad (7/6\text{-}5)$$

式（7/6-5）的右项即 Gibbs-Duhem 方程，热力学一致性使其应为零。而左项又正好可以用来表征数据相对于 Gibbs-Duhem 方程的偏差大小。可以认为，此项数值与零的离散程度即实验数据的一致性偏离 Gibbs-Duhem 方程的程度。

通常，如果偏差 $\delta(G^E/RT)$ 分布在零附近，同时如果偏差的平均值达到

$$\frac{1}{N}\sum\left|\delta\ln\frac{\gamma_1}{\gamma_2}\right| \leqslant 0.03 \qquad (7/6\text{-}6)$$

---

[1]　Van Ness，H. C. J. Chem. Thermodyn.，1995，27：113～134；Pure & Appl Chem，1995，67m：859～872；Eubank P T，Lamonte G G，Javier Alvarodo J F J Chem Eng Data，2000：4516.

表示数据具有相当好的热力学一致性。而如果此值小于 0.10，则表示数据尚可接受。但是，如果此值大于 0.15，则说明数据所包含的误差不可忽略。

例 7/6-1：

二乙酮(1)/正己烷(2)在 55℃时的 VLE 数据曾由 V. C. Maripuri 及 G. A. Ratcliff 发表[1]，并列于表 7/6-1 的前三列。试对这些实验数据进行热力学一致性检验。

解 7/6-1：

列于表 7/6-1 的前三列是实验所测得的 p、x_1 和 y_1 数据，将这些数据绘于图 7/6-1 (a)。其余各列为由式(7/5-1b) 及式(6/4-14) 及实验数据所算出的 $\ln\gamma_1^*$、$\ln\gamma_2^*$ 和 $(G^E/x_1x_2RT)^*$ 数据，将这些数据绘于图 7/6-1 (b)。

表 7/6-1 二乙酮(1)/正己烷(2)在 65℃ 时的 VLE 数据

p/kPa	x_1	y_1	$\ln\gamma_1^*$	$\ln\gamma_2^*$	$(G^E/x_1x_2RT)^*$
90.15(p_2^s)	0.000	0.000		0.000	
91.78	0.063	0.049	0.901	0.033	1.481
88.01	0.248	0.131	0.472	0.121	1.114
81.67	0.372	0.182	0.321	0.166	0.955
78.89	0.443	0.215	0.278	0.210	0.972
76.82	0.508	0.248	0.257	0.264	1.043
73.39	0.561	0.268	0.190	0.306	0.977
66.45	0.640	0.316	0.123	0.337	0.869
62.95	0.702	0.368	0.129	0.393	0.993
57.70	0.763	0.412	0.072	0.462	0.909
50.16	0.834	0.490	0.016	0.536	0.740
45.70	0.874	0.570	0.027	0.548	0.844
29.00(p_1^s)	1.000	1.000	0.000		

根据图 7/6-1 (b) 所表示的$(G^E/x_1x_2RT)^*$数据点分布的情况，现在要寻求一个适当

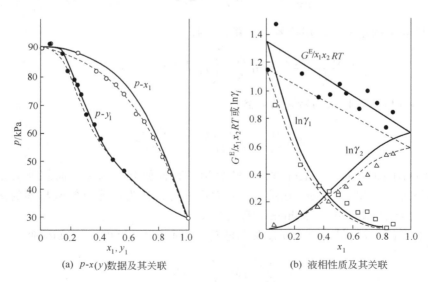

(a) p-$x(y)$数据及其关联　　　　(b) 液相性质及其关联

图 7/6-1 二乙酮(1)/正己烷(2)在 55℃时 VLE 数据

---

[1] J Appl Chem Biotechnol，1972，22：899-903.

的 G^E/RT 方程来关联这些数据。经分析以下列的直线方程足以代表这些数据点

$$\frac{G^E}{x_1 x_2 RT} = 0.70x_1 + 1.35x_2 \tag{A}$$

此式即为式(6/5-12)，其中 $A_{21} = 0.70$ 且 $A_{12} = 1.35$。由式(6/5-14) 可计算 $\ln\gamma_1$ 及 $\ln\gamma_2$ 值，由式(7/5-6b) 及式(7/5-1b) 也可在相同的 x_1 值下计算 p 及 y_1。最后，将这些计算的结果，表示于图 7/6-1(a)及图 7/6-1(b)中的实线。

应用式(7/6-5) 进行一致性测试，需要计算差值 $\delta(G^E/RT)$ 及 $\delta\ln(\gamma_1/\gamma_2)$。这些数值求出后对 x_1 作图，并表示于图 7/6-2。虽然，差值 $\delta(G^E/RT)$ 分布于零的附近，符合测试的要求。但 $\delta\ln(\gamma_1/\gamma_2)$ 并非如此。说明题目的这些实验数据与 Gibbs-Duhem 方程并不具有一致性。也就是说，表 7/6-1 中的 $\ln\gamma_1^*$ 及 $\ln\gamma_2^*$ 实验数值，并不符合式(6/4-17) 的要求。同时，关联模型 (A) 不能准确地代表整组 p-x_1-y_1 实验数据。

可以认为，以上的方法是从关联 $G^E/RT = f(\underline{x})$ 模型，到提出活度系数模型以及 p-x_1-y_1 模型。另一种处理的方法是只考虑 p-x_1 数据，因为 p-x_1-y_1 数据提供了许多信息。假设 Margules 方程可适用，只需寻求参数 A_{12} 及 A_{21} 并由式(7/5-6b) 计算压力，使其尽量趋近于实验值。这种方法与选定的关联模型无关，并称为 Barker 方法。应用此法于本题的数据，可得参数值为

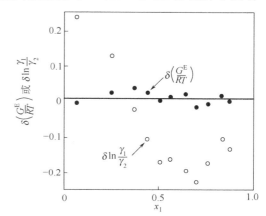

图 7/6-2　二乙酮(1)/正己烷(2)
在 65℃时的一致性测试数据

$$A_{12} = 0.596 \quad 及 \quad A_{21} = 1.153$$

首先，应用这些参数及式(6/5-12)、式(6/5-14)、式(7/5-6b)及式(7/5-1b)，可以求得图 7/6-1 (a) 的虚线。关联的结果不完全精确，但可求得总体较佳的结果来代表 p-x_1-y_1 实验数据。显然它比前面方法得到的实线要好。但是，进一步描述到图 7/6-1 (b) 中的虚线，虽然对活度系数的实验点依然有比较好的吻合，但是 G^E 的关联却有显著的偏差，再次证明了数据的缺陷。

7.7　液液相平衡

许多对化学物质（它们在某种组成范围内混合在一起形成单一液相）不满足式(7/1-3b) 的稳定标准。因此这样的体系在这种组成范围内可以分成两种不同组分的液相。如果这些相处于热力学相平衡状态，那么这种现象就称为液液相平衡(LLE)，它在诸如溶剂提取等工业操作中是很重要的。

7.7.1　液液相平衡相图

液液平衡关系可用相图表述。如图 7/7-1 的水-丁醇体系的等压相图所示，在一定温度下，两相区的包络线上读到的两点 C_0 和 C_0' 分别代表两个共存液相的组成（以组分 B 的质量分数 m_B 表示）。这两个共存液相又称共轭相。一般来说，共轭相的组成通常随温度升高而相互接近，当温度升高到 K 点 (125.15℃) 的数值时，共轭相于点 K 会合，体系变成单

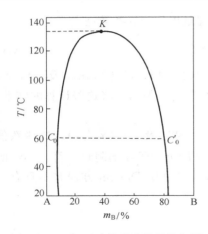

图 7/7-1 水-丁醇体系液液平衡相图
(101.325kPa)

相。存在二液相区的极限温度为临界溶解温度，而该点组成为临界溶解组成。类似对水-正丁醇这类物系，此温度为最高临界溶解温度，或称**上部会溶温度 T_{UC}**（**upper critical solution temperature**）。若温度高于 T_{UC}，这类物系的液相不再分层。具有上部会溶温度的体系很多，例如水-异丁酸、水-异丁醇、甲醇-环己烷、甲醇-二硫化碳等。

以图 7/7-2（a）水-二乙胺体系为代表，表现了相反的特性。它们的共轭相组成随温度降低而相互接近。当温度降至最低点，两液相区会合，液相不再分层。于是便有最低临界溶解温度，也称**下部会溶温度 T_{LC}**（**lower critical solution temperature**）。

还有少数体系，如图 7/7-2（b）给出的甲基吡啶-水体系，既有上部会溶温度（152.5℃），又有下部会溶温度（49.4℃）。

可在专门的手册上找到部分体系的临界溶解温度数据。

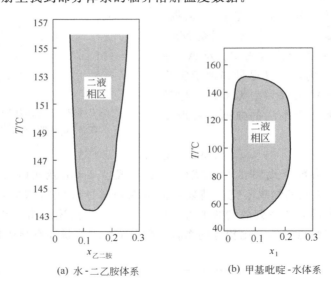

(a) 水-二乙胺体系　　　　　　(b) 甲基吡啶-水体系

图 7/7-2 水-二乙胺体系和甲基吡啶-水体系的液液平衡相图 （101.325kPa）

需要注意，一定温度下，部分互溶区内，两液相各自组成保持不变，总组成 x_1 的变化仅意味着两相相对量的变化。

一切部分互溶混合物都可能有一个或两个会溶温度。但是，若下部会溶温度低于混合物的凝固点，则不出现下部会溶温度；若上部会溶温度高于混合物的泡点，则不出现上部会溶温度，图 7/7-3 所示的相图中，汽液相平衡区与液液平衡区不相交，不影响 T_{UC} 的出现。在图 7/7-4 中，汽液平衡区与液液平衡区相交。T_{UC} 不出现，在此图中，液液平衡区又与固液平衡线相交，T_{LC} 也不能出现。

如上所述，温度对液液平衡的影响是很大的。压力对液液平衡的影响有两个方面：一方面，压力影响液液平衡的范围，即压力可影响液液与汽液平衡的存在区域，影响汽液平衡区和液液平衡区的相交。另一方面，外压对液液溶解度也有一些影响，但只有在很高压力下此项影响才明显。图 7/7-5 和图 7/7-6 描述了这一情况。

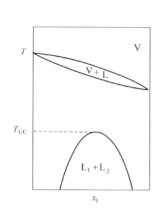

图 7/7-3　液液平衡和汽液平衡相图

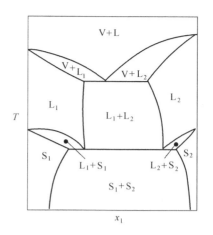

图 7/7-4　无上下会溶温度但有汽-液-固
三相的液液平衡相图

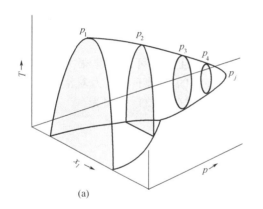

(a)

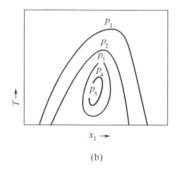

(b)

图 7/7-5　压力对液液相平衡的影响（1）

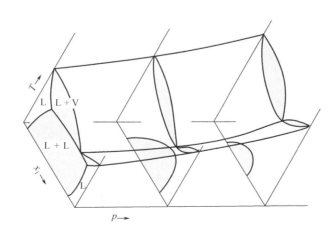

图 7/7-6　压力对液液相平衡的影响（2）

7.7.2 液液相平衡的模型化

液液相平衡标准和汽液相平衡的标准是一样的，即两相中温度 T、压强 p 和每个组分的逸度系数 f_i 是一致的。对于在一定温度和压力下，N 个组分所形成的体系中液液相平衡来讲，用上角标 α 和 β 来标记液相，相平衡的关系式写作

$$\hat{f}_i{}^\alpha = \hat{f}_i{}^\beta \quad (i=1,2\cdots N) \tag{7/7-1}$$

将活度系数代入式(7/7-1) 得到

$$(x_i\gamma_i f_i^\ominus)^\alpha = (x_i\gamma_i f_i^\ominus)^\beta \quad (i=1,2\cdots N) \tag{7/7-2}$$

如果在体系温度下每个纯组分都以液态存在，$f_i^\alpha = f_i^\beta = f_i$，则

$$x_i^\alpha \gamma_i^\alpha = x_i^\beta \gamma_i^\beta \quad (i=1,2\cdots N) \tag{7/7-3}$$

在式(7/7-3) 中，活度系数 γ_1 和 γ_2^β 来源于同一个函数 G^E/RT；因此它们在作用上是一样的，只是它们所应用的摩尔分数的数值不同，对于包含 N 种化学物质的液液相平衡来讲

$$\gamma_i^\alpha = \gamma_i(T,p,\underline{x})^\alpha \quad (i=1,2\cdots N) \tag{7/7-4a}$$

$$\gamma_i^\beta = \gamma_i(T,p,\underline{x})^\beta \quad (i=1,2\cdots N) \tag{7/7-4b}$$

根据式(7/7-3) 和式(7/7-4)，用 N 个相平衡方程是用 $2N$ 个变量（每相的温度 T，压强 p 和 $N-1$ 个单个摩尔分数）写出来的。因此对于液液相平衡来讲，要解出相平衡方程要求预先知道 N 个变量的值。这符合相律的公式。对于汽液相平衡来讲，如果没有特殊的约束条件，在相平衡状态也可以得到相同结论。

在通常的液液相平衡中，要考虑到许多物质并且压力可能变化很大。这里举一个简单（但很重要）又典型的例子。在恒压或减压到足够低的情况下，压力对活度系数的影响就可以被忽略。每一相中只有一个独立的摩尔分数，则式(7/7-3) 可写为

$$x_1^\alpha \gamma_1^\alpha = x_1^\beta \gamma_1^\beta \tag{7/7-5a}$$

$$(1-x_1^\alpha)\gamma_2^\alpha = (1-x_1^\beta)\gamma_2^\beta \tag{7/7-5b}$$

式中

$$\gamma_i^\alpha = \gamma_i(T,\underline{x})^\alpha \tag{7/7-6a}$$

$$\gamma_i^\beta = \gamma_i(T,\underline{x})^\beta \tag{7/7-6b}$$

两个公式，三个变量（γ_1^α，γ_2^β 和 T），固定其中的一个变量就可以利用式(7/7-5) 得出其他的两个变量。用 $\ln\gamma_1$ 代替 γ_1，就成了一个自然热力学对数，应用式(7/7-5) 重新整理后得到

$$\ln\left(\frac{\gamma_1^\alpha}{\gamma_1^\beta}\right) = \ln\left(\frac{x_1^\beta}{x_1^\alpha}\right) \tag{7/7-7a}$$

$$\ln\left(\frac{\gamma_2^\alpha}{\gamma_2^\beta}\right) = \ln\left(\frac{1-x_1^\beta}{1-x_1^\alpha}\right) \tag{7/7-7b}$$

例 7/7-1：

试以 van Laar 模型计算 37.8℃ 和 0.5MPa（5 bar）下，异丁烷（1）和糠醛（2）混合物液液共存相的平衡组成。已知此压力下有 van Laar 模型常数

$$A_{12}=2.62 \qquad A_{21}=3.02$$

解 7/7-1：

因为液液共存相的平衡组成应满足

$$(x_1\gamma_1)^\alpha = (x_1\gamma_1)^\beta \qquad (x_2\gamma_2)^\alpha = (x_2\gamma_2)^\beta$$

所以，基于 van Laar 模型的解析关系为

$$x_1^\alpha \exp\left\{ A_{12} \middle/ \left[1 + \frac{A_{12}x_1^\alpha}{A_{21}(1-x_1^\alpha)} \right]^2 \right\} = x_1^\beta \exp\left\{ A_{12} \middle/ \left[1 + \frac{A_{12}x_1^\beta}{A_{21}(1-x_1^\beta)} \right]^2 \right\} \tag{A}$$

$$x_2^\alpha \exp\left\{ A_{12} \middle/ \left[1 + \frac{A_{12}x_2^\alpha}{A_{21}(1-x_2^\alpha)} \right]^2 \right\} = x_2^\beta \exp\left\{ A_{12} \middle/ \left[1 + \frac{A_{12}x_2^\beta}{A_{21}(1-x_2^\beta)} \right]^2 \right\} \tag{B}$$

同时有

$$(x_1 + x_2 = 1)^\alpha \tag{C}$$

$$(x_1 + x_2 = 1)^\beta \tag{D}$$

以此 4 个方程为基础，可有如下求解程序：

① 假定初值 x_1^α；

② 则可用式（A）计算 x_1^β，而用式（C）计算 x_2^α；

③ 进一步，借助式（B）计算 x_2^β；

④ 然后，确认 x_1^β 和 x_2^β 是否满足式（D），

如果满足，则已经解出的数值为题目要求的平衡组成；如果不满足，则需要调整 x_1^α 值，重新返回 ② 迭代计算。最终有下述平衡组成结果

$$x_1^\alpha = 0.118 \qquad x_1^\beta = 0.9284$$
$$x_2^\alpha = 0.8872 \qquad x_2^\beta = 0.0716$$

相应的有各组分的活度系数

$$\gamma_1^\alpha = 8.375 \qquad x_1^\beta = 1.018$$
$$x_2^\alpha = 1.030 \qquad x_2^\beta = 12.77$$

因而

$$(x_1\gamma_1)^\alpha = 0.1128 \times 8.375 = 0.945 = (x_1\gamma_1)^\beta = 0.9284 \times 1.018$$
$$(x_2\gamma_2)^\alpha = 0.8872 \times 1.030 = 0.914 = (x_2\gamma_2)^\beta = 0.0716 \times 12.77$$

第8章 化学平衡

尽管在概念上，达到平衡需要无限长的反应时间，实际工业上的反应几乎不可能达到平衡，化学平衡的限制仍然是操作条件选择的基本因素。化学平衡的理论对于化学反应的研究开发和生产操作都十分重要。

化学反应动力学对反应过程的把握固然重要，但是，完整的分析必须同时考虑反应的平衡与速率两个方面。例如，采用五氧化二钒催化剂的情况下，考虑温度对二氧化硫氧化成三氧化硫的影响。大约在300℃时，反应速率就变得相当快，如果温度更高，反应速率会迅速增加。单从反应速率考虑，似乎要求反应器在高温下操作比较合适。然而，从化学平衡分析却发现存在限制。温度低于520℃，三氧化硫的转化率已在90%以上；更高的温度将使转化率迅速降低，例如在温度大约为680℃时平衡转化率只能达到50%。

此外，反应平衡转化率提供了判据和指标，它可以衡量过程改进的程度，可以确定一个新过程的研究是否值得进行。例如，如果热力学的分析表明平衡时产率仅可能达到20%。如果要求达到50%才是经济的，那就没有进一步实验或做其他研究的必要。反言之，如果平衡产率为80%，才有理由制定不同条件下的实验计划。

本章的目的在于，应用多组分热力学性质的知识，确定温度、压力以及反应物的初始比率对平衡转化率的影响。本章将在化学平衡模型化方法的基础上，进一步讨论均相体系的气相单一反应、气相多个反应和液相反应的平衡问题，并研究非均相体系中的气液相反应平衡等。

8.1 化学平衡模型化方法

8.1.1 反应进度

(1) 单一反应

N 种物质的任一化学反应可写成

$$\nu_1 A_1 + \nu_2 A_2 + \cdots + \nu_i A_i + \cdots + \nu_N A_N = 0 \tag{8/1-1a}$$

或

$$\sum_{i=1}^{N} \nu_i A_i = 0 \tag{8/1-1b}$$

式中，A_i 为反应物质的化学式；ν_i 为反应物质的化学计量数，无量纲，是整数或简单分数，消耗的反应物质为负，生成的反应物质为正。例如

$$-CH_4 - H_2O + CO + 3H_2 = 0$$

此反应中的各物质的化学计量数为：$\nu_{CH_4} = -1$；$\nu_{H_2O} = -1$；$\nu_{CO} = 1$；$\nu_{H_2} = 3$。

可以发现，对于反应进行中的各种反应物质，其参与反应的物质的量与其自身的化学计量数之比为一常数

$$\frac{\mathrm{d}n_1}{\nu_1} = \frac{\mathrm{d}n_2}{\nu_2} = \cdots = \frac{\mathrm{d}n_i}{\nu_i} = \cdots = \frac{\mathrm{d}n_N}{\nu_N} \tag{8/1-2}$$

定义：反应物质的物质的量的微分变化与其化学计量数之比

$$\boxed{\frac{\mathrm{d}n_i}{\nu_i} \equiv \mathrm{d}\xi} \tag{8/1-3a}$$

或

$$\mathrm{d}n_i = \nu_i \mathrm{d}\xi \tag{8/1-3b}$$

称 ξ 为**反应进度（the reaction coordinate）**。它表示化学反应进行的程度。其单位为物质的量的量纲，单位为摩尔。式(8/1-3)定义了随反应物质的物质的量而改变的反应进度量。它是反应体系的整体状态描述，因反应不同及初始反应物量的不同，而有不同的表示。由定义可知，在反应初始状态，ξ 为零，表示反应未发生。由此状态，即 $\xi = 0$，且有反应物质的初始物质的量 $n_i = n_{i,0}$，积分式(8/1-3b)，可得

$$\int_{n_{i,0}}^{n_i} \mathrm{d}n_i = \nu_i \int_0^\xi \mathrm{d}\xi$$

即

$$n_i = n_{i,0} + \nu_i \xi \qquad (i = 1, 2 \cdots N) \tag{8/1-4}$$

因为

$$n \equiv \sum_{i=1}^N n_i \tag{8/1-5}$$

$$\nu \equiv \sum_{i=1}^N \nu_i \tag{8/1-6}$$

所以

$$n = n_0 + \nu\,\xi = \sum_{i=1}^N n_{i,0} + \xi \sum_{i=1}^N \nu_i \tag{8/1-7}$$

可以发现，在发生单一反应的情况下，体系组成是 ξ 的单值函数

$$y_i = f(\xi) = \frac{n_i}{n} = \frac{n_{i,0} + \nu_i \xi}{n_0 + \nu \xi} \quad (i = 1, 2 \cdots N) \tag{8/1-8}$$

（2）多个反应

如体系中有 r 个独立反应同时发生，相应于式(8/1-1b)，有 r 个化学计量方程

$$\sum_{i=1}^N \nu_{i,j} \mathrm{A}_i = 0 \quad (j = 1, 2 \cdots r) \tag{8/1-9}$$

式中，$\nu_{i,j}$ 为 i 组分在第 j 个反应中的化学计量数，显然不是体系中的每一种物质必须参加所有 r 个反应。

相应的，由式(8/1-3b)

$$\mathrm{d}\xi_j = \frac{\mathrm{d}n_{i,j}}{\nu_{i,j}} \quad (i = 1, 2 \cdots N; j = 1, 2 \cdots r) \tag{8/1-10a}$$

或

$$\mathrm{d}n_i = \sum_{j=1}^r \mathrm{d}n_{i,j} = \sum_{j=1}^r \nu_{i,j} \mathrm{d}\xi_j \quad (i = 1, 2 \cdots N) \tag{8/1-10b}$$

表明，对于介入反应的 N 种物质中的任意一种物质 i 的变化量 $\mathrm{d}n_i$，为 i 物质在其所有参加的反应（非所有反应都必须参加）的变化量（消耗或生成）之和。

类似式(8/1-4)，有式(8/1-10b) 的积分形式

$$n_i = n_{i,0} + \sum_{j=1}^{r} \nu_{i,j} \xi_j \qquad (i=1,2\cdots N) \qquad (8/1\text{-}11)$$

改写单一反应中 ν 的定义

$$\nu_j \equiv \sum_{i=1}^{N} \nu_{i,j} \qquad (8/1\text{-}12)$$

对所有物质加成可得

$$n = n_0 + \nu \xi = \sum_{i=1}^{N} n_{i,0} + \sum_{i=1}^{N} \sum_{j=1}^{r} \nu_{i,j} \xi_j = n_0 + \sum_{j=1}^{r} \nu_j \xi_j \qquad (8/1\text{-}13)$$

组合式(8/1-11)，可得摩尔分数为

$$y_i = \frac{n_{i,0} + \sum_{j=1}^{r} \nu_{i,j} \xi_j}{n_0 + \sum_{j=1}^{r} \nu_j \xi_j} \qquad (i=1,2\cdots N) \qquad (8/1\text{-}14)$$

可以发现，在多个反应体系，有多少个独立反应，体系的组成就是多少个反应进度的函数

$$y_i = f(\xi_1, \xi_2 \cdots \xi_r) \qquad (i=1,2\cdots N) \qquad (8/1\text{-}15)$$

例 8/1-1：

考虑发生下列反应

$$CH_4 + H_2O \Longrightarrow CO + 3H_2 \qquad (A)$$

$$CH_4 + 2H_2O \Longrightarrow CO_2 + 4H_2 \qquad (B)$$

如果最初就有 2mol 的 CH_4 和 3mol 的 H_2O，试确定两个反应进度；并将反应物的物质的量 n_i 与组成 y_i 表示成组分反应进度 ξ_1 与 ξ_2 的函数式。

解 8/1-1：

化学计量数 ν_{ij} 可排列如下

反应	j	CH_4	H_2O	CO	CO_2	H_2
A	1	-1	-1	1	0	3
B	2	-1	-2	0	1	4

对于每个反应，由式(8/1-10b) 可写出两个反应进度

$$\frac{dn_{CH_4}}{-1} = \frac{dn_{H_2O}}{-1} = \frac{dn_{CO}}{1} = \frac{dn_{H_2}}{3} = d\xi_1$$

$$\frac{dn_{CH_4}}{-1} = \frac{dn_{H_2O}}{-2} = \frac{dn_{CO_2}}{1} = \frac{dn_{H_2}}{4} = d\xi_2$$

每个反应物质的平衡组成可对上式积分（由题给条件确定积分限），或根据式(8/1-11) 直接写出

$$n_{CH_4} = 2 - \xi_1 - \xi_2$$

$$n_{H_2O} = 3 - \xi_1 - 2\xi_2$$

$$n_{CO} = \xi_1$$

$$n_{CO_2} = \xi_2$$
$$n_{H_2} = 3\xi_1 + 4\xi_2$$

而

$$n = \sum n_i = 5 + 2\xi_1 + 2\xi_2$$

由式（8/1-14）

$$y_{CH_4} = \frac{2 - \xi_1 - \xi_2}{5 + 2\xi_1 + 2\xi_2}$$

$$y_{H_2O} = \frac{3 - \xi_1 - 2\xi_2}{5 + 2\xi_1 + 2\xi_2}$$

$$y_{CO} = \frac{\xi_1}{5 + 2\xi_1 + 2\xi_2}$$

$$y_{CO_2} = \frac{\xi_2}{5 + 2\xi_1 + 2\xi_2}$$

$$y_{H_2} = \frac{3\xi_1 + 4\xi_2}{5 + 2\xi_1 + 2\xi_2}$$

表明所有平衡组成均为两个反应进度的函数。

8.1.2　反应体系的独立反应数

（1）原子数矩阵

考虑一个由 L 种化学元素和 N 种物质所构成的反应体系。以 A_i 代表物质 i，B_j 代表构成物质的化学元素 j，则

$$A_i = \sum_{j=1}^{L} a_{ji} B_j \quad (i = 1, 2 \cdots N; j = 1, 2 \cdots L) \tag{8/1-16}$$

式中，a_{ji} 是物质 i 的分子中 j 元素的数目，称为原子系数。显然，a_{ji} 应为非负的整数。反应物质体系的全部原子系数构成一个 $L \times N$ 阶的矩阵，称为原子系数矩阵。矩阵的每一个列向量代表一种物质。

$$\begin{pmatrix} a_{11} & a_{12} & a_{13} & \cdots & a_{1N} \\ a_{21} & a_{22} & a_{23} & \cdots & a_{2N} \\ \vdots & \vdots & \vdots & \vdots & \vdots \\ a_{L1} & a_{L2} & a_{L3} & \cdots & a_{LN} \end{pmatrix}_{L \times N} \tag{A}$$

矩阵 A 就是一个原子系数矩阵，其中 a_{11} 代表物质 1 分子中元素 1 的数目；a_{21} 代表物质 1 分子中元素 2 的数目，余者依次类推。如果某个矩阵元为零，如 $a_{31} = 0$，就表示在分子 1 中没有元素 3。矩阵 A 中第一列的各个矩阵元 a_{11}、a_{21}、$\cdots$、a_{L1} 描述物质 1 分子的构成，即此列向量代表物质 1。同理，第二列向量代表物质 2，$\cdots$，第 N 列向量代表物质 N。矩阵 A 描述了反应物质体系的化学构成。

例 8/1-2：

某反应含有 CH_4、H_2O、H_2、CO 和 CO_2 五种物质，它们由三种化学元素（C、H 和 O）构成，试写出此体系的原子系数矩阵。

解 8/1-2：

根据各物质的分子式可得到全部原子系数之值如下：

i		$i=1$	$i=2$	$i=3$	$i=4$	$i=5$
a_{ji}		CH_4	H_2O	H_2	CO	CO_2
$j=1$	C	1	0	0	1	1
$j=2$	H	4	2	2	0	0
$j=3$	O	0	1	0	1	2

全部原子系数构成下列 3×5 阶的原子系数矩阵

$$\begin{array}{c} CH_4\ H_2O\ H_2\ CO\ CO_2 \\ \begin{array}{c} C \\ H \\ O \end{array} \left(\begin{array}{ccccc} 1 & 0 & 0 & 1 & 1 \\ 4 & 2 & 2 & 0 & 0 \\ 0 & 1 & 0 & 1 & 2 \end{array}\right)_{3\times5} \end{array}$$

此矩阵第一列代表 CH_4，其余类推。

(2) 独立反应数

如果能写出反应体系的原子系数矩阵，并求出原子系数矩阵的秩 H，则体系独立反应数等于体系包含的物质数减去原子系数矩阵的秩，即

$$r=N(\text{反应物质种数})-H(\text{原子系数矩阵的秩}) \tag{8/1-17}$$

将原子系数矩阵通过矩阵变形运算，可求得原子系数矩阵秩。首先，将其转化为对角线上的矩阵元均等于 1 或 0 的三角形矩阵

$$\left(\begin{array}{ccccccc} 1 & * & \cdots & * & b_{1i} & \cdots & b_{1N} \\ 0 & 1 & \ddots & & \vdots & & \vdots \\ \vdots & \ddots & \ddots & * & \vdots & * & \vdots \\ 0 & \cdots & 0 & 1 & b_{ji} & \cdots & b_{jN} \\ 0 & & & & 0 & \cdots & 0 \\ \vdots & & & & \vdots & \ddots & \vdots \\ 0 & & \cdots & & 0 & \cdots & 0 \end{array}\right)_{L\times N} \tag{T}$$

矩阵对角线左下方的矩阵元全为零，右上方的 " $*$ " 表示未必为零的矩阵元 t_{ji}。由矩阵的最高阶非零子式

$$\left|\begin{array}{ccc} b_{1i} & \cdots & b_{1N} \\ \vdots & & \vdots \\ b_{ji} & \cdots & b_{jN} \end{array}\right|_{j\times(N-i)}$$

可以发现，此最高阶非零子式的阶数就是原子系数矩阵的秩 H。实际上，它也就是三角形矩阵中对角线元素等于 1 的行数。

例 8/1-3：

求例 8/1-2 中反应体系的独立反应数。

解 8/1-3：

在例 8/1-2 中，此反应体系的原子系数矩阵已求出如下

$$\begin{array}{c} CH_4\ H_2O\ H_2\ CO\ CO_2 \\ \begin{array}{c} C \\ H \\ O \end{array} \left(\begin{array}{ccccc} 1 & 0 & 0 & 1 & 1 \\ 4 & 2 & 2 & 0 & 0 \\ 0 & 1 & 0 & 1 & 2 \end{array}\right)_{3\times5} \end{array}$$

现在，对角线上第 1 个矩阵元 $a_{11}=1$，故直接进行第二行的运算。从第二行减去 4 乘以第一行，因第三行第一列矩阵元 $a_{31}=0$ 不必进行此项运算，得到以下矩阵

$$\begin{pmatrix} 1 & 0 & 0 & 1 & 1 \\ 0 & 2 & 2 & -4 & -4 \\ 0 & 1 & 0 & 1 & 2 \end{pmatrix}$$

将此矩阵第二行除以 2，可得

$$\begin{pmatrix} 1 & 0 & 0 & 1 & 1 \\ 0 & 1 & 1 & -2 & -2 \\ 0 & 1 & 0 & 1 & 2 \end{pmatrix}$$

再从此矩阵的第三行减去第二行，又得

$$\begin{pmatrix} 1 & 0 & 0 & 1 & 1 \\ 0 & 1 & 1 & -2 & -2 \\ 0 & 0 & -1 & 3 & 4 \end{pmatrix}$$

再将第三行各矩阵元除以 -1，即得三角形矩阵

$$\begin{pmatrix} 1 & 0 & 0 & 1 & 1 \\ 0 & 1 & 1 & -2 & -2 \\ 0 & 0 & 1 & -3 & -4 \end{pmatrix}$$

此三角形矩阵的最高阶非零子式为

$$\begin{vmatrix} 0 & 1 & 1 \\ 1 & -2 & -2 \\ 1 & -3 & -4 \end{vmatrix}$$

其阶数为 3，即秩 H 等于 3。所以，独立反应数为

$$r = N - H = 5 - 3 = 2$$

需要注意，以不同的方法求解，可能有不止一个完整的独立方程组，但独立反应数 r 是惟一的。

8.1.3 化学平衡判据

由多组分体系的基本热力学关系中的

$$\mathrm{d}nG = -(nS)\mathrm{d}T + (nV)\mathrm{d}p + \sum_{i=1}^{N} \overline{G}_i \mathrm{d}n_i \tag{8/1-18}$$

而

$$\mathrm{d}n_i = \nu_i \mathrm{d}\xi \tag{8/1-19}$$

故

$$\left[\frac{\partial(nG)}{\partial \xi}\right]_{T,p} = \sum_{i=1}^{N} \nu_i \mu_i \tag{8/1-20}$$

又由平衡判据式(7/1-1) 和式(7/1-2)，知此时应有过程方向及平衡判据

$$\left[\frac{\partial(nG)}{\partial \xi}\right]_{T,p} \leqslant 0 \tag{8/1-21}$$

或

$$\sum_{i=1}^{N} \nu_i \overline{G}_i \leqslant 0 \quad (\text{温度、压力为常数}) \tag{8/1-22a}$$

式(8/1-21) 表示了体系中总的 Gibbs 函数 G 随反应进度 ξ 的变化率。恒温、恒压条件下过程的自发方向是使 G 减少的方向。而当 G 不变时，体系达到平衡。

图 8/1-1 表示了一个反应体系的 Gibbs 函数随反应进度变化的情况。图中的箭头表示过程方向，移动过程中存在

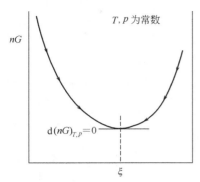

图 8/1-1 反应体系平衡条件与判据

$$\left[\frac{\partial(nG)}{\partial\xi}\right]_{T,p} = 0 \tag{8/1-23}$$

和

$$\left[\frac{\partial^2(nG)}{\partial\xi^2}\right]_{T,p} > 0 \tag{8/1-24}$$

表明，存在一平衡反应进度 ξ，使体系的 Gibbs 函数达到最小值 $(G \rightarrow G_{min})$。故有平衡判据

$$\boxed{\sum_{i=1}^{N} \nu_i \overline{G}_i = 0} \quad (\text{温度、压力为常数}) \tag{8/1-22b}$$

可以理解，这里分析的是单一反应，故可以用二维坐标表示。对多个反应同时平衡的情况，需以物料平衡为限制条件，求出使体系的 Gibbs 函数最小的反应进度。

如果在恒温恒压条件下，体系中有 r 个独立反应同时发生，相应于式(8/1-20)，有平衡时的

$$\left[\frac{\partial(nG)}{\partial\xi_j}\right]_{T,p} = 0 \quad (j = 1, 2 \cdots r) \tag{8/1-25}$$

和

$$\left[\frac{\partial^2(nG)}{\partial\xi_j^2}\right]_{T,p} > 0 \quad (j = 1, 2 \cdots r) \tag{8/1-26}$$

即

$$\sum_{i=1}^{N} \nu_{i,j} \overline{G}_i = 0 \quad (j = 1, 2 \cdots r; \text{温度、压力为常数}) \tag{8/1-27}$$

此式的意义是，对含有 r 个独立反应的体系，恒温恒压下平衡时有一组反应进度 $(\xi_1 \setminus \xi_2 \cdots \xi_j \cdots \xi_r)$，使体系的 Gibbs 函数达到最小值。

8.1.4 平衡常数

(1) 基本关系式

在式(8/1-27) 的等号两边同时减去相同的量，可得

$$\sum_{i=1}^{N} \nu_i \left[\overline{G}_i(T, p, \xi) - G_i^{\ominus}(T)\right] = -\sum_{i=1}^{N} \nu_i G_i^{\ominus}(T) \tag{8/1-28}$$

式中，明确标注了组分平衡时的偏摩尔 Gibbs 函数是体系温度、压力和平衡反应进度 ξ 的函数。此式给出了恒温、恒压下达到平衡反应进度时的偏摩尔 Gibbs 函数相对于标准态 Gibbs 函数的偏差。据此可有启发，能否通过式(8/1-28) 右项的量——反应的标准态 Gibbs 函数变化，来求解平衡组成呢？

定义：化学反应的标准平衡常数为

$$K^{\ominus}(T) \equiv \exp\left[-\frac{1}{RT}\sum_{i=1}^{N}\nu_i G_i^{\ominus}(T)\right]\qquad(8/1\text{-}29)$$

简称**平衡常数**（**equilibrium constant**），为无量纲量。显然，平衡常数是温度的单值函数。需要强调这一概念，化学反应的温度一旦确定，体系的平衡常数也就随之确定了。

故有

$$-RT\ln K^{\ominus}(T) = \sum_{i=1}^{N}\nu_i\left[G_i^{\ominus}(T) - \overline{G}_i(T,p,\xi)\right]\qquad(8/1\text{-}30)$$

另外，标准状态下，反应前后反应物质的 Gibbs 函数变化称作该反应的标准 Gibbs 函数变化。

$$\Delta_r G^{\ominus}(T) = \sum_{i=1}^{N}\nu_i G^{\ominus}(T) = \sum_{i=1}^{N}\nu_i\Delta_f G_i^{\ominus}(T)\qquad(8/1\text{-}31)$$

式中，$\Delta_f G_i^{\ominus}(T)$ 为反应物质 i 的标准生成 Gibbs 函数，附录 B1 给出了部分物质的数据。故

$$-RT\ln K^{\ominus}(T) = \Delta_r G^{\ominus}(T)\qquad(8/1\text{-}32)$$

由此可知，能够借助反应物质的标准生成 Gibbs 函数求解平衡常数。

（2）不同温度下的平衡常数

等压下考察温度改变的影响，基于式（3/6-2）有标准态下的熵变和 Gibbs 函数变

$$\Delta_r S^{\ominus} = -\left[\frac{\partial(\Delta_r G^{\ominus})}{\partial T}\right]_p$$

$$\Delta_r G^{\ominus} = \Delta_r H^{\ominus} - T\Delta_r S^{\ominus}$$

合并、整理得

$$\Delta_r H^{\ominus} = -RT^2\left[\frac{\partial}{\partial T}\left(\frac{\Delta_r G^{\ominus}}{RT}\right)\right]_p\qquad(8/1\text{-}33)$$

由式（8/1-32）有

$$\left[\frac{\partial\ln K^{\ominus}(T)}{\partial T}\right]_p = \frac{\Delta_r H^{\ominus}}{RT^2}\qquad(8/1\text{-}34)$$

通常，文献中的 $\Delta_f G_i^{\ominus}(T)$ 是 298.15K 的数据，所以，根据式（8/1-32）求出的也是 298.15K 的平衡常数。若需其他温度下的平衡常数，通常可以处理成两种情况。

① 温度变化不大，$\Delta_r H^{\ominus}$ 可设作常数　若另一温度 T_2 较 $T_1 = 298.15K$ 差别不大，此时，可忽略温度对标准反应热 $\Delta_r H^{\ominus}$ 的影响。在 $T_1 \sim T_2$ 之间，可视其为常数，积分式（8/1-34）可得

$$\ln\frac{K^{\ominus}(T_2)}{K^{\ominus}(T_1)} = \frac{\Delta_r H^{\ominus}}{R}\left(\frac{1}{T_1} - \frac{1}{T_2}\right)\qquad(8/1\text{-}35)$$

式中，标准反应热 $\Delta_r H^{\ominus}$ 可由反应物质的标准生成焓求取。

$$\Delta_r H^{\ominus} = \sum_{i=1}^{N}\nu_i\Delta_f H_i^{\ominus}\qquad(8/1\text{-}36)$$

附录 B1 给出了部分物质的 $\Delta_f H_i^{\ominus}$ 数据。

上述处理是一种相当方便而有效的平衡常数数据获取方法。由式（8/1-35）所描述的平衡常数与温度倒数间的关系是线性的。图 8/1-2 中的直线表示了一些化学反应的 $\ln K^{\ominus}$-$1/T$

关系。明显的是，化学反应的热效应决定了这一关系的方向——平衡常数随温度变化是增大还是减小。

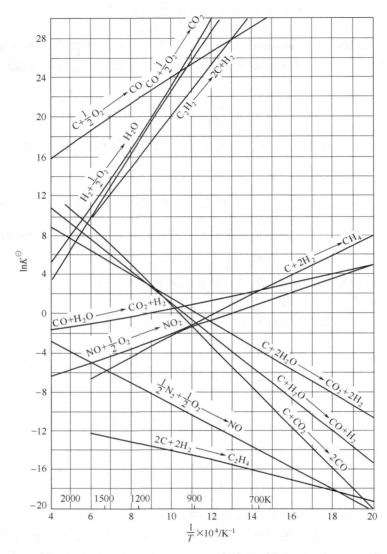

图 8/1-2　部分化学反应的平衡常数与温度关系

② 温度变化较大，$\Delta_r H^\ominus$ 亦有较大变化　若 T_1 与 T_2 之间 $\Delta_r H^\ominus$ 不可作常数，则需要基于温度对标准反应热 $\Delta_r H^\ominus(T)$ 的影响，来修正因温度变化引起的平衡常数数值偏差。

在标准反应中，反应物与生成物都处于标准压力 100kPa 下，此时的焓仅为温度的函数

$$dH_i^\ominus = C_{p,i}^\ominus dT \tag{8/1-37}$$

式中，下标 i 表示特定的反应物或产物。将 ν_i 遍乘上式各项，再加和所有参与反应的物质

$$\sum \nu_i dH_i^\ominus = \sum \nu_i C_{p,i}^\ominus dT$$

因 ν_i 为常数，整理后有

$$\sum d(\nu_i H_i^\ominus) = d\sum \nu_i H_i^\ominus = \sum \nu_i C_{p,i}^\ominus dT$$

式中，$\sum \nu_i H_i^\ominus$ 表示标准反应热。同理，定义反应的标准热容变化为

$$\Delta_r C_p^\ominus \equiv \sum \nu_i C_{p,i}^\ominus \tag{8/1-38}$$

故前述方程可以写成

$$\boxed{d\Delta_r H^{\ominus} = \Delta_r C_p^{\ominus} dT} \tag{8/1-39}$$

这是一个将反应表示为温度函数的基本公式。积分此式有

$$\Delta_r H^{\ominus} = \Delta_r H_0^{\ominus} + \int_{T_0}^{T} \Delta_r C_p^{\ominus} dT \tag{8/1-40}$$

式中，$\Delta_r H^{\ominus}$ 及 $\Delta_r H_0^{\ominus}$ 分别表示温度为 T 和参考温度 T_0 时的反应热。类似地，有反应的熵变

$$\Delta_r S^{\ominus} = \Delta_r S_0^{\ominus} + \int_{T_0}^{T} \Delta_r C_p^{\ominus} \frac{dT}{T} \tag{8/1-41}$$

式中，$\Delta_r S^{\ominus}$ 及 $\Delta_r S_0^{\ominus}$ 则分别表示温度为 T 和 T_0 时的反应熵变。

反应物质 i 在标准状态下

$$G_i^{\ominus} = H_i^{\ominus} - T S_i^{\ominus}$$

将 ν_i 遍乘上式各项，再加和所有参与反应的物质

$$\sum \nu_i G_i^{\ominus} = \sum \nu_i H_i^{\ominus} - T \sum \nu_i S_i^{\ominus}$$

或可改写此式为

$$\Delta_r G^{\ominus} = \Delta_r H^{\ominus} - T \Delta_r S^{\ominus} \tag{8/1-42}$$

将式(8/1-40) 和式(8/1-41) 代入上式，有

$$\Delta_r G^{\ominus} = \Delta_r H_0^{\ominus} + \int_{T_0}^{T} \Delta_r C_p^{\ominus} dT - T \Delta_r S_0^{\ominus} - T \int_{T_0}^{T} \Delta_r C_p^{\ominus} \frac{dT}{T} \tag{8/1-43}$$

而

$$\Delta_r S_0^{\ominus} = \frac{\Delta_r H_0^{\ominus} - \Delta_r G_0^{\ominus}}{T_0}$$

整理式(8/1-43) 有

$$\frac{\Delta_r G^{\ominus}}{RT} = \frac{\Delta_r G_0^{\ominus} - \Delta_r H_0^{\ominus}}{RT_0} + \frac{\Delta_r H_0^{\ominus}}{RT} + \frac{1}{RT} \int_{T_0}^{T} \Delta_r C_p^{\ominus} dT - \frac{1}{R} \int_{T_0}^{T} \Delta_r C_p^{\ominus} \frac{dT}{T} \tag{8/1-44}$$

联系式(8/1-32)，可将上式改写为

$$K^{\ominus} = K_0^{\ominus} K_1^{\ominus} K_2^{\ominus} \tag{8/1-45}$$

上式等式右边的每一项对温度为 T 下的平衡常数都有基础意义的贡献。其中，第一项 $K_0^{\ominus}$ 表示参考温度 T_0 下的平衡常数

$$K_0^{\ominus} = \exp\left(-\frac{\Delta_r G_0^{\ominus}}{RT_0}\right) \tag{8/1-46}$$

第二项 $K_1^{\ominus}$ 给出了反应热不作为温度函数时的修正因子，此时 $K_0^{\ominus} K_1^{\ominus}$ 的乘积表示温度 T 时的平衡常数

$$K_1^{\ominus} = \exp\left[\frac{\Delta_r H_0^{\ominus}}{RT_0}\left(1 - \frac{T_0}{T}\right)\right] \tag{8/1-47}$$

而第三项 $K_2^{\ominus}$ 描述了微小温度影响的修正。式(8/1-48) 给出了温度为 T 时考虑温度影响的平衡常数的严格计算结果。

$$K_2^{\ominus} = \exp\left(-\frac{1}{RT} \int_{T_0}^{T} \Delta_r C_p^{\ominus} dT + \frac{1}{R} \int_{T_0}^{T} \Delta_r C_p^{\ominus} \frac{dT}{T}\right) \tag{8/1-48}$$

例 8/1-4：
已知乙烯水合反应物质的理想气体标准摩尔热容可表示为

$$C_{p,i}^{\ominus}/R = a + bT + cT^2 + dT^{-2}$$

式中的参数以及标准反应性质 $\Delta_f H_0^{\ominus}$、$\Delta_f G_0^{\ominus}$ 如下表，试计算该反应在 145℃和 320℃时的平衡常数。

物　质	a	$10^3 b$	$10^6 c$	$10^{-5} d$	$\Delta_f H_0^{\ominus}/\text{kJ}\cdot\text{mol}^{-1}$	$\Delta_f G_0^{\ominus}/\text{kJ}\cdot\text{mol}^{-1}$
$C_2H_4(g)$	1.424	14.394	−4.392	0	52.510	68.460
$H_2O(g)$	3.470	1.450	0	0.121	−241.818	−228.572
$C_2H_5OH(g)$	3.518	20.001	−6.002	0	−235.100	−168.490

解 8/1-4：

乙烯水合反应如下

$$C_2H_4(g) + H_2O(g) \longrightarrow C_2H_5OH(g)$$

该反应的 Δ 意为

$$\Delta = (C_2H_5OH) - (C_2H_4) - (H_2O)$$

所以

Δa	Δb	Δc	Δd	$\Delta_r H_0^{\ominus}/\text{kJ}\cdot\text{mol}^{-1}$	$\Delta_r G_0^{\ominus}/\text{kJ}\cdot\text{mol}^{-1}$
−1.376	4.157×10^{-3}	-1.61×10^{-6}	-0.121×10^{5}	−45.792	−8.378

因为

$$K_0^{\ominus} = \exp\left(\frac{-\Delta_r G_0^{\ominus}}{RT_0}\right)$$

$$K_1^{\ominus} = \exp\left[\frac{\Delta_r H_0^{\ominus}}{RT_0}\left(1 - \frac{T_0}{T}\right)\right]$$

$$K_2^{\ominus} = \exp\left(-\frac{1}{RT}\int_{T_0}^{T}\Delta_r C_p^{\ominus}\,dT + \frac{1}{R}\int_{T_0}^{T}\Delta_r C_p^{\ominus}\,\frac{dT}{T}\right)$$

代入反应的标准摩尔热容

$$C_{p,i}^{\ominus}/R = a + bT + cT^2 + dT^{-2}$$

且定义

$$\tau \equiv \frac{T}{T_0}$$

可有

$$K_2^{\ominus} = \exp\left\{\Delta a\left[\ln\tau - \left(\frac{\tau-1}{\tau}\right)\right] + \frac{1}{2}\Delta b T_0\,\frac{(\tau-1)^2}{\tau} + \frac{1}{6}\Delta c T_0^2\,\frac{(\tau-1)^2\,(\tau+2)}{\tau} + \frac{1}{2}\frac{\Delta d}{T_0^2}\,\frac{(\tau-1)^2}{\tau^2}\right\}$$

且有

$$K^{\ominus} = K_0^{\ominus} K_1^{\ominus} K_2^{\ominus}$$

将 25℃、145℃和 320℃时的相应条件与数据代入上面的适当式子，可得下表的平衡常数。

T/K	τ	$K_0^{\ominus}$	$K_1^{\ominus}$	$K_2^{\ominus}$	$K^{\ominus}$
298.15	1	29.366	1	1	29.366
418.15	1.4025	29.366	4.985×10^{-3}	0.9860	1.443×10^{-1}
593.15	1.9894	29.366	1.023×10^{-4}	0.9794	2.942×10^{-3}

由此可知，$K_2^\ominus$ 的计算虽然比较复杂，但其对 $K^\ominus$ 的贡献远不及 $K_1^\ominus$。此例亦表明，图 8/1-2 的曲线以 $K_1^\ominus$ 为基础几乎为线性的确是有根据的。

8.2　气相单一反应平衡

对于以平衡反应进度 ξ 达到化学反应平衡的多组分体系有

$$\bar{G}_i(T,p,\underline{y})=G_i^\ominus(T)+RT\ln\frac{\hat{f}_i}{f^\ominus}\quad(温度为常数)\tag{6/1-16}$$

代入式(8/1-30) 有

$$K^\ominus(T)=\prod_{i=1}^N\left(\frac{\hat{f}_i}{f_i^\ominus}\right)^{\nu_i}\tag{8/2-1}$$

根据式(6/1-22)，对真实气体混合物有

$$\hat{f}_i^{\,g}=y_i\hat{\phi}_ip$$

而混合物中，各反应物质均取统一标准态，为 $p^\ominus=1\text{bar}=100\text{kPa}$ 的纯组分理想气体。因为

$$\nu\equiv\sum_{i=1}^N\nu_i\tag{8/1-6}$$

则真实气体混合物的单一反应平衡关系为

$$\boxed{\prod_{i=1}^N(y_i\hat{\phi}_i)^{\nu_i}=p^{-\nu}K^\ominus(T)}\quad(压力单位为 \text{bar})\tag{8/2-2}$$

注意此时压力及逸度均以 bar 为单位。式中的组分的摩尔分数和逸度系数均为平衡反应进度 ξ 的函数，如果

$$\hat{\phi}_i=f(T,p,\xi)$$

可以发现，之所以把反应的平衡关系写作式(8/2-2) 形式的原因在于，式(8/2-2) 右项仅与体系的温度、压力有关，而其左项是尚待确定的平衡组成。概念上可以明确界定两部分的意义。在已知达到化学平衡的温度和压力的情况下，可以基于式(8/2-2) 求解真实气体混合物的平衡组成。

如果体系被视作气体理想混合物，此时组分的逸度系数可以用纯组分的性质代替，即 $\hat{\phi}_i=\phi_i$，根据式(8/2-2) 有气体理想混合物的单一反应平衡关系

$$\prod_{i=1}^N(y_i\phi_i)^{\nu_i}=p^{-\nu}K^\ominus(T)\quad(压力单位为 \text{bar})\tag{8/2-3}$$

与式(8/2-2) 相比，式(8/2-3) 的表述差异极小。但是，根据前面的知识可以知道，数据处理的繁复程度上却有很大的差别。

如果体系被视作理想气体的混合物，此时组分的逸度系数 $\hat{\phi}_i=1$，根据式(8/2-2) 可得理想气体的混合物体系单一反应平衡关系

$$\prod_{i=1}^N(y_i)^{\nu_i}=p^{-\nu}K^\ominus(T)\quad(压力单位为 \text{bar})\tag{8/2-4}$$

这个模型通常用于定性或半定量的分析，也可以作为计算编程的迭代运算的初值。

图 8/2-1 是计算机求解真实气体混合物的平衡组成时的程序框图。其中的要点在于，开始时需先作假设 $\hat{\phi}_i = 1.0$（认为体系是理想气体的混合物），且取判据为前后两次计算的平衡反应进度 ξ 的偏差小于某一允差 δ。否则将重新计算混合性质，以当前的平衡组成计算 $\hat{\phi}_i$，进而获得新一轮的平衡反应进度 ξ，并与上一轮的 ξ 作比较，直至满足计算精度。

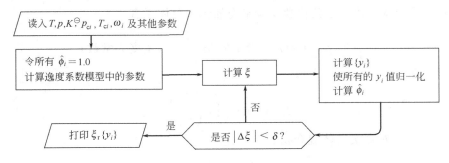

图 8/2-1　气体混合物平衡组成的程序框图

例 8/2-1：

水气转化反应为

$$CO(g) + H_2O(g) \Longrightarrow CO_2(g) + H_2(g)$$

此反应在下述各情况下进行。计算各情况下蒸汽反应的分率。假设混合物为理想气体。

（a）反应物为 1mol H_2O 蒸汽与 1mol CO。温度为 1100K 且压力为 1bar（0.1MPa）。

（b）与（a）相同，但压力为 10bar（1MPa）。

（c）与（a）相同，但反应物中含有 2mol N_2。

（d）反应物为 2mol H_2O 与 1mol CO，其他情况与（a）相同。

（e）反应物为 1mol H_2O 与 2mol CO，其他情况与（a）相同。

（f）起初的混合物含有 1mol H_2O、1mol CO 及 1mol CO_2，其他情况与（a）相同。

（g）与（a）相同，但温度为 1650K。

解 8/2-1：

（a）此反应在 1100K 下进行，$10^4/T = 9.05$，由图 8/1-2 中查得此时 $\ln K^\ominus = 0$ 或 $K^\ominus = 1$。此反应的 $\nu = \sum \nu_i = 1 + 1 - 1 - 1 = 0$。因为反应混合物为理想气体，式（8/2-4）可适用，此时它变成

$$\frac{y_{H_2} y_{CO_2}}{y_{CO} y_{H_2O}} = K^\ominus = 1 \tag{A}$$

由式（8/1-14）可得

$$y_{CO} = \frac{1-\xi}{2} \qquad y_{H_2O} = \frac{1-\xi}{2} \qquad y_{CO_2} = \frac{\xi}{2} \qquad y_{H_2} = \frac{\xi}{2}$$

将这些数值代入式（A）可得

$$\frac{\xi^2}{(1-\xi)^2} = 1 \quad \text{即} \quad \xi = 0.5$$

即此时蒸汽的反应分率为 0.5。

（b）因为 $\nu = 0$，所以压力的增加对理想气体反应没有影响，ξ 值仍为 0.5。

（c）N_2 并未参与反应，而只当作稀释物。它使初始物质的量 n_0 由 2 增加至 4，所以各摩尔分数减半。但此时式（A）能保持不变，ξ 值仍然为 0.5。

（d）此时，平衡摩尔分数为

$$y_{CO}=\frac{1-\xi}{3} \qquad y_{H_2O}=\frac{2-\xi}{3} \qquad y_{CO_2}=\frac{\xi}{3} \qquad y_{H_2}=\frac{\xi}{3}$$

并且式（A）变为

$$\frac{\xi^2}{(1-\xi)(2-\xi)}=1 \quad 即 \quad \xi=0.667$$

所以蒸汽的反应分率为 $0.667/2=0.333$。

（e）此时 y_{CO} 与 y_{H_2O} 的表示式互换，但平衡方程式仍如（d）部分所示。因此 $\xi=0.667$，蒸汽的反应分率为 0.667。

（f）在此情况时，式（A）变为

$$\frac{\xi(1+\xi)}{(1-\xi)^2}=1 \quad 即 \quad \xi=0.333$$

所以蒸汽的反应分率为 0.333。

（g）在 1650K 时，$10^4/T=6.06$，且由图 8/1-2 中查得 $\ln K^{\ominus}=-1.15$，而 $K=0.316$。因此式（A）变为

$$\frac{\xi^2}{(1-\xi)^2}=0.316 \quad 即 \quad \xi=0.36$$

因为此反应为放热反应，故转化率随温度的上升而减少。

例 8/2-2：

在 250℃ 及 35bar（3.5MPa），且起始蒸汽与乙烯进料比为 5 时，计算经气相水合反应，由乙烯生成乙醇的最大转换率。在 250℃ 时 $K^{\ominus}=10.02\times10^{-3}$。

解 8/2-2：

反应平衡式如式（8/2-2）所示，此式中需要平衡混合物中各物质的逸度系数，它们可由式（6/2-12）计算得到。但此计算须经迭代过程，因为逸度系数是组成的函数。在此例题中，基于反应混合物为理想混合物的假设，进行第一次的迭代计算。此时式（8/2-2）简化为式（8/2-3），其中需要反应混合物中纯气体在平衡 T 与 p 下的逸度系数。因为

$$\nu=\sum\nu_i=-1$$

式（8/2-2）变为

$$\frac{y_{EtOH}\phi_{EtOH}}{y_{C_2H_4}\phi_{C_2H_4}y_{H_2O}\phi_{H_2O}}=p^{-(-1)}\times10.02\times10^{-3} \tag{A}$$

由式（6/2-7）及式（2/6-14a）与式（2/6-14b）式联合可求得逸度系数 ϕ_i，其结果可总结于下表

物质	T_c/K	p_c/bar	ω_i	$T_{r,i}$	$p_{r,i}$	B^0	B^1	ϕ_i
C_2H_4	282.3	50.40	0.087	1.853	0.694	−0.074	0.126	0.977
H_2O	647.1	220.55	0.345	0.808	0.159	−0.511	−0.281	0.887
EtOH	513.9	61.48	0.645	1.018	0.569	−0.327	−0.021	0.827

其中，临界性质及 ω_i 值可由附录查得。各情形下的温度及压力皆为 523.15K 及 35bar（3.5MPa）。将 ϕ_i 及 p 值代入式（A）可得

$$\frac{y_{\text{EtOH}}}{y_{\text{C}_2\text{H}_4}\,y_{\text{H}_2\text{O}}} = \frac{0.977 \times 0.887}{0.827} \times 35 \times 10.02 \times 10^{-3} = 0.367 \tag{B}$$

由式(8/1-14)知

$$y_{\text{C}_2\text{H}_4} = \frac{1-\xi}{6-\xi} \qquad y_{\text{H}_2\text{O}} = \frac{5-\xi}{6-\xi} \qquad y_{\text{EtOH}} = \frac{\xi}{6-\xi}$$

将这些表示式代入式(B)可得

$$\frac{\xi(6-\xi)}{(5-\xi)(1-\xi)} = 0.367$$

或表示为

$$\xi^2 - 6.000\xi + 1.342 = 0$$

解此二次方程式可得

$$\xi = 0.233$$

此为较小的根，另一较大值的根因为比 1 大，不是有意义的解答。在此状况下，乙烯反应为乙醇的最大转化率为 23.3%。

在此反应中，增加温度时会使 $K^{\ominus}$ 值及转化率减少，增大压力则会增加转化率。由平衡条件来看，反应的压力应该愈高愈好（但必须受到凝结的限制），且反应的温度愈低愈好。但是即使用最佳的催化剂，合理的最低反应温度约为 150℃。这是由平衡及反应速率对商业化反应过程影响的共同考虑所获得的结果。

平衡转化率是温度、压力以及进料中水蒸气与乙烯比例的函数。这三种变量的影响都表示于图 8/2-2 中。图中的曲线是例 8/2-2 计算所得，a 为起始混合物中水对乙烯的摩尔比值，

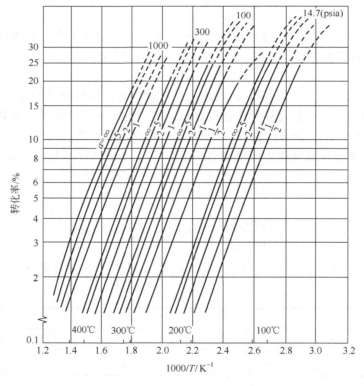

图 8/2-2　乙烯经气相反应为乙醇的平衡转化率

100kPa＝14.5038psia

虚线部分表示水的凝结。各曲线都是将 $K^{\ominus}$ 值视为较粗略的温度函数，基于 $\ln K^{\ominus} = 5200/T$ -15.0 的公式计算得到的。由此可以直观地分析温度、压力以及水对乙烯的初始摩尔比值对平衡转化率的影响。

例 8/2-3：

在实验室研究中，乙炔在 1120℃ 及 1bar（0.1MPa）下，经催化反应加氢转化为乙烯。若进料为等物质的量的乙炔与氢，平衡时产物的组成为何？

解 8/2-3：

本题的反应式可由下列两个生成反应加成而得

$$C_2H_2 == 2C + H_2 \tag{A}$$

$$2C + 2H_2 == C_2H_4 \tag{B}$$

上列二式相加，即为加氢反应

$$C_2H_2 + H_2 == C_2H_4 \tag{C}$$

并且

$$\Delta_r G_C^{\ominus} = \Delta_r G_A^{\ominus} + \Delta_r G_B^{\ominus}$$

由式（8/1-32）可知

$$-RT\ln K_C^{\ominus} = -RT\ln K_A^{\ominus} - RT\ln K_B^{\ominus}$$

或

$$K_C^{\ominus} = K_A^{\ominus} K_B^{\ominus}$$

反应（A）及反应（B）的数据，可由图 8/1-2 查得。在 1120℃（1393K）时，$10^4/T = 7.18$，由图中可读出下列数据

$$\ln K_A^{\ominus} = 12.9 \qquad K_A^{\ominus} = 4.0 \times 10^5$$

$$\ln K_B^{\ominus} = -12.9 \qquad K_B^{\ominus} = 2.5 \times 10^{-6}$$

因此

$$K_C^{\ominus} = K_A^{\ominus} K_B^{\ominus} = 1.0$$

在此高温及 1bar 压力下，可假设气体为理想气体，应用式（8/2-4）可得

$$\frac{y_{C_2H_4}}{y_{H_2} y_{C_2H_2}} = 1$$

若起初各有 1mol 反应物，则由式（8/1-14）得知

$$y_{H_2} = y_{C_2H_2} = \frac{1-\xi}{2-\xi}$$

且

$$y_{C_2H_4} = \frac{\xi}{2-\xi}$$

因此

$$\frac{\xi(2-\xi)}{(1-\xi)^2} = 1$$

此二次方程式较小的根（较大值的根＞1）为 $\xi = 0.239$。平衡时气体产物的组成为

$$y_{H_2} = y_{C_2H_2} = \frac{1-0.293}{2-0.293} = 0.414$$

$$y_{C_2H_4} = \frac{0.293}{2-0.293} = 0.172$$

8.3　气相多个反应平衡

多个反应体系的独立反应确定方法已在第 8.1.2 节中讨论了，这里的问题是解决体系的平衡组成计算。体系中的 r 个独立的气相反应可直接应用前述单相反应公式，拓展以 r 个化学计量方程描述。

此时，平衡常数可表示为

$$\boxed{\prod_{i=1}^{N}(y_i\hat{\phi}_i)^{\nu_{i,j}} = p^{-\nu_j}K_j^{\ominus}(T)} \qquad （压力单位为 bar；j=1,2\cdots r） \qquad (8/3-1)$$

式中

$$\nu_j \equiv \sum_{i=1}^{N}\nu_{i,j} \qquad (8/1-12)$$

$$\boxed{-RT\ln K_j^{\ominus}(T) = [\Delta_r G^{\ominus}(T)]_j} \qquad (j=1,2\cdots r) \qquad (8/3-2)$$

$$\boxed{[\Delta_r G^{\ominus}(T)]_j = \sum_{i=1}^{N}\nu_{i,j}\Delta_f G_i^{\ominus}(T)} \qquad (j=1,2\cdots r) \qquad (8/3-3)$$

均是针对第 j 个反应求解的量。

原则上，每一独立反应都具有一个反应进度 ξ_j。求解 r 个方程（8/3-1）构成的非线性方程组，可得 r 个平衡反应进度。以此可进一步实现借助式（8/1-14）求解平衡组成的目的。

例 8/3-1：

350K、506.6bar（50.66MPa）下，CO_2 和 H_2 合成甲醇反应为

$$CO_2(g) + H_2(g) = CO(g) + H_2O(g)$$
$$CO(g) + 2H_2(g) = CH_3OH(g)$$

已知在原料摩尔比 $H_2/CO_2 = 3$ 时平衡常数 $K_1^{\ominus} = 0.05$、$K_2^{\ominus} = 0.0897$。假设该反应体系为理想气体混合物，试求此反应体系的平衡反应进度。

解 8/3-1：

基于原料摩尔比和反应计量方程

反应物	平衡物质的量	反应物	平衡物质的量
CO_2	$1-\xi_1$	H_2O	ξ_1
H_2	$3-\xi_1-2\xi_2$	CH_3OH	ξ_2
CO	$\xi_1-\xi_2$		

将式（8/3-1）简化，则有

$$\prod_{i=1}^{N}(y_i)^{\nu_i} = p^{-\nu_j}K_j^{\ominus}(T) \qquad (j=1,2)$$

根据题给条件，可以写出

$$\frac{(\xi_1-\xi_2)\xi_1}{(1-\xi_1)(3-\xi_1-2\xi_2)}=0.05 \qquad (A)$$

$$\frac{(4-2\xi_2)^2\xi_2}{(\xi_1-\xi_2)(3-\xi_1-2\xi_2)^2}=(506.6)^{-(-2)}\times 0.0897 \qquad (B)$$

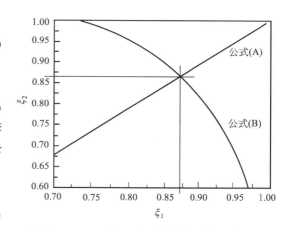

以这组方程可从 ξ_1 的假定值出发，得两套 $\xi_1\sim\xi_2$ 数据，进而可作出如图 8/3-1 中的两条曲线。交点数据即平衡反应进度。

图 8/3-1　CO_2 和 H_2 合成甲醇的平衡反应进度
$\xi_1=0.8722 \quad \xi_2=0.8693$

例 8/3-2：

纯正丁烷在 750K 及 1.2bar（0.12MPa）时经由裂解产生烯类，在此状态下只有下列两反应具有良好的平衡转化率

$$C_4H_{10} \Longrightarrow C_2H_4 + C_2H_6 \qquad (A)$$

$$C_4H_{10} \Longrightarrow C_3H_6 + CH_4 \qquad (B)$$

若以上反应达成平衡，产物的组成为何？

由附录 B1 的数据及公式(8/1-35)～式(8/1-42)所示的步骤，可知在 750K 时的平衡常数为

$$K_A^{\ominus}=3.856 \qquad K_B^{\ominus}=268.4$$

解 8/3-2：

对 1mol 的正丁烷而言，由式(8/1-14)可得知生成物组成与反应进度的关系式

$$y_{C_4H_{10}}=\frac{1-\xi_A-\xi_B}{1+\xi_A+\xi_B}$$

$$y_{C_2H_4}=y_{C_2H_6}=\frac{\xi_A}{1+\xi_A+\xi_B}$$

$$y_{C_3H_6}=y_{CH_4}=\frac{\xi_B}{1+\xi_A+\xi_B}$$

假设该反应体系为理想气体，由式（8/3-1）可知平衡关系式为

$$\frac{y_{C_2H_4}\,y_{C_2H_6}}{y_{C_4H_{10}}}=p^{-1}K_A^{\ominus}$$

$$\frac{y_{C_3H_6}\,y_{CH_4}}{y_{C_4H_{10}}}=p^{-1}K_B^{\ominus}$$

联合此平衡公式及摩尔分数公式可得

$$\frac{\xi_A^2}{(1-\xi_A-\xi_B)(1+\xi_A+\xi_B)}=p^{-1}K_A^{\ominus} \qquad (A)$$

$$\frac{\xi_B^2}{(1-\xi_A-\xi_B)(1+\xi_A+\xi_B)}=p^{-1}K_B^{\ominus} \qquad (B)$$

将式（B）除以式（A）并解出 ξ_B 值得

$$\xi_B=\kappa\xi_A \qquad (C)$$

其中

$$\kappa = \left(\frac{K_B^\ominus}{K_A^\ominus}\right)^{1/2} \tag{D}$$

联合式（A）及式（C），经简化后解得 ξ_A 为

$$\xi_A = \left[\frac{K_A^\ominus p^{-1}}{1+K_A^\ominus p^{-1}(\kappa+1)^2}\right]^{1/2} \tag{E}$$

将数值代入式（D）、式（E）及式（C）中得知

$$\kappa = \left(\frac{268.4}{3.856}\right)^{1/2} = 8.343$$

$$\xi_A = \left[\frac{3.856\times(1/1.2)}{1+3.856\times(1/1.2)\times(9.343)^2}\right]^{1/2} = 0.1068$$

$$\xi_B = 8.343\times0.1068 = 0.8914$$

气相产物的组成则为

$$y_{C_4H_{10}} = 0.0010 \qquad y_{C_2H_4} = y_{C_2H_6} = 0.0534 \qquad y_{C_3H_6} = y_{CH_4} = 0.4461$$

对此简单的反应体系而言，可求得解析答案。通常对于多重反应平衡问题，需由数值解法求得解答。

基于反应物的元素原子数守恒，令下标 k 表示任意某种元素，并以 A_k 表示体系中 k 元素的原子量，它可由体系的初始组成确定；又令 $a_{i,k}$ 为物质 i 中 k 元素的原子数。则元素 k 的质量衡算式为

$$\sum_i n_i a_{i,k} = A_k \quad (k=1,2,\cdots w) \tag{8/3-4}$$

因为体系全部元素共有 w 种，故此式可以写出 w 个。另外，此式又可写作

$$\sum_i n_i a_{i,k} - A_k = 0 \quad (k=1,2,\cdots w)$$

引入 Lagrange 乘子，将其与每一种元素的平衡式相乘

$$\lambda_k\left(\sum_i n_i a_{i,k} - A_k\right) = 0 \quad (k=1,2,\cdots w)$$

再将所有 w 个式子相加

$$\sum_k \lambda_k\left(\sum_i n_i a_{i,k} - A_k\right) = 0$$

令

$$F \equiv G^t + \sum_k \lambda_k\left(\sum_i n_i a_{i,k} - A_k\right)$$

此式等同于 G^t，因为第二个加和项为零。然而，F 和 G^t 对 n_i 的偏微分不同。因为 F 函数包含了质量平衡的限制条件。当 F 对 n_i 的偏微分为零时，可求得 F 和 G^t 的最小值。因此，令

$$\left(\frac{\partial F}{\partial n_i}\right)_{T,p,n_i} = \left(\frac{\partial G^t}{\partial n_i}\right)_{T,p,n_i} + \sum_k \lambda_k a_{i,k} = 0 \quad (i=1,2,\cdots N)$$

此式右项可写成

$$\overline{G}_i + \sum_k \lambda_k a_{i,k} = 0 \quad (i=1,2,\cdots N) \tag{8/3-5}$$

由逸度定义

$$\overline{G}_i = G_i^\ominus + RT\ln\left(\frac{\hat{f}_i}{f_i^\ominus}\right)$$

在气相反应中，标准状态为 1bar 下的理想气体纯组分，故

$$\overline{G}_i = G_i^{\ominus} + RT\ln\hat{f}_i$$

若所有元素在其标准状态下的 $G_i^{\ominus}$ 值设为零，则对于化合物 i，$G_i^{\ominus} = \Delta_f G_i^{\ominus}$，即其 $G_i^{\ominus}$ 值为物质 i 的标准生成 Gibbs 函数。此处，也可以有 $\hat{f}_i = y_i\hat{\phi}_i p$，以逸度系数代换逸度，则

$$\overline{G}_i = \Delta_f G_i^{\ominus} + RT\ln(y_i\hat{\phi}_i p)$$

联合式（8/3-5），可得

$$\Delta_f G_i^{\ominus} + RT\ln(y_i\hat{\phi}_i p) + \sum_k \lambda_k a_{i,k} = 0 \quad (i = 1, 2, \cdots N) \tag{8/3-6}$$

式中，压力为 bar；若 i 为元素，$G_i^{\ominus}$ 为零。

式(8/3-6) 和式(8/3-4) 分别是对 N 种反应物质和 w 种反应物质所含元素的表示，方程式的总数为 $N+w$ 个。其中包括 N 个未知的 n_i 值，而 $y_i = n_i/\sum n_i$；还包括 w 个未知的 λ_k 值，总计未知数为 $N+w$ 个。可知，由此问题得解。

前面的讨论中，曾假设 $\hat{\phi}_i$ 值为已知。若气相为理想气体的混合物，每一个 $\hat{\phi}_i$ 均为 1。若气相为气体的理想混合物，每一个 $\hat{\phi}_i$ 均为 ϕ_i，可由 T 和 p 求取。实际气体的 $\hat{\phi}_i$ 是 $\{y_i\}$ 的函数，而 $\{y_i\}$ 通常又是未知的，故需迭代方可求解。可令 $\hat{\phi}_i$ 的初值为 1，并由方程解出初始的一组 $\{y_i\}$。低压或高温下，此结果可能已满足分析。否则，须由初始的那组 $\{y_i\}$，求取更新且更准确的一组 $\{\hat{\phi}_i\}$，并用于式(8/3-6)中。如此可求出新的一组 $\{y_i\}$。重复此计算，直至前后两次计算的 $\{y_i\}$ 数值偏差足够小为止。显然，这样的复杂迭代计算，通常要计算机编程完成。

例 8/3-3：

气相体系中含有 CH_4、H_2O、CO、CO_2 及 H_2 各种物质，计算 1000K 及 1bar 下的平衡组成。在反应初始状态，体系中有 2mol 的 CH_4 和 3mol 的 H_2O，且已知 1000K 下的下表的数值

物　质	CH_4	H_2O	CO	CO_2	H_2
$\Delta_f G_i^{\ominus}/kJ \cdot mol^{-1}$	19.720	-192.420	-200.240	-395.790	0

解 8/3-3：

由反应物的起始物质的量（mol），可以求得 A_k（体系中 k 种元素的原子量），而 $a_{i,k}$ 值（物质 i 中 k 中元素的原子数）可由各物质的分子式获得如下

元素 k	C	O	H
A_k	$A_C = 2$	$A_O = 3$	$A_H = 14$
物质 i	$a_{i,C}$	$a_{i,O}$	$a_{i,H}$
CH_4	$a_{CH_4,C} = 1$	$a_{CH_4,O} = 0$	$a_{CH_4,H} = 4$
H_2O	$a_{H_2O,C} = 0$	$a_{H_2O,O} = 1$	$a_{H_2O,H} = 2$
CO	$a_{CO,C} = 1$	$a_{CO,O} = 1$	$a_{CO,H} = 0$
CO_2	$a_{CO_2,C} = 1$	$a_{CO_2,O} = 2$	$a_{CO_2,H} = 0$
H_2	$a_{H_2,C} = 0$	$a_{H_2,O} = 0$	$a_{H_2,H} = 2$

在 1bar 下可以设各反应体系为理想气体的混合物，故所有的 $\hat{\phi}_i$ 值均为 1。因为 $p = 1bar$，故式(8/3-6) 为

$$\frac{\Delta_f G_i^{\ominus}}{RT} + \ln \frac{n_i}{\sum n_i} + \sum_k \frac{\lambda_k}{RT} a_{i,k} = 0$$

对于五种反应物分别有上式的具体表达

$$\frac{19720}{RT} + \ln \frac{n_{CH_4}}{\sum n_i} + \frac{\lambda_C}{RT} + \frac{4\lambda_H}{RT} = 0$$

$$\frac{-192420}{RT} + \ln \frac{n_{H_2O}}{\sum n_i} + \frac{2\lambda_H}{RT} + \frac{\lambda_O}{RT} = 0$$

$$\frac{-200240}{RT} + \ln \frac{n_{CO}}{\sum n_i} + \frac{\lambda_C}{RT} + \frac{\lambda_O}{RT} = 0$$

$$\frac{-395790}{RT} + \ln \frac{n_{CO_2}}{\sum n_i} + \frac{\lambda_C}{RT} + \frac{2\lambda_O}{RT} = 0$$

$$\ln \frac{n_{H_2}}{\sum n_i} + \frac{2\lambda_H}{RT} = 0$$

三种元素的质量衡算式(8/3-4) 又有

$$n_{CH_4} + n_{CO} + n_{CO_2} = 2$$
$$n_{CH_4} + n_{H_2O} + n_{H_2} = 14$$
$$n_{H_2O} + n_{CO} + n_{CO_2} = 3$$
$$\sum n_i = n_{CH_4} + n_{H_2O} + n_{CO} + n_{CO_2} + n_{H_2}$$

因为 9 个方程中的 9 个未知数可以通过计算机编程获得下列结果

$$y_{CH_4} = 0.0196$$
$$y_{H_2O} = 0.0980$$
$$y_{CO} = 0.1743$$
$$y_{CO_2} = 0.0371$$
$$y_{H_2} = 0.7610$$
$$\sum y_i = y_{CH_4} + y_{H_2O} + y_{CO} + y_{CO_2} + y_{H_2} = 1$$

虽然 λ_k/RT 没有物理意义，亦可同时解出

$$\frac{\lambda_C}{RT} = 0.7635$$

$$\frac{\lambda_O}{RT} = 25.068$$

$$\frac{\lambda_H}{RT} = 0.1994$$

8.4　液相反应平衡

8.4.1　液体混合物反应平衡

当反应在液相发生时，仍可用同样的方法描述反应体系的化学平衡

$$K^{\ominus}(T) = \prod_{i=1}^{N} \left(\frac{\hat{f}_i}{f_i^{\ominus}} \right)^{\nu_i} \tag{8/2-1}$$

式中，液体混合物的标准状态 $f^{\ominus}$ 为系统温度及 1bar (0.1MPa) 下的纯液体 i。与 6.3.2 节不同，注意此时标准态压力的规定不是体系压力。

根据式(6/3-10)，活度系数可定义

$$\hat{f}_i^l = x_i \gamma_i f_i$$

逸度的比值可进一步表示为

$$\frac{\hat{f}_i}{f_i^\ominus} = x_i \gamma_i \left(\frac{f_i}{f_i^\ominus} \right) \tag{8/4-1}$$

因为，液体的逸度是微弱的压力函数，所以 $f_i/f_i^\ominus$ 的比值可视为 1。此比值可计算求得。将逸度的定义式分两次写出。首先针对纯液体 i 在温度 T 与压力 p 下写出，再针对纯液体 i 在相同温度，但在标准状态压力 $p^\ominus$ 下写出，取此二式之差可得

$$G_i - G_i^\ominus = RT\ln\left(\frac{f_i}{f_i^\ominus} \right)$$

在恒温条件下对式(3/1-4b) 积分，可得纯液体 i 由 $p^\ominus$ 至 p 时 Gibbs 函数之改变为

$$G_i - G_i^\ominus = \int_{p^\ominus}^{p} V_i \mathrm{d}p$$

结合上列二式可得

$$RT\ln\left(\frac{f_i}{f_i^\ominus} \right) = \int_{p^\ominus}^{p} V_i \mathrm{d}p$$

因为对液体（以及固体）而言，V_i 随压力的改变很小，由 $p^\ominus$ 至 p 的积分可得下面的近似结果

$$\ln\left(\frac{f_i}{f_i^\ominus} \right) = \frac{V_i(p - p^\ominus)}{RT} \tag{8/4-2}$$

由式(8/4-1) 及式(8/4-2)，式(8/2-3) 可再写为

$$\prod_{i=1}^{N} (x_i \gamma_i)^{\nu_i} = K^\ominus(T) \exp\left[\frac{(p - p^\ominus)}{RT} \sum_{i=1}^{N} (\nu_i V_i) \right] \tag{8/4-3}$$

除非在高压下，指数项之数值接近于 1，因而可忽略不计，此时

$$\boxed{\prod_{i=1}^{N} (x_i \gamma_i)^{\nu_i} = K^\ominus(T)} \tag{8/4-4}$$

式中，组分摩尔分数可以表示成平衡反应进度的函数。重要的工作即在于求取活度系数。应用 Wilson 方程式或 UNIFAC 方法等活度系数模型原则上都可求得活度系数。但活度系数又与组成有关，求解过程往往需要迭代。原理上，求解过程与图 8/2-1 的程序框图所表示的气体混合物的化学平衡求解过程相似。

　　然而，借助理想化的模型探讨，可使数值处理变得简便。当平衡体系可视为液体理想混合物时，则所有的 γ_i 值为 1，且式(8/4-4) 变为

$$\boxed{\prod_{i=1}^{N} (x_i)^{\nu_i} = K^\ominus(T)} \tag{8/4-5}$$

这个简单的公式称为**质量作用定律 (law of mass action)**。因为液体通常是非理想的，所以在多数状况下，式(8/4-5) 会只能得到近似的预测结果。

8.4.2　溶液反应平衡

溶剂参与化学反应的情况较为复杂，这里以溶质间发生反应的情况为例进行讨论。

因不便以逸度描述，转而采用活度的表示

$$\hat{a}_i = \frac{\hat{f}_i^l}{f_i^\ominus} \tag{6/3-5}$$

此时，有式（8/2-3）的平衡常数表达式

$$\prod_{i=1}^{N} \hat{a}_i^{\nu_i} = K^{\ominus}(T) \tag{8/4-6}$$

式中，活度系数可以根据 i 组分是溶剂还是溶质，依标准态的区别而写成不同的形式。如果表示溶剂，一般用摩尔分数 x_i 的形式

$$\hat{a}_i = \gamma_i x_i \tag{8/4-7}$$

式（8/4-6）中的活度系数用于表示溶质时，一般用质量摩尔浓度 m_i（$mol \cdot kg^{-1}$）的形式

$$\hat{a}_i = \gamma_i' m_i \tag{8/4-8}$$

或者用浓度 c_i（$mol \cdot m^{-3}$）的形式

$$\hat{a}_i = \gamma_i'' c_i \tag{8/4-9}$$

具体关系式需根据实际问题决定。

可以认识，尽管式（8/4-8）和式（8/4-9）中 m_i 和 c_i 具有单位，但因为溶质的标准态逸度为 Henry 系数（具有单位），例如

$$\gamma_i' = \frac{\hat{f}_i^l}{k_H' m_i} \tag{8/4-10}$$

所以，活度仍然是一个无量纲的比值。即

$$\hat{a}_i = \frac{\hat{f}_i^l}{f_i^{\ominus}} = \gamma_i' m_i \tag{8/4-11}$$

例 8/4-1：

在大量水（W）中，乙醇（A）和乙酸（B）酯化生成乙酸乙酯（C）

$$C_2H_5OH(aq) + CH_3COOH(aq) \rightleftharpoons CH_3COOC_2H_5(aq) + H_2O(l)$$

若反应开始时 A 和 B 分别为 1mol，W 为 1000mol，试求 298.15K 达到平衡时 C 的浓度。已知标准生成 Gibbs 函数如下

记号	反应物	状态	$\Delta_f G^{\ominus}(298.15)/kJ \cdot mol^{-1}$	记号	反应物	状态	$\Delta_f G^{\ominus}(298.15)/kJ \cdot mol^{-1}$
A	C_2H_5OH	aq	-180.8	C	$CH_3COOC_2H_5$	aq	-332.7
B	CH_3COOH	aq	-397.6	W	H_2O	l	-237.2

解 8/4-1：

由上表数据有反应的标准 Gibbs 函数变化

$$\Delta_r G^{\ominus}(298.15) = (-332.7 - 237.2) - (-180.8 - 397.6) = 8.5 kJ \cdot mol^{-1}$$

平衡常数

$$K^{\ominus}(298.15) = \exp\left[-\frac{\Delta_r G^{\ominus}(T)}{RT}\right]$$

$$= \exp\left(-\frac{8.5 \times 10^3}{8.3145 \times 298.15}\right) = 0.0324$$

而

$$\prod_{i=1}^{N} \hat{a}_i^{\nu_i} = \frac{\hat{a}_C \hat{a}_W}{\hat{a}_A \hat{a}_B} = \left(\frac{\gamma_C \gamma_W}{\gamma_A \gamma_B}\right)\left(\frac{m_C x_W}{m_A m_B}\right) = K^{\ominus}(T)$$

式中，m_A、m_B 和 m_C 分别为 A、B 和 C 的质量摩尔浓度，$mol \cdot kg^{-1}$；γ_A、γ_B 和 γ_C 分别为 A、B 和 C 相应的活度系数。

由于溶液很稀，可以认为溶质和溶剂的活度系数均等于 1。则上式为

$$\frac{m_C x_W}{m_A m_B} = 0.0324$$

由题给条件，有水的质量　　　$(1000 + \xi) \times 0.018 \approx 18 \text{kg}$

以及平衡组成

记　号	物　质	$n_{i,0}/\text{mol}$	$n_{i,e}/\text{mol}$	平衡组成
A	C_2H_5OH	1	$1-\xi$	$m_A = (1-\xi)/18$
B	CH_3COOH	1	$1-\xi$	$m_B = (1-\xi)/18$
C	$CH_3COOC_2H_5$	0	ξ	$m_C = \xi/18$
W	H_2O	1000	$1000+\xi$	$x_W \approx 1$

故将以上数据代入前式，得

$$\frac{18\xi}{(1-\xi)^2} = 0.0324$$

解出

$$\xi = 0.00181 \text{mol} \qquad m_C = 1.01 \times 10^{-4} \text{mol} \cdot \text{kg}^{-1}$$

8.5　非均相反应平衡

8.5.1　气固相反应平衡

气固相反应的情况在其他一些课程，例如物理化学已有介绍，这里仅以下面的例子作分析。其特点在于固相标准态的处理，而反应则是气相多个反应平衡的分析方法。

例 8/5-1：

煤的气化反应器中，煤（假设为纯碳）与水蒸气和空气为进料，且产生含有 H_2、CO、O_2、H_2O、CO_2 及 N_2 的气相产物。若进料中含有 1mol 水蒸气及 2.38mol 空气，计算在 $p = 20$bar（2MPa）及 1000K、1100K、1200K、1300K、1400K 及 1500K 各温度下气相产物的平衡组成。所需数据可由下表查取

T/K	$\Delta_f G_i^{\ominus}/\text{J} \cdot \text{mol}^{-1}$			T/K	$\Delta_f G_i^{\ominus}/\text{J} \cdot \text{mol}^{-1}$		
	H_2O	CO	CO_2		H_2O	CO	CO_2
1000	-192420	-200240	-395790	1300	-175720	-226530	-396080
1100	-187000	-209110	-395960	1400	-170020	-235130	-396130
1200	-181380	-217830	-396020	1500	-164310	-243740	-396160

解 8/5-1：

进料中有 1mol 水蒸气及 2.38mol 空气，空气中含有

$$O_2 : 0.21 \times 2.38 = 0.5 \text{mol}$$
$$N_2 : 0.79 \times 2.38 = 1.88 \text{mol}$$

平衡体系中含有的物质为 C、H_2、O_2、N_2、H_2O、CO 及 CO_2。这些物质的生成反应式为

$$H_2 + \frac{1}{2} O_2 \Longrightarrow H_2O \tag{A}$$

$$C + \frac{1}{2}O_2 \Longrightarrow CO \qquad (B)$$

$$C + O_2 \Longrightarrow CO_2 \qquad (C)$$

因为氮、氧及碳元素皆存在于体系中，以上即为此体系的独立反应式。

除了碳以外，其他物质皆为气相，碳则为纯固体相。在式（8/2-1）的平衡表示式中，纯碳的逸度比值为

$$\hat{f}_C / f_C^\ominus = f_C / f_C^\ominus = a_C = 1$$

其中，逸度的比值为 20bar（2MPa）下碳的逸度值，除以 1bar（0.1MPa）下碳的逸度。因为压力对于固体的逸度影响很小，可假设此比值为 1，因此碳的逸度比值为 $\hat{f}_C / f_C^\ominus = 1$，并可由平衡式中忽略不计 [参考式（6/3-3）]。假设其余各物质皆为理想气体，式（8/2-3）可只对气相写出，而反应（A）~（C）的平衡表示式为

$$K_A^\ominus = \frac{y_{H_2O}}{y_{O_2}^{1/2} y_{H_2}} p^{-1/2} \qquad K_B^\ominus = \frac{y_{CO}}{y_{O_2}^{1/2}} p^{1/2} \qquad K_C^\ominus = \frac{y_{CO_2}}{y_{O_2}}$$

这三个反应的反应坐标分别为 ξ_A、ξ_B 及 ξ_C，它们皆表示平衡状态的数值。在起始状态时，

$$n_{H_2} = n_{CO} = n_{CO_2} = 0 \qquad n_{H_2O} = 1 \qquad n_{O_2} = 0.5 \qquad n_{N_2} = 1.88$$

因为只考虑气相反应

$$\nu_A = -\frac{1}{2} \qquad \nu_B = \frac{1}{2} \qquad \nu_C = 0$$

应用式（8/1-14）于各物质可得

$$y_{H_2} = \frac{-\xi_A}{3.38 + (\xi_B - \xi_A)/2} \qquad y_{CO} = \frac{\xi_B}{3.38 + (\xi_B - \xi_A)/2}$$

$$y_{O_2} = \frac{\frac{1}{2}(1 - \xi_A - \xi_B) - \xi_C}{3.38 + (\xi_B - \xi_A)/2} \qquad y_{H_2O} = \frac{1 + \xi_A}{3.38 + (\xi_B - \xi_A)/2}$$

$$y_{CO_2} = \frac{\xi_C}{3.38 + (\xi_B - \xi_A)/2} \qquad y_{N_2} = \frac{1.88}{3.38 + (\xi_B - \xi_A)/2}$$

将这 y_i 表示式代入反应平衡方程式中可得

$$K_A^\ominus = \frac{(1 + \xi_A)(2n) p^{-1/2}}{(1 - \xi_A - \xi_B - \xi_C)^{1/2}(-\xi_A)}$$

$$K_B^\ominus = \frac{\sqrt{2}\xi_B p^{1/2}}{(1 - \xi_A - \xi_B - 2\xi_C)^{1/2} n^{1/2}}$$

$$K_C^\ominus = \frac{2\xi_C}{(1 - \xi_A - \xi_B - 2\xi_C)}$$

其中

$$n = 3.38 + \frac{\xi_B - \xi_A}{2}$$

$K_j^\ominus$ 的数值可由式（8/1-29）求出，它们的数值极大。例如在 1500K 时

$$\ln K_A^\ominus = \frac{-\Delta_r G_A^\ominus}{RT} = \frac{164310}{8.314 \times 1500} = 13.2 \quad K_A^\ominus \sim 10^6$$

$$\ln K_B^\ominus = \frac{-\Delta_r G_B^\ominus}{RT} = \frac{243740}{8.314 \times 1500} = 19.6 \quad K_B^\ominus \sim 10^8$$

$$\ln K_C^\ominus = \frac{-\Delta_r G_C^\ominus}{RT} = \frac{396160}{8.314 \times 1500} = 31.8 \quad K_C^\ominus \sim 10^{14}$$

在如此大的 $K_j^\ominus$ 值时，上列各平衡式中分母中 $1 - \xi_A - \xi_B - 2\xi_C$ 必须几乎为零，此即表示平衡混合物中，氧气的摩尔分数非常微小。在实际考虑下，没有氧气的存在。

因此，可由生成反应式中消去 O_2。首先联合式（A）及式（B），再联合式（A）及式（C），由此可得两个反应式

$$C + CO_2 \Longrightarrow 2CO \tag{D}$$

$$C + H_2O \Longrightarrow H_2 + CO \tag{E}$$

相对应的平衡方程式为

$$K_D^\ominus = \frac{y_{CO}^2}{y_{CO_2}} p \qquad K_E^\ominus = \frac{y_{H_2} y_{CO}}{y_{H_2O}} p$$

进料中含有 1mol H_2、0.5mol O_2 及 1.88mol N_2。因为 O_2 已由反应方程式中消去，以 0.5mol 的 CO_2 取代进料中的 0.5mol O_2，先假设 0.5mol 的 O_2 与碳反应生成此量的 CO_2，因此进料中包含 1mol H_2、0.5mol CO_2 以及 1.88mol N_2。应用式（8/1-14）于式（D）及式（E）可得

$$y_{H_2} = \frac{\xi_E}{3.38 + \xi_D + \xi_E} \qquad y_{CO} = \frac{2\xi_D + \xi_E}{3.38 + \xi_D + \xi_E}$$

$$y_{H_2O} = \frac{1 - \xi_E}{3.38 + \xi_D + \xi_E} \qquad y_{CO_2} = \frac{0.5 - \xi_D}{3.38 + \xi_D + \xi_E}$$

$$y_{N_2} = \frac{1.88}{3.38 + \xi_D + \xi_E}$$

因为 y_i 值必须介于 0~1 之间

$$0 \leqslant \xi_E \leqslant 1$$

$$-0.5 \leqslant \xi_D \leqslant 0.5$$

联合 y_i 表示式与平衡方程式，可得

$$K_D^\ominus = \frac{(2\xi_D + \xi_E)^2}{(0.5 - \xi_D)(3.38 + \xi_D + \xi_E)} p \tag{a}$$

$$K_E^\ominus = \frac{\xi_E(2\xi_D + \xi_E)}{(1 - \xi_E)(3.38 + \xi_D + \xi_E)} p \tag{b}$$

当反应式（D）在 1000K 下进行时

$$\Delta_r G_D^\ominus(1000) = 2 \times (-200240) - (-395790) = -4690$$

并由式（8/1-29）求得

$$\ln K_D^\ominus(1000) = \frac{4690}{8.314 \times 1000} = 0.5641 \qquad K_D^\ominus(1000) = 1.758$$

同理，对于反应式（E）可得

$$\Delta_r G_E^\ominus(1000) = (-200240) - (-192420) = -7820$$

并且

$$\ln K_E^\ominus(1000) = \frac{7820}{8.314 \times 1000} = 0.9406 \qquad K_E^\ominus(1000) = 2.561$$

由方程式(a)及式(b),以及这些 K_D、K_E 的数值与 $p=20$,构成两个方程式以求解两个未知数 ξ_D 与 ξ_E,在迭代计算的方法中,由 Newton 法求解非线性代数方程式能得满意的结果,可应用于此例题。各温度下所解得的结果列于下表。

T/K	K_D	K_E	ξ_D	ξ_E
1000	1.758	2.561	−0.0506	0.5336
1100	11.405	11.219	0.1210	0.7124
1200	53.155	38.609	0.3168	0.8551
1300	194.430	110.064	0.4301	0.9357
1400	584.85	268.76	0.4739	0.9713
1500	1514.12	583.58	0.4896	0.9863

平衡混合物中各物质的摩尔分数 y_i,可由前述公式中算出。其结果列于下表,并表示于图 8/5-1 中。

T/K	y_{H_2}	y_{CO}	y_{H_2O}	y_{CO_2}	y_{N_2}
1000	0.138	0.112	0.121	0.143	0.486
1100	0.169	0.226	0.068	0.090	0.447
1200	0.188	0.327	0.032	0.040	0.413
1300	0.197	0.378	0.014	0.015	0.396
1400	0.201	0.398	0.006	0.005	0.390
1500	0.203	0.405	0.003	0.002	0.387

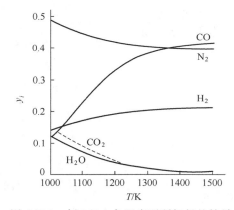

图 8/5-1 例 8/5-1 各温度下所解得的结果

在高温状况时,ξ_D 与 ξ_E 值趋近于它们的极限值 0.5 及 1.0,这表示反应(D)及反应(E)几乎为完全反应。在更高温度时,更趋近于这些极限数值,CO_2 及 H_2O 的摩尔分数趋近于零,并且产物中各成分的组成为

$$y_{H_2}=\frac{1}{3.38+0.5+1.0}=0.205$$

$$y_{CO}=\frac{1+1}{3.38+0.5+1.0}=0.410$$

$$y_{N_2}=\frac{1.88}{3.38+0.5+1.0}=0.385$$

在此例题中,曾假设煤层具足够的深度,气体与炽热的煤层接触,气体并且达成平衡。但若氧气及水蒸气供应的速率过高,平衡却不一定可达成,或是平衡在气体离开煤层后才达成。此时,碳并不处于平衡状态,则本题的解法要重新写出。

8.5.2 气液相反应平衡

当平衡反应混合物中同时具有液相及气相时,气液相平衡和化学反应平衡必须同时满足,还要选择适宜的标准态,计算过程较为复杂。

有三种选择标准态和考虑相平衡因素的处理方法。

① 将气体和液体作为混合物,假定反应发生于气相,并达到化学平衡,再由相间传递质量达到相平衡。

② 将气体和液体作为混合物,假定反应发生于液相,并达到化学平衡,再由相间传递

质量达到相平衡。这两种处理方法中，气相或者液相中的各反应物质组分的标准态分别是统一的。此时，平衡常数可由 $\Delta_rG^\ominus$ 数据求出，其中气相组分的标准状态为反应温度及 0.1MPa（1bar）下的理想气体。液相组分的标准状态为反应温度及 0.1MPa（1bar）下的纯液体。

③ 将气体作为混合物，液体作为溶液，假定反应发生于液相，并达到化学平衡，再由相间传递质量达到相平衡。这种处理方法的气相中的各反应物质组分的标准态是统一的。而溶液中的溶剂和溶质的标准态不同。

选择哪种处理方法首先是要考虑体系的特性，其次是根据数据占有的情况。平衡常数的数值与标准态选择有关，各种方法标准态选择的不同，平衡常数也不同，但是不会影响平衡组成的惟一性。实际上，某特定的标准状态，可使计算简化，并求得更准确的结果，因为它可对已知的数据作最佳的利用。

例如，在一个反应体系中，气体 A 与气体 B 所代表的水反应形成水溶液 C。假设反应在液相进行，反应可表示为

$$A(g)+B(l)\longrightarrow C(aq)$$

此时，$\Delta_rG^\ominus$ 以液相物质不同的标准状态求出；C 的标准状态为 $1m^3$ 水溶液中的溶质，B 的标准状态是 1bar 下的纯液体，A 的标准状态为 1bar 下的纯理想气体。此时的平衡常数为

$$K^\ominus(T)=\frac{\hat{f}_C/f_C^\ominus}{(\hat{f}_B/f_B^\ominus)(\hat{f}_A/f_A^\ominus)}=\frac{m_C}{(\gamma_Bx_B)(\hat{f}_A/p^\ominus)}$$

上式最后一项是因为式（8/4-8）和式（8/4-11）可应用于 C 组分，式（8/4-1）可应用于 B 组分且 $f_B/f_B^\ominus=1$，并且气相中组分 A 的 $f_A^\ominus=p^\ominus$。因为 $K^\ominus$ 值依标准状态而定，上式所得的 $K^\ominus$，与每一物质在 1bar 下的理想气体当作标准状态所得的 $K^\ominus$ 值并不相同。但是，只要溶液中 C 组分可适用 Henry 定律，所有的方法均可求得相同的平衡组成。

借助例 8/5-2 说明相平衡与化学平衡同时存在的情况下，如何计算非均匀相反应体系的平衡组成。为了明确主要的问题，在允许和误差范围内，一些必要的假设具有关键的作用。

例 8/5-2：

乙烯与水在 200℃ 及 34.5bar 下反应生成乙醇，液相与气相均可存在。试计算液相及气相的组成。反应器与 34.5bar 的乙烯进料相连，并维持反应器的压力为 34.5bar。假设没有其他反应发生。

解 8/5-2：

根据相律，此体系的自由度为 2。固定温度及压力后体系的性质即固定，且与体系的起始反应物数量无关。因此，求解此题时无须应用质量平衡，无须应用组成与反应坐标的关系式。但是相平衡关系式必须引入，并得到足够数目的方程式以求解未知的组成。

此题最适宜的解法是设想反应在气相进行，因此

$$C_2H_4(g)+H_2O(g)\longrightarrow C_2H_5OH(g)$$

其中，标准状态为 0.1MPa（1bar）下的理想气体。在此标准状态下，平衡式如式（8/2-1）所示，并可写为

$$K^\ominus(T)=\frac{\hat{f}_{EtOH}}{\hat{f}_{C_2H_4}\hat{f}_{H_2O}}p^\ominus \tag{A}$$

其中，标准状态压力 $p^\ominus$ 为 1bar（或表示为适当的单位）。$\ln K^\ominus$ 为 T 的函数，在 200℃（473.15K）时

$$\ln K^\ominus(473.15) = -3.473 \qquad K^\ominus(473.15) = 0.0310$$

此题必须应用相平衡方程式

$$\hat{f}_i^{\mathrm{v}} = \hat{f}_i^{\mathrm{l}}$$

将此关系代入式（A）中，并将逸度与组成的关系代入。式（A）可写为

$$K^\ominus(T) = \frac{\hat{f}_{\mathrm{EtOH}}^{\mathrm{v}}}{\hat{f}_{\mathrm{C_2H_4}}^{\mathrm{v}} \hat{f}_{\mathrm{H_2O}}^{\mathrm{v}}} p^\ominus = \frac{\hat{f}_{\mathrm{EtOH}}^{\mathrm{v}}}{\hat{f}_{\mathrm{C_2H_4}}^{\mathrm{v}} \hat{f}_{\mathrm{H_2O}}^{\mathrm{v}}} p^\ominus \tag{B}$$

式中，下标 EtOH 表示乙醇。液相逸度与活度系数的关系如式（6/3-10）所示

$$\hat{f}_i^{\mathrm{l}} = x_i \gamma_i f_i^{\mathrm{l}} \tag{C}$$

并且，气相的逸度与逸度系数的关系可由式（6/1-20）表示

$$\hat{f}_i^{\mathrm{v}} = y_i \hat{\phi}_i p \tag{D}$$

将式（C）及式（D）代入式（B）中，消去逸度后

$$K^\ominus = \frac{x_{\mathrm{EtOH}} \gamma_{\mathrm{EtOH}} f_{\mathrm{EtOH}}^{\mathrm{l}} p^\ominus}{(y_{\mathrm{C_2H_4}} \phi_{\mathrm{C_2H_4}} p)(x_{\mathrm{H_2O}} \gamma_{\mathrm{H_2O}} f_{\mathrm{H_2O}}^{\mathrm{l}})} \tag{E}$$

纯液体逸度 f_i^{l} 在体系温度和压力下求取，因为压力对液体逸度的影响很小，所以可近似写成

$$f_i^{\mathrm{l}} = f_i^{\mathrm{s}}$$

因此由式（6/1-11）及式（6/1-12）可得

$$f_i^{\mathrm{l}} = \phi_i^{\mathrm{s}} p_i^{\mathrm{s}} \tag{F}$$

式中，ϕ_i^{s} 是纯饱和物质 i（液体或气体）的逸度系数，它是在体系的温度，以及纯物质 i 的蒸气压 p_i^{s} 下求得。假设气相为理想混合物时，可用 $\phi_{\mathrm{C_2H_4}}$ 代替 $\hat{\phi}_{\mathrm{C_2H_4}}$，其中 $\phi_{\mathrm{C_2H_4}}$ 是纯乙烯在体系 T 及 p 下的逸度系数。将此项及式（F）与式（E）代入可得

$$K^\ominus(T) = \frac{x_{\mathrm{EtOH}} \gamma_{\mathrm{EtOH}} \phi_{\mathrm{EtOH}}^{\mathrm{s}} p_{\mathrm{EtOH}}^{\mathrm{s}} p^\ominus}{(y_{\mathrm{C_2H_4}} \phi_{\mathrm{C_2H_4}} p)(x_{\mathrm{H_2O}} \gamma_{\mathrm{H_2O}} \phi_{\mathrm{H_2O}}^{\mathrm{s}} p_{\mathrm{H_2O}}^{\mathrm{s}})} \tag{G}$$

式中，标准状态压力 $p^\ominus$ 为 1bar（0.1MPa），它以压力的单位表示。除了式（G）外，亦可写出式（H），因为 $\sum y_i = 1$

$$y_{\mathrm{C_2H_4}} = 1 - y_{\mathrm{EtOH}} - y_{\mathrm{H_2O}} \tag{H}$$

由气液相平衡关系 $\hat{f}_i^{\mathrm{v}} = \hat{f}_i^{\mathrm{l}}$，可用 x_{EtOH} 及 $x_{\mathrm{H_2O}}$ 消去式（H）中的 y_{EtOH} 与 $y_{\mathrm{H_2O}}$。联合式（H）与式（C）、式（D）、式（F），可得

$$y_i = \frac{x_i \gamma_i \phi_{\mathrm{EtOH}}^{\mathrm{s}} p_i^{\mathrm{s}}}{\phi_i p} \tag{I}$$

因为，假设气相为理想混合物，所以可用 ϕ_i 代替 $\hat{\phi}_i$，由式（H）及式（I）有

$$y_{C_2H_4} = 1 - \frac{x_{EtOH}\gamma_{EtOH}\phi^s_{EtOH}p^s_{EtOH}}{\phi_{EtOH}p} - \frac{x_{H_2O}\gamma_{H_2O}\phi^s_{H_2O}p^s_{H_2O}}{\phi_{H_2O}p} \tag{J}$$

因为乙烯的挥发性远较乙醇或水高，因此假设 $x_{C_2H_4}=0$，所以

$$x_{H_2O} = 1 - x_{EtOH} \tag{K}$$

由式（G）、式（J）及式（K），即可求解此问题。这些方程式中三个主要变数为 x_{H_2O}、x_{EtOH} 及 $y_{C_2H_4}$，其他各项均为已知的数据，或为可由关联公式求得的数值。p^s_i 值为

$$p^s_{H_2O} = 15.55 \text{bar} \qquad p^s_{EtOH} = 30.22 \text{bar}$$

ϕ^s_i 及 ϕ_i 值可经式（6/2-7）的一般化关联式求得，其中 B^0 及 B 值可由式（2/6-13）计算。当 $T=473.15\text{K}$、$p=34.5\text{bar}$，且偏心因子的数值可由附录求得，计算结果列于下表：

物质	T_c/K	p_c/bar	w_i	T_{r_i}	p_{r_i}	$p^s_{r_i}$	B^0	B^1	ϕ_i	ϕ^s_i
EtOH	513.9	61.48	0.645	0.921	0.561	0.492	-0.399	-0.104	0.753	0.780
H_2O	647.1	220.55	0.345	0.731	0.156	0.071	-0.613	-0.502	0.846	0.926
C_2H_4	282.3	50.40	0.087	1.676	0.685	—	-0.102	0.119	0.963	—

将所求得的全部数据代入式（G）、式（J）及式（K）中，并可简化得到下列三个方程式

$$K^\ominus = \frac{0.0493 x_{EtOH}\gamma_{EtOH}}{y_{C_2H_4}x_{H_2O}\gamma_{H_2O}} \tag{L}$$

$$y_{C_2H_4} = 1 - 0.907 x_{EtOH}\gamma_{EtOH} - 0.493 x_{H_2O}\gamma_{H_2O} \tag{M}$$

$$x_{H_2O} = 1 - x_{EtOH} \tag{K}$$

只有 γ_{H_2O} 及 γ_{EtOH} 是尚未决定的热力学性质。因为乙醇与水所形成的液体溶液具高度的非理想性，这些活度系数值必须由实验数据求得。Otsuki 及 Williams 曾由 VLE 量测提出这些数据[1]，由它们对乙醇/水体系的结果中，可估计 200℃ 时的 γ_{EtOH} 及 γ_{H_2O} 值（压力对液体活度系数的影响很小）。

求解上述三个方程式的程序可分述如下

（a）假设 x_{EtOH} 数值，并由式（K）计算 x_{H_2O}。

（b）由文献资料中，计算 γ_{H_2O} 及 γ_{EtOH}。

（c）由式（M）计算 $y_{C_2H_4}$。

（d）由式（L）计算式（K），并与标准反应数据所求得的数值 0.0310 比较。

（e）若这两个数值相合，则所假设的 x_{EtOH} 正确。若它们不合，则须再假设新的 x_{EtOH} 值并重复计算。

若令 $x_{EtOH}=0.06$，由式（K）可得 $x_{H_2O}=0.94$ 由所述文献可得到

$$\gamma_{EtOH} = 3.34 \quad 及 \quad \gamma_{H_2O} = 1.00$$

由式（M）可得

$$y_{C_2H_4} = 1 - 0.907 \times 3.34 \times 0.06 - 0.493 \times 1.00 \times 0.94 = 0.355$$

再由式（L）可计算 K 值

---

[1] Otsuki H, Williams F C. Chem Eng Progr Symp Series，1953，49（6）：55-67.

$$K^{\ominus}(473.15) = \frac{0.0493 \times 0.06 \times 3.34}{0.355 \times 0.94 \times 1.00} = 0.0296$$

此结果与标准反应数据所得的值 0.0310 相当接近,因此可认为液相组成即为 $x_{EtOH} = 0.06$ 及 $x_{H_2O} = 0.94$,剩下的气相组成($y_{C_2H_4}$ 已解得为 0.356)y_{H_2O} 及 y_{EtOH} 可由式(I)算出。这些结果示于下表。

物　　质	x_i	y_i
EtOH	0.060	0.180
H_2O	0.940	0.464
C_2H_4	0.000	0.356
	$\sum\limits_i x_i = 1.000 \quad \sum\limits_i y_i = 1.000$	

若无其他反应产生,这些结果可合理地近似真实数值。

思考题与习题

（附有部分参考答案）

第1章　绪　　论

1-1　化工热力学与哪些学科相邻？更紧密的是哪些？物理化学与化工热力学是什么关系？

1-2　化工热力学在化学工程与工艺专业知识构成中居于什么位置？

1-3　化工热力学有些什么实际应用？

第2章　流体的 pVT 关系

2-1　理想气体的特征是什么？

2-2　如何理解对应状态原理？

2-3　偏心因子的概念是什么？为什么要提出这个概念？

2-4　什么是状态方程的普遍化方法？普遍化方法主要有哪些类型？

2-5　如何理解虚拟临界性质？为什么要提出这个概念？它与考虑二元相互作用的临界性质有何区别？

2-6　如何理解混合规则？为什么要提出这个概念？有哪些类型的混合规则？

2-7　单组分流体的 pVT 关系的计算方法与混合物的计算方法有哪些主要区别？

2-8　状态方程主要有哪些主要类型？如何选择应用？

2-9　为什么要研究流体的 pVT 关系？

2-10　试求 SO_2 在 403.5K、7.5MPa 时的摩尔体积。已知 SO_2 在 430.5K 时的 virial 系数为：$B = -159 \times 10^{-3} m^3 \cdot kmol^{-1}$；$C = 9 \times 10^{-3} m^6 \cdot kmol^{-2}$。

2-11　用下述方法计算水蒸气在 473K、1.0MPa 摩尔体积和压缩因子，并列出表格，以水蒸气表数据计算结果为基准比较各种方法。已知 473K 时有第二 virial 系数：$B = -195$ $cm^3 \cdot mol^{-1}$。

（1）理想气体状态方程；

（2）截项 virial 方程；

（3）R-K 方程；

（4）Lee-Kesler 普遍化关联式。

（$V = 3.71 \sim 3.93 m^3 \cdot kmol^{-1}$，$Z = 0.961 \sim 0.950$）

2-12　分别用 Pitzer 法与 Lee-Kesler 法估算氯气在 230℃、17.2MPa 时的密度，并作比较。

（$520.6 kg \cdot m^{-3}$）

2-13　在温度为 473K 的 $6m^3$ 容器内贮有 2.5kmol 的 N_2。试选择适宜方法计算体系压力为多少？

（1.647MPa）

2-14　按下述方法求解 200℃和 1MPa 下的丙酮的压缩因子和摩尔体积：

(1) 截项 virial 方程，已知 virial 系数：$B=-388cm^3 \cdot mol^{-1}$，$C=-2600cm^6 \cdot mol^{-2}$；

(2) R-K 方程。

$(V=3552cm^3 \cdot mol^{-1}$，$Z=0.903)$

2-15 一个体积为 0.3m³ 的封闭贮槽内贮乙烷，温度为 290K、压力为 25×10^5Pa。若将乙烷加热至 479K，试估算压力将变为多少？

(4.88MPa)

2-16 用普遍化 virial 方程计算正丁烷在 460K、1.52MPa 时的摩尔体积。再以实验值 $B=-0.265m^3 \cdot kmol^{-1}$ 计算一次，比较两者偏差。如果压力降低到 1MPa，摩尔体积为多少？

$(2.249m^3 \cdot kmol^{-1}$，$3.560m^3 \cdot kmol^{-1})$

2-17 如果希望将 22.7kg 的乙烯在 294K 时装入 0.085m³ 的钢瓶中，问压力应为多少？

2-18 分别利用 Rackett 方程和 RK 方程估算正丁烷在 120℃、2.2MPa 时的饱和液体摩尔体积。

$(137.37\times10^{-3}m^3 \cdot kmol^{-1}$，$170.49\times10^{-3}m^3 \cdot kmol^{-1})$

2-19 试根据下列状态方程，计算正戊烷在 423.15K 时的饱和蒸气压：

(1) Antoine 方程；

(2) Pitzer 关联的方程。

(文献值：1.578MPa)

2-20 试根据下列状态方程，计算摩尔分数为 0.30N_2（1）和 0.70 正丁烷（2）的二元气体混合物，在 461K 和 7.0MPa 的摩尔体积：

(1) virial 方程；

(2) RK 方程。

已知第二 virial 系数数值为：$B_{11}=14cm^3 \cdot mol^{-1}$，$B_{22}=-265cm^3 \cdot mol^{-1}$，$B_{12}=-9.5cm^3 \cdot mol^{-1}$。

$(0.415m^3 \cdot kmol^{-1}$，$0.409m^3 \cdot kmol^{-1})$

第3章 流体的热力学性质：焓与熵

3-1 单组分流体的热力学基本关系式有哪些？

3-2 Bridgenman 表是什么？有什么用途？

3-3 如何获得各种计算场合所需的热容数据？蒸气压、蒸发焓或蒸发熵数据？

3-4 如何理解剩余性质？为什么要提出这个概念？

3-5 如何计算各种情况下的焓变与熵变？计算时概念上需注意的问题是什么？

3-6 焓与内能是否可以各自独立选择参考态（基准点）作数值计算？焓和熵呢？焓与 Gibbs 函数呢？为什么？

3-7 热力学性质的图和表主要有哪些类型？如何利用体系（或过程）的特点，在各种图上确定热力学的状态点（或过程）？

3-8 使用水蒸气表和图应该注意哪些问题？

3-9 多组分流体的热力学基本关系式有哪些？

3-10 理解偏摩尔性质时须注意什么？为什么要提出这个概念？

3-11 组分的偏摩尔性质与流体混合物性质有哪些主要关系？这些关系有什么用途？

3-12 什么是理想混合物？为什么要提出这个概念？

3-13　混合性质与混合物性质有何区别？如果不同，有何联系？

3-14　如何计算各种情况下多组分流体的焓变与熵变？

3-15　什么是焓浓图？有什么作用？

3-16　推导以下方程：

(1) $\left(\dfrac{\partial T}{\partial p}\right)_H = \dfrac{1}{C_p}\left[T\left(\dfrac{\partial V}{\partial T}\right)_p - V\right]$

(2) $\left(\dfrac{\partial T}{\partial p}\right)_S = \dfrac{T}{C_p}\left(\dfrac{\partial V}{\partial T}\right)_p$

3-17　试证明以 T、V 为自变量时熵变为

$$dS = C_V\,\frac{dT}{T} + \left(\frac{\partial p}{\partial T}\right)_V dV$$

3-18　试证明以 p、V 为自变量时焓变为

$$dH = \left[V + C_V\left(\frac{\partial T}{\partial p}\right)_V\right]dp + C_p\left(\frac{\partial T}{\partial V}\right)_p dV$$

3-19　求乙烷在 305K、2.9MPa 时的摩尔热容。若压力升至 11.6MPa 时会有何改变？

$$(58.217\text{J}\cdot\text{mol}^{-1}\cdot\text{K}^{-1},\ 131.20\text{J}\cdot\text{mol}^{-1}\cdot\text{K}^{-1})$$

3-20　试计算正戊烷在 423.15K 时的蒸发焓（使用 Carruth-Kobayashi 关联的方程）。

$$(文献值：16.196\text{kJ}\cdot\text{mol}^{-1})$$

3-21　利用 RK 方程求丙烯在 398K、10MPa 下的剩余焓。

$$(-9139.9\text{J}\cdot\text{mol}^{-1})$$

3-22　由水蒸气表计算 200℃、1.4MPa 蒸汽的剩余性质：V^R、H^R 和 S^R。并将结果与普遍化方法解得的结果比较。

$$(V^R = 0.0133\text{m}^3\cdot\text{kg}^{-1},\ H^R = -1433.8\text{kJ}\cdot\text{kmol}^{-1})$$

3-23　根据已知的第二 virial 系数，估算水蒸气 300℃、0.5MPa 的剩余性质 H^R 和 S^R。

温度/℃	290	300	310
B/cm³·mol^{-1}	−125	−119	−113

$$(S^R = 0.3\text{J}\cdot\text{mol}^{-1}\cdot\text{K}^{-1},\ H^R = 231.4\text{J}\cdot\text{mol}^{-1})$$

3-24　利用适宜的普遍化方法计算 1kmol 丙烯从 2.53MPa、400K，压缩到 12.67MPa、550K 时的 ΔH、ΔS 和 ΔV。已知 $C_p^{\text{id}} = 91.24\text{J}\cdot\text{mol}^{-1}\cdot\text{K}^{-1}$。

$$(\Delta H = 11559.6\text{J}\cdot\text{mol}^{-1},\ \Delta S = 12.321\text{J}\cdot\text{mol}^{-1}\cdot\text{K}^{-1})$$

3-25　叙述 294K 时 1mol 乙炔饱和蒸气与饱和液体的摩尔性质 V、H、S 值的求解过程。同时列出必要的公式、数据（说明来源）等。假设 273K、0.1MPa 下理想气体状态下乙炔的 H、S 定为 0。294K 时乙炔的蒸气压是 4.46MPa。

3-26　在 T-S 图和 $\ln p$-H 图上示意性地画出下列过程：

(1) 过热蒸气等压冷却，冷凝，冷却成过冷液体；

(2) 饱和蒸气等熵压缩至过热蒸气；

(3) 接近饱和状态的气液混合物，等容加热、蒸发成过热蒸气；

(4) 饱和液体分别作等焓和等熵膨胀成湿蒸气。

3-27　某二元液体混合物在 298K、10^5Pa 下的摩尔焓由下式表示：

$$H(\text{J} \cdot \text{mol}^{-1}) = 100x_1 + 150x_2 + x_1x_2(10x_1 + 5x_2)$$

试求：

(1) 用 x_1 表示的 $\overline{H}_1$ 和 $\overline{H}_2$ 的表达式；

(2) 纯物质摩尔焓的数值；

(3) 无限稀混合物中偏摩尔焓 $\overline{H}_1^{\infty}$ 和 $\overline{H}_2^{\infty}$ 的数值；

(4) $x_1 = 0.5$ 的混合物中 $\overline{H}_1$ 和 $\overline{H}_2$ 的数值；

(5) $x_1 = 0.5$ 的混合焓 $\Delta_{\text{mix}}H$ 的数值。

($100\text{J} \cdot \text{mol}^{-1}$，$150\text{J} \cdot \text{mol}^{-1}$；$105\text{J} \cdot \text{mol}^{-1}$，$160\text{J} \cdot \text{mol}^{-1}$；$102.5\text{J} \cdot \text{mol}^{-1}$，$151.2\text{J} \cdot \text{mol}^{-1}$；$126.9\text{J} \cdot \text{mol}^{-1}$)

3-28 试根据以下问题，计算 333K、10^5Pa 下，环己烷 (1) 和四氯化碳 (2) 液体混合物的性质。

(1) 纯物质摩尔体积 V_1 和 V_2；

(2) $x_1 = 0.2$、0.50 和 0.8 的混合物中的 $\overline{V}_1$ 和 $\overline{V}_2$；

(3) $x_1 = 0.2$、0.5 和 0.8 的混合物的混合体积变 $\Delta_{\text{mix}}V$；

(4) 无限稀混合物中偏摩尔体积 $\overline{V}_1^{\infty}$ 和 $\overline{V}_2^{\infty}$ 的数值。

已知 333K、10^5Pa 时，该体系摩尔体积如下：

x_1	$V/\text{cm}^3 \cdot \text{mol}^{-1}$	x_1	$V/\text{cm}^3 \cdot \text{mol}^{-1}$	x_1	$V/\text{cm}^3 \cdot \text{mol}^{-1}$
0.00	101.460	0.20	104.002	0.85	111.897
0.02	101.717	0.30	105.253	0.90	112.481
0.04	101.973	0.40	106.490	0.92	112.714
0.06	102.228	0.50	107.715	0.94	112.946
0.08	102.483	0.60	108.926	0.96	13.178
0.10	102.737	0.70	110.125	0.98	13.409
0.15	103.371	0.80	111.310	1.00	113.640

($V_1 = 113.64\text{cm}^3 \cdot \text{mol}^{-1}$，$V_2 = 101.46\text{cm}^3 \cdot \text{mol}^{-1}$；$\overline{V}_1(0.2) = 114.066\text{cm}^3 \cdot \text{mol}^{-1}$，$\overline{V}_2(0.2) = 101.486\text{cm}^3 \cdot \text{mol}^{-1}$；$\overline{V}_1(0.5) = 113.805\text{cm}^3 \cdot \text{mol}^{-1}$，$\overline{V}_2(0.5) = 101.625\text{cm}^3 \cdot \text{mol}^{-1}$；$\overline{V}_1(0.8) = 113.666\text{cm}^3 \cdot \text{mol}^{-1}$，$\overline{V}_2(0.8) = 101.886\text{cm}^3 \cdot \text{mol}^{-1}$；$\Delta_{\text{mix}}V(0.2) = 0.106\text{cm}^3 \cdot \text{mol}^{-1}$，$\Delta_{\text{mix}}V(0.5) = 0.165\text{cm}^3 \cdot \text{mol}^{-1}$，$\Delta_{\text{mix}}V(0.8) = 0.106\text{cm}^3 \cdot \text{mol}^{-1}$；$\overline{V}_1^{\infty} = 114.31\text{cm}^3 \cdot \text{mol}^{-1}$，$\overline{V}_2^{\infty} = 102.09\text{cm}^3 \cdot \text{mol}^{-1}$)

3-29 在 303K、10^5Pa 下，苯 (1) 和环己烷 (2) 二元体系的摩尔体积 V 和苯的摩尔分数 x_1 的关系如下：

$$V(\text{cm}^3 \cdot \text{mol}^{-1}) = 109.4 - 16.8x_1 - 2.64x_1^2$$

试导出两组分的 $\overline{V}_1$ 和 $\overline{V}_2$，并提出下述假设情况下 $\Delta_{\text{mix}}V$ 的表达式，并讨论意义。

(1) 体系设为混合物；

(2) 体系设为溶液，且苯 (1) 为溶质。

3-30 设某二元混合物的偏摩尔体积可以用以下两式表示：

$$\overline{V}_1 = V_1 + a + (b-a)x_1 - bx_1^2 \qquad \overline{V}_2 = V_2 + a + (b-a)x_2 - bx_2^2$$

式中，a 和 b 仅与 T、p 有关，V_1 和 V_2 分别是纯 1 和纯 2 的摩尔体积，试问：这两个方程式在热力学上是正确的吗？

3-31 某二元混合物中组元 1 和组元 2 的偏摩尔焓可用下式表示：

$$\overline{H}_1 = a_1 + b_1 x_2^2 \qquad \overline{H}_2 = a_2 + b_2 x_1^2$$

证明在一定 T、p 条件下 b_1 必须等于 b_2。

3-32 有 220℃、2MPa 下的氨（1）-水（2）混合气，已知气相摩尔组成为 $y_1 = 0.6$。试分析如何计算该体系的摩尔焓（说明从何处查取哪些必要的数据，列出计算公式，说明解题方法）。

3-33 已知温度 318.15K 下，CH_3OH（1）-C_3H_7OH（2）二元体系的混合热的测定数据如下：

x	0.1	0.2	0.3	0.4	0.5	0.6	0.7	0.8	0.9
$\Delta_{mix}H/J \cdot mol^{-1}$	−36.8	−61	−74.4	−78.7	−75.7	−66.7	−53.2	−36.8	−18.6

又知，组分 CH_3OH 和 C_3H_7OH 的液体热容分别为 80.16 $J \cdot mol^{-1} \cdot K^{-1}$ 和 34.33 $J \cdot mol^{-1} \cdot K^{-1}$。试求下述假设时，318.15K 下及 CH_3OH 摩尔分数为 0.35 的条件下体系的熵。

（1）将体系设为理想混合物；

（2）将体系设为混合物。 （−114.8$J \cdot mol^{-1}$，−77.3$J \cdot mol^{-1}$）

3-34 对于 25℃ 的 65%（质量分数）H_2SO_4 水溶液，计算 H_2SO_4 在水中的混合热及 H_2SO_4 与水的偏摩尔焓。

（−230$kg \cdot kmol^{-1}$，−320$kg \cdot kmol^{-1}$，−260$kg \cdot kmol^{-1}$）

3-35 两份 H_2SO_4 水溶液在大气压力下混合，其初始状态分别为 70℃、15%（质量分数）和 64kg 以及 40℃、80%（质量分数）和 104kg。已知混合过程中，21100kJ（50℃）的热量输出体系。试求体系最终的温度。

（50℃）

第 4 章 能量利用过程与循环

4-1 如何理解流动体系的能量平衡方程？与封闭体系有何区别和联系？

4-2 焓变在能量平衡方程中有何应用？

4-3 如何分析流体的压缩过程？如何计算压缩功？

4-4 如何分析流体膨胀过程？如何计算膨胀功？节流膨胀与做外功的膨胀温度效应上有何区别？

4-5 什么是蒸汽动力循环？如何分析与计算？

4-6 什么是蒸气压缩制冷循环？如何分析与计算？

4-7 获得深度低温的原理是什么？

4-8 283.16K、0.1MPa 的二氧化碳，被压缩到 3.6MPa。压缩机的绝热效率为 0.89，绝热指数为 1.333。若要求终温为 367K，试问应向二氧化碳加热还是取出热量？已知二氧化碳始态（1）、终态（2）时的 H、V 分别为：

$H_1 = 7.13 \times 10^5 J \cdot kg^{-1}$；$H_2 = 7.67 \times 10^5 J \cdot kg^{-1}$；$V_1 = 0.577m^3 \cdot kg^{-1}$；$V_2 = 0.017m^3 \cdot kg^{-1}$

（−287.64$kJ \cdot kg^{-1}$）

4-9 空气在膨胀机中进行绝热可逆膨胀。始态温度为 230K、压力为 10.13MPa。

（1）若要求在膨胀终了时不出现液滴，试问终压不得低于多少？

（2）若终压为 0.1MPa，空气中液相含量为多少？终温为多少？膨胀机对外做功多少？

（3）若自始态通过节流阀膨胀至 0.1MPa 时，终温为多少？

（提示：利用附录的空气 T-S 图）

（8atm；0.155，83K，-142.27kJ·kg^{-1}；190K）

4-10 压力为 1500kPa，温度为 220℃的水蒸气通过一根 75mm 的标准管，以 3m·s^{-1} 的速度进入透平机。由透平机出采的乏汽用 250mm 的标准管引出，其压力为 35kPa，温度为 80℃。假定无热损失，试问透平机输出的功率为多少？

（19.1kW）

4-11 一个 Rankine 循环运行于 50kPa 和 1000kPa 之间。锅炉将水由 82℃加热至 500℃。假设膨胀终点为饱和蒸汽，试求：

（1）循环效率；

（2）水泵功耗与汽轮机产功之比；

（3）产生 1kW·h 电的循环蒸汽量。

（26.5%，0.001 18，4.32kg·h^{-1}）

4-12 试利用附录的 ln$p$-H 图设计一个以 HCFC-134a 为工作介质的制冷循环，要求循环的蒸发温度-20℃，冷凝温度 35℃，求循环的制冷系数和冷凝负荷。

（3.34，178kJ·kg^{-1}）

4-13 现有如下一些设备和部件：

（1）等温反应器；（2）换热器；（3）泵；（4）气体压缩机；（5）气体膨胀机；（6）节流阀；（7）贮罐。

试排列出一个由这些设备和部件组成的合理流程，说明流程的假设条件和原理，并写出系统的能量平衡方程。

第 5 章 过程热力学分析

5-1 如何理解熵产生的概念？如何理解能量不仅具有数量而且具有"质量"的概念？

5-2 㶲是如何定义的？环境参考态是一个什么概念？㶲与其他热力学函数有何区别？

5-3 如何计算各种情况下过程热所含有的㶲？

5-4 如何计算物质的标准㶲？

5-5 如何确定稳定物流的㶲？

5-6 体系的㶲损失、内部㶲损失和外部㶲损失，都是什么含义？分别如何计算？实际过程中，没有内部㶲损失行吗？外部㶲损失呢？

5-7 如何理解、运用㶲平衡方程？

5-8 㶲效率的概念与第一定律的效率概念有何区别？有何共同点？

5-9 㶲分析的目的是什么？如何进行㶲分析？

5-10 分别计算液体丙酮和气体丙酮的标准㶲，并说明 125℃、0.5MPa 时丙酮㶲值的计算方法。

（1783.24kJ·mol^{-1}，1785.92kJ·mol^{-1}）

5-11 取环境温度为 298.15K，试比较以下三种参数的蒸气的焓值、㶲值和能质系数是否相同？为什么？（提示：分别比较温度、压力对蒸气的㶲值影响。比较焓值、㶲值对蒸气能量特性的描述）。

T/℃	250	300	600
p/MPa	1.5	5	5

5-12 针对摩尔比为 9∶1 的甲烷（1）与乙烷（2）气体混合物，叙述其在 400K、0.2MPa 时摩尔焓值的求解过程，同时列出必要的公式和数据（说明来源）等。

5-13 某工艺流体需由 0℃ 加热到 100℃，热负荷一定。根据现有换热器的传热计算可知，冷热流体间的对数平均传热温差至少须为 50℃。假设环境温度为 25℃，物流流动的㶲损失可以忽略，试分析加热介质的匹配温度在什么范围时，此体系的换热㶲损失最小？

5-14 假设因保温不良而引起的热损失可以忽略，试分析出图 4/5-3Claude 液化过程，分别写能量平衡关系与㶲平衡关系，并讨论两者的区别。

5-15 某锅炉操作压力为 50bar，每小时生产过热蒸汽 35t，锅炉进水温度为 40℃。用燃烧气作热源，每小时消耗燃烧气 5300kmol。燃烧气给热温度由 800℃ 下降到 200℃，其热容为 29.3kJ·kmol^{-1}·K^{-1}。试计算两股物流的㶲变化以及该蒸汽发生过程的㶲效率。

第6章 流体热力学性质：逸度与活度

6-1 逸度的定义是如何提出的？其中标准态是如何考虑的？为什么要提出逸度的概念？

6-2 如何计算纯物质或混合物在各种情况下的逸度？

6-3 为什么要提出活度的概念？定义活度时标准态是如何考虑的？

6-4 如何理解超额性质？为什么要提出这个概念？与剩余性质有什么区别或联系？

6-5 活度系数方程主要有哪些类型？如何选择应用？

6-6 在一定的温度和压力下，某二元液体混合物的活度系数用下式表达：

$$\ln\gamma_1 = a + (b-a)x_1 - bx_1^2$$
$$\ln\gamma_2 = a + (b-a)x_2 - bx_2^2$$

式中，a 和 b 是温度和压力的函数。试问，这两个公式在热力学上是否正确？为什么？

6-7 某二元混合物的逸度可表示成：

$$\ln f = A + Bx_1 - Cx_1^2$$

式中，A、B 和 C 为 T、p 函数。试确定组分 1 以遵守 Henry 定律为标准态，组分 2 以遵守 Lewis-Randall 规则为标准态时，G^E/RT、$\ln\gamma_1$、$\ln\gamma_2$ 的相应关系式。

6-8 试用 RK 方程求正丁烷在 460K、1.5MPa 时的逸度及逸度系数。

(1.342MPa，0.895)

6-9 试估算丙烯蒸气在 478K、6.88MPa 时的逸度。

(0.186)

6-10 利用水蒸气表确定过热蒸汽在 200℃、1MPa 时的逸度及逸度系数。

(0.948MPa，0.948)

6-11 试求液态 $CHClF_2$ 在 305K、14MPa 下的逸度。已知 $CHClF_2$ 在 305K 时的饱和蒸气压为 0.267MPa，该温度下饱和蒸气的压缩因子 $Z=0.932$，液体的平均比容 $4.8×10^{-4}$ m^3·kg^{-1}。

(0.3229MPa)

6-12 气体混合物含甲烷（1）、乙烷（2）和丙烷（3）的摩尔组成分别为 0.17、0.35 和 0.48。设该体系为理想混合物，求其在 373K、5.0MPa 时各组分的逸度和体系的逸度。

(0.822MPa，1.459MPa，1.62MPa)

6-13 由实验测得在 10^5Pa 下，摩尔分数为 0.582 的甲醇（1）与水（2）混合，其露点为 354.63K，求蒸气中甲醇和水的逸度系数和混合物的逸度系数。已知第二 virial 系数的数值为：

y_1	露点/K	$B_{11}/cm^3 \cdot mol^{-1}$	$B_{22}/cm^3 \cdot mol^{-1}$	$B_{12}/cm^3 \cdot mol^{-1}$
0.582	354.63	−981	−559	−784

(0.7158，0.8246，0.7594)

6-14 试根据下列状态方程，计算摩尔分数为 0.30N_2 （1）和 0.70 正丁烷（2）的二元气体混合物，在 461K 和 7.0MPa 时 N_2 的逸度系数：

（1）virial 方程；

（2）RK 方程。

已知第二 virial 系数数值为：$B_{11}=14cm^3 \cdot mol^{-1}$，$B_{22}=-265cm^3 \cdot mol^{-1}$，$B_{12}=-9.5cm^3 \cdot mol^{-1}$。

(1.263，1.3107)

6-15 分别用溶解度参数法和 Margulars 方程计算环己烷（1）-苯（2）体系在 313.15K、液相摩尔组成为 $x_1=0.4$ 时，两组分的活度与活度系数，并比较讨论。

（溶解度参数法：$\gamma_1=1.0601$，$a_1=0.4240$；$\gamma_2=1.0216$，$a_2=0.6130$；Margulars 模型：$\gamma_1=1.0554$，$a_1=0.4222$；$\gamma_2=1.0272$，$a_2=0.6163$）

6-16 在 298K 下，溴（B）在四氯化碳（A）中的溶液有如下数据：

x_B	0.00394	0.00599	0.0130	0.0250
p_B/kPa	0.203	0.318	0.724	1.369

求 $x_B=0.00599$ 的溶液中，溶质溴的活度和活度系数。

(0.0057，0.946)

6-17 某温度下，一个二元汽液相平衡体系有如下三组数据，如果气相可设作理想气体，试分析在选择活度系数模型时，该体系对 Margules 模型或 van Laar 模型何者更为适宜？已知两个组分在平衡温度下的饱和蒸气压分别为 0.448MPa 和 0.3241MPa。

体系压力 p/MPa	x_1	y_1
0.3018	0.25	0.188
0.2768	0.50	0.378
0.2487	0.75	0.545

6-18 测定几个温度下液态氩（1）-甲烷（2）系统的超额 Gibbs 能，得到下列表达式：

$$G^E/RT=x_1x_2[A+B(1-2x_1)]$$

式中参数 A 和 B 的数值如下：

T/K	A	B
109.0	0.3036	−0.0169
112.0	0.2944	0.0118
115.74	0.2804	0.0546

计算 112.0K、$x_1=0.5$ 时：

（1）氩和甲烷的活度系数；

（2）液态混合物的混合热；

（3）液态混合物的超额熵。

$$(1.073，1.080，89.70J \cdot mol^{-1}，0.189J \cdot mol^{-1} \cdot K^{-1})$$

第 7 章　流体相平衡

7-1　相平衡的判据是什么？以化学位或逸度的概念如何表示？

7-2　什么是稳定性准则？有什么用途？

7-3　汽液平衡相图的主要类型有哪些？图上的点、线和区域各有何特征？

7-4　在二元系的 T-x 相图上，泡点与露点重合的状态可能有几种情况？

7-5　什么是相平衡比？什么是分离因子？各有何用途？

7-6　完全理想的汽液相平衡体系的概念是什么？如何计算这时的汽液相平衡关系？

7-7　一般地，互溶体系的汽液相平衡关系如何求解？

7-8　如何证明互溶体系的共沸？

7-9　为什么活度系数模型通常适用于中、低压的相平衡关系分析与计算？

7-10　所谓热力学一致性是什么？有何作用？怎么检验？

7-11　液液相平衡与汽液相平衡有何区别？有何共同处？

7-12　已知丙烷（1）、正丁烷（2）在 65.6℃ 下的纯组分饱和蒸气压分别为 2.361MPa 和 0.7361MPa。按下述设定条件计算 65.6℃、1.723MPa 时两组分各含 50%（摩尔分数）的相平衡比与分离因子。

（1）完全理想的汽液相平衡体系；

$$(K_1=1.371，K_2=0.427，\alpha_{12}=3.21)$$

（2）理想混合物。

$$(K_1=1.3，K_2=0.5，\alpha_{12}=2.6)$$

7-13　在中、低压下 Raoult 定律可以较好地表示苯（1）-甲苯（2）系统的汽液平衡关系。

（1）求 90℃，$x_1=0.30$ 时，体系的汽相组成和压力；

$$(p=0.78 \times 10^5 Pa，y_1=0.515，y_2=0.485)$$

（2）求 90℃、101.325kPa 下，体系的汽相与液相的平衡组成；

$$(x_1=0.592，x_2=0.408，y_1=0.397，y_2=0.603)$$

（3）试确定该系统在 $x_1=0.55$、$y_1=0.75$ 时，体系的温度与压力；

$$(T=363.15K，p=0.98 \times 10^5 Pa)$$

（4）$y_1=0.3$ 的气体混合物在总压 101.325kPa 下，被冷却至 100℃，求混合物的冷凝率。

$$(85\%)$$

（5）在（4）中，如果混合物的开始组成为 $y_1=0.4$，结果如何？

$$(35\%)$$

7-14　在总压 101.3kPa 及 350.8K 下，苯（1）与环己烷（2）形成 $x_1=0.525$ 的共沸混合物。在此温度下，纯苯的蒸气压是 99.40kPa，纯环己烷的蒸气压是 97.27kPa。试用 van Larr 方程计算 350.8K 时与 $x_1=0.8$ 的液体混合物平衡的蒸气组成。

7-15　已知环己烷（1）-苯（2）体系的活度系数可表达为：

$$\ln\gamma_1=0.458x_2^2 \qquad \ln\gamma_2=0.458x_1^2$$

40℃ 时两组分的蒸气压 $p_1^s=24.6kPa$，$p_2^s=24.4kPa$。假设体系的气相可视为理想气体的混合物，试作出体系在 40℃下的 p-x-y 图，p_1-x_1，p_2-x_2（分压组成图），y-x 图。

7-16 实测乙醇（1）-甲苯（2）二元体系 VLE 数据为 $T=45℃$、$p=24.4\text{kPa}$、$x_1=0.300$，$y_1=0.634$。气相可视为理想气体的混合物。已知 45℃时，纯组分的蒸气压为 $p_1^s=23.1\text{kPa}$，$p_2^s=10.05\text{kPa}$。求：

(1) 组分的活度系数；   （$\gamma_1=2.2323$，$\gamma_2=1.2694$）
(2) 液相的 G^E/RT；   （0.4079）
(3) 液相的 $\Delta_{mix}G/RT$；   （-0.203）
(4) 该系统偏差是正还是负？

7-17 50℃时，$CHCl_3$（1）-CH_3OH（2）系统中，液相无限稀释活度系数为（1）2.3；（2）7.0。又已知此温度下纯组分蒸气压为 $p_1^s=67.6\text{kPa}$，$p_2^s=17.6\text{kPa}$。试证明，该系统在 50℃时具有最高压力的共沸物。

7-18 某二元系的超额 Gibbs 能可表达为：

$$G^E/RT=Ax_1x_2$$

式中，A 仅为温度的函数。试求：

(1) 活度系数与组成关联式；
(2) 设纯组分蒸气压之比基本上为常数，且气相可视为理想气体的混合物。求该体系出现均相共沸物的 A 值范围；
(3) 共沸物为非均相的（液相分层）体系的条件。

7-19 已知 1-丙醇（1）-水（2）体系 353.15K 时有 $V_1^l=76.92\text{cm}^3 \cdot \text{mol}^{-1}$，$V_2^l=18.07\text{cm}^3 \cdot \text{mol}^{-1}$，且 1-丙醇有：

$$\ln p_1^s=16.6780-\frac{3640.20}{T-53.54}$$

式中单位为 T（K）、p^s（kPa），假设此时气相可视为理想气体混合物。已知 Wilson 方程常数 $a_{12}=4250.11\ \text{J} \cdot \text{mol}^{-1}$，$a_{21}=5374.81\ \text{J} \cdot \text{mol}^{-1}$，试求：

(1) $T=353.15\text{K}$，$x_1=0.25$ 时的 p 及 y_i；
                          （$p=96.83\text{kPa}$，$y_1=0.542$，$y_2=0.458$）
(2) $T=353.15\text{K}$，$y_1=0.60$ 时的 p 及 x_i；
(3) $p=101.325\text{kPa}$，$x_1=0.85$ 时的 T 及 y_i；
(4) $p=101.325\text{kPa}$，$y_1=0.40$ 时的 T 及 x_i；
(5) 在 $T=353.15\text{K}$ 下，共沸压力和共沸组成。

7-20 已知 CH_3OH（1）-C_6H_6（2）体系 68℃时有 $V_1^l=40.73\text{cm}^3 \cdot \text{mol}^{-1}$、$V_2^l=89.41\text{cm}^3 \cdot \text{mol}^{-1}$，如果假设体系的气相可视为理想气体混合物，已知 Wilson 活度系数模型的参数为 $a_{12}=6779.59\text{kJ} \cdot \text{mol}^{-1}$、$a_{21}=643.75\text{kJ} \cdot \text{mol}^{-1}$。试求：

(1) $T=68℃$，$x_1=0.82$ 时的 p 及 y_1；
(2) $T=68℃$，$y_1=0.82$ 时的 p 及 x_1；
(3) $p=101.325\text{kPa}$，$x_1=0.21$ 时的 T 及 y_1；
(4) $p=101.325\text{kPa}$，$y_1=0.38$ 时的 T 及 x_1。

7-21 某水蒸气蒸馏操作，蒸气在 110℃、200kPa 下离开蒸馏塔顶进入冷凝器，其组成（摩尔分数）为：正丁烷 20%、正戊烷 40%、水 40%。假设在冷凝器中没有压降，且忽略不计液相中水与碳氢化合物少量的互溶，试计算：

(1) 在混合物露点时，凝液的温度和组成；

(2) 碳氢化合物开始冷凝的温度；

(3) 泡点温度；

(4) 有 50%（摩尔分数）的烃被冷凝时的温度。

7-22　进入分凝器的烃类混合物组成（摩尔分数）为：乙烷15%、丙烷20%、异丁烷60%、正丁烷5%。试计算在 30 ℃下 0.70 摩尔分数变为液相时应维持何压力？

(7.6~7.8bar)

7-23　200K、3MPa 下的甲烷（1）对轻油的 Henry 常数为 20MPa，气相甲烷摩尔分数为 95%。已知此温度下甲烷的第二 virial 系数为 $-105 \text{cm}^3 \cdot \text{mol}^{-1}$。试作合理假设，计算液相中甲烷含量为多少？（设对溶质 $\hat{f}_i^l \big|_{x_i \to 0} = x_i k_H$）

(0.1176)

7-24　有苯（1）-2,2,4-三甲基戊烷（2）在 55℃下汽液平衡组成和总压的文献数据如下：

x_1	y_1	p/kPa	x_1	y_1	p/kPa
0.0819	0.01869	26.896	0.5256	0.6786	39.111
0.2182	0.4065	31.579	0.8478	0.8741	43.284
0.3584	0.5509	35.469	0.9872	0.9863	43.648
0.3831	0.5748	36.094			

已知在 55 ℃下，纯组分的蒸气压分别为：（1）43.603kPa，（2）23.742kPa。试校验该体系汽液平衡数据的热力学一致性（可叙述方法）。

第 8 章　化 学 平 衡

8-1　什么是化学反应进度？为什么要提出这个概念？如何计算？

8-2　化学平衡的判据是什么？如何理解？

8-3　如何确定多个反应体系的独立反应数？

8-4　平衡常数的概念是什么？与相平衡比有何区别？有何共同之处？

8-5　如何计算平衡常数？

8-6　气体混合物的均相单一反应的平衡组成如何求解？多个反应如何求解？

8-7　溶液中的单一反应（溶质之间）的平衡组成如何求解？

8-8　非均相气液混合物中的单一的平衡组成反应如何求解？

8-9　写出下列系统的原子系数矩阵，并确定系统的独立反应：

(1) 含 H_2O、O_2、NH_3、NO_2、NO 和 N_2 的反应系统；

(2) 含 CH_4、H_2O、CO_2、H_2 和 CO 的反应系统。

8-10　先用矩阵法判别下述体系的独立反应数，然后判别该体系的自由度？

$$C + \frac{1}{2}O_2 \Longrightarrow CO$$

$$CO + \frac{1}{2}O_2 \Longrightarrow CO_2$$

$$CO_2 + C \Longrightarrow 2CO$$

8-11 1-丁烯气相催化脱氢生成 1,3-丁二烯的反应为：

$$C_4H_8 \Longrightarrow C_4H_6 + H_2$$

为了抑制副反应，要用水蒸气稀释 1-丁烯，如果 2bar 下的水蒸气对 1-丁烯的进料摩尔比为 12：1 时，试估算反应器的操作温度约为多少才能使 30％ 的 1-丁烯转变为 1,3-丁二烯？将进料摩尔比改为 1：1 时，操作温度又应为多少？1-丁烯和 1,3-丁二烯的标准生成 Gibbs 能与温度的关系如下：

温度/K	600	700	800	900
1-丁烯	195.73	211.71	227.94	243.35
1,3-丁二烯	150.92	178.78	206.90	235.35

($T=70K$；$T=800K$)

8-12 某二元同分异构气相混合物的摩尔 Gibbs 能在 0.1MPa、400K 时，可用下式表示：

$$G \ (cal \cdot mol^{-1}) = 9600y_1 + 8990y_2 + 800 \ (y_1 \ln y_1 + y_2 \ln y_2)$$

(1) 计算此反应的平衡组成；

(2) 画出此体系的 G-y_1 图，标出 (1) 问中平衡组成和平衡摩尔 Gibbs 能在图中的位置。

(0.318，0.682)

8-13 下述两个气相反应：

$$A + B \Longrightarrow C + D \qquad\qquad (a)$$
$$A + C \Longrightarrow 2E \qquad\qquad (b)$$

反应 (a) 和反应 (b) 在反应温度下的平衡常数分别为 2.667 和 3.200。反应器的压力为 1MPa，原料为 1mol 的 B 比 2mol 的 A。

(1) 给出以反应进度表示的平衡组成；

(2) 以反应进度 ξ_1 和 ξ_2 为坐标，画出平衡组成的取值范围；

(3) 计算反应混合物的平衡组成。

($y_A=0.236$，$y_B=0.055$，$y_C=0.125$，$y_D=0.278$，$y_E=0.556$)

8-14 原料气中 H_2S 和 H_2O 的物质的量之比为 1：3，进行下列气相反应：

$$H_2S + 2H_2O \Longrightarrow 3H_2 + SO_2$$

试导出用反应进度表示的各物质的摩尔分数的表达式。

8-15 若起始混合物中 CO 和 H_2 的比例为 1：4（物质的量之比），并按下列反应式发生气相反应：

$$3H_2 + CO \Longrightarrow CH_4 + H_2O \ (g)$$

(1) 计算 320K 时的平衡常数；

(2) 试导出以反应进度为自变量的平衡常数表达式。

(2.873×10^{22})

8-16 在 308K 和 100kPa 下，N_2O_4 分解为 NO_2 的平衡分解率为 0.27，计算：

(1) 平衡常数；

(2) 压力分别为 100kPa 和 10kPa 时的平衡反应进度。

（0.399；0.618）

8-17 气相 CO 与氢合成甲醇的反应为：

$$2H_2 + CO \Longrightarrow CH_3OH \text{（g）}$$

在 400K 和 100kPa 下，实验测得平衡气体混合物中含有 40%（摩尔分数）甲醇。若已知 $K^\ominus$（400K）=1.52，$\Delta_r H^\ominus = -94.47\text{kJ} \cdot \text{mol}^{-1}$，试求：

（1）平衡混合物中 CO 和 CH_3OH 的摩尔分数。

（2）原料组成与（1）相同，在温度为 500K、压力为 100kPa 下进行反应，平衡混合物中 H_2 的含量。

8-18 723K 时，合成氨反应平衡常数为 $K^\ominus$（723K）=6.56×10^{-3}。假定反应体系为理想混合物，试计算原料气为 1:3 的氮-氢混合物在 723K、20MPa 下发生反应时，NH_3 的最大产率。

（0.66）

8-19 在温度为 573K 下，原料按化学计量配比进行乙炔气相反应：

$$C_2H_2\text{（g）} + N_2\text{（g）} \Longrightarrow 2HCN\text{（g）}$$

已知反应的标准 Gibbs 能变化为 $30.083\text{kJ} \cdot \text{mol}^{-1}$，试计算下列情况时乙炔的平衡组成：

（1）0.1MPa，设为理想气体的混合物；

$$(x_{C_2H_2} = 0.135, \ x_{N_2} = 0.135, \ x_{HCN} = 0.73)$$

（2）20MPa，且已知：

$$\prod (\hat{\phi}_i)^{\nu_i} = 0.934$$

$$(x_{C_2H_2} = 0.13, x_{N_2} = 0.13, x_{HCN} = 0.74)$$

8-20 25℃、0.1MPa 下，环氧乙烷与水生成乙二醇：

$$C_2H_4O\text{（g）} + H_2O\text{（l）} \Longrightarrow C_2H_6O_2\text{（l）}$$

若设气相为理想气体的混合物，液相中的水服从 Lewis-Randall 规则，液相中的乙二醇服从 Henry 定律。

（1）说明平衡常数的求取方法；

（2）写出平衡常数与平衡组成的关系式；

（3）说明如何求解平衡组成。

附　　录

A1　单位换算表

长度	1m＝100cm＝3.28084ft＝39.3701in 1ft＝12in＝0.3048m
体积	$1m^3＝1×10^6cm^3＝1×10^3dm^3＝35.3147ft^3＝264.172gal$ $1ft^3＝1728in^3＝0.0283168m^3$
质量	$1kg_m＝1×10^3g_m＝0.001ton_m＝2.2046lb_m$ $1lb_m＝0.453592kg_m$
密度	$1g·cm^{-3}＝1×10^3kg·m^{-3}＝62.4280lb·ft^{-3}＝0.0361273lb·in^{-3}$ $1lb·in^{-3}＝17281lb·ft^{-3}＝27.6799g·cm^{-3}$
温度	$K＝℃＋273.15$　　　$℃＝5/9(℉-32)$ $R＝℉＋459.67$
压力	$1bar＝1×10^5Pa＝14.5038psia＝750.061mmHg$ $1atm＝760mmHg＝101.325kPa＝14.5038psia$
能量	$1J＝1kg·m^2·s^{-2}＝1N·m＝1W·s$ $1BTU＝1055.04J＝252cal_{th}$ $1cal_{th}＝4.184J＝3.96832×10^{-3}BTU_{th}$ $1cal_{IT}＝4.1868J＝1.16300kW·h＝3.96832×10^{-3}BTU_{IT}$
功率	$1kW＝1×10^3W＝1kg·m^2·s^{-3}＝1×10^3J·s^{-1}$
比热容,比熵	$1J·g^{-1}＝0.239006cal_{th}·g^{-1}·K^{-1}＝0.239006BTU_{th}·lb^{-1}·R$ $1cal_{th}·mol^{-1}·K^{-1}＝1BTU_{th}·lb^{-1}·R^{-1}$
比能	$1J·kg^{-1}＝1m^2·s^{-2}＝2.39006×10^{-4}kcal_{th}·kg^{-1}＝4.29921×10^{-4}BTU_{th}·lb^{-1}$

A2　气体常数表

气体常数 R	单　　位	气体常数 R	单　　位
8.314510	$J·mol^{-1}·K^{-1}$或$m^3·Pa·mol^{-1}·K^{-1}$	82.05783	$cm^3·atm·mol^{-1}·K^{-1}$
83.14510	$cm^3·bar·mol^{-1}·K^{-1}$	$82.05783×10^{-3}$	$m^3·atm·kmol^{-1}·K^{-1}$
$8.314510×10^3$	$m^3·Pa·kmol^{-1}·K^{-1}$	1.987216	$cal·mol^{-1}·K^{-1}$

B1　纯物质的热力学性质

T_m	正常熔点,K
T_b	正常沸点,K
T_c	临界温度,K
p_c	临界压力,MPa
V_c	临界体积,$cm^3·mol^{-1}$

Z_c	临界压缩因子
ω	偏心因子
μ	偶极矩，D（debye）
$C_p^{\ominus}$(298.15)	298.15K、0.1MPa 下理想气体热容，J·mol^{-1}·K^{-1}

理想气体热容方程

$$C_p^{ig} = A + BT + CT^2 + DT^3 \tag{B-1}$$

式中，C_p^{ig} 为理想气体热容，J·mol^{-1}·K^{-1}；温度，K。

液体热容方程

$$C_p^{l} = A + BT + CT^2 + DT^3 \tag{B-2}$$

式中　　C_p^{l}——液体热容，J·mol^{-1}·K^{-1}；温度，K；

$V^l(T)$——温度 T 下的饱和液体比容，cm^3·g^{-1}；

δ（298.15）——298.15K 下的溶解度参数，(MJ·m^{-3})$^{-1/2}$。

Antoine 蒸气压方程

$$\ln p^s = A - \frac{B}{T+C} \tag{B-3}$$

式中　　　　p^s——饱和蒸气压，Pa；温度，K；

$\Delta_{vap}H(T_b)$——正常沸点下的蒸发焓，kJ·mol^{-1}；

$\Delta_f H^{\ominus}$（298.15）——标准生成焓，kJ·mol^{-1}；

$\Delta_f G^{\ominus}$（298.15）——标准生成 Gibbs 能，kJ·mol^{-1}。

B1　纯物质的热力学性质

序号	分子式	名　称	相对分子质量	T_m/K	T_b/K	T_c/K	p_c/MPa	V_c /cm^3 · mol^{-1}
1	Br_2	溴	159.808	266.0	331.9	584	10.335	127
2	CCl_2F_2	二氯二氟甲烷	120.914	115.4	243.4	385.0	4.124	217
3	CCl_4	四氯化碳	153.823	250	349.7	556.4	4.560	276
4	$CHClF_2$	二氟氯甲烷	86.469	113	232.4	369.2	4.975	165
5	CH_2O	甲醛	30.026	156	254	408	6.586	99.5
6	CH_4	甲烷	16.043	90.7	111.7	190.6	4.600	99.0
7	CH_4O	甲醇	32.042	175.5	337.8	512.6	8.086	118
8	C_2H_2	乙炔	26.038	192.4	189.2	308.3	6.140	113
9	C_2H_3N	乙腈	41.053	229.3	354.8	548	4.833	173
10	C_2H_4	乙烯	28.054	104.0	169.4	282.4	5.036	129
11	C_2H_4O	环氧乙烷	44.054	161	283.5	469	7.194	140
12	$C_2H_4O_2$	乙酸	60.052	289.8	391.1	594.4	5.786	171
13	C_2H_6	乙烷	30.070	89.9	184.5	305.4	4.884	148
14	C_2H_6O	乙醇	46.069	159.1	351.5	516.2	6.383	167
15	C_3H_6	丙烯	42.081	87.9	225.4	365.0	4.620	181
16	C_3H_6O	丙酮	58.080	178.2	329.4	508.1	4.701	216
17	$C_3H_6O_2$	甲酸乙酯	74.080	193.8	327.4	508.4	4.742	229
18	$C_3H_6O_2$	乙酸甲酯	74.080	175	330.1	506.8	4.691	228
19	C_3H_8	丙烷	44.097	85.5	231.1	369.8	4.246	203
20	C_3H_8O	正丙醇	60.096	146.9	370.4	536.7	5.168	218.5
21	C_4H_6	1,3-丁二烯	54.092	164.3	268.7	425	4.327	221
22	C_4H_8	1-丁烯	56.108	87.8	266.9	419.6	4.023	240
23	C_4H_{10}	丁烷	58.124	134.8	272.7	425.2	3.799	255
24	C_4H_{10}	异丁烷	58.124	113.6	261.3	408.1	3.648	263
25	$C_4H_{10}O$	乙醚	74.123	156.9	307.7	466.7	3.638	280
26	C_5H_{10}	环戊烷	70.135	179.3	322.4	511.6	4.509	260
27	C_5H_{12}	正戊烷	72.151	143.4	309.2	469.6	3.374	304
28	C_6H_5Cl	氯苯	112.559	227.6	404.9	632.4	4.519	308
29	C_6H_6	苯	78.114	278.7	353.3	562.1	4.894	259
30	C_6H_6O	苯酚	94.113	314.0	455.0	694.2	6.130	229
31	C_6H_{12}	环己烷	84.162	279.7	353.9	553.4	4.073	308
32	C_7H_8	甲苯	92.142	178	383.8	591.7	4.114	316
33	C_8H_8	苯乙烯	104.152	242.5	418.3	647	3.992	—
34	Cl_2	氯	70.906	172.2	238.7	417	7.700	124
35	CO	一氧化碳	28.010	68.1	81.7	132.9	3.496	93.1
36	CO_2	二氧化碳	44.010	216.6	194.7	304.2	7.376	94
37	H_2	氢	2.016	14.0	20.4	33.2	1.297	65.0
38	HCl	氯化氢	36.461	159.0	188.1	324.6	8.309	81.0
39	H_2O	水	18.015	273.2	373.2	647.3	22.05	56.0
40	H_2S	硫化氢	34.080	187.6	212.8	373.2	8.937	78.5
41	N_2	氮	28.013	63.3	77.4	126.2	3.394	89.5
42	NH_3	氨	17.031	195.4	239.7	405.6	11.278	72.5
43	NO	一氧化氮	30.006	109.5	121.4	180	6.485	58
44	NO_2	二氧化氮	46.006	261.9	294.3	431.4	10.132	170
45	O_2	氧	31.999	54.4	90.2	154.6	5.046	73.4
46	SO_2	二氧化硫	64.063	197.7	263	430.8	7.883	122

续表 B1

序号	Z_c	ω	μ /D	$C_p^{\ominus}$(298.15) /kJ·mol^{-1}	理想气体热容(C_p^{ig})方程中的常数			
					A	$B\times10^2$	$C\times10^5$	$D\times10^9$
1	0.270	0.132	0.2	36.25	33.8360	1.1247	−1.1908	4.5313
2	0.280	0.176	0.5	72.43	31.5766	17.8113	−15.0750	43.3881
3	0.272	0.194	0	83.91	40.6894	20.4723	−22.6815	88.3661
4	0.267	0.215	—	55.92	17.2883	16.1712	−11.6901	30.5641
5	—	0.253	2.3	119.56	23.4597	31.5474	2.9832	−22.9869
6	0.288	0.008	0	35.53	19.2380	5.2091	1.1966	−11.3094
7	0.224	0.559	1.7	43.81	21.1376	7.0877	2.5853	−28.4972
8	0.271	0.184	0	45.31	26.8027	7.5730	−5.0041	14.1126
9	0.184	0.321	3.5	52.20	20.4681	11.9537	−4.4894	3.2008
10	0.276	0.085	0	43.51	3.8033	15.6482	−8.3429	17.5393
11	0.258	0.200	1.9	48.23	−7.5145	22.2087	−12.5562	25.8990
12	0.200	0.454	1.3	66.51	4.8367	25.4680	−17.5184	49.4549
13	0.285	0.098	0	52.54	5.4057	17.7987	−6.9329	8.7069
14	0.248	0.635	1.7	65.37	9.0082	21.3928	−8.3847	1.3724
15	0.275	0.148	0.4	63.87	3.7070	23.4388	−11.5939	22.0329
16	0.232	0.309	2.9	73.35	6.2969	26.0412	−12.5185	20.3635
17	0.257	0.283	2.0	90.36	24.6563	23.1459	−0.2118	−53.5552
18	0.254	0.324	1.7	80.36	16.5394	22.4388	−4.3388	29.1248
19	0.281	0.152	0	73.79	−4.2217	30.6060	−15.8532	32.1248
20	0.253	0.624	1.7	86.20	2.4686	33.2293	−18.5393	42.9278
21	0.270	0.195	0	81.06	−1.6862	34.1624	−23.3844	63.3039
22	0.277	0.187	0.3	85.74	−2.9916	35.2962	−19.8907	44.6014
23	0.274	0.193	0	98.27	9.4809	33.1080	−11.0750	−2.8200
24	0.283	0.176	0.1	97.61	−1.3891	38.4468	−18.4473	28.9324
25	0.262	0.281	1.3	112.04	21.4095	33.5640	−10.3470	−9.3512
26	0.276	0.192	0	82.88	−53.5887	54.2246	−30.2880	64.8102
27	0.262	0.251	0	120.06	−3.6233	48.7018	−25.7860	53.0113
28	0.265	0.249	1.6	97.53	−33.8653	56.2748	−45.1872	142.5489
29	0.271	0.212	0	82.53	−33.8946	47.4047	−30.1499	71.2535
30	0.24	0.440	1.6	103.60	−35.8192	59.7894	−48.2415	152.5905
31	0.273	0.213	0.3	105.56	−75.4250	61.0864	−25.2170	13.2047
32	0.264	0.257	0.4	105.09	−24.3383	51.2122	−27.6353	49.0783
33	—	0.257	0.1	122.16	−28.2294	61.5466	−40.2041	99.2863
34	0.275	0.073	0.2	33.97	26.9115	3.3815	−3.8664	15.4599
35	0.295	0.049	0.1	29.16	30.8486	−1.2845	2.7874	−12.7068
36	0.274	0.225	0	37.14	19.7820	7.3387	−5.5982	17.1418
37	0.305	−0.22	0	28.86	27.1249	0.9268	−1.3799	7.6400
38	0.249	0.12	1.1	29.13	30.2712	−0.7196	1.2452	−3.8953
39	0.229	0.344	1.8	33.64	32.2210	0.1923	1.0548	−3.5941
40	0.284	0.100	0.9	34.20	31.9197	0.1436	2.4305	−11.7570
41	0.290	0.040	0	29.16	31.1290	−1.3556	2.6778	−11.6734
42	0.242	0.250	1.5	35.60	27.2964	2.3815	1.7062	−11.8407
43	0.25	0.607	0.2	29.80	29.3257	−0.0937	0.9740	−4.1840
44	0.480	0.86	0.4	36.78	24.2170	4.8325	−2.0794	0.2929
45	0.288	0.021	0	29.34	28.0872	−0.0038	1.7447	−10.6441
46	0.268	0.251	1.6	39.74	23.8362	6.6944	−4.9580	13.2716

续表 B1

序号	分子式	名称	液体热容(C_p^l)方程中的常数				适用范围/K	$V^l(T)$ /cm³·g⁻¹ (测定温度,K)
			A	$B\times10$	$C\times10^3$	$D\times10^5$		
1	Br₂	溴	—	—	—	—	—	0.321(293)
2	CCl₂F₂	二氯二氟甲烷	4.7494	11.752	−4.926	0.75693	160~370	0.571(158)
3	CCl₄	四氯化碳	−7.90335	13.2452	−4.53091	0.554136	250~533	0.631(298)
4	CHClF₂	二氟氯甲烷	—	—	—	—	—	0.813(289)
5	CH₂O	甲醛	—	—	—	—	—	1.227(253)
6	CH₄	甲烷	82.5789	−6.93528	4.83389	−0.720383	91~163	2.353(111.7)
7	CH₄O	甲醇	112.372	−4.33160	1.11219	−0.00226434	176~493	1.264(293)
8	C₂H₂	乙炔	—	—	—	—	—	1.626(189)
9	C₂H₃N	乙腈	—	—	—	—	—	1.279(293)
10	C₂H₄	乙烯	−39.9314	7.29846	−5.8829	1.48246	104~233	1.733(163)
11	C₂H₄O	环氧乙烷	52.3278	4.32594	−2.14914	0.369373	161~453	1.112(273)
12	C₂H₄O₂	乙酸	65.98	1.469	0.15	—	295~400	0.953(293)
13	C₂H₆	乙烷	17.4625	10.6700	−7.11332	1.58647	90~293	1.825(183)
14	C₂H₆O	乙醇	−67.4442	18.4252	−7.29762	1.05224	159~453	1.267(293)
15	C₃H₆	丙烯	82.8559	2.96316	−2.9614	0.775916	88~313	1.634(223)
16	C₃H₆O	丙酮	135.6	−1.77	0.2837	0.0689	178~329	1.266(293)
17	C₃H₆O₂	甲酸乙酯	—	—	—	—	—	1.079(289)
18	C₃H₆O₂	乙酸甲酯	155.94	2.3697	−1.9976	0.4592	190~325	1.071(293)
19	C₃H₈	丙烷	61.3642	4.30251	−2.4649	0.556447	85~353	1.718(231)
20	C₃H₈O	正丙醇	−69.4230	21.5561	−8.59930	1.25344	147~473	1.244(293)
21	C₄H₆	1,3-丁二烯	85.6615	2.37408	−1.30382	0.310962	164~393	1.610(293)
22	C₄H₈	1-丁烯	127.283	−2.76773	0.800271	0.0515282	88~353	1.681(293)
23	C₄H₁₀	丁烷	86.08053	3.835467	−1.928791	0.4225051	140~366	1.727(293)
24	C₄H₁₀	异丁烷	35.41211	8.998294	−3.928218	0.7062212	115~378	1.795(293)
25	C₄H₁₀O	乙醚	44.4	13.01	−5.50	0.8763	157~460	1.403(293)
26	C₅H₁₀	环戊烷	−23.8186	12.1660	−3.86168	0.468038	179~493	1.342(293)
27	C₅H₁₂	正戊烷	139.9609	0.373896	−0.6566047	0.2889017	150~290	1.597(293)
28	C₆H₅Cl	氯苯	−71.5431	18.6587	−5.19870	0.507678	228~613	0.904(293)
29	C₆H₆	苯	119.1207	−0.999554	0.5251917	—	279~360	1.130(289)
30	C₆H₆O	苯酚	101.72	3.1761	—	—	314~425	0.944(313)
31	C₆H₁₂	环己烷	−452.133	47.1500	−12.3597	1.13632	280~533	1.284(293)
32	C₇H₈	甲苯	190.6049	−7.524756	2.977882	−0.2783031	178~380	1.153(293)
33	C₈H₈	苯乙烯	−137.441	23.8148	−6.23149	−0.624892	243~598	1.104(293)
34	Cl₂	氯	−39.2199	14.0029	−6.04318	0.858565	172~353	0.640(239.1)
35	CO	一氧化碳	—	—	—	—	—	1.245(81)
36	CO₂	二氧化碳	—	—	—	—	—	1.287(293)
37	H₂	氢	—	—	—	—	—	14.085(20)
38	HCl	氯化氢	−17.1012	10.7519	−5.38664	1.01005	159~293	0.838(188.1)
39	H₂O	水	50.8111	2.12938	−0.630974	0.0648311	273~623	1.002(293)
40	H₂S	硫化氢	—	—	—	—	—	1.007(213.6)
41	N₂	氮	—	—	—	—	—	1.244(78.1)
42	NH₃	氨	−137.021	22.1598	−7.90202	0.980448	196~373	1.565(273.2)
43	NO	一氧化氮	—	—	—	—	—	0.781(121)
44	NO₂	二氧化氮	—	—	—	—	—	0.691(292.9)
45	O₂	氧	—	—	—	—	—	0.870(90)
46	SO₂	二氧化硫	—	—	—	—	—	0.687(293)

序号	$\delta(298.15)$ /(MJ· $m^{-3})^{-1/2}$	Antoine 方程参数			适用范围 /K	$\Delta_{vap}H(T_b)$ /kJ·mol^{-1}	$\Delta_f H^{\ominus}(298.15)$ /kJ·mol^{-1}	$\Delta_f G^{\ominus}(298.15)$ /kJ·mol^{-1}
		A	B	C				
1	2.5314	20.7369	2582.32	−51.56	259～354	30.19	0	0
2	2.9502	—		—	—	19.98	−481.48	−442.54
3	2.6261	20.7670	2808.19	−45.99	253～374	30.02	−100.48	−58.28
4	5.8801	20.4530	1704.80	−41.3	225～240	20.21	−502.00	−470.89
5	27.7661	21.3703	2204.13	−30.15	185～271	23.03	−115.97	−109.99
6	41.9353	20.1171	897.84	−7.16	93～120	8.19	−74.90	−50.87
7	30.1549	23.4803	3626.55	−34.29	257～364	35.28	−201.30	−162.62
8	29.5146	21.2409	1637.14	−19.77	194～202	16.96	226.88	209.34
9	19.3183	21.1802	2945.47	−49.15	260～390	31.40	87.92	105.67
10	23.2294	20.4296	1347.01	−18.15	120～182	13.55	52.33	68.16
11	16.3372	21.6328	2567.61	−29.01	200～310	25.62	−52.67	−13.10
12	9.1084	21.7008	3405.57	−56.34	290～430	23.70	−435.13	−376.94
13	21.9749	20.5565	1511.42	−17.16	130～199	14.72	−84.74	−32.95
14	18.1206	23.8047	3803.98	−41.68	270～369	38.77	−234.96	−168.39
15	14.8564	20.5955	1807.53	−26.15	160～240	18.42	20.43	62.76
16	11.2331	21.5441	2940.46	−35.93	241～350	29.14	−217.71	−153.15
17	7.9373	21.0539	2603.30	−54.15	240～360	30.14	−371.54	—
18	7.9351	21.0223	2601.92	−56.15	245～360	30.14	−409.72	—
19	14.0240	20.6188	1872.46	−25.16	164～249	18.79	−103.92	−23.49
20	12.4602	22.4367	3166.38	−80.15	285～400	41.78	−256.57	−161.90
21	11.6646	20.6655	2142.66	−34.30	215～290	22.48	110.24	150.77
22	10.9330	20.6492	2132.42	−33.15	190～295	21.93	−0.13	71.34
23	10.3964	20.5710	2154.90	−34.42	195～290	22.41	−126.23	−17.17
24	10.3260	20.4309	2032.73	−33.15	187～280	21.31	−134.60	−20.89
25	7.5788	20.9756	2511.29	−41.95	225～340	26.71	−252.38	−122.42
26	8.2385	20.7502	2588.48	−41.79	230～345	27.31	−77.29	38.64
27	7.7274	20.7261	2477.07	−39.94	220～330	25.79	−146.54	−8.37
28	4.5077	20.9604	3295.12	−55.60	320～420	36.57	51.87	99.23
29	7.2989	20.7936	2788.51	−52.36	280～377	30.78	82.98	129.75
30	6.5379	21.3207	3490.89	−98.59	345～481	45.64	−96.42	−32.91
31	6.4313	20.6455	2766.63	−50.50	280～380	29.98	−123.22	31.78
32	5.8194	20.9065	3096.52	−53.67	280～410	33.20	50.03	122.09
33	5.0461	20.9121	3328.57	−63.72	305～460	36.84	147.46	213.95
34	7.1959	20.8538	1978.32	−27.01	172～264	20.43	0	0
35	15.5963	19.2614	530.22	−13.15	63～108	6.05	−110.62	−137.37
36	21.2246	27.4826	3103.39	−0.16	154～204	17.17	−393.77	−394.65
37	297.9164	18.5261	164.90	3.19	14～25	0.904	0	0
38	17.3531	21.3968	1714.25	−14.45	137～200	16.16	−92.36	−95.33
39	76.7770	23.1964	3816.44	−46.13	284～441	40.68	−242.00	−228.77
40	20.6811	20.9968	1768.69	−26.06	190～230	18.67	−20.18	−33.08
41	15.0232	19.8470	588.72	−6.60	54～90	5.58	0	0
42	68.4997	21.8409	2132.50	−32.98	179～261	23.36	−45.72	−16.16
43	21.7483	25.0242	1572.52	−4.88	95～140	13.82	90.43	86.75
44	13.0415	25.4252	4141.29	3.65	230～320	19.07	33.87	52.00
45	13.6039	20.3003	735.55	−6.45	63～100	6.82	0	0
46	9.6397	21.6608	2302.35	−35.97	195～280	24.93	−297.05	300.36

B2 Lee-Kesler 方程的压缩因子的分项值 Z^0 和 Z^1

Z^0

p_r	0.0100	0.0500	0.1000	0.2000	0.4000	0.6000	0.8000	1.0000
T_r								
0.30	0.0029	0.0145	0.0290	0.0579	0.1158	0.1737	0.2315	0.2892
0.35	0.0026	0.0130	0.0261	0.0522	0.1043	0.1564	0.2084	0.2604
0.40	0.0024	0.0119	0.0239	0.0477	0.0953	0.1429	0.1904	0.2379
0.45	0.0022	0.0110	0.0221	0.0442	0.0882	0.1322	0.1762	0.2200
0.50	0.0021	0.0103	0.0207	0.0413	0.0825	0.1236	0.1647	0.2056
0.55	0.9804	0.0098	0.0195	0.0390	0.0778	0.1166	0.1553	0.1939
0.60	0.9849	0.0093	0.0186	0.0371	0.0741	0.1109	0.1476	0.1842
0.65	0.9881	0.9377	0.0178	0.0356	0.0710	0.1063	0.1415	0.1765
0.70	0.9904	0.9504	0.8958	0.0344	0.0687	0.1027	0.1366	0.1703
0.75	0.9922	0.9598	0.9165	0.0336	0.0670	0.1001	0.1330	0.1656
0.80	0.9935	0.9669	0.9319	0.8539	0.0661	0.0985	0.1307	0.1626
0.85	0.9946	0.9725	0.9436	0.8810	0.0661	0.0983	0.1301	0.1614
0.90	0.9954	0.9768	0.9528	0.9015	0.7800	0.1006	0.1321	0.1630
0.93	0.9959	0.9790	0.9573	0.9115	0.8059	0.6635	0.1359	0.1664
0.95	0.9961	0.9803	0.9600	0.9174	0.8206	0.6967	0.1410	0.1705
0.97	0.9963	0.9815	0.9625	0.9227	0.8338	0.7240	0.5580	0.1779
0.98	0.9965	0.9821	0.9637	0.9253	0.8398	0.7360	0.5887	0.1844
0.99	0.9966	0.9826	0.9648	0.9277	0.8455	0.7471	0.6138	0.1959
1.00	0.9967	0.9832	0.9659	0.9300	0.8509	0.7574	0.6355	0.2901
1.01	0.9968	0.9837	0.9669	0.9322	0.8561	0.7671	0.6542	0.4648
1.02	0.9969	0.9842	0.9679	0.9343	0.8610	0.7761	0.6710	0.5146
1.05	0.9971	0.9855	0.9707	0.9401	0.8743	0.8002	0.7130	0.6026
1.10	0.9975	0.9874	0.9747	0.9485	0.8930	0.8323	0.7649	0.6880
1.15	0.9978	0.9891	0.9780	0.9554	0.9081	0.8576	0.8032	0.7443
1.20	0.9981	0.9904	0.9808	0.9611	0.9205	0.8779	0.8330	0.7858
1.30	0.9985	0.9926	0.9852	0.9702	0.9396	0.9083	0.8764	0.8438
1.40	0.9988	0.9942	0.9884	0.9768	0.9534	0.9298	0.9062	0.8827
1.50	0.9991	0.9954	0.9909	0.9818	0.9636	0.9456	0.9278	0.9103
1.60	0.9993	0.9964	0.9928	0.9856	0.9714	0.9575	0.9439	0.9308
1.70	0.9994	0.9971	0.9943	0.9886	0.9775	0.9667	0.9563	0.9463
1.80	0.9995	0.9977	0.9955	0.9910	0.9823	0.9739	0.9659	0.9583
1.90	0.9996	0.9982	0.9964	0.9929	0.9861	0.9796	0.9735	0.9678
2.00	0.9997	0.9986	0.9972	0.9944	0.9892	0.9842	0.9796	0.9754
2.20	0.9998	0.9992	0.9983	0.9967	0.9937	0.9910	0.9886	0.9865
2.40	0.9999	0.9996	0.9991	0.9983	0.9969	0.9957	0.9948	0.9941
2.60	1.0000	0.9998	0.9997	0.9994	0.9991	0.9990	0.9990	0.9993
2.80	1.0000	1.0000	1.0001	1.0002	1.0007	1.0013	1.0021	1.0031
3.00	1.0000	1.0002	1.0004	1.0008	1.0018	1.0030	1.0043	1.0057
3.50	1.0001	1.0004	1.0008	1.0017	1.0035	1.0055	1.0075	1.0097
4.00	1.0001	1.0005	1.0010	1.0021	1.0043	1.0066	1.0090	1.0115

$$Z^0$$

p_r	1.0000	1.2000	1.5000	2.0000	3.0000	5.0000	7.0000	10.000
T_r								
0.30	0.2892	0.3479	0.4335	0.5775	0.8648	1.4366	2.0048	2.8507
0.35	0.2604	0.3123	0.3901	0.5195	0.7775	1.2902	1.7987	2.5539
0.40	0.2379	0.2853	0.3563	0.4744	0.7095	1.1758	1.6373	2.3211
0.45	0.2200	0.2638	0.3294	0.4384	0.6551	1.0841	1.5077	2.1338
0.50	0.2056	0.2465	0.3077	0.4092	0.6110	1.0094	1.4017	1.9801
0.55	0.1939	0.2323	0.2899	0.3853	0.5747	0.9475	1.3137	1.8520
0.60	0.1842	0.2207	0.2753	0.3657	0.5446	0.8959	1.2398	1.7440
0.65	0.1765	0.2113	0.2634	0.3495	0.5197	0.8526	1.1773	1.6519
0.70	0.1703	0.2038	0.2538	0.3364	0.4991	0.8161	1.1341	1.5729
0.75	0.1656	0.1981	0.2464	0.3260	0.4823	0.7854	1.0787	1.5047
0.80	0.1626	0.1942	0.2411	0.3182	0.4690	0.7598	1.0400	1.4456
0.85	0.1614	1.1924	0.2382	0.3132	0.4591	0.7388	1.0071	1.3943
0.90	0.1630	0.1935	0.2383	0.3114	0.4527	0.7220	0.9793	1.3496
0.93	0.1664	0.1963	0.2405	0.3122	0.4507	0.7138	0.9648	1.3257
0.95	0.1705	0.1998	0.2432	0.3138	0.4501	0.7092	0.9561	1.3108
0.97	0.1779	0.2055	0.2474	0.3164	0.4504	0.7052	0.9480	1.2968
0.98	0.1844	0.2097	0.2503	0.3182	0.4508	0.7035	0.9442	1.2901
0.99	0.1959	0.2154	0.2538	0.3204	0.4514	0.7018	0.9406	1.2835
1.00	0.2901	0.2237	0.2583	0.3229	0.4522	0.7004	0.9372	1.2772
1.01	0.4648	0.2370	0.2640	0.3260	0.4533	0.6991	0.9339	1.2710
1.02	0.5146	0.2629	0.2715	0.3297	0.4547	0.6980	0.9307	1.2650
1.05	0.6026	0.4437	0.3131	0.3452	0.4604	0.6956	0.9222	1.2481
1.10	0.6880	0.5984	0.4580	0.3953	0.4770	0.6950	0.9110	1.2232
1.15	0.7443	0.6803	0.5798	0.4760	0.5042	0.6987	0.9033	1.2021
1.20	0.7858	0.7363	0.6605	0.5605	0.5425	0.7069	0.8990	1.1844
1.30	0.8438	0.8111	0.7624	0.6908	0.6344	0.7358	0.8998	1.1580
1.40	0.8827	0.8595	0.8256	0.7753	0.7202	0.7761	0.9112	1.1419
1.50	0.9103	0.8933	0.8689	0.8328	0.7887	0.8200	0.9297	1.1339
1.60	0.9308	0.9180	0.9000	0.8738	0.8410	0.8617	0.9518	1.1320
1.70	0.9463	0.9367	0.9234	0.9043	0.8809	0.8984	0.9745	1.1343
1.80	0.9583	0.9511	0.9413	0.9275	0.9118	0.9297	0.9961	1.1391
1.90	0.9678	0.9624	0.9552	0.9456	0.9359	0.9557	1.0157	1.1452
2.00	0.9754	0.9715	0.9664	0.9599	0.9550	0.9772	1.0328	1.1516
2.20	0.9856	0.9847	0.9826	0.9806	0.9827	1.0094	1.0600	1.1635
2.40	0.9941	0.9936	0.9935	0.9945	1.0011	1.0313	1.0793	1.1728
2.60	0.9993	0.9998	1.0010	1.0040	1.0137	1.0463	1.0926	1.1792
2.80	1.0031	1.0042	1.0063	1.0106	1.0223	1.0565	1.1016	1.1830
3.00	1.0057	1.0074	1.0101	1.0153	1.0284	1.0635	1.1075	1.1848
3.50	1.0097	1.0120	1.0156	1.0221	1.0368	1.0723	1.1138	1.1834
4.00	1.0115	1.0140	1.0179	1.0249	1.0401	1.0747	1.1136	1.1773

$$Z^1$$

p_r	0.0100	0.0500	0.1000	0.2000	0.4000	0.6000	0.8000	1.0000
T_r								
0.30	−0.0008	−0.0040	−0.0081	−0.0161	−0.0323	−0.0484	−0.0645	−0.0806
0.35	−0.0009	−0.0046	−0.0093	−0.0185	−0.0370	−0.0554	−0.0738	−0.0921
0.40	−0.0010	−0.0048	−0.0095	−0.0190	−0.0380	−0.0570	−0.0758	−0.0946
0.45	−0.0009	−0.0047	−0.0094	−0.0187	−0.0374	−0.0560	−0.0745	−0.0929
0.50	−0.0009	−0.0045	−0.0090	−0.0181	−0.0360	−0.0539	−0.0716	−0.0893
0.55	−0.0314	−0.0043	−0.0086	−0.0172	−0.0343	−0.0513	−0.0682	−0.0849
0.60	−0.0205	−0.0041	−0.0082	−0.0164	−0.0326	−0.0487	−0.0646	−0.0803
0.65	−0.0137	−0.0772	−0.0078	−0.0156	−0.0309	−0.0461	−0.0611	−0.0759
0.70	−0.0093	−0.0507	−0.1161	−0.0148	−0.0294	−0.0438	−0.0579	−0.0718
0.75	−0.0064	−0.0339	−0.0744	−0.0143	−0.0282	−0.0417	−0.0550	−0.0681
0.80	−0.0044	−0.0228	−0.0487	−0.1160	−0.0272	−0.0401	−0.0526	−0.0648
0.85	−0.0029	−0.0152	−0.0319	−0.0715	−0.0268	−0.0391	−0.0509	−0.0622
0.90	−0.0019	−0.0099	−0.0205	−0.0442	−0.1118	−0.0396	−0.0503	−0.0604
0.93	−0.0015	−0.0075	−0.0154	−0.0326	−0.0763	−0.1662	−0.0514	−0.0602
0.95	−0.0012	−0.0062	−0.0126	−0.0262	−0.0589	−0.1110	−0.0540	−0.0607
0.97	−0.0010	−0.0050	−0.0101	−0.0208	−0.0450	−0.0770	−0.1647	−0.0623
0.98	−0.0009	−0.0044	−0.0090	−0.0184	−0.0390	−0.0641	−0.1100	−0.0641
0.99	−0.0008	−0.0039	−0.0079	−0.0161	−0.0335	−0.0531	−0.0796	−0.0680
1.00	−0.0007	−0.0034	−0.0069	−0.0140	−0.0285	−0.0435	−0.0588	−0.0879
1.01	−0.0006	−0.0030	−0.0060	−0.0120	−0.0240	−0.0351	−0.0429	−0.0223
1.02	−0.0005	−0.0026	−0.0051	−0.0102	−0.0198	−0.0277	−0.0303	−0.0062
1.05	−0.0003	−0.0015	−0.0029	−0.0054	−0.0092	−0.0097	−0.0032	0.0220
1.10	0.0000	0.0000	0.0001	0.0007	0.0038	0.0106	0.0236	0.0476
1.15	0.0002	0.0011	0.0023	0.0052	0.0127	0.0237	0.0396	0.0625
1.20	0.0004	0.0019	0.0039	0.0084	0.0190	0.0326	0.0499	0.0719
1.30	0.0006	0.0030	0.0061	0.0125	0.0267	0.0429	0.0612	0.0819
1.40	0.0007	0.0036	0.0072	0.0147	0.0306	0.0477	0.0661	0.0857
1.50	0.0008	0.0039	0.0078	0.0158	0.0323	0.0497	0.0677	0.0864
1.60	0.0008	0.0040	0.0080	0.0162	0.0330	0.0501	0.0677	0.0855
1.70	0.0008	0.0040	0.0081	0.0163	0.0329	0.0497	0.0667	0.0838
1.80	0.0008	0.0040	0.0081	0.0162	0.0325	0.0488	0.0652	0.0814
1.90	0.0008	0.0040	0.0079	0.0159	0.0318	0.0477	0.0635	0.0792
2.00	0.0008	0.0039	0.0078	0.0155	0.0310	0.0464	0.0617	0.0767
2.20	0.0007	0.0037	0.0074	0.0147	0.0293	0.0437	0.0579	0.0719
2.40	0.0007	0.0035	0.0070	0.0139	0.0276	0.0411	0.0544	0.0675
2.60	0.0007	0.0033	0.0066	0.0131	0.0260	0.0387	0.0512	0.0634
2.80	0.0006	0.0031	0.0062	0.0124	0.0245	0.0365	0.0483	0.0598
3.00	0.0006	0.0029	0.0059	0.0117	0.0232	0.0345	0.0456	0.0565
3.50	0.0005	0.0026	0.0052	0.0103	0.0204	0.0303	0.0401	0.0497
4.00	0.0005	0.0023	0.0046	0.0091	0.0182	0.0270	0.0357	0.0443

$$Z^1$$

p_r	1.0000	1.2000	1.5000	2.0000	3.0000	5.0000	7.0000	10.000
T_r								
0.30	−0.0806	−0.0966	−0.1207	−0.1608	−0.2407	−0.3996	−0.5572	−0.7915
0.35	−0.0921	−0.1105	−0.1379	−0.1834	−0.2738	−0.4523	−0.6279	−0.8863
0.40	−0.0946	−0.1134	−0.1414	−0.1879	−0.2799	−0.4603	−0.6365	−0.8936
0.45	−0.0929	−0.1113	−0.1387	−0.1840	−0.2734	−0.4475	−0.6162	−0.8608
0.50	−0.0893	−0.1069	−0.1330	−0.1762	−0.2611	−0.4253	−0.5831	−0.8099
0.55	−0.0849	−0.1015	−0.1263	−0.1669	−0.2465	−0.3991	−0.5446	−0.7521
0.60	−0.0803	−0.0960	−0.1192	−0.1572	−0.2312	−0.3718	−0.5047	−0.6928
0.65	−0.0759	−0.0906	−0.1122	−0.1476	−0.2160	−0.3447	−0.4653	−0.6346
0.70	−0.0718	−0.0855	−0.1057	−0.1385	−0.2013	−0.3184	−0.4270	−0.5785
0.75	−0.0681	−0.0808	−0.0996	−0.1298	−0.1872	−0.2929	−0.3901	−0.5250
0.80	−0.0648	−0.0767	−0.0940	−0.1217	−0.1736	−0.2682	−0.3545	−0.4740
0.85	−0.0622	−0.0731	−0.0888	−0.1138	−0.1602	−0.2439	−0.3201	−0.4254
0.90	−0.0604	−0.0701	−0.0840	−0.1059	−0.1463	−0.2195	−0.2862	−0.3788
0.93	−0.0602	−0.0687	−0.0810	−0.1007	−0.1374	−0.2045	−0.2661	−0.3516
0.95	−0.0607	−0.0678	−0.0788	−0.0967	−0.1310	−0.1943	−0.2526	−0.3339
0.97	−0.0623	−0.0669	−0.0759	−0.0921	−0.1240	−0.1837	−0.2391	−0.3163
0.98	−0.0641	−0.0661	−0.0740	−0.0893	−0.1202	−0.1783	−0.2322	−0.3075
0.99	−0.0680	−0.0646	−0.0715	−0.0861	−0.1162	−0.1728	−0.2254	−0.2989
1.00	−0.0879	−0.0609	−0.0678	−0.0824	−0.1118	−0.1672	−0.2185	−0.2902
1.01	−0.0223	−0.0473	−0.0621	−0.0778	−0.1072	−0.1615	−0.2116	−0.2816
1.02	−0.0062	−0.0227	−0.0524	−0.0722	−0.1021	−0.1556	−0.2047	−0.2731
1.05	0.0220	0.1059	0.0451	−0.0432	−0.0838	−0.1370	−0.1835	−0.2476
1.10	0.0476	0.0897	0.1630	0.0698	−0.0373	−0.1021	−0.1469	−0.2056
1.15	0.0625	0.0943	0.1548	0.1667	0.0332	−0.0611	−0.1084	−0.1642
1.20	0.0719	0.0991	0.1477	0.1990	0.1095	−0.0141	−0.0678	−0.1231
1.30	0.0819	0.1048	0.1420	0.1991	0.2079	0.0875	0.0176	−0.0423
1.40	0.0857	0.1063	0.1383	0.1894	0.2397	0.1737	0.1008	0.0350
1.50	0.0854	0.1055	0.1345	0.1806	0.2433	0.2309	0.1717	0.1058
1.60	0.0855	0.1035	0.1303	0.1729	0.2381	0.2631	0.2255	0.1673
1.70	0.0838	0.1008	0.1259	0.1658	0.2305	0.2788	0.2628	0.2179
1.80	0.0816	0.0978	0.1216	0.1593	0.2224	0.2846	0.2871	0.2576
1.90	0.0792	0.0947	0.1173	0.1532	0.2144	0.2848	0.3017	0.2876
2.00	0.0767	0.0916	0.1133	0.1476	0.2069	0.2819	0.3097	0.3096
2.20	0.0719	0.0857	0.1057	0.1374	0.1932	0.2720	0.3135	0.3355
2.40	0.0675	0.0803	0.0989	0.1285	0.1812	0.2602	0.3089	0.3459
2.60	0.0634	0.0754	0.0929	0.1207	0.1706	0.2484	0.3009	0.3475
2.80	0.0598	0.0711	0.0876	0.1138	0.1613	0.2372	0.2915	0.3443
3.00	0.0535	0.0672	0.0828	0.1076	0.1529	0.2268	0.2817	0.3385
3.50	0.0497	0.0591	0.0728	0.0949	0.1356	0.2042	0.2584	0.3194
4.00	0.0443	0.0527	0.0651	0.0849	0.1219	0.1857	0.2378	0.2994

B3 Lee-Kesler 方程的剩余性质焓的分项值$(H^R)^0/RT_c$ 和$(H^R)^1/RT_c$

$$(H^R)^0/RT_c$$

p_r	0.0100	0.0500	0.1000	0.2000	0.4000	0.6000	0.8000	1.0000
T_r								
0.30	−6.045	−6.043	−6.040	−6.034	−6.022	−6.011	−5.999	−5.987
0.35	−5.906	−5.904	−5.901	−5.895	−5.882	−5.870	−5.858	−5.845
0.40	−5.763	−5.761	−5.757	−5.751	−5.738	−5.726	−5.713	−5.700
0.45	−5.615	−5.612	−5.609	−5.603	−5.590	−5.577	−5.564	−5.551
0.50	−5.465	−5.463	−5.459	−5.453	−5.440	−5.427	−5.414	−5.401
0.55	−0.032	−5.312	−5.309	−5.303	−5.290	−5.278	−5.265	−5.252
0.60	−0.027	−5.162	−5.159	−5.153	−5.141	−5.129	−5.116	−5.104
0.65	−0.023	−0.118	−5.008	−5.002	−4.991	−4.980	−4.968	−4.956
0.70	−0.020	−0.101	−0.213	−4.848	−4.838	−4.828	−4.818	−4.808
0.75	−0.017	−0.088	−0.183	−4.687	−4.679	−4.672	−4.664	−4.655
0.80	−0.015	−0.078	−0.160	−0.345	−4.507	−4.504	−4.499	−4.494
0.85	−0.014	−0.069	−0.141	−0.300	−4.309	−4.313	−4.316	−4.316
0.90	−0.012	−0.062	−0.126	−0.264	−0.596	−4.074	−4.094	−4.108
0.93	−0.011	−0.058	−0.118	−0.246	−0.545	−0.960	−3.920	−3.953
0.95	−0.011	−0.056	−0.113	−0.235	−0.516	−0.885	−3.763	−3.825
0.97	−0.011	−0.054	−0.109	−0.225	−0.490	−0.824	−1.356	−3.658
0.98	−0.010	−0.053	−0.107	−0.221	−0.478	−0.797	−1.273	−3.544
0.99	−0.010	−0.052	−0.105	−0.216	−0.466	−0.773	−1.206	−3.376
1.00	−0.010	−0.051	−0.103	−0.212	−0.455	−0.750	−1.151	−2.584
1.01	−0.010	−0.050	−0.101	−0.208	−0.445	−0.721	−1.102	−1.796
1.02	−0.010	−0.049	−0.099	−0.203	−0.434	−0.708	−1.060	−1.627
1.05	−0.009	−0.046	−0.094	−0.192	−0.407	−0.654	−0.955	−1.359
1.10	−0.008	−0.042	−0.086	−0.175	−0.367	−0.581	−0.827	−1.120
1.15	−0.008	−0.039	−0.079	−0.160	−0.334	−0.523	−0.732	−0.968
1.20	−0.007	−0.036	−0.073	−0.148	−0.305	−0.474	−0.657	−0.857
1.30	−0.006	−0.031	−0.063	−0.127	−0.259	−0.399	−0.545	−0.698
1.40	−0.005	−0.027	−0.055	−0.110	−0.224	−0.341	−0.463	−0.588
1.50	−0.005	−0.024	−0.048	−0.097	−0.196	−0.297	−0.400	−0.505
1.60	−0.004	−0.021	−0.043	−0.086	−0.173	−0.261	−0.350	−0.440
1.70	−0.004	−0.019	−0.038	−0.076	−0.153	−0.231	−0.309	−0.387
1.80	−0.003	−0.017	−0.034	−0.068	−0.137	−0.206	−0.275	−0.344
1.90	−0.003	−0.015	−0.031	−0.062	−0.123	−0.185	−0.246	−0.307
2.00	−0.003	−0.014	−0.028	−0.056	−0.111	−0.167	−0.222	−0.276
2.20	−0.002	−0.012	−0.023	−0.046	−0.092	−0.137	−0.182	−0.226
2.40	−0.002	−0.010	−0.019	−0.038	−0.076	−0.114	−0.150	−0.187
2.60	−0.002	−0.008	−0.016	−0.032	−0.064	−0.095	−0.125	−0.155
2.80	−0.001	−0.007	−0.014	−0.027	−0.054	−0.080	−0.105	−0.130
3.00	−0.001	−0.006	−0.011	−0.023	−0.045	−0.067	−0.088	−0.109
3.50	−0.001	−0.004	−0.007	−0.015	−0.029	−0.043	−0.056	−0.069
4.00	−0.000	−0.002	−0.005	−0.009	−0.017	−0.026	−0.033	−0.041

$$(H^R)^0/RT_c$$

p_r	1.000	1.2000	1.5000	2.0000	3.0000	5.0000	7.0000	10.000
T_r								
0.30	−5.987	−5.975	−5.957	−5.927	−5.868	−5.748	−5.628	−5.446
0.35	−5.845	−5.833	−5.814	−5.783	−5.721	−5.595	−5.469	−5.278
0.40	−5.700	−5.687	−5.668	−5.636	−5.572	−5.442	−5.311	−5.113
0.45	−5.551	−5.538	−5.519	−5.486	−5.421	−5.288	−5.154	−5.950
0.50	−5.401	−5.388	−5.369	−5.336	−5.279	−5.135	−4.999	−4.791
0.55	−5.252	−5.239	−5.220	−5.187	−5.121	−4.986	−4.849	−4.638
0.60	−5.104	−5.091	−5.073	−5.041	−4.976	−4.842	−4.794	−4.492
0.65	−4.956	−4.949	−4.927	−4.896	−4.833	−4.702	−4.565	−4.353
0.70	−4.808	−4.797	−4.781	−4.752	−4.693	−4.566	−4.432	−4.221
0.75	−4.655	−4.646	−4.632	−4.607	−4.554	−4.434	−4.393	−4.095
0.80	−4.494	−4.488	−4.478	−4.459	−4.413	−4.303	−4.178	−3.974
0.85	−4.316	−4.316	−4.312	−4.302	−4.269	−4.173	−4.056	−3.857
0.90	−4.108	−4.118	−4.127	−4.132	−4.119	−4.043	−3.935	−3.744
0.93	−3.953	−3.976	−4.000	−4.020	−4.024	−3.963	−3.863	−3.678
0.95	−3.825	−3.865	−3.904	−3.940	−3.958	−3.910	−3.815	−3.634
0.97	−3.658	−3.732	−3.796	−3.853	−3.890	−3.856	−3.767	−3.591
0.98	−3.544	−3.652	−3.736	−3.806	−3.854	−3.829	−3.743	−3.569
0.99	−3.376	−3.558	−3.670	−3.758	−3.818	−3.801	−3.719	−3.548
1.00	−2.584	−3.441	−3.598	−3.706	−3.782	−3.774	−3.695	−3.526
1.01	−1.796	−3.283	−3.516	−3.652	−3.744	−3.746	−3.671	−3.505
1.02	−1.627	−3.039	−3.422	−3.595	−3.705	−3.718	−3.647	−3.484
1.05	−1.359	−2.034	−3.030	−3.398	−3.583	−3.632	−3.575	−3.420
1.10	−1.120	−1.487	−2.203	−2.965	−3.353	−3.484	−3.453	−3.315
1.15	−0.968	−1.239	−1.719	−2.479	−3.091	−3.329	−3.329	−3.211
1.20	−0.857	−1.076	−1.443	−2.079	−2.801	−3.166	−3.202	−3.107
1.30	−0.698	−0.860	−1.116	−1.560	−2.274	−2.825	−2.942	−2.899
1.40	−0.588	−0.716	−0.915	−1.253	−1.857	−2.486	−2.679	−2.692
1.50	−0.505	−0.611	−0.774	−1.046	−1.549	−2.175	−2.421	−2.486
1.60	−0.440	−0.531	−0.667	−0.894	−1.318	−1.904	−2.177	−2.285
1.70	−0.387	−0.446	−0.583	−0.777	−1.139	−1.672	−1.953	−2.091
1.80	−0.344	−0.413	−0.515	−0.683	−0.996	−1.476	−1.751	−1.908
1.90	−0.307	−0.368	−0.458	−0.606	−0.880	−1.309	−1.571	−1.736
2.00	−0.276	−0.330	−0.411	−0.541	−0.782	−1.167	−1.411	−1.577
2.20	−0.226	−0.269	−0.334	−0.437	−0.629	−0.937	−1.143	−1.295
2.40	−0.187	−0.222	−0.275	−0.359	−0.513	−0.761	−0.929	−1.058
2.60	−0.155	−0.185	−0.228	−0.297	−0.422	−0.621	−0.756	−0.858
2.80	−0.130	−0.154	−0.190	−0.246	−0.348	−0.508	−0.614	−0.689
3.00	−0.109	−0.129	−0.159	−0.205	−0.288	−0.415	−0.495	−0.545
3.50	−0.069	−0.081	−0.099	−0.127	−0.174	−0.239	−0.270	−0.264
4.00	−0.041	−0.048	−0.058	−0.072	−0.095	−0.116	−0.110	−0.061

$$(H^R)^1/RT_c$$

p_r	0.0100	0.0500	0.1000	0.2000	0.4000	0.6000	0.8000	1.0000
T_r								
0.30	−11.098	−11.096	−11.095	−11.091	−11.083	−11.076	−11.069	−11.062
0.35	−10.656	−10.655	−10.654	−10.653	−10.650	−10.646	−10.643	−10.640
0.40	−10.121	−10.121	−10.121	−10.120	−10.121	−10.121	−10.121	−10.121
0.45	−9.515	−9.515	−9.516	−9.517	−9.519	−9.521	−9.523	−9.525
0.50	−8.868	−8.869	−8.870	−8.872	−8.876	−8.880	−8.884	−8.888
0.55	−0.080	−8.211	−8.212	−8.215	−8.221	−8.226	−8.232	−8.238
0.60	−0.059	−7.568	−7.570	−7.573	−7.579	−7.585	−7.591	−7.596
0.65	−0.045	−0.247	−6.949	−6.952	−6.959	−6.966	−6.973	−6.980
0.70	−0.034	−0.185	−0.415	−6.360	−6.367	−6.373	−6.381	−6.388
0.75	−0.027	−0.142	−0.306	−5.796	−5.802	−5.809	−5.816	−5.824
0.80	−0.021	−0.110	−0.234	−0.542	−5.266	−5.271	−5.278	−5.285
0.85	−0.017	−0.087	−0.182	−0.401	−4.753	−4.754	−4.758	−4.763
0.90	−0.014	−0.070	−0.144	−0.308	−0.751	−4.254	−4.248	−4.249
0.93	−0.012	−0.061	−0.126	−0.265	−0.612	−1.236	−3.942	−3.934
0.95	−0.011	−0.056	−0.115	−0.241	−0.542	−0.994	−3.737	−3.712
0.97	−0.010	−0.052	−0.105	−0.219	−0.483	−0.837	−1.616	−3.470
0.98	−0.010	−0.050	−0.101	−0.209	−0.457	−0.776	−1.324	−3.332
0.99	−0.009	−0.048	−0.097	−0.200	−0.433	−0.722	−1.154	−3.164
1.00	−0.009	−0.046	−0.093	−0.191	−0.410	−0.675	−1.034	−2.471
1.01	−0.009	−0.044	−0.089	−0.183	−0.389	−0.632	−0.940	−1.375
1.02	−0.008	−0.042	−0.085	−0.175	−0.370	−0.594	−0.863	−1.180
1.05	−0.007	−0.037	−0.075	−0.153	−0.318	−0.498	−0.691	−0.877
1.10	−0.006	−0.030	−0.061	−0.123	−0.251	−0.381	−0.507	−0.617
1.15	−0.005	−0.025	−0.050	−0.099	−0.199	−0.296	−0.385	−0.459
1.20	−0.004	−0.020	−0.040	−0.080	−0.158	−0.232	−0.297	−0.349
1.30	−0.003	−0.013	−0.026	−0.052	−0.100	−0.142	−0.177	−0.203
1.40	−0.002	−0.008	−0.016	−0.032	−0.060	−0.083	−0.100	−0.111
1.50	−0.001	−0.005	−0.009	−0.018	−0.032	−0.042	−0.048	−0.049
1.60	−0.000	−0.002	−0.004	−0.007	−0.012	−0.013	−0.011	−0.005
1.70	−0.000	−0.000	−0.000	−0.000	0.003	0.009	0.017	0.027
1.80	0.000	0.001	0.003	0.006	0.015	0.025	0.037	0.051
1.90	0.001	0.003	0.005	0.011	0.023	0.037	0.053	0.070
2.00	0.001	0.003	0.007	0.015	0.030	0.047	0.065	0.085
2.20	0.001	0.005	0.010	0.020	0.040	0.062	0.083	0.106
2.40	0.001	0.006	0.012	0.023	0.047	0.071	0.095	0.120
2.60	0.001	0.006	0.013	0.026	0.052	0.078	0.104	0.130
2.80	0.001	0.007	0.014	0.028	0.055	0.082	0.110	0.137
3.00	0.001	0.007	0.014	0.029	0.058	0.086	0.114	0.142
3.50	0.002	0.008	0.016	0.031	0.062	0.092	0.122	0.152
4.00	0.002	0.008	0.016	0.032	0.064	0.096	0.127	0.158

$$(H^R)^1/RT_c$$

p_r	1.0000	1.2000	1.5000	2.0000	3.0000	5.0000	7.0000	10.000
T_r								
0.30	−11.062	−11.055	−11.044	−11.027	−10.992	−10.935	−10.872	−10.781
0.35	−10.640	−10.637	−10.632	−10.624	−10.609	−10.581	−10.554	−10.529
0.40	−10.121	−10.121	−10.121	−10.122	−10.123	−10.128	−10.135	−10.150
0.45	−9.525	−9.527	−9.531	−9.537	−9.549	−9.576	−9.611	−9.663
0.50	−8.888	−8.892	−8.899	−8.909	−8.932	−8.978	−9.030	−9.111
0.55	−8.238	−8.243	−8.252	−8.267	−8.298	−8.360	−8.425	−8.531
0.60	−7.596	−7.603	−7.614	−7.632	−7.669	−7.745	−7.824	−7.950
0.65	−6.980	−6.987	−6.997	−7.017	−7.059	−7.147	−7.239	−7.381
0.70	−6.388	−6.395	−6.407	−6.429	−6.475	−6.574	−6.677	−6.837
0.75	−5.824	−5.832	−5.845	−5.868	−5.918	−6.027	−6.142	−6.318
0.80	−5.285	−5.293	−5.306	−5.330	−5.385	−5.506	−5.632	−5.824
0.85	−4.763	−4.771	−4.784	−4.810	−4.872	−5.000	−5.149	−5.358
0.90	−4.249	−4.255	−4.268	−4.298	−4.371	−4.530	−4.688	−4.916
0.93	−3.934	−3.937	−3.951	−3.987	−4.073	−4.251	−4.422	−4.662
0.95	−3.712	−3.713	−3.730	−3.773	−3.873	−4.068	−4.248	−4.497
0.97	−3.470	−3.467	−3.492	−3.551	−3.670	−3.885	−4.077	−4.336
0.98	−3.332	−3.327	−3.363	−3.434	−3.568	−3.795	−3.992	−4.257
0.99	−3.164	−3.164	−3.223	−3.313	−3.464	−3.705	−3.909	−4.178
1.00	−2.471	−2.952	−3.065	−3.186	−3.358	−3.615	−3.825	−4.100
1.01	−1.375	−2.595	−2.880	−3.051	−3.251	−3.525	−3.742	−4.023
1.02	−1.180	−1.723	−2.650	−2.906	−3.142	−3.435	−3.661	−3.947
1.05	−0.877	−0.878	−1.496	−2.381	−2.800	−3.167	−3.418	−3.722
1.10	−0.617	−0.673	−0.617	−1.261	−2.167	−2.720	−3.023	−3.362
1.15	−0.459	−0.503	−0.487	−0.604	−1.497	−2.275	−2.614	−3.019
1.20	−0.349	−0.381	−0.381	−0.361	−0.934	−1.840	−2.273	−2.692
1.30	−0.203	−0.218	−0.218	−0.178	−0.300	−1.066	−1.592	−2.086
1.40	−0.111	−0.115	−0.128	−0.070	−0.044	−0.504	−1.012	−1.547
1.50	−0.049	−0.046	−0.032	0.008	0.078	−0.142	−0.556	−1.080
1.60	−0.005	0.004	0.023	0.065	0.151	0.082	−0.217	−0.689
1.70	0.027	0.040	0.063	0.109	0.202	0.223	0.028	−0.369
1.80	0.051	0.067	0.094	0.143	0.241	0.317	0.203	−0.112
1.90	0.070	0.088	0.117	0.169	0.271	0.381	0.330	0.092
2.00	0.085	0.105	0.136	0.190	0.295	0.428	0.424	0.255
2.20	0.106	0.128	0.163	0.221	0.331	0.493	0.551	0.489
2.40	0.120	0.144	0.181	0.242	0.356	0.535	0.631	0.645
2.60	0.130	0.156	0.194	0.257	0.376	0.567	0.687	0.754
2.80	0.137	0.164	0.204	0.269	0.391	0.591	0.729	0.836
3.00	0.142	0.170	0.211	0.278	0.403	0.611	0.763	0.899
3.50	0.152	0.181	0.224	0.294	0.425	0.650	0.827	1.015
4.00	0.158	0.188	0.233	0.306	0.442	0.680	0.874	1.097

B4 Lee-Kesler 方程的剩余性质熵的分项值 $(S^R)^0/R$ 和 $(S^R)^1/R$

$$(S^R)^0/R$$

p_r	0.0100	0.0500	0.1000	0.2000	0.4000	0.6000	0.8000	1.0000
T_r								
0.30	−11.614	−10.008	−9.319	−8.635	−7.961	−7.574	−7.304	−7.099
0.35	−11.185	−9.579	−8.890	−8.205	−7.529	−7.140	−6.869	−6.663
0.40	−10.802	−9.196	−8.506	−7.821	−7.144	−6.755	−6.483	−6.275
0.45	−10.453	−8.847	−8.157	−7.472	−6.794	−6.404	−6.132	−5.924
0.50	−10.137	−8.531	−7.841	−7.156	−6.479	−6.089	−5.816	−5.608
0.55	−0.038	−8.245	−7.555	−6.870	−6.193	−5.803	−5.531	−5.324
0.60	−0.029	−7.983	−7.294	−6.610	−5.933	−5.544	−5.273	−5.066
0.65	−0.023	−0.122	−7.052	−6.368	−5.694	−5.306	−5.036	−4.830
0.70	−0.018	−0.096	−0.206	−6.140	−5.467	−5.082	−4.814	−4.610
0.75	−0.015	−0.078	−0.164	−5.917	−5.248	−4.866	−4.600	−4.399
0.80	−0.013	−0.064	−0.134	−0.294	−5.026	−4.694	−4.388	−4.191
0.85	−0.011	−0.054	−0.111	−0.239	−4.785	−4.418	−4.166	−3.976
0.90	−0.009	−0.046	−0.094	−0.199	−0.463	−4.145	−3.912	−3.738
0.93	−0.008	−0.042	−0.085	−0.179	−0.408	−0.750	−3.723	−3.569
0.95	−0.008	−0.039	−0.080	−0.168	−0.377	−0.671	−3.556	−3.433
0.97	−0.007	−0.037	−0.075	−0.157	−0.350	−0.607	−1.056	−3.259
0.98	−0.007	−0.036	−0.073	−0.153	−0.337	−0.580	−0.971	−3.142
0.99	−0.007	−0.035	−0.071	−0.148	−0.326	−0.555	−0.903	−2.972
1.00	−0.007	−0.034	−0.069	−0.144	−0.315	−0.532	−0.847	−2.178
1.01	−0.007	−0.033	−0.067	−0.139	−0.304	−0.510	−0.799	−1.391
1.02	−0.006	−0.032	−0.065	−0.135	−0.294	−0.491	−0.757	−1.225
1.05	−0.006	−0.030	−0.060	−0.124	−0.267	−0.439	−0.656	−0.965
1.10	−0.005	−0.026	−0.053	−0.108	−0.230	−0.371	−0.537	−0.742
1.15	−0.005	−0.023	−0.047	−0.096	−0.201	−0.319	−0.452	−0.607
1.20	−0.004	−0.021	−0.042	−0.085	−0.177	−0.277	−0.389	−0.512
1.30	−0.003	−0.017	−0.033	−0.068	−0.140	−0.217	−0.298	−0.385
1.40	−0.003	−0.014	−0.027	−0.056	−0.114	−0.174	−0.237	−0.303
1.50	−0.002	−0.011	−0.023	−0.046	−0.094	−0.143	−0.194	−0.246
1.60	−0.002	−0.010	−0.019	−0.039	−0.079	−0.120	−0.162	−0.204
1.70	−0.002	−0.008	−0.017	−0.033	−0.067	−0.102	−0.137	−0.172
1.80	−0.001	−0.007	−0.014	−0.029	−0.058	−0.088	−0.117	−0.147
1.90	−0.001	−0.006	−0.013	−0.025	−0.051	−0.076	−0.102	−0.127
2.00	−0.001	−0.006	−0.011	−0.022	−0.044	−0.067	−0.089	−0.111
2.20	−0.001	−0.004	−9.009	−0.018	−0.035	−0.053	−0.070	−0.087
2.40	−0.001	−0.004	−0.007	−0.014	−0.028	−0.042	−0.056	−0.070
2.60	−0.001	−0.003	−0.006	−0.012	−0.023	−0.035	−0.046	−0.058
2.80	−0.000	−0.002	−0.005	−0.010	−0.020	−0.029	−0.039	−0.048
3.00	−0.000	−0.002	−0.004	−0.008	−0.017	−0.025	−0.033	−0.041
3.50	−0.000	−0.001	−0.003	−0.006	−0.012	−0.017	−0.023	−0.029
4.00	−0.000	−0.001	−0.002	−0.004	−0.009	−0.013	−0.017	−0.021

$(S^R)^0/R$

续表 B4

p_r / T_r	1.0000	1.2000	1.5000	2.0000	3.0000	5.0000	7.0000	10.000
0.30	−7.099	−6.935	−6.740	−6.497	−6.180	−5.847	−5.683	−5.578
0.35	−6.663	−6.497	−6.299	−6.052	−5.728	−5.376	−5.194	−5.060
0.40	−6.275	−6.109	−5.909	−5.660	−5.330	−4.967	−4.772	−4.619
0.45	−5.924	−5.757	−5.557	−5.306	−4.974	−4.603	−4.401	−4.234
0.50	−5.608	−5.441	−5.240	−4.989	−4.656	−4.282	−4.074	−3.899
0.55	−5.324	−5.157	−4.956	−4.706	−4.373	−3.998	−3.788	−3.607
0.60	−5.066	−4.900	−4.700	−4.451	−4.120	−3.747	−3.537	−3.353
0.65	−4.830	−4.665	−4.467	−4.220	−3.892	−3.523	−3.315	−3.131
0.70	−4.610	−4.446	−4.250	−4.007	−3.684	−3.322	−3.117	−2.935
0.75	−4.399	−4.238	−4.045	−3.807	−3.491	−3.138	−2.939	−2.761
0.80	−4.191	−4.034	−3.846	−3.615	−3.310	−2.970	−2.777	−2.605
0.85	−3.976	−3.825	−3.646	−3.425	−3.135	−2.812	−2.629	−2.463
0.90	−3.738	−3.599	−3.434	−3.231	−2.964	−2.663	−2.491	−2.334
0.93	−3.569	−3.444	−3.295	−3.108	−2.860	−2.577	−2.412	−2.262
0.95	−3.433	−3.326	−3.193	−3.023	−2.790	−2.520	−2.362	−2.215
0.97	−3.259	−3.188	−3.081	−2.932	−2.719	−2.463	−2.312	−2.170
0.98	−3.142	−3.106	−3.019	−2.884	−2.682	−2.436	−2.287	−2.148
0.99	−2.972	−3.010	−2.953	−2.835	−2.646	−2.408	−2.263	−2.126
1.00	−2.178	−2.893	−2.879	−2.784	−2.609	−2.380	−2.239	−2.105
1.01	−1.391	−2.736	−2.798	−2.730	−2.571	−2.352	−2.215	−2.083
1.02	−1.225	−2.495	−2.706	−2.673	−2.533	−2.325	−2.191	−2.062
1.05	−0.965	−1.523	−2.328	−2.483	−2.415	−2.242	−2.121	−2.001
1.10	−0.742	−1.012	−1.557	−2.081	−2.202	−2.104	−2.007	−1.903
1.15	−0.607	−0.790	−1.126	−1.649	−1.968	−1.966	−1.897	−1.810
1.20	−0.512	−0.651	−0.890	−1.308	−1.727	−1.827	−1.789	−1.722
1.30	−0.385	−0.478	−0.628	−0.891	−1.299	−1.554	−1.581	−1.556
1.40	−0.303	−0.375	−0.478	−0.663	−0.990	−1.303	−1.386	−1.402
1.50	−0.246	−0.299	−0.381	−0.520	−0.777	−1.088	−1.208	−1.260
1.60	−0.204	−0.247	−0.312	−0.421	−0.628	−0.913	−1.050	−1.130
1.70	−0.172	−0.208	−0.261	−0.350	−0.519	−0.773	−0.915	−1.013
1.80	−0.147	−0.177	−0.222	−0.296	−0.438	−0.661	−0.799	−0.908
1.90	−0.127	−0.153	−0.191	−0.255	−0.375	−0.570	−0.702	−0.815
2.00	−0.111	−0.134	−0.167	−0.221	−0.625	−0.497	−0.620	−0.733
2.20	−0.087	−0.105	−0.130	−0.172	0.251	−0.388	−0.492	−0.599
2.40	−0.070	−0.084	−0.104	−0.138	−0.201	−0.311	−0.399	−0.496
2.60	−0.058	−0.069	−0.086	−0.113	−0.164	−0.255	−0.329	−0.416
2.80	−0.048	−0.058	−0.072	−0.094	−0.137	−0.213	−0.277	−0.353
3.00	−0.041	−0.049	−0.061	−0.080	−0.116	−0.181	−0.236	−0.303
3.50	−0.029	−0.034	−0.042	−0.056	−0.081	−0.126	−0.166	−0.216
4.00	−0.021	−0.025	−0.031	−0.041	−0.059	−0.093	−0.123	−0.162

$(S^R)^1/R$ 续表 B4

p_r / T_r	0.0100	0.0500	0.1000	0.2000	0.4000	0.6000	0.8000	1.0000
0.30	−16.782	−16.774	−16.764	−16.744	−16.705	−16.665	−16.626	−16.586
0.35	−15.413	−15.408	−15.401	−15.387	−15.359	−15.333	−15.305	−15.278
0.40	−13.990	−13.986	−13.981	−13.972	−13.953	−13.934	−13.915	−13.896
0.45	−12.564	−12.561	−12.558	−12.551	−12.537	−12.523	−12.509	−12.496
0.50	−11.202	−11.200	−11.197	−11.092	−11.082	−11.172	−11.162	−11.153
0.55	−0.115	−9.948	−9.946	−9.942	−9.935	−9.928	−9.921	−9.914
0.60	−0.078	−8.828	−8.826	−8.823	−8.817	−8.811	−8.806	−8.799
0.65	−0.055	−0.309	−7.832	−7.829	−7.824	−7.819	−7.815	−7.510
0.70	−0.040	−0.216	−0.491	−6.951	−6.945	−6.941	−6.937	−6.933
0.75	−0.029	−0.156	−0.340	−6.173	−6.167	−6.162	−6.158	−6.155
0.80	−0.022	−0.116	−0.246	−0.578	−5.475	−5.468	−5.462	−5.458
0.85	−0.017	−0.088	−0.183	−0.400	−4.853	−4.841	−4.832	−4.826
0.90	−0.013	−0.068	−0.140	−0.301	−0.744	−4.269	−4.249	−4.238
0.93	−0.011	−0.058	−0.120	−0.254	−0.593	−1.219	−3.914	−3.894
0.95	−0.010	−0.053	−0.109	−0.228	−0.517	−0.961	−3.697	−3.658
0.97	−0.010	−0.048	−0.099	−0.206	−0.456	−0.797	−1.570	−3.406
0.98	−0.009	−0.046	−0.094	−0.196	−0.429	−0.734	−1.270	−3.264
0.99	−0.009	−0.044	−0.090	−0.186	−0.405	−0.680	−1.098	−3.093
1.00	−0.008	−0.042	−0.086	−0.177	−0.382	−0.632	−0.977	−2.399
1.01	−0.008	−0.040	−0.082	−0.169	−0.361	−0.590	−0.883	−1.306
1.02	−0.008	−0.039	−0.078	−0.161	−0.342	−0.552	−0.807	−1.113
1.05	−0.007	−0.034	−0.069	−0.140	−0.292	−0.460	−0.642	−0.820
1.10	−0.005	−0.028	−0.055	−0.112	−0.229	−0.350	−0.470	−0.577
1.15	−0.005	−0.023	−0.045	−0.091	−0.183	−0.275	−0.361	−0.437
1.20	−0.004	−0.019	−0.037	−0.075	−0.149	−0.220	−0.286	−0.343
1.30	−0.003	−0.013	−0.026	−0.052	−0.102	−0.148	−0.190	−0.226
1.40	−0.002	−0.010	−0.019	−0.037	−0.072	−0.104	−0.133	−0.158
1.50	−0.001	−0.007	−0.014	−0.027	−0.053	−0.076	−0.097	−0.115
1.60	−0.001	−0.005	−0.011	−0.021	−0.040	−0.057	−0.073	−0.086
1.70	−0.001	−0.004	−0.008	−0.016	−0.031	−0.044	−0.056	−0.067
1.80	−0.001	−0.003	−0.006	−0.013	−0.024	−0.035	−0.044	−0.053
1.90	−0.001	−0.003	−0.005	−0.010	−0.019	−0.028	−0.036	−0.043
2.00	−0.000	−0.002	−0.004	−0.008	−0.016	−0.023	−0.029	−0.035
2.20	−0.000	−0.001	−0.003	−0.006	−0.011	−0.016	−0.021	−0.025
2.40	−0.000	−0.001	−0.002	−0.004	−0.008	−0.012	−0.015	−0.019
2.60	−0.000	−0.001	−0.002	−0.003	−0.006	−0.009	−0.012	−0.015
2.80	−0.000	−0.001	−0.001	−0.003	−0.005	−0.008	−0.010	−0.012
3.00	−0.000	−0.001	−0.001	−0.002	−0.004	−0.006	−0.008	−0.010
3.50	−0.000	−0.000	−0.001	−0.001	−0.003	−0.004	−0.006	−0.007
4.00	−0.000	−0.000	−0.001	−0.001	−0.002	−0.003	−0.005	−0.006

$$(S^R)^1/R$$

p_r	1.0000	1.2000	1.5000	2.0000	3.0000	5.0000	7.0000	10.000
T_r								
0.30	−16.586	−16.547	−16.488	−16.390	−16.195	−15.837	−15.468	−14.925
0.35	−15.278	−15.251	−15.211	−15.144	−15.011	−14.751	−14.496	−14.153
0.40	−13.896	−13.877	−13.849	−13.803	−13.714	−13.541	−13.376	−13.144
0.45	−12.496	−12.482	−12.462	−12.430	−12.367	−12.248	−12.145	−11.999
0.50	−11.153	−11.143	−11.129	−11.107	−11.063	−10.985	−10.920	−10.836
0.55	−9.914	−9.907	−9.897	−9.882	−9.853	−9.806	−9.769	−9.732
0.60	−8.799	−8.794	−8.787	−8.777	−8.760	−8.736	−8.723	−8.720
0.65	−7.810	−7.807	−7.801	−7.794	−7.784	−7.779	−7.785	−7.811
0.70	−6.933	−6.930	−6.926	−6.922	−6.919	−6.929	−6.952	−7.002
0.75	−6.155	−6.152	−6.149	−6.147	−6.149	−6.174	−6.213	−6.285
0.80	−5.458	−5.455	−5.453	−5.452	−5.461	−5.501	−5.555	−5.648
0.85	−4.826	−4.822	−4.820	−4.822	−4.839	−4.898	−4.969	−5.082
0.90	−4.238	−4.232	−4.230	−4.236	−4.267	−4.351	−4.442	−4.578
0.93	−3.894	−3.885	−3.884	−3.896	−3.941	−4.046	−4.151	−4.300
0.95	−3.658	−3.647	−3.648	−3.669	−3.728	−3.851	−3.966	−4.125
0.97	−3.406	−3.391	−3.401	−3.437	−3.517	−3.661	−3.788	−3.957
0.98	−3.264	−3.247	−3.268	−3.318	−3.412	−3.569	−3.701	−3.875
0.99	−3.093	−3.082	−3.126	−3.195	−3.306	−3.477	−3.616	−3.796
1.00	−2.399	−2.868	−2.967	−3.067	−3.200	−3.387	−3.532	−3.717
1.01	−1.306	−2.513	−2.784	−2.933	−3.094	−3.297	−3.450	−3.640
1.02	−1.113	−1.655	−2.557	−2.790	−2.986	−3.209	−3.369	−3.565
1.05	−0.820	−0.831	−1.443	−2.283	−2.655	−2.949	−3.134	−3.348
1.10	−0.577	−0.640	−0.618	−1.241	−2.067	−2.534	−2.767	−3.013
1.15	−0.437	−0.489	−0.502	−0.654	−1.471	−2.138	−2.428	−2.708
1.20	−0.343	−0.385	−0.412	−0.447	−0.991	−1.767	−2.115	−2.430
1.30	−0.226	−0.254	−0.282	−0.300	−0.481	−1.147	−1.569	−1.944
1.40	−0.158	−0.178	−0.200	−0.200	−0.290	−0.730	−1.138	−1.544
1.50	−0.115	−0.130	−0.147	−0.166	−0.206	−0.479	−0.823	−1.222
1.60	−0.086	−0.098	−0.112	−0.129	−0.159	−0.334	−0.604	−0.969
1.70	−0.067	−0.076	−0.087	−0.102	−0.127	−0.248	−0.456	−0.775
1.80	−0.053	−0.060	−0.070	−0.083	−0.105	−0.195	−0.355	−0.628
1.90	−0.043	−0.049	−0.057	−0.069	−0.089	−0.160	−0.286	−0.518
2.00	−0.035	−0.040	−0.048	−0.058	−0.077	−0.136	−0.238	−0.434
2.20	−0.025	−0.029	−0.035	−0.043	−0.060	−0.105	−0.178	−0.322
2.40	−0.019	−0.022	−0.027	−0.034	−0.048	−0.086	−0.143	−0.254
2.60	−0.015	−0.018	−0.021	−0.028	−0.041	−0.074	−0.120	−0.210
2.80	−0.012	−0.014	−0.018	−0.023	−0.025	−0.065	−0.104	−0.180
3.00	−0.010	−0.012	−0.015	−0.020	−0.031	−0.058	−0.093	−0.158
3.50	−0.007	−0.009	−0.011	−0.015	−0.024	−0.046	−0.073	−0.122
4.00	−0.006	−0.007	−0.009	−0.012	−0.020	−0.038	−0.060	−0.100

B5 Lee-Kesler 方程的逸度系数的分项值 ϕ^0 和 ϕ^1

$$\phi^0$$

p_r	0.0100	0.0500	0.1000	0.2000	0.4000	0.6000	0.8000	1.0000
T_r								
0.30	0.0002	0.0000	0.0000	0.0000	0.0000	0.0000	0.0000	0.0000
0.35	0.0034	0.0007	0.0003	0.0002	0.0001	0.0001	0.0001	0.0000
0.40	0.0272	0.0055	0.0028	0.0014	0.0007	0.0005	0.0004	0.0003
0.45	0.1321	0.0266	0.0135	0.0069	0.0036	0.0025	0.0020	0.0016
0.50	0.4529	0.0912	0.0461	0.0235	0.0122	0.0085	0.0067	0.0055
0.55	0.9817	0.2432	0.1227	0.0625	0.0325	0.0225	0.0176	0.0146
0.60	0.9840	0.5383	0.2716	0.1384	0.0718	0.0497	0.0386	0.0321
0.65	0.9886	0.9419	0.5212	0.2655	0.1374	0.0948	0.0738	0.0611
0.70	0.9908	0.9528	0.9057	0.4560	0.2360	0.1626	0.1262	0.1045
0.75	0.9931	0.9616	0.9226	0.7178	0.3715	0.2559	0.1982	0.1641
0.80	0.9931	0.9683	0.9354	0.8730	0.5445	0.3750	0.2904	0.2404
0.85	0.9954	0.9727	0.9462	0.8933	0.7534	0.5188	0.4018	0.3319
0.90	0.9954	0.9772	0.9550	0.9099	0.8204	0.6823	0.5297	0.4375
0.93	0.9954	0.9795	0.9594	0.9183	0.8375	0.7551	0.6109	0.5058
0.95	0.9954	0.9817	0.9616	0.9226	0.8472	0.7709	0.6668	0.5521
0.97	0.9954	0.9817	0.9638	0.9268	0.8570	0.7852	0.7112	0.5984
0.98	0.9954	0.9817	0.9638	0.9290	0.8610	0.7925	0.7211	0.6223
0.99	0.9977	0.9840	0.9661	0.9311	0.8650	0.7980	0.7295	0.6442
1.00	0.9977	0.9840	0.9661	0.9333	0.8690	0.8035	0.7379	0.6668
1.01	0.9977	0.9840	0.9683	0.9354	0.8730	0.8110	0.7464	0.6792
1.02	0.9977	0.9840	0.9683	0.9376	0.8770	0.8166	0.7551	0.6902
1.05	0.9977	0.9863	0.9705	0.9441	0.8872	0.8318	0.7762	0.7194
1.10	0.9977	0.9886	0.9750	0.9506	0.9016	0.8531	0.8072	0.7586
1.15	0.9977	0.9886	0.9795	0.9572	0.9141	0.8730	0.8318	0.7907
1.20	0.9977	0.9908	0.9817	0.9616	0.9247	0.8892	0.8531	0.8166
1.30	0.9977	0.9931	0.9863	0.9705	0.9419	0.9141	0.8872	0.8590
1.40	0.9977	0.9931	0.9886	0.9772	0.9550	0.9333	0.9120	0.8892
1.50	1.0000	0.9954	0.9908	0.9817	0.9638	0.9462	0.9290	0.9141
1.60	1.0000	0.9954	0.9931	0.9863	0.9727	0.9572	0.9441	0.9311
1.70	1.0000	0.9977	0.9954	0.9886	0.9772	0.9661	0.9550	0.9462
1.80	1.0000	0.9977	0.9954	0.9908	0.9817	0.9727	0.9661	0.9572
1.90	1.0000	0.9977	0.9954	0.9931	0.9863	0.9795	0.9727	0.9661
2.00	1.0000	0.9977	0.9977	0.9954	0.9886	0.9840	0.9795	0.9727
2.20	1.0000	1.0000	0.9977	0.9977	0.9931	0.9908	0.9886	0.9840
2.40	1.0000	1.0000	1.0000	0.9977	0.9977	0.9954	0.9931	0.9931
2.60	1.0000	1.0000	1.0000	1.0000	1.0000	0.9977	0.9977	0.9977
2.80	1.0000	1.0000	1.0000	1.0000	1.0000	1.0000	1.0023	1.0023
3.00	1.0000	1.0000	1.0000	1.0000	1.0023	1.0023	1.0046	1.0046
3.50	1.0000	1.0000	1.0000	1.0023	1.0023	1.0046	1.0069	1.0093
4.00	1.0000	1.0000	1.0000	1.0023	1.0046	1.0069	1.0093	1.0116

$$\phi^0$$

p_r	1.0000	1.2000	1.5000	2.0000	3.0000	5.0000	7.0000	10.000
T_r								
0.30	0.0000	0.0000	0.0000	0.0000	0.0000	0.0000	0.0000	0.0000
0.35	0.0000	0.0000	0.0000	0.0000	0.0000	0.0000	0.0000	0.0000
0.40	0.0003	0.0003	0.0003	0.0002	0.0002	0.0002	0.0002	0.0003
0.45	0.0016	0.0014	0.0012	0.0010	0.0008	0.0008	0.0009	0.0012
0.50	0.0055	0.0048	0.0041	0.0034	0.0028	0.0025	0.0027	0.0034
0.55	0.0146	0.0127	0.0107	0.0089	0.0072	0.0063	0.0066	0.0080
0.60	0.0321	0.0277	0.0234	0.0193	0.0154	0.0132	0.0135	0.0160
0.65	0.0611	0.0527	0.0445	0.0364	0.0289	0.0244	0.0245	0.0282
0.70	0.1045	0.0902	0.0759	0.0619	0.0488	0.0406	0.0402	0.0453
0.75	0.1641	0.1413	0.1188	0.0966	0.0757	0.0625	0.0610	0.0673
0.80	0.2404	0.2065	0.1738	0.1409	0.1102	0.0899	0.0867	0.0942
0.85	0.3319	0.2858	0.2399	0.1945	0.1517	0.1227	0.1175	0.1256
0.90	0.4375	0.3767	0.3162	0.2564	0.1995	0.1607	0.1524	0.1611
0.93	0.5058	0.4355	0.3656	0.2972	0.2307	0.1854	0.1754	0.1841
0.95	0.5521	0.4764	0.3999	0.3251	0.2523	0.2028	0.1910	0.2000
0.97	0.5984	0.5164	0.4345	0.3532	0.2748	0.2203	0.2075	0.2163
0.98	0.6223	0.5370	0.4529	0.3681	0.2864	0.2296	0.2158	0.2244
0.99	0.6442	0.5572	0.4699	0.3828	0.2978	0.2388	0.2244	0.2328
1.00	0.6668	0.5781	0.4875	0.3972	0.3097	0.2483	0.2328	0.2415
1.01	0.6792	0.5970	0.5047	0.4121	0.3214	0.2576	0.2415	0.2500
1.02	0.6902	0.6166	0.5224	0.4266	0.3334	0.2673	0.2506	0.2582
1.05	0.7194	0.6607	0.5728	0.4710	0.3690	0.2958	0.2773	0.2844
1.10	0.7586	0.7112	0.6412	0.5408	0.4285	0.3451	0.3228	0.3296
1.15	0.7907	0.7499	0.6918	0.6026	0.4875	0.3954	0.3690	0.3750
1.20	0.8166	0.7834	0.7328	0.6546	0.5420	0.4446	0.4150	0.4198
1.30	0.8590	0.8318	0.7943	0.7345	0.6383	0.5383	0.5058	0.5093
1.40	0.8892	0.8690	0.8395	0.7925	0.7145	0.6237	0.5902	0.5943
1.50	0.9141	0.8974	0.8730	0.8375	0.7745	0.6966	0.6668	0.6714
1.60	0.9311	0.9183	0.8995	0.8710	0.8222	0.7586	0.7328	0.7430
1.70	0.9462	0.9354	0.9204	0.8995	0.8610	0.8091	0.7907	0.8054
1.80	0.9572	0.9484	0.9376	0.9204	0.8913	0.8531	0.8414	0.8590
1.90	0.9661	0.9594	0.9506	0.9376	0.9162	0.8872	0.8831	0.9057
2.00	0.9727	0.9683	0.9616	0.9528	0.9354	0.9183	0.9183	0.9462
2.20	0.9840	0.9817	0.9795	0.9727	0.9661	0.9616	0.9727	1.0093
2.40	0.9931	0.9908	0.9908	0.9886	0.9863	0.9931	1.0116	1.0568
2.60	0.9977	0.9977	0.9977	0.9977	1.0023	1.0162	1.0399	1.0889
2.80	1.0023	1.0023	1.0046	1.0069	1.0116	1.0328	1.0593	1.1117
3.00	1.0046	1.0069	1.0069	1.0116	1.0209	1.0423	1.0740	1.1298
3.50	1.0093	1.0116	1.0139	1.0186	1.0304	1.0593	1.0914	1.1508
4.00	1.0116	1.0139	1.0162	1.0233	1.0375	1.0666	1.0990	1.1588

ϕ^1

p_r	0.0100	0.0500	0.1000	0.2000	0.4000	0.6000	0.8000	1.0000
T_r								
0.30	0.0000	0.0000	0.0000	0.0000	0.0000	0.0000	0.0000	0.0000
0.35	0.0000	0.0000	0.0000	0.0000	0.0000	0.0000	0.0000	0.0000
0.40	0.0000	0.0000	0.0000	0.0000	0.0000	0.0000	0.0000	0.0000
0.45	0.0002	0.0002	0.0002	0.0002	0.0002	0.0002	0.0002	0.0002
0.50	0.0014	0.0014	0.0014	0.0014	0.0014	0.0014	0.0013	0.0013
0.55	0.9705	0.0069	0.0068	0.0068	0.0066	0.0065	0.0064	0.0063
0.60	0.9795	0.0227	0.0226	0.0223	0.0220	0.0216	0.0213	0.0210
0.65	0.9863	0.9311	0.0572	0.0568	0.0559	0.0551	0.0543	0.0535
0.70	0.9908	0.9528	0.9036	0.1182	0.1163	0.1147	0.1131	0.1116
0.75	0.9931	0.9683	0.9332	0.2112	0.2078	0.2050	0.2022	0.1994
0.80	0.9954	0.9772	0.9550	0.9057	0.3302	0.3257	0.3212	0.3168
0.85	0.9977	0.9863	0.9705	0.9375	0.4774	0.4708	0.4654	0.4590
0.90	0.9977	0.9908	0.9795	0.9594	0.9141	0.6323	0.6250	0.6165
0.93	0.9977	0.9931	0.9840	0.9705	0.9354	0.8953	0.7227	0.7144
0.95	0.9977	0.9931	0.9885	0.9750	0.9484	0.9183	0.7888	0.7797
0.97	1.0000	0.9954	0.9908	0.9795	0.9594	0.9354	0.9078	0.8413
0.98	1.0000	0.9954	0.9908	0.9817	0.9638	0.9440	0.9225	0.8729
0.99	1.0000	0.9954	0.9931	0.9840	0.9683	0.9528	0.9332	0.9036
1.00	1.0000	0.9977	0.9931	0.9863	0.9727	0.9594	0.9440	0.9311
1.01	1.0000	0.9977	0.9931	0.9885	0.9772	0.9638	0.9528	0.9462
1.02	1.0000	0.9977	0.9954	0.9908	0.9795	0.9705	0.9616	0.9572
1.05	1.0000	0.9977	0.9977	0.9954	0.9885	0.9863	0.9840	0.9840
1.10	1.0000	1.0000	1.0000	1.0000	1.0023	1.0046	1.0093	1.0163
1.15	1.0000	1.0000	1.0023	1.0046	1.0116	1.0186	1.0257	1.0375
1.20	1.0000	1.0023	1.0046	1.0069	1.0163	1.0280	1.0399	1.0544
1.30	1.0000	1.0023	1.0069	1.0116	1.0257	1.0399	1.0544	1.0716
1.40	1.0000	1.0046	1.0069	1.0139	1.0304	1.0471	1.0642	1.0815
1.50	1.0000	1.0046	1.0069	1.0163	1.0328	1.0496	1.0666	1.0865
1.60	1.0000	1.0046	1.0069	1.0163	1.0328	1.0496	1.0691	1.0865
1.70	1.0000	1.0046	1.0093	1.0163	1.0328	1.0496	1.0691	1.0865
1.80	1.0000	1.0046	1.0069	1.0163	1.0328	1.0496	1.0666	1.0840
1.90	1.0000	1.0046	1.0069	1.0163	1.0328	1.0496	1.0666	1.0815
2.00	1.0000	1.0046	1.0069	1.0163	1.0304	1.0471	1.0642	1.0815
2.20	1.0000	1.0046	1.0069	1.0139	1.0304	1.0447	1.0593	1.0765
2.40	1.0000	1.0046	1.0069	1.0139	1.0280	1.0423	1.0568	1.0716
2.60	1.0000	1.0023	1.0069	1.0139	1.0257	1.0399	1.0544	1.0666
2.80	1.0000	1.0023	1.0069	1.0116	1.0257	1.0375	1.0496	1.0642
3.00	1.0000	1.0023	1.0069	1.0116	1.0233	1.0352	1.0471	1.0593
3.50	1.0000	1.0023	1.0046	1.0023	1.0209	1.0304	1.0423	1.0520
4.00	1.0000	1.0023	1.0046	1.0093	1.0186	1.0280	1.0375	1.0471

$$\phi^1$$

p_r	1.0000	1.2000	1.5000	2.0000	3.0000	5.0000	7.0000	10.000
T_r								
0.30	0.0000	0.0000	0.0000	0.0000	0.0000	0.0000	0.0000	0.0000
0.35	0.0000	0.0000	0.0000	0.0000	0.0000	0.0000	0.0000	0.0000
0.40	0.0000	0.0000	0.0000	0.0000	0.0000	0.0000	0.0000	0.0000
0.45	0.0002	0.0002	0.0002	0.0002	0.0001	0.0001	0.0001	0.0001
0.50	0.0013	0.0013	0.0013	0.0012	0.0011	0.0009	0.0008	0.0006
0.55	0.0063	0.0062	0.0061	0.0058	0.0053	0.0045	0.0039	0.0031
0.60	0.0210	0.0207	0.0202	0.0194	0.0179	0.0154	0.0133	0.0108
0.65	0.0536	0.0527	0.0516	0.0497	0.0461	0.0401	0.0350	0.0289
0.70	0.1117	0.1102	0.1079	0.1040	0.0970	0.0851	0.0752	0.0629
0.75	0.1995	0.1972	0.1932	0.1871	0.1754	0.1552	0.1387	0.1178
0.80	0.3170	0.3133	0.3076	0.2978	0.2812	0.2512	0.2265	0.1954
0.85	0.4592	0.4539	0.4457	0.4325	0.4093	0.3698	0.3365	0.2951
0.90	0.6166	0.6095	0.5998	0.5834	0.5546	0.5058	0.4645	0.4130
0.93	0.7145	0.7063	0.6950	0.6761	0.6457	0.5916	0.5470	0.4898
0.95	0.7798	0.7691	0.7568	0.7379	0.7063	0.6501	0.6026	0.5432
0.97	0.8414	0.8318	0.8185	0.7998	0.7656	0.7096	0.6607	0.5984
0.98	0.8730	0.8630	0.8492	0.8298	0.7962	0.7379	0.6887	0.6266
0.99	0.9036	0.8913	0.8790	0.8590	0.8241	0.7674	0.7178	0.6546
1.00	0.9311	0.9204	0.9078	0.8872	0.8531	0.7962	0.7464	0.6823
1.01	0.9462	0.9462	0.9333	0.9162	0.8831	0.8241	0.7745	0.7096
1.02	0.9572	0.9661	0.9594	0.9419	0.9099	0.8531	0.8035	0.7379
1.05	0.9840	0.9954	1.0186	1.0162	0.9886	0.9354	0.8872	0.8222
1.10	1.0162	1.0280	1.0593	1.0990	1.1015	1.0617	1.0186	0.9572
1.15	1.0375	1.0520	1.0814	1.1376	1.1858	1.1722	1.1403	1.0864
1.20	1.0544	1.0691	1.0990	1.1588	1.2388	1.2647	1.2474	1.2050
1.30	1.0715	1.0914	1.1194	1.1776	1.2853	1.3868	1.4125	1.4061
1.40	1.0814	1.0990	1.1298	1.1858	1.2942	1.4488	1.5171	1.5524
1.50	1.0864	1.1041	1.1350	1.1858	1.2942	1.4689	1.5740	1.6520
1.60	1.0864	1.1041	1.1350	1.1858	1.2883	1.4689	1.5996	1.7140
1.70	1.0864	1.1041	1.1324	1.1803	1.2794	1.4622	1.6033	1.7458
1.80	1.0839	1.1015	1.1298	1.1749	1.2706	1.4488	1.5959	1.7620
1.90	1.0814	1.0990	1.1272	1.1695	1.2618	1.4355	1.5849	1.7620
2.00	1.0814	1.0965	1.1220	1.1641	1.2503	1.4191	1.5704	1.7539
2.20	1.0765	1.0914	1.1143	1.1535	1.2331	1.3900	1.5346	1.7219
2.40	1.0715	1.0864	1.1066	1.1429	1.2190	1.3614	1.4997	1.6866
2.60	1.0666	1.0814	1.1015	1.1350	1.2023	1.3397	1.4689	1.6482
2.80	1.0641	1.0765	1.0940	1.1272	1.1912	1.3183	1.4388	1.6144
3.00	1.0593	1.0715	1.0889	1.1194	1.1803	1.3002	1.4158	1.5813
3.50	1.0520	1.0617	1.0789	1.1041	1.1561	1.2618	1.3614	1.5101
4.00	1.0471	1.0544	1.0691	1.0914	1.1403	1.2303	1.3213	1.4555

B6 热力学性质关系表 （Brigeman 表）

压力为常数和压力为变数	熵为常数或熵为变数
$(\partial V)_p = -(\partial p)_V = \left(\dfrac{\partial V}{\partial T}\right)_p$ $(\partial T)_p = -(\partial p)_T = 1$ $(\partial S)_p = -(\partial p)_S = \dfrac{C_p}{T}$ $(\partial U)_p = -(\partial p)_U = C_p - p\left(\dfrac{\partial V}{\partial T}\right)_p$ $(\partial H)_p = -(\partial p)_H = C_p$ $(\partial A)_p = -(\partial p)_A = -\left[S + p\left(\dfrac{\partial V}{\partial T}\right)_p\right]$ $(\partial G)_p = -(\partial p)_G = -S$	$(\partial U)_S = -(\partial S)_U = \dfrac{p}{T}\left[C_p\left(\dfrac{\partial V}{\partial p}\right)_T + T\left(\dfrac{\partial V}{\partial T}\right)_p^2\right]$ $(\partial H)_S = -(\partial S)_H = -\dfrac{VC_p}{T}$ $(\partial A)_S = -(\partial S)_A$ $\quad = \dfrac{1}{T}\left\{p\left[C_p\left(\dfrac{\partial V}{\partial p}\right)_T + T\left(\dfrac{\partial V}{\partial T}\right)_p^2\right] + ST\left(\dfrac{\partial V}{\partial T}\right)_p\right\}$ $(\partial G)_S = -(\partial S)_G = -\dfrac{1}{T}\left[VC_p - ST\left(\dfrac{\partial V}{\partial T}\right)_p\right]$
温度为常数或温度为变数	内能为常数或内能为变数
$(\partial V)_T = -(\partial T)_V = -\left(\dfrac{\partial V}{\partial p}\right)_T$ $(\partial S)_T = -(\partial T)_S = \left(\dfrac{\partial V}{\partial T}\right)_p$ $(\partial U)_T = -(\partial T)_U = T\left(\dfrac{\partial V}{\partial T}\right)_p + p\left(\dfrac{\partial V}{\partial p}\right)_T$ $(\partial H)_T = -(\partial T)_H = -V + T\left(\dfrac{\partial V}{\partial T}\right)_p$ $(\partial A)_T = -(\partial T)_A = p\left(\dfrac{\partial V}{\partial p}\right)_T$ $(\partial G)_T = -(\partial T)_G = -V$	$(\partial H)_U = -(\partial U)_H$ $\quad = -V\left[C_p - p\left(\dfrac{\partial V}{\partial T}\right)_p\right] - p\left[C_p\left(\dfrac{\partial V}{\partial p}\right)_T + T\left(\dfrac{\partial V}{\partial T}\right)_p^2\right]$ $(\partial A)_U = -(\partial U)_A = p\left[C_p\left(\dfrac{\partial V}{\partial p}\right)_T + T\left(\dfrac{\partial V}{\partial T}\right)_p^2\right]$ $\quad + S\left[T\left(\dfrac{\partial V}{\partial T}\right)_p + p\left(\dfrac{\partial V}{\partial p}\right)_T\right]$ $(\partial U)_U = -(\partial U)_G$ $\quad = -V\left[C_p - p\left(\dfrac{\partial V}{\partial T}\right)_p\right] + S\left[T\left(\dfrac{\partial V}{\partial T}\right)_p + p\left(\dfrac{\partial V}{\partial p}\right)_T\right]$
体积为常数或体积为变数	焓为常数或焓为变数
$(\partial S)_V = -(\partial V)_S = \dfrac{1}{T}\left[C_p\left(\dfrac{\partial V}{\partial p}\right)_T + T\left(\dfrac{\partial V}{\partial T}\right)_p^2\right]$ $(\partial E)_V = -(\partial V)_U = C_p\left(\dfrac{\partial V}{\partial p}\right)_T + T\left(\dfrac{\partial V}{\partial T}\right)_p^2$ $(\partial H)_V = -(\partial V)_H$ $\quad = C_p\left(\dfrac{\partial V}{\partial p}\right)_T + T\left(\dfrac{\partial V}{\partial T}\right)_p^2 - V\left(\dfrac{\partial V}{\partial T}\right)_p$ $(\partial A)_V = -(\partial V)_A = -S\left(\dfrac{\partial V}{\partial p}\right)_T$ $(\partial G)_V = -(\partial V)_G = -\left[V\left(\dfrac{\partial V}{\partial T}\right)_p + S\left(\dfrac{\partial V}{\partial p}\right)_T\right]$	$(\partial A)_H = -(\partial H)_A =$ $\quad -\left[S + p\left(\dfrac{\partial V}{\partial T}\right)_p\right]\left[V - T\left(\dfrac{\partial V}{\partial T}\right)_p\right] + pC_p\left(\dfrac{\partial V}{\partial p}\right)_T$ $(\partial G)_H = -(\partial H)_G = -V(C_p + S) + TS\left(\dfrac{\partial V}{\partial T}\right)_p$
	Gibbs 能为常数或 Gibbs 能为变数
	$(\partial A)_G = -(\partial G)_A = -S\left[V + p\left(\dfrac{\partial V}{\partial p}\right)_T\right] - pV\left(\dfrac{\partial V}{\partial T}\right)_p$

B7 水蒸气表 ($V/\mathrm{cm}^3 \cdot \mathrm{g}^{-1}$；$U/\mathrm{kJ} \cdot \mathrm{kg}^{-1}$；$H/\mathrm{kJ} \cdot \mathrm{kg}^{-1}$；$S/\mathrm{kJ} \cdot \mathrm{kg}^{-1} \cdot \mathrm{K}^{-1}$)

数 值 内 插

当欲查取的数值，介于表中两个数据点之间时，需用内插法。若 M 是欲查取的性质，且表为惟一独立变数 X 的函数，例如饱和蒸汽表，可采用线性内插法，则 M 及 X 的各数据间存在直接正比的关系。当 X 值时的 M，介于 X_1 值时的 M_1 及 X_2 值时的 M_2 之间时

$$M = \left(\frac{X_2 - X}{X_2 - X_1}\right)M_1 - \left(\frac{X_1 - X}{X_2 - X_1}\right)M_2 \tag{B-4}$$

例如，140.8℃时饱和蒸汽的焓，介于下列数据之间：

T	H
$T_1 = 140℃$	$H_1 = 2733.1\mathrm{kJ} \cdot \mathrm{kg}^{-1}$
$T = 140.8℃$	$H = ?$
$T_2 = 142℃$	$H_2 = 2735.6\mathrm{kJ} \cdot \mathrm{kg}^{-1}$

将这些数值代入式（B-4），并令 $M = H$ 及 $T = X$

$$H = \frac{12}{2} \times 2733.1 + \frac{0.8}{2} \times 2735.6 = 2734.1\mathrm{kJ} \cdot \mathrm{kg}^{-1}$$

若 M 是两个独立变数 X 及 Y 的函数，且线性内插可适用时，例如过热蒸汽表，则需采用双线性内插法。下表表示 M 为两个独立变数 X 及 Y 的函数，若有相邻的数据点

	X_1	X_2
Y_1	$M_{1,1}$	$M_{1,2}$
Y		$M = ?$
Y_2	$M_{2,1}$	$M_{2,2}$

由线性内插法，以求得 M 的公式可表示为：

$$M = \left[\left(\frac{X_2 - X}{X_2 - X_1}\right)M_{1,1} - \left(\frac{X_1 - X}{X_2 - X_1}\right)M_2\right]\left(\frac{Y_2 - Y}{Y_2 - Y_1}\right) - $$
$$\left[\left(\frac{X_2 - X}{X_2 - X_1}\right)M_{2,1} - \left(\frac{X_1 - X}{X_2 - X_1}\right)M_{2,2}\right]\left(\frac{Y_1 - Y}{Y_2 - Y_1}\right) \tag{B-5}$$

例 1：

由蒸汽表的数据计算下列数值：

（a）在 816kPa 及 512℃时，过热蒸汽的比体积。

（b）在 $p = 2950\mathrm{kPa}$ 及 $H = 3150.6\mathrm{kJ} \cdot \mathrm{kg}^{-1}$ 时，过热蒸汽的温度及比熵。

解：

（a）下表列出过热蒸汽在邻近状态下的比体积值：

p/kPa	$T=500℃$	$T=512℃$	$T=550℃$
800	443.17		472.49
816		$V=?$	
825	429.65		458.10

将数值代入式(B-5)，并令 $M=V$，$X=T$ 及 $Y=p$，可得

$$V=\left[\frac{38}{50}\times443.17+\frac{12}{50}\times472.49\right]\frac{9}{25}+\left[\frac{38}{50}\times429.65+\frac{12}{50}\times458.10\right]\frac{16}{25}=441.42\text{cm}^3\cdot\text{g}^{-1}$$

(b) 下表列出过热蒸汽在邻近状态下的焓值：

p/kPa	$T=500℃$	$T=512℃$	$T=550℃$
2900	3119.7		3177.4
2950		$H=3150.6$	
3000	3117.5		3175.6

此时，使用式(B-5)并不方便。因此在 $p=2950$kPa 时，先由 $T_1=350℃$ 经线性内插求得 H_{T_1}，再由 $T_2=375℃$ 求出 H_{T_2}，即应用式(B-4)两次，首先用于 T_1，其次用于 T_2，并令 $M=H$ 及 $X=p$

$$H_{T_1}=\frac{50}{100}\times3119.7+\frac{50}{100}\times3117.5=3118.6\text{kJ}\cdot\text{kg}^{-1}$$

$$H_{T_2}=\frac{50}{100}\times3177.4+\frac{50}{100}\times3175.6=3176.5\text{kJ}\cdot\text{kg}^{-1}$$

然后，再作第三次线性内插，应用式(B-4)，并令 $M=T$ 及 $X=H$，可得

$$T=\frac{3176.5-3150.6}{3176.5-3118.6}\times350+\frac{3150.6-3118.6}{3176.5-3118.6}\times375=363.82℃$$

基于此温度，可建立下表中的熵值：

p/kPa	$T=350℃$	$T=363.82℃$	$T=375℃$
2900	6.7654		6.8563
2950		$S=?$	
3000	6.7471		6.8385

应用式(B-5)，并令 $M=S$，$X=T$ 及 $Y=p$，可得

$$S=\left[\frac{11.18}{25}\times6.7654T+\frac{13.82}{25}\times6.8563\right]\frac{50}{100}+$$

$$\left[\frac{11.18}{25}\times6.7471+\frac{13.82}{25}\times6.8385\right]\frac{50}{100}=6.8066\text{kJ}\cdot\text{kg}^{-1}\cdot\text{K}^{-1}$$

B7-1 水蒸气表：饱和水及其饱和蒸汽（以温度为序）

温度 T/℃	压力 $p \times 10^{-5}$ /Pa	比容/cm³·g⁻¹		内能/kJ·kg⁻¹		焓/kJ·kg⁻¹			熵/kJ·kg⁻¹·K⁻¹	
		饱和液体 ν_f	饱和蒸汽 ν_g	饱和液体 U_f	饱和蒸汽 U_g	饱和液体 H_f	潜热 H_{fg}	饱和蒸汽 H_g	饱和液体 S_f	饱和蒸汽 S_g
0.01	0.00611	1.0002	206132	0.00	2375.3	0.00	2501.3	2501.3	0.0000	9.1562
5	0.00872	1.0001	147120	20.97	2382.3	20.98	2489.6	2510.6	0.0761	9.0257
10	0.01228	1.0004	106379	42.00	2389.2	42.01	2477.7	2519.8	0.1510	8.9008
15	0.01705	1.0009	77926	62.99	2396.1	62.99	2465.9	2528.9	0.2245	8.7814
20	0.02339	1.0018	57791	83.95	2402.9	83.96	2454.1	2538.1	0.2966	8.6672
25	0.03169	1.0029	43360	104.88	2409.8	104.89	2442.3	2547.2	0.3674	8.5580
30	0.04246	1.0043	32894	125.78	2416.6	125.79	2430.5	2556.3	0.4369	8.4533
35	0.05628	1.0060	25216	146.67	2423.4	146.68	2418.6	2565.3	0.5053	8.3531
40	0.07384	1.0078	19523	167.56	2430.1	167.57	2406.7	2574.3	0.5725	8.2570
45	0.09593	1.0099	15258	188.44	2436.8	188.45	2394.8	2583.2	0.6387	8.1648
50	0.1235	1.0121	12032	209.32	2443.5	209.33	2382.7	2592.1	0.7038	8.0763
55	0.1576	1.0146	9568	230.21	2450.1	230.23	2370.7	2600.9	0.7679	7.9913
60	0.1994	1.0172	7671	251.11	2456.6	251.13	2358.3	2609.6	0.8312	7.9096
65	0.2503	1.0199	6197	272.02	2463.1	272.06	2346.2	2618.3	0.8935	7.8310
70	0.3119	1.0228	5042	292.95	2469.6	292.98	2333.8	2626.8	0.9549	7.7553
75	0.3858	1.0259	4131	313.90	2475.9	313.93	2321.4	2635.3	1.0155	7.6824
80	0.4739	1.0291	3407	334.86	2482.2	334.91	2308.8	2643.7	1.0753	7.6122
85	0.5783	1.0325	2828	355.84	2488.4	355.90	2296.0	2651.9	1.1343	7.5445
90	0.7014	1.0360	2361	376.85	2494.5	376.92	2283.2	2660.1	1.1925	7.4791
95	0.8455	1.0397	1982	397.88	2500.6	397.96	2270.2	2668.1	1.2500	7.4159
100	1.014	1.0435	1673.0	418.94	2506.5	419.04	2257.0	2676.1	1.3069	7.3549
110	1.433	1.0516	1210.0	461.14	2518.1	461.30	2230.2	2691.5	1.4185	7.2387
120	1.985	1.0603	891.9	503.50	2529.3	503.71	2202.6	2706.3	1.5276	7.1296
130	2.701	1.0697	668.5	546.02	2539.9	546.31	2174.2	2720.5	1.6344	7.0269
140	3.613	1.0797	508.9	588.74	2550.0	589.13	2144.7	2733.9	1.7391	6.9299
150	4.758	1.0905	392.8	631.68	2559.5	632.20	2114.3	2746.5	1.8418	6.8379
160	6.178	1.1020	307.1	674.86	2568.4	675.55	2082.6	2758.1	1.9427	6.7502
170	7.917	1.1143	242.8	718.33	2576.5	719.21	2049.5	2768.7	2.0419	6.6663
180	10.02	1.1274	194.1	762.09	2583.7	763.22	2015.0	2778.2	2.1396	6.5857
190	12.54	1.1414	156.5	806.19	2590.0	807.62	1978.8	2786.4	2.2359	6.5079
200	15.54	1.1565	127.4	850.65	2595.3	852.45	1940.7	2793.2	2.3309	6.4323
210	19.06	1.1726	104.4	895.53	2599.5	897.76	1900.7	2798.5	2.4248	6.3585
220	23.18	1.1900	86.19	940.87	2602.4	943.62	1858.5	2802.1	2.5178	6.2861
230	27.95	1.2088	71.58	986.74	2603.9	990.12	1813.8	2804.0	2.6099	6.2146
240	33.44	1.2291	59.76	1033.2	2604.0	1037.3	1766.5	2803.8	2.7015	6.1437
250	39.73	1.2512	50.13	1080.4	2602.4	1085.4	1716.2	2801.5	2.7927	6.0730
260	46.88	1.2755	42.21	1128.4	2599.0	1134.4	1662.5	2796.9	2.8838	6.0019
270	54.99	1.3023	35.64	1177.4	2593.7	1184.5	1605.2	2789.7	2.9751	5.9301
280	64.12	1.3321	30.17	1227.5	2586.1	1236.0	1543.6	2779.6	3.0668	5.8571
290	74.36	1.3656	25.57	1278.9	2576.0	1289.1	1477.1	2766.2	3.1594	5.7821
300	85.81	1.4036	21.67	1332.0	2563.0	1344.0	1404.9	2749.0	3.2534	5.7045
320	112.7	1.4988	15.49	1444.6	2525.5	1461.5	1238.6	2700.1	3.4480	5.5362
340	145.9	1.6379	10.80	1570.3	2464.6	1594.2	1027.9	2622.0	3.6594	5.3357
360	186.5	1.8925	6.945	1725.2	2351.5	1760.5	720.5	2481.0	2.9147	5.0526
374.14	220.9	3.155	3.155	2029.6	2029.6	2099.3	0	2099.3	4.4298	4.4298

B7-2 水蒸气表：饱和水及其饱和蒸汽（以压力为序）

压力 $p \times 10^{-5}$ /Pa	温度 T/℃	比容/cm³·g⁻¹		内能/kJ·kg⁻¹		焓/kJ·kg⁻¹			熵/kJ·kg⁻¹·K⁻¹	
		饱和液体 ν_f	饱和蒸汽 ν_g	饱和液体 U_f	饱和蒸汽 U_g	饱和液体 H_f	潜热 H_{fg}	饱和蒸汽 H_g	饱和液体 S_f	饱和蒸汽 S_g
0.040	28.96	1.0040	34800	121.45	2415.2	121.46	2432.9	2554.4	0.4226	8.4746
0.060	36.16	1.0064	23739	151.53	2425.0	151.53	2415.9	2567.4	0.5210	8.3304
0.080	41.51	1.0084	18103	173.87	2432.2	173.88	2403.1	2577.0	0.5926	8.2287
0.10	45.81	1.0102	14674	191.82	2437.9	191.83	2392.8	2584.7	0.6493	8.1502
0.20	60.06	1.0172	7649.0	251.38	2456.7	251.40	2358.3	2609.7	0.8320	7.9085
0.30	69.10	1.0223	5229.0	289.20	2468.4	289.23	2336.1	2625.3	0.9439	7.7686
0.40	75.87	1.0265	3993.0	317.53	2477.0	317.58	2319.2	2636.8	1.0259	7.6700
0.50	81.33	1.0300	3240.0	340.44	2483.9	340.49	2305.4	2645.9	1.0910	7.5939
0.60	85.94	1.0331	2732.0	359.79	2489.6	359.86	2293.6	2653.5	1.1453	7.5320
0.70	89.95	1.0360	2365.0	376.63	2494.5	376.70	2283.3	2660.0	1.1919	7.4797
0.80	93.50	1.0380	2087.0	391.58	2498.8	391.66	2274.1	2665.8	1.2329	7.4346
0.90	96.71	1.0410	1869.0	405.06	2502.6	405.15	2265.7	2670.9	1.2695	7.3949
1.00	99.63	1.0432	1694.0	417.36	2506.1	417.46	2258.0	2675.5	1.3026	7.3594
1.50	111.4	1.0528	1159.0	466.94	2519.7	467.11	2226.5	2693.6	1.4336	7.2233
2.00	120.2	1.0605	885.7	504.49	2529.5	504.70	2201.9	2706.7	1.5301	7.1271
2.50	127.4	1.0672	718.7	535.10	2537.2	535.37	2181.5	2716.9	1.6072	7.0527
3.00	133.6	1.0732	605.8	561.15	2543.6	561.47	2163.8	2725.3	1.6718	6.9919
3.50	138.9	1.0786	524.3	583.95	2548.9	584.33	2148.1	2732.4	1.7275	6.9405
4.00	143.6	1.0836	462.5	604.31	2553.6	604.74	2133.8	2738.6	1.7766	6.8959
4.50	147.9	1.0882	414.0	622.77	2557.6	623.25	2120.7	2743.9	1.8207	6.8565
5.00	151.9	1.0926	374.9	639.68	2561.2	640.23	2108.5	2748.7	1.8607	6.8213
6.00	158.9	1.1006	315.7	669.90	2567.4	670.56	2086.3	2756.8	1.9312	6.7600
7.00	165.0	1.1080	272.9	696.44	2572.5	697.22	2066.3	2763.5	1.9922	6.7080
8.00	170.4	1.1148	240.4	720.22	2576.8	721.11	2048.0	2769.1	2.0462	6.6628
9.00	175.4	1.1212	215.0	741.83	2580.5	742.83	2031.1	2773.9	2.0946	6.6226
10.0	179.9	1.1273	194.4	761.68	2583.6	762.81	2015.3	2778.1	2.1387	6.5863
15.0	198.3	1.1539	131.8	843.16	2594.5	844.89	1947.3	2792.2	2.3150	6.4448
20.0	212.4	1.1767	99.63	906.44	2600.3	908.79	1890.7	2799.5	2.4474	6.3409
25.0	224.0	1.1973	79.98	959.11	2603.1	962.11	1814.0	2803.1	2.5547	6.2575
30.0	233.9	1.2165	66.68	1004.8	2604.1	1008.4	1795.7	2804.2	2.6457	6.1869
35.0	242.6	1.2347	57.07	1045.4	2603.7	1049.8	1753.7	2803.4	2.7253	6.1253
40.0	250.4	1.2522	49.78	1082.3	2602.3	1087.3	1714.1	2801.4	2.7964	6.0701
45.0	257.5	1.2692	44.06	1116.2	2600.1	1121.9	1676.4	2798.3	2.8610	6.0199
50.0	264.0	1.2859	39.44	1147.8	2597.1	1154.2	1640.1	2794.3	2.9202	5.9734
60.0	275.6	1.3187	32.44	1205.4	2589.7	1213.4	1571.0	2784.3	3.0267	5.8892
70.0	285.9	1.3513	27.37	1257.6	2580.5	1267.0	1505.1	2772.1	3.1211	5.8133
80.0	295.1	1.3842	23.52	1305.6	2569.8	1316.6	1441.3	2758.0	3.2068	5.7432
90.0	303.4	1.4178	20.48	1350.5	2557.8	1363.3	1378.9	2742.1	3.2858	5.6772
100.0	311.1	1.4524	18.03	1393.0	2544.4	1407.6	1317.1	2724.7	3.3596	5.6141
110.0	318.2	1.4886	15.99	1433.7	2529.8	1450.1	1255.5	2705.6	3.4295	5.5527
120.0	324.8	1.5267	14.26	1473.0	2513.7	1491.3	1193.6	2684.9	3.4962	5.4924
130.0	330.9	1.5671	12.78	1511.1	2496.1	1531.5	1130.7	2662.2	3.5606	5.4323
140.0	336.8	1.6107	11.49	1548.6	2476.8	1571.1	1066.5	2637.6	3.6232	5.3717
150.0	342.2	1.6581	10.34	1585.6	2455.5	1610.5	1000.0	2610.5	3.6848	5.3098
160.0	347.4	1.7107	9.306	1622.7	2413.7	1650.1	930.6	2580.6	3.7461	5.2455
170.0	352.4	1.7702	8.364	1660.2	2405.0	1690.3	856.9	2547.2	3.8079	5.1777
180.0	357.1	1.8397	7.489	1698.9	2374.3	1732.0	777.1	2509.1	3.8715	5.1044
190.0	361.5	1.9243	6.657	1739.9	2338.1	1776.5	688.0	2464.5	3.9388	5.0228
200.0	365.8	2.036	5.834	1785.6	2293.0	1826.3	583.4	2409.7	4.0139	4.9269
220.9	374.1	3.155	3.155	2029.6	2029.6	2099.3	0	2099.3	4.4289	4.4298

B7-3　水蒸气表：过热水蒸气（ν 单位为 $cm^3 \cdot g^{-1}$，U 单位为 $kJ \cdot kg^{-1}$，H 单位为 $kJ \cdot kg^{-1}$，S 单位为 $kJ \cdot kg^{-1} \cdot K^{-1}$）

温度/℃	ν	U	H	S	ν	U	H	S
	4 0.06×10⁵Pa				4 0.35×10⁵Pa			
	0.06×10^5Pa(36.16℃)				0.35×10^5Pa(72.69℃)			
饱和蒸汽	23739	2425.0	2546.4	8.3304	4526.0	2473.0	2631.4	7.7153
80	27132	2487.3	2650.1	8.5804	4625.0	2483.7	2645.6	7.7564
120	30219	2544.7	2726.0	8.7840	5163.0	2542.4	2723.1	7.9644
160	33302	2602.7	2802.5	8.9693	5696.0	2601.2	2800.6	8.1519
200	36383	2661.4	2879.7	9.1398	6228.0	2660.4	2878.4	8.3237
240	39462	2721.0	2957.8	9.2982	6758.0	2720.3	2956.8	8.4828
280	42540	2781.5	3036.8	9.4464	7287.0	2780.9	3036.0	8.6314
320	45618	2843.0	3116.7	9.5859	7815.0	2842.5	3116.1	8.7712
360	48696	2905.5	3197.7	9.7180	8344.0	2905.1	3197.1	8.9034
400	51774	2969.0	3279.6	9.8435	8872.0	2968.6	3279.2	9.0291
440	54851	3033.5	3362.6	9.9633	9400.0	3033.2	3362.2	9.1490
500	59467	3132.3	3489.1	10.134	10192.0	3132.1	3488.8	9.3194
	0.70×10^5Pa(89.95℃)				1.0×10^5Pa(99.63℃)			
饱和蒸汽	2365.0	2494.5	2660.0	7.4797	1694.0	2506.1	2675.5	7.3594
100	2434.0	2509.7	2680.0	7.5341	1696.0	2506.7	2676.2	7.3614
120	2571.0	2539.7	2719.6	7.6375	1793.0	2537.3	2716.6	7.4668
160	2841.0	2599.4	2798.2	7.8279	1984.0	2597.8	2796.2	7.6597
200	3108.0	2659.1	2876.7	8.0012	2172.0	2658.1	2875.3	7.8343
240	3374.0	2719.3	2955.5	8.1611	2359.0	2718.5	2954.5	7.9949
280	3640.0	2780.2	3035.0	8.3162	2546.0	2779.6	3034.2	8.1445
320	3905.0	2842.0	3115.3	8.4504	2732.0	2841.5	3114.6	8.2849
360	4170.0	2904.6	3196.5	8.5828	2917.0	2904.2	3195.9	8.4175
400	4434.0	2968.2	3278.6	8.7086	3103.0	2967.9	3278.2	8.5435
440	4698.0	3032.9	3361.8	8.8286	3288.0	3032.0	3361.4	8.6636
500	5095.0	3131.8	3488.5	8.9991	3565.0	3131.6	3488.1	8.8342
	1.5×10^5Pa(111.37℃)				3.0×10^5Pa(133.55℃)			
饱和蒸汽	1159.0	2519.7	2693.6	7.2233	606.0	2543.6	2725.3	6.9919
120	1188.0	2533.3	2711.4	7.2693				
160	1317.0	2595.2	2792.8	7.4665	651.0	2587.1	2782.3	7.1276
200	1444.0	2656.2	2872.9	7.6433	716.0	2650.7	2865.5	7.3115
240	1570.0	2717.2	2952.7	7.8052	781.0	2713.1	2947.3	7.4774
280	1695.0	2778.6	3032.8	7.9555	844.0	2775.4	3028.6	7.6299
320	1819.0	2840.6	3113.5	8.0964	907.0	2838.1	3110.1	7.7722
360	1943.0	2903.5	3195.0	8.2293	969.0	2901.4	3192.2	7.9061
400	2067.0	2967.3	3277.4	8.3555	1032.0	2965.6	3275.0	8.0330
440	2191.0	3032.1	3360.7	8.4757	1094.0	3030.6	3358.7	8.1538
500	2376.0	3131.2	3487.6	8.6466	1187.0	3130.0	3486.0	8.3251
600	2685.0	3301.7	3704.3	8.9101	1341.0	3300.8	3703.2	8.5892
	5.0×10^5Pa(151.86℃)				7.0×10^5Pa(164.97℃)			
饱和蒸汽	374.9	2561.2	2748.7	6.8213	272.9	2572.5	2763.5	6.7080
180	404.5	2609.7	2812.0	6.9656	284.7	2599.8	2799.1	6.7880
200	424.9	2642.9	2855.4	7.0592	299.9	2634.8	2844.8	6.8865
240	464.6	2707.6	2939.9	7.2307	329.2	2701.8	2932.2	7.0641
280	503.4	2771.2	3022.9	7.3865	357.4	2766.9	3017.1	7.2233
320	541.6	2834.7	3105.6	7.5308	385.2	2831.3	3100.9	7.3697
360	579.6	2898.7	3188.4	7.6660	412.6	2895.8	3184.7	7.5063
400	617.3	2963.2	3271.9	7.7938	439.7	2960.9	3268.7	7.6350
440	654.8	3028.6	3356.0	7.9152	466.7	3026.6	3353.3	7.7571
500	710.9	3128.4	3483.9	8.0873	507.0	3126.8	3481.7	7.9299
600	804.1	3299.6	3701.7	8.3522	573.8	3298.5	3700.2	8.1956
700	896.9	3477.5	3925.9	8.5952	640.3	3476.6	3924.8	8.4391

温度/℃	ν	U	H	S	ν	U	H	S
	10.0×10⁵Pa(179.91℃)				15.0×10⁵Pa(198.32℃)			
饱和蒸汽	194.4	2583.6	2778.1	6.5865	131.8	2594.5	2792.2	6.4448
200	206.0	2621.9	2827.9	6.6940	132.5	2598.1	2796.8	6.4546
240	227.5	2692.9	2920.4	6.8817	148.3	2676.9	2899.3	6.6628
280	248.0	2760.2	3008.2	7.0465	162.7	2748.6	2992.7	6.8381
320	267.8	2826.1	3093.9	7.1962	176.5	2817.1	3081.9	6.9938
360	287.3	2891.6	3178.9	7.3349	189.9	2884.4	3169.2	7.1363
400	306.6	2957.3	3263.9	7.4651	203.0	2951.3	3255.8	7.2690
440	325.7	3023.6	3349.3	7.5883	216.0	3018.5	3342.5	7.3940
500	354.1	3124.4	3478.5	7.7622	235.2	3120.3	3473.1	7.5698
540	372.9	3192.6	3565.6	7.8720	247.8	3189.1	3560.9	7.6805
600	401.1	3296.8	3697.9	8.0290	266.8	3293.9	3694.0	7.8385
640	419.8	3367.4	3787.2	8.1290	279.3	3364.8	3783.8	7.9391
	20.0×10⁵Pa(212.42℃)				30.0×10⁵Pa(233.90℃)			
饱和蒸汽	99.6	2600.3	2799.5	6.3409	66.7	2604.1	2804.2	6.1869
240	108.5	2659.6	2876.5	6.4952	68.2	2619.7	2824.3	6.2265
280	120.0	2736.4	2976.4	6.6828	77.1	2709.9	2941.3	6.4462
320	130.8	2807.9	3069.5	6.8452	85.0	2788.4	3043.4	6.6245
360	141.1	2877.0	3159.3	6.9917	92.3	2861.7	3138.7	6.7801
400	151.2	2945.2	3247.6	7.1271	99.4	2932.8	3230.9	6.9212
440	161.1	3013.4	3335.5	7.2540	106.2	3002.9	3321.5	7.0520
500	175.7	3116.2	3467.6	7.4317	116.2	3108.0	3456.5	7.2338
540	185.3	3185.6	3556.1	7.5434	122.7	3178.4	3546.6	7.3474
600	199.6	3290.9	3690.1	7.7024	132.4	3285.0	3682.3	7.5085
640	209.1	3362.2	3780.4	7.8035	138.8	3357.0	3773.5	7.6106
700	223.2	3470.9	3917.4	7.9487	148.4	3466.5	3911.7	7.7571
	40×10⁵Pa(250.40℃)				60×10⁵Pa(275.64℃)			
饱和蒸汽	49.78	2602.3	2801.4	6.0701	32.44	2589.7	2784.3	5.8892
280	55.46	2680.0	2901.8	6.2568	33.17	2605.2	2804.2	5.9252
320	61.99	2767.4	3015.4	6.4553	38.76	2720.0	2952.6	6.1846
360	67.88	2845.7	3117.2	6.6215	43.31	2811.2	3071.1	6.3782
400	73.41	2919.9	3213.6	6.7690	47.39	2892.9	3177.2	6.5408
440	78.72	2992.2	3307.1	6.9041	51.22	2970.0	3277.3	6.6853
500	86.43	3099.5	3445.3	7.0901	56.65	3082.2	3422.2	6.8803
540	91.45	3171.1	3536.9	7.2056	60.15	3156.1	3517.0	6.9999
600	98.85	3279.1	3674.4	7.3688	65.25	3266.9	3658.4	7.1677
640	103.7	3351.8	3766.6	7.4720	68.59	3341.0	3752.6	7.2731
700	111.0	3462.1	3905.9	7.6198	73.52	3453.1	3894.1	7.4234
740	115.7	3536.6	3999.6	7.7141	76.77	3528.3	3989.2	7.5190

续表 B7-3

温度/℃	ν	U	H	S	ν	U	H	S
	80×10^5 Pa(295.06℃)				100×10^5 Pa(311.06℃)			
饱和蒸汽	23.52	2569.8	2758.0	5.7432	18.03	2544.4	2724.7	5.6141
320	26.82	2662.7	2877.2	5.9489	19.25	2588.8	2781.3	5.7103
360	30.89	2772.7	3019.8	6.1819	23.31	2729.1	2962.1	6.0060
400	34.32	2863.8	3138.3	6.3634	26.41	2832.4	3096.5	6.2120
440	37.42	2946.7	3246.1	6.5190	29.11	2922.1	3213.2	6.3805
480	40.34	3025.7	3348.4	6.6586	31.60	3005.4	3321.4	6.5282
520	43.13	3102.7	3447.7	6.7871	33.94	3085.6	3425.1	6.6622
560	45.82	3178.7	3545.3	6.9072	36.91	3164.1	3526.0	6.7864
600	48.45	3254.4	3642.0	7.0206	38.37	3241.7	3625.3	6.9029
640	51.02	3330.1	3738.3	7.1283	40.48	3318.9	3723.7	7.0131
700	54.81	3443.9	3882.4	7.2812	43.58	3434.7	3870.5	7.1687
740	57.29	3520.4	3978.7	7.3782	45.60	3512.1	3968.1	7.2670
	120×10^5 Pa(324.75℃)				140×10^5 Pa(336.75℃)			
饱和蒸汽	14.26	2513.7	2684.9	5.4924	11.49	2476.8	2637.6	5.3717
360	18.11	2678.4	2895.7	5.8361	14.22	2617.4	2816.5	5.6602
400	21.08	2798.3	3051.3	6.0747	17.22	2760.9	3001.9	5.9448
440	23.55	2896.1	3178.7	6.2586	19.54	2868.6	3142.2	6.1474
480	25.76	2984.4	3293.5	6.4154	21.57	2962.5	3264.5	6.3143
520	27.81	3068.0	3401.8	6.5555	23.43	3049.8	3377.8	6.4610
560	29.77	3149.0	3506.2	6.6840	25.17	3133.6	3486.0	6.5941
600	31.64	3228.7	3608.3	6.8037	26.83	3215.4	3591.1	6.7172
640	33.45	3307.5	3709.0	6.9164	28.43	3296.0	3694.1	6.8326
700	36.10	3425.2	3858.4	7.0749	30.75	3415.7	3846.2	6.9939
740	37.81	3503.7	3957.4	7.1746	32.25	3495.2	3946.7	7.0952
	160×10^5 Pa(347.44℃)				180×10^5 Pa(357.06℃)			
饱和蒸汽	9.31	2431.7	2580.6	5.2455	7.49	2374.3	2509.1	5.1044
360	11.05	2539.0	2715.8	5.4614	8.09	2418.9	2564.5	5.1922
400	14.26	2719.4	2947.6	5.8175	11.90	2672.8	2887.0	5.6887
440	16.52	2839.4	3103.7	6.0429	14.14	2808.2	3062.8	5.9428
480	18.42	2939.7	3234.4	6.2215	15.96	2915.9	3203.2	6.1345
520	20.13	3031.1	3353.3	6.3752	17.57	3011.8	3378.0	6.2960
560	21.72	3117.8	3465.4	6.5132	19.04	3101.7	3444.4	6.4392
600	23.23	3201.8	3573.5	6.6399	20.42	3188.0	3555.6	6.5696
640	24.67	3284.2	3678.9	6.7580	21.74	3272.3	3663.6	6.6905
700	26.74	3406.0	3833.9	6.9224	23.62	3396.3	3821.5	6.8580
740	28.08	3486.7	3935.9	7.0251	24.83	3478.0	3925.0	6.9623
	200×10^5 Pa(365.81℃)				240×10^5 Pa			
饱和蒸汽	5.83	2293.0	2409.7	4.9269				
400	9.94	2619.3	2818.1	5.5540	6.73	2477.8	2639.4	5.2393
440	12.22	2774.9	3019.4	5.8450	9.29	2700.6	2923.4	5.6506
480	13.99	2891.2	3170.8	6.0518	11.00	2838.3	3102.3	5.8950
520	15.51	2992.0	3302.2	6.2218	12.41	2950.5	3248.5	6.0842
560	16.89	3085.2	3423.0	6.3705	13.66	3051.1	3379.0	6.2448
600	18.18	3174.0	3537.6	6.5048	14.81	3145.2	3500.7	6.3875
640	19.40	3260.2	3648.1	6.6286	15.88	3235.5	3616.7	6.5174
700	21.13	3386.4	3809.0	6.7993	17.39	3366.4	3783.8	6.6947
740	22.24	3469.3	3914.1	6.9052	18.35	3451.7	3892.1	6.8038
800	23.85	3592.7	4069.7	7.0544	19.74	3578.0	4051.6	6.9567

温度/℃	ν	U	H	S	ν	U	H	S
	280×10^5 Pa				320×10^5 Pa			
400	3.83	2223.5	2330.7	4.7496	2.36	1980.4	2055.9	4.3239
440	7.12	2613.2	2812.6	5.4494	5.44	2509.0	2683.0	5.2327
480	8.85	2780.8	3028.5	5.7446	7.22	2718.1	2949.2	5.5968
520	10.20	2906.8	3192.3	5.9566	8.53	2860.7	3133.7	5.8357
560	11.36	3015.7	3333.7	6.1307	9.63	2979.0	3287.2	6.0246
600	12.41	3115.6	3463.0	6.2823	10.61	3085.3	3424.6	6.1858
640	13.38	3210.3	3584.8	6.4187	11.50	3184.5	3552.5	6.3290
700	14.73	3346.1	3758.4	6.6029	12.73	3325.4	3732.8	6.5203
740	15.58	3433.9	3870.0	6.7153	13.50	3415.9	3847.8	6.6361
800	16.80	3563.1	4033.4	6.8720	14.60	3548.0	4015.1	6.7966
900	18.73	3774.3	4298.8	7.1084	16.33	3762.7	4285.1	7.0372

B7-4 水蒸气表：过冷水（ν 单位为 $cm^3 \cdot g^{-1}$，U 单位为 $kJ \cdot kg^{-1}$，H 单位为 $kJ \cdot kg^{-1}$，S 单位为 $kJ \cdot kg^{-1} \cdot K^{-1}$）

温度/℃	ν	U	H	S	ν	U	H	S
	25×10^5 Pa(223.99℃)				50×10^5 Pa(263.99℃)			
20	1.0006	83.80	86.30	0.2961	0.9995	83.65	88.65	0.2956
40	1.0067	167.25	169.77	0.5715	1.0056	166.95	171.97	0.5705
80	1.0280	334.29	336.86	1.0737	1.0268	333.72	338.85	1.0720
120	1.0590	502.68	505.33	1.5255	1.0576	501.80	507.09	1.5233
160	1.1006	673.90	676.65	1.9404	1.0988	672.62	678.12	1.9375
200	1.1555	859.9	852.8	2.3294	1.1530	848.1	848.1	2.3255
220	1.1898	940.7	943.7	2.5174	1.1866	938.4	944.4	2.5128
饱和液	1.1973	959.1	962.1	2.5546	1.2859	1147.8	1154.2	2.9202
	75×10^5 Pa(290.59℃)				100×10^5 Pa(311.06℃)			
20	0.9984	83.50	90.99	0.2950	0.9972	83.36	93.33	0.2945
40	1.0045	166.64	174.18	0.5696	1.0034	166.35	176.38	0.5686
80	1.0256	333.15	340.84	1.0704	1.0245	332.59	342.83	1.0688
100	1.0397	416.81	424.62	1.3011	1.0385	416.12	426.50	1.2992
140	1.0752	585.72	593.78	1.7317	1.0737	584.68	595.42	1.7292
180	1.1219	758.13	766.55	2.1308	1.1199	756.65	767.84	2.1275
220	1.1835	936.2	945.1	2.5083	1.1805	934.1	945.9	2.5039
260	1.2696	1124.4	1134.0	2.8763	1.2645	1121.1	1133.7	2.8699
饱和液	1.3677	1282.0	1292.2	3.1649	1.4524	1393.0	1407.6	3.3596
	150×10^5 Pa(342.24℃)				200×10^5 Pa(365.81℃)			
20	0.9950	83.06	97.99	0.2934	0.9928	82.77	102.62	0.2923
40	1.0013	165.76	180.78	0.5666	0.9992	165.17	185.16	0.5646
100	1.0361	414.75	430.28	1.2955	1.0337	413.39	434.06	1.2917
180	1.1159	753.76	770.50	2.1210	1.1120	750.95	773.20	2.1147
220	1.1748	929.9	947.5	2.4953	1.1693	925.9	949.3	2.4870
260	1.2550	1114.6	1133.4	2.8576	1.2462	1108.6	1133.5	2.8459
300	1.3770	1316.6	1337.3	3.2260	1.3596	1306.1	1333.3	3.2071
饱和液	1.6581	1585.6	1610.5	3.6848	2.036	1785.6	1826.3	4.0139
	250×10^5 Pa				300×10^5 Pa			
20	0.9907	82.47	107.24	0.2911	0.9886	82.17	111.84	0.2899
40	0.9971	164.60	189.52	0.5626	0.9951	164.04	193.89	0.5607
100	1.0313	412.08	437.85	1.2881	1.0290	410.78	441.66	1.2844
200	1.1344	834.5	862.8	2.2961	1.1302	831.4	865.3	2.2893
300	1.3442	1296.6	1330.2	3.1900	1.3304	1287.9	1327.8	3.1741

B8　HFC-134a 的饱和液体与饱和蒸气的热力学性质

$T/℃$	p/bar	$V^L/g \cdot cm^{-3}$	$V^V/g \cdot cm^{-3}$	$H^L/kJ \cdot kg^{-1}$	$H^V/kJ \cdot kg^{-1}$	S^L /kJ $\cdot$ kg^{-1} $\cdot$ K^{-1}	S^V /kJ $\cdot$ kg^{-1} $\cdot$ K^{-1}
−40.00	0.512	0.707	361.582	148.538	374.277	0.7976	1.7651
−37.22	0.591	0.711	315.448	152.001	376.264	0.8123	1.7613
−34.44	0.680	0.715	276.680	155.479	377.78	0.8269	1.7576
−31.67	0.779	0.719	243.531	158.968	379.525	0.8414	1.7542
−28.89	0.889	0.723	215.064	162.473	381.264	0.8558	1.751
−26.11	1.011	0.727	190.530	165.995	382.997	0.8701	1.748
−23.33	1.146	0.732	169.304	169.533	384.726	0.8843	1.7451
−20.56	1.295	0.737	150.826	173.087	386.442	0.8984	1.7425
−17.78	1.459	0.741	134.782	176.659	388.152	0.9124	1.74
−15.00	1.639	0.745	120.735	180.251	389.85	0.9263	1.7377
−12.22	1.835	0.750	108.375	183.863	391.538	0.9402	1.7356
−9.44	2.050	0.755	97.575	187.494	393.216	0.954	1.7336
−6.67	2.283	0.760	88.023	191.146	394.879	0.9677	1.7317
−3.89	2.536	0.765	79.595	194.819	396.53	0.9813	1.7299
−1.11	2.811	0.771	72.104	198.515	398.165	0.9949	1.7283
1.67	3.108	0.776	65.424	202.234	399.784	1.0076	1.7267
4.44	3.428	0.782	59.494	205.976	401.387	1.0218	1.7253
7.22	3.774	0.788	54.187	209.745	402.971	1.0352	1.7239
10.00	4.145	0.793	49.443	213.536	404.534	1.0486	1.7227
12.78	4.543	0.800	45.198	217.355	406.078	1.0619	1.7215
15.56	4.970	0.806	41.390	221.2	407.6	1.0751	1.7203
18.33	5.427	0.812	37.956	225.075	409.095	1.0883	1.7193
21.11	5.915	0.819	34.835	228.978	410.568	1.1015	1.7182
23.89	6.435	0.826	31.963	232.912	412.01	1.1147	1.7172
26.67	6.989	0.833	29.466	236.875	413.424	1.1278	1.7163
29.44	7.579	0.841	27.094	240.874	414.808	1.1409	1.7153
32.22	8.205	0.848	24.971	244.905	416.157	1.154	1.7144
35.00	8.869	0.857	23.036	248.973	417.469	1.167	1.7135
37.78	9.572	0.865	21.288	253.076	418.741	1.1801	1.7126
40.56	10.317	0.874	19.665	257.221	419.969	1.1932	1.7116
43.33	11.104	0.883	18.229	261.405	421.153	1.2062	1.7106
46.11	11.935	0.893	16.856	265.636	422.286	1.2193	1.7096
48.89	12.813	0.903	15.607	269.911	423.363	1.2324	1.7085
51.67	13.738	0.914	14.421	274.236	424.382	1.2455	1.7074
57.22	15.737	0.938	12.361	283.051	426.21	1.2718	1.7048
60.00	16.815	0.950	11.487	287.55	427.008	1.285	1.7034
65.56	19.138	0.978	9.801	296.756	428.32	1.3117	1.6999
71.11	21.697	1.011	8.365	306.295	429.171	1.3389	1.6956

B9 化学元素的基准物和标准㶲

序号	元素	基准物	$\varepsilon^{\ominus}/kJ \cdot mol^{-1}$	序号	元素	基准物	$\varepsilon^{\ominus}/kJ \cdot mol^{-1}$
1	Ag	AgCl	86.570	42	Mo	$CaMoO_4$	713.730
2	Al	Al_2O_3	788.186	43	Mn	MnO_2	463.235
3	Ar	Ar(Air)	11.665	44	N	N_2(Air)	0.346
4	As	As_2O_5	386.137	45	Na	$NaNO_3$	360.802
5	Au	Au	0	46	Nb	Nb_2O_5	877.954
6	B	H_3BO_3	609.882	47	Nd	NdF_3	969.027
7	Ba	$Ba(NO_3)_2$	784.076	48	Ne	Ne(Air)	27.139
8	Be	$BeO \cdot Al_2O_3$	594.277	49	Ni	$NiO \cdot Al_2O_3$	218.435
9	Bi	BiOCl	308.083	50	O	O_2(Air)	1.977
10	Br	$PtBr_2$	25.842	51	Os	OsO_4	294.557
11	C	CO_2(Air)	410.515	52	P	$Ca_3(PO_4)_2$	863.689
12	Ca	$CaCO_3$	713.882	53	Pb	$PbCl_4$	421.961
13	Ce	CeO_2	1021.448	54	Pd	Pd	0
14	Cd	$CdCl_2$	297.471	55	Pr	PrF_3	978.061
15	Cl	NaCl	23.222	56	Pt	Pt	0
16	Co	$CoFe_2O_4$	240.261	57	Rb	Rb_2SO_4	354.722
17	Cr	Cr_2O_3	523.590	58	Rh	Rh	0
18	Cs	$CsNO_3$	399.656	59	Ru	Ru	0
19	Cu	CuO	126.350	60	S	$CaSO_4 \cdot 2H_2O$	601.063
20	Dy	$DyCl_3 \cdot 6H_2O$	957.970	61	Sb	Sb_2O_5	420.522
21	Er	$ErCl_3 \cdot 6H_2O$	961.983	62	Sc	Sc_2O_3	906.734
22	Eu	$EuCl_3 \cdot 6H_2O$	873.616	63	Se	SeO_2	167.570
23	F	Na_3AlF_6	211.481	64	Si	SiO_2	850.529
24	Fe	Fe_2O_3	367.761	65	Sm	$SmCl_3$	879.773
25	Ga	Ga_2O_3	496.228	66	Sn	SnO_2	516.023
26	Gd	GdF_3	987.942	67	Sr	SrF_2	740.743
27	Ge	GeO_2	499.780	68	Ta	Ta_2O_5	950.578
28	H	H_2O(liq)	117.575	69	Tb	TbO_2	909.227
29	He	He(Air)	30.224	70	Te	TeO_2	265.629
30	Hf	HfO_2	1057.105	71	Th	ThO_2	1164.813
31	Ho	$HoCl_3 \cdot 6H_2O$	967.432	72	Ti	TiO_2	885.498
32	Hg	$HgCl_2$	134.692	73	Tl	$TlCl_3$	171.925
33	I	PdI_2	35.491	74	Tm	Tm_2O_3	894.284
34	In	In_2O_3	412.372	75	U	$UO_3 \cdot H_2O$	1152.058
35	Ir	Ir	0	76	V	V_2O_5	704.556
36	K	KNO_3	388.426	77	W	$CaWO_4$	795.441
37	Kr	Kr(Air)	0	78	Y	Y_2O_3	905.356
38	La	LaF_3	989.334	79	Yb	Yb_2O_3	860.434
39	Li	$LiNO_3$	374.690	80	Zn	$ZnSiO_3$	323.059
40	Lu	Lu_2O_3	891.464	81	Zr	$ZrSiO_4$	1062.802
41	Mg	$CaCO_3 \cdot MgCO_3$	616.793				

B10　部分物质的相互作用参数

	C_2H_4	C_2H_6	C_3H_6	C_3H_8	$i\text{-}C_4H_{10}$	$n\text{-}C_4H_{10}$	$i\text{-}C_5H_{12}$	$n\text{-}C_5H_{12}$	$n\text{-}C_6H_{14}$	C_6H_6	$c\text{-}C_6H_{12}$	$n\text{-}C_7H_{16}$	$n\text{-}C_8H_{18}$	$n\text{-}C_{10}H_{22}$	N_2	CO	CO_2	SO_2	H_2S
CH_4	0.022	−0.003	0.033	0.016	0.026	0.019	−0.006	0.026	0.040	0.055	0.039	0.035	0.050	0.049	0.030	0.030	0.09	0.136	0.08
C_2H_4		0.010				0.092				0.031		0.014	0.025	0.025	0.086	−0.022	0.056		
C_2H_6			0.089	0.001	−0.007	0.010		0.008	−0.04	0.042		0.007	0.019	0.014	0.044	0.026	0.130		0.086
C_3H_6				0.007											0.09	0.026	0.093		0.08
C_3H_8					−0.014	0.003	0.011	0.027	0.001	0.023		0.006	0	0	0.078	0.03	0.12		0.08
$i\text{-}C_4H_{10}$						0									0.10	0.04	0.13		0.047
$n\text{-}C_4H_{10}$							0.017	0.06	−0.006			0.003	0.007	0.008	0.087	0.04	0.135		0.07
$i\text{-}C_5H_{12}$															0.092	0.04	0.121		0.06
$n\text{-}C_5H_{12}$										0.018	0.004	0.007			0.10	0.04	0.125		0.063
$n\text{-}C_6H_{14}$										0.010	−0.004	−0.008	0		0.15	0.04	0.11		0.06
C_6H_6											0.013	0.001	0.003	0.1	0.164	0.11	0.077	0.015	
$c\text{-}C_6H_{12}$															0.14	0.10	0.105		
$n\text{-}C_7H_{16}$															0.1	0.04	0.10		0.06
$n\text{-}C_8H_{18}$															0.1	0.04	0.12		0.06
$n\text{-}C_{10}H_{22}$															0.11	0.04	0.114		0.033
N_2																0.012	−0.02	0.08	0.17
CO																	0.03		0.054
CO_2																		0.136	0.097
SO_2																			
H_2S																			

注：数据来源于 "Vapor-Liquid Equilibria for Mixtures of Low-Boiling Substances," by Knapp H，Döring R，Oellrich L，Plöcker U，and Prausnitz J M．*DECHEMA Chemistry Data Series*，Vol. Ⅵ，Frankfurt/Main，1982，and other sources．空白处数据可用其他适宜方法估算。

C1 空气的温熵图

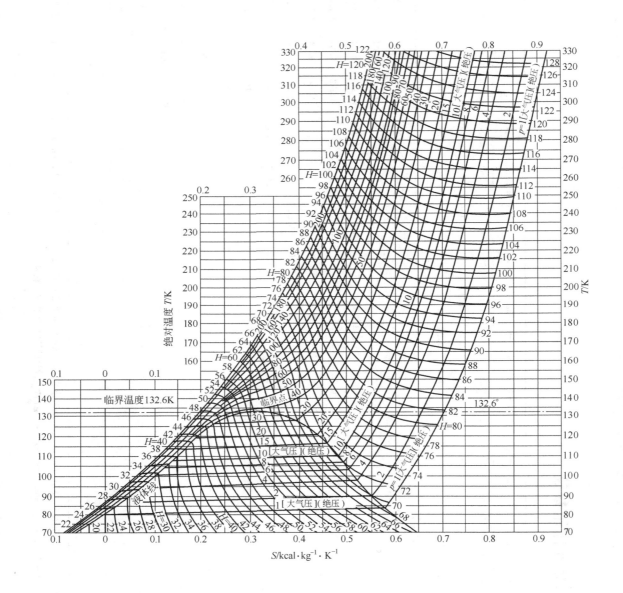

C2 水蒸气的温熵图

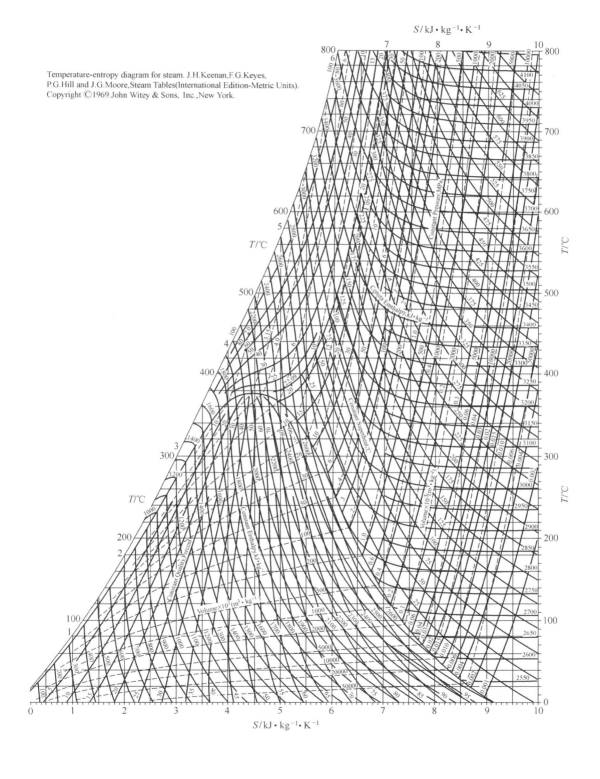

Temperature-entropy diagram for steam. J.H.Keenan,F.G.Keyes,
P.G.Hill and J.G.Moore,Steam Tables(International Edition-Metric Units).
Copyright ©1969.John Witey & Sons, Inc.,New York.

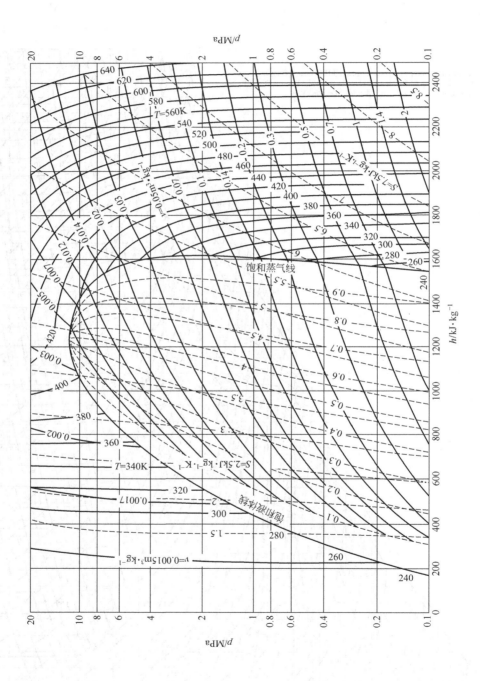

C3 氨的压焓图

C4 HFC-134a 的压焓图

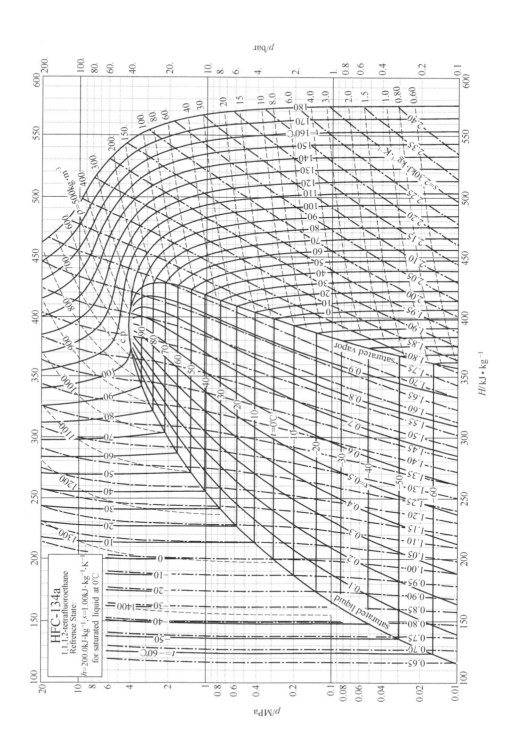

C5　水蒸气的焓熵图

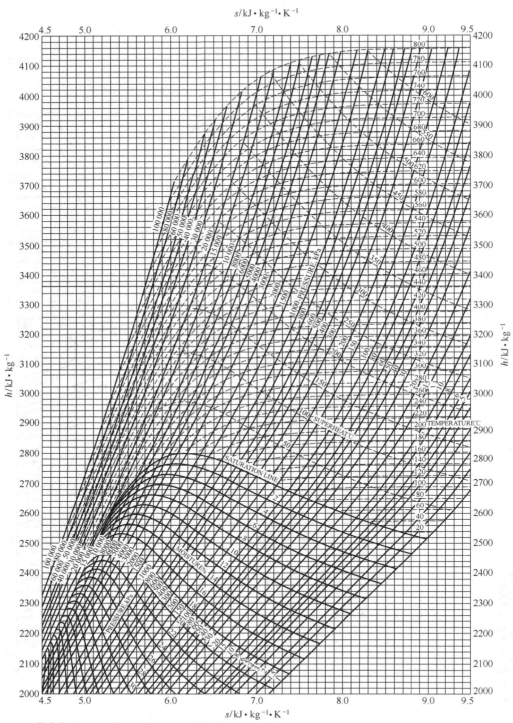

Enthalpy-entropy diagram for steam.ASME Steam
Tables ın SI (Metric) Units for Instructional Use,American Society of
Mechanical Engineers, New York, 1967.

C6 H₂SO₄-H₂O 的焓浓图

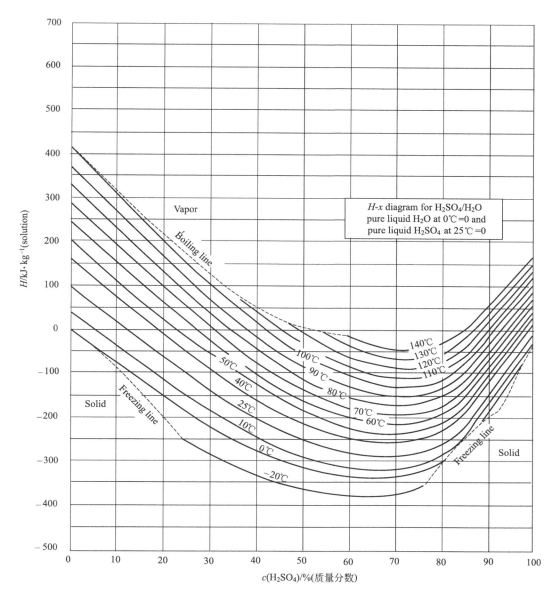

H-x diagram for H₂SO₄/H₂O
pure liquid H₂O at 0℃ =0 and
pure liquid H₂SO₄ at 25℃ =0

参 考 文 献

[1] 波林 B E，普劳斯尼茨 J M，奥康奈尔 J P 著. 气液物性估算手册. 赵红玲等译. 第 5 版. 北京：化学工业出版社，2006.

[2] Binnewies M. Thermodynamical Data of Elements and Compounds. Weinheim：Wiley-VCH，2002.

[3] Chase M W Jr. NIST-JANAF Thermochemical Tables 4th ed（American Chemistry Society，Woodbury，N Y：American Inst of Physics for NIST）. No. 9：1998 Journal of Physical and Chemical Reference Data，1998.

[4] 陈钟秀，顾飞燕. 化工热力学. 第 2 版. 北京：化学工业出版社，2001.

[5] 陈钟秀，顾飞燕. 化工热力学例题与习题. 北京：化学工业出版社，1998.

[6] Daubert R P，Danner R P，Sibul H M，Stebbins C C. Physical and Thermodynamic Properties of Pure Chemicals：Data Compilation. Taylor & Francis，Bristol，PA，1995.

[7] Dean J A. Lange's Handbook of Chemistry. 15th Ed. New York：McGraw-Hill，2001.

[8] DECHEMA. Heat of Mixing Data Collection. DECHEMA Deutsche Gesellschaft für Chemisches Apparatewesen，1984.

[9] Dymod J H，Smith E B. The virial Coefficients of Pure Gases and Mixtures. Oxford：Clarendon Press，1980.

[10] Elliott J R Jr，Lira C T. Introductory Chemical Engineering Thermodynamics. Prentice-Hall，1998.

[11] 付鹰. 化学热力学. 北京：科学出版社，1963.

[12] 蒋楚生，何耀文，孙志发，郑丹星，赵恩生. 工业节能的热力学基础及应用. 北京：化学工业出版社，1990.

[13] 金克新，赵传钧，马沛生. 化工热力学. 天津：天津大学出版社，1990.

[14] Gemehing J，Onken U，Arlt W. Vapor-Liquid Equilibrium Data Collection. Chemistry Data Series，Frnkfurt/Main：DECHEMA，1977-1990.

[15] Gemehling J. Azeotropic Data. New York：John Wiley & Sons Inc.，1994.

[16] 史密斯 J M，范内斯 H C，阿博特 M M 著. 化工热力学导论. 刘洪来，陆小华，陈新志等译. 第 7 版. 北京：化学工业出版社，2008.

[17] 卢焕章等. 石油化工基础数据手册. 北京：化学工业出版社，1984.

[18] Modell M，Reid R C. Themodynamics and its Application. New Jersey：Prentice-Hall Inc.，1974.

[19] Perry R H，Green D. Perry's Chemical Engineers' Hand Book. 7th Ed. New York：McGraw-Hill，1997.

[20] 普劳斯尼茨 J M 等. 用计算机计算多元汽-液和液-液相平衡. 陈美川，盛若瑜译. 北京：化学工业出版社，1987.

[21] Sandler S I. Chemical and Engineering Thermodynamics 3rd Ed. New York：John Wiley & Sons Inc.，1999.

[22] 斯坦利 M 瓦拉斯著. 化工相平衡. 韩世钧等译. 北京：中国石化出版社，1991.

[23] 永徊登，伊香輪恒男. 熱力学. 東京：丸善株式会社，1967.

[24] 约翰 M 普劳斯尼茨，吕迪格 N 利希滕特勒，埃德蒙多 戈梅斯 德阿泽维多著. 流体相平衡的分子热力学. 陆小华，刘洪来译. 第 3 版. 北京：化学工业出版社，2006.

[25] 朱自强，徐汛. 化工热力学. 第 2 版. 北京：化学工业出版社，1991.

[26] 郑丹星，武向红，宋之平等. 能量系统㶲分析技术导则. GB/T 14909—2005. 北京：中国标准出版社，2005. 155066.1—26674.

[27] 郑丹星. 化工热力学教程. 北京：中国石化出版社，2000.

[28] Wark K. Thermodynamics. New York：McGraw-Hill. 1977.